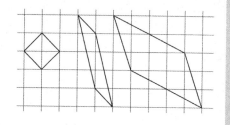

最新世界各国
数学奥林匹克中的
初等数论试题

王连笑 著

下

The Lastest Elementary Number Theory in Mathematical Olympiads in The World

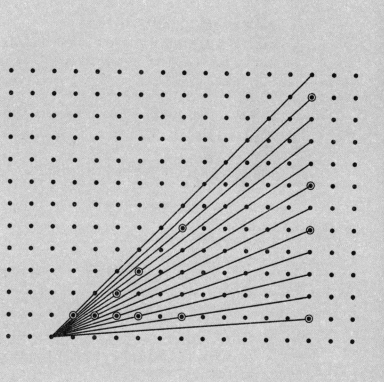

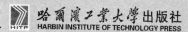
哈尔滨工业大学出版社
HARBIN INSTITUTE OF TECHNOLOGY PRESS

内容简介

本书中记载了一些世界各国奥林匹克竞赛中涉及的数论问题,都是一些初等数论问题.全书涉及整除与同余,质数、合数与质因数分解,奇数、偶数和完全平方数,十进制和其他进制记数法,欧拉定理和孙子定理,高斯函数等方面的试题.涉及了数论知识的各个方面,全面而详细地对数论试题进行解析总结.

本书适用于高等院校数学与应用数学专业学生、数学爱好者、数学竞赛选手及教练员作为学习或教学的参考用书.

图书在版编目(CIP)数据

最新世界各国数学奥林匹克中的初等数论试题:全2册/王连笑著.
—哈尔滨:哈尔滨工业大学出版社,2011.11
ISBN 978-7-5603-3436-3

Ⅰ.①最… Ⅱ.①王… Ⅲ.①初等数论—试题
Ⅳ.①O156.1-44

中国版本图书馆 CIP 数据核字(2011)第 255701 号

策划编辑	刘培杰 张永芹
责任编辑	李长波
封面设计	孙茵艾
出版发行	哈尔滨工业大学出版社
社　　址	哈尔滨市南岗区复华四道街 10 号　邮编 150006
传　　真	0451—86414749
网　　址	http://hitpress.hit.edu.cn
印　　刷	哈尔滨市石桥印务有限公司
开　　本	787mm×1092mm　1/16　印张 29.75　字数 542 千字
版　　次	2011 年 12 月第 1 版　2011 年 12 月第 1 次印刷
书　　号	ISBN 978-7-5603-3436-3
定　　价	138.00 元(上、下)

(如因印装质量问题影响阅读,我社负责调换)

目录

第 4 章　十进制和其他进制记数法（第 1 题—第 102 题）…… 1

第 5 章　欧拉定理和孙子定理（第 1 章—第 70 题）……… 103

第 6 章　不定方程（第 1 题—第 114 题）…………………… 185

第 7 章　高斯函数（第 1 题—第 43 题）……………………… 327

第 8 章　整点及其他（第 1 题—第 51 题）…………………… 393

附录　数学奥林匹克中常用的数论知识……………………… 451

编辑手记………………………………………………………… 465

第4章

十进制和其他进制计数法

第4章 十进制和其他进制记数法
Chapter 4 Decimal Systems and Other Notation

1 如果整数 A 中的各位数自左至右递增,那么整数 $9A$ 的各位数码之和是多少?

(俄罗斯数学奥林匹克,1999 年)

解 答案 9.

用 $S(B)$ 表示正整数 B 的各位数码之和. 由
$$9A = 10A - A$$
及 A 的各位数码自左至右递增可知,$10A-A$ 的竖式计算,除了末尾一位之外,其余各处不需借位,于是
$$S(9A) = S(10A) - S(A) + 9 = 9$$

2 证明:对于每个实数 M,存在一个含有无穷多项的等差数列,使得

(1) 每项是一个正整数,公差不能被 10 整除;

(2) 每项的各位数码之和超过 M.

(第 40 届国际数学奥林匹克预选题,1999 年)

证 我们证明这个等差数列的公差为 $10^m + 1$ 的形式,其中 $m \in \mathbf{N}^*$.

设 a_0 是一个正整数,公差 $d = 10^m + 1$.
$$a_n = a_0 + n(10^m + 1) = \overline{b_s b_{s-1} \cdots b_1 b_0}$$
这里 s 和数码 $b_0, b_1, \cdots, b_s$ 依赖于 n.

若 $l \equiv k \pmod{2m}$,设 $l = 2mt + k$,则
$$10^l = 10^{2mt+k} = (10^m + 1 - 1)^{2t} \cdot 10^k \equiv 10^k \pmod{10^m + 1}$$
于是
$$a_0 \equiv a_n = \overline{b_s b_{s-1} \cdots b_1 b_0} \equiv \sum_{i=0}^{2m-1} C_i 10^i \pmod{10^m + 1}$$
其中
$$C_i = b_i + b_{2m+i} + b_{4m+i} + \cdots, \quad i = 0, 1, \cdots, 2m-1$$
令 N 是大于 M 的正整数满足
$$C_0 + C_1 + \cdots + C_{2m-1} \leqslant N$$
的非负整数解 $(C_0, C_1, \cdots, C_{2m-1})$ 的个数,等于严格递增数列
$$0 \leqslant C_0 < C_0 + C_1 + 1 < C_0 + C_1 + C_2 + 2 < \cdots <$$
$$C_0 + C_1 + \cdots + C_{2m-1} + 2m - 1 \leqslant N + 2m - 1$$
的数目,进而等于集合 $\{0, 1, 2, \cdots, N+2m-1\}$ 的含有 $2m$ 个元素的子集的数目,即
$$K_{N,2m} = C_{2m+N}^{2m} = C_{2m+N}^{N} = \frac{(2m+N)(2m+N-1)\cdots(2m+1)}{N!}$$
对于足够大的 m,则有 $K_{N,2m} < 10^m$.

取 $a_0 \in \{1, 2, \cdots, 10^m\}$，使得 a_0 与集合
$$\{\overline{C_{2m-1}C_{2m-2}\cdots C_0} \mid C_0 + C_1 + \cdots + C_{2m-1} \leqslant N\}$$
中的任意元素对 $\mod 10^m + 1$ 都不同余．

因此，a_0 的各位数码之和大于 N，从而 a_n 的各位数码之和也大于 N．

3 正整数 n 的十进制表达式中的各位数码之和等于 100，而 $44n$ 的各位数码之和等于 800，试求 $3n$ 的各位数码之和．

（俄罗斯数学奥林匹克，1999 年）

解 由 $44n = 4n + 4 \times 10n$．

这表明当 n 的各位数码之和等于 100，$44n$ 的各位数码之和等于 800 时，$44n$ 的每一位数码是 n 的数码的 4 倍和下一位数码的 4 倍之和，而不发生进位．

即 n 的每一位数码都被加了 8 次，所以 n 的每一位数码 $\leqslant 2$．

由此 $3n$ 的各位数码是 n 的每一位数码乘以 3 得到的，所以 $3n$ 的各位数码之和等于 300．

4 求所有的自然数 n 的个数，满足 $4 \leqslant n \leqslant 1\,023$，且 n 在二进制表示下，没有连续的三个数码相同．

（保加利亚数学奥林匹克，1999 年）

解 记二进制表示中，以 1 开头，不出现连续三个相同数码的 n 位数的个数为 a_n．

对 $a, b \in \{0, 1\}$，用 x_{ab}^n 表示二进制表示中，以 1 开头，以 ab 结尾，不出现连续三个相同数码的 n 位数的个数．

则 $n \geqslant 5$ 时，有如下递推关系：
$$x_{00}^n = x_{10}^{n-1}, \quad x_{01}^n = x_{00}^{n-1} + x_{10}^{n-1},$$
$$x_{10}^n = x_{11}^{n-1} + x_{01}^{n-1}, \quad x_{11}^n = x_{01}^{n-1}.$$

利用上述递推关系有
$$a_n = x_{00}^n + x_{11}^n + x_{01}^n + x_{10}^n =$$
$$x_{10}^{n-1} + x_{00}^{n-1} + x_{10}^{n-1} + x_{11}^{n-1} + x_{01}^{n-1} + x_{01}^{n-1} =$$
$$a_{n-1} + x_{10}^{n-1} + x_{01}^{n-1} =$$
$$a_{n-1} + x_{11}^{n-2} + x_{01}^{n-2} + x_{00}^{n-2} + x_{10}^{n-2} =$$
$$a_{n-1} + a_{n-2}.$$

因为 $4 \leqslant n \leqslant 1\,023$，则 n 在二进制表示下是三位数至十位数．

因为 $a_3 = 3(100, 101, 110)$，$a_4 = 5(1001, 1010, 1100, 1101, 1011)$，则
$$a_5 = 8, a_6 = 13, a_7 = 21, a_8 = 34, a_9 = 55, a_{10} = 89$$

则

第4章 十进制和其他进制记数法
Chapter 4 Decimal Systems and Other Notation

$$a_3 + a_4 + \cdots + a_{10} = 3 + 5 + 8 + 13 + 21 + 34 + 55 + 89 = 228$$

5 在正整数 A 的右端又多写了三位数字,所得到的数等于由 1 到 A 的所有正整数之和,试求 A.

(俄罗斯数学奥林匹克,1999 年)

解 设所写的三位数是 B,则 $0 \leqslant B \leqslant 999$.

由题意有
$$1\,000A + B = 1 + 2 + \cdots + A$$

即
$$1\,000A + B = \frac{A(A+1)}{2}$$

$$A^2 - 1\,999A = 2B$$

由于
$$0 \leqslant 2B \leqslant 1\,998$$

则
$$0 \leqslant A(A - 1\,999) \leqslant 1\,998$$

即
$$\begin{cases} A(A-1\,999) \geqslant 0 \\ A(A-1\,999) \leqslant 1\,998 \end{cases}$$

解得
$$\begin{cases} A \geqslant 1\,999 \\ 1 \leqslant A \leqslant 1\,999 \end{cases}$$

所以
$$A = 1\,999$$

这时所写的三位数字是 $B = \overline{000}$.

即
$$1\,999\,000 = 1 + 2 + \cdots + 1\,999$$

经检验,等式成立.所以所求的数 $A = 1\,999$.

6 是否存在 19 个具有相同数码之和的不同自然数,使这些自然数之和等于 1 999?

(俄罗斯数学奥林匹克,1999 年)

解 不存在.

假设每个数的各位数码之和为 $S = 9k + n, n \in \{0, 1, \cdots, 8\}$.则
$$19n \equiv 18n + n \equiv 1\,999 \pmod 9$$

从而
$$n \equiv 1 \pmod{9}$$
即
$$n = 1$$

(1) 若 $k=0$，则 $S=1$，研究 5 个数码和为 1 的最小正整数 $1, 10, 100, 1\,000, 10\,000$，它的和大于 $1\,999$.

(2) 若 $k=1$，则 $S=10$，研究 19 个数码之和最小的正整数，$19, 28, 37, 46, 55, 64, 73, 82, 91, 109, 118, 127, 136, 145, 154, 163, 172, 181, 190$，它们的和为 $1\,990 < 1\,999$.

下一个是 208，由于 $208 - 190 = 18$.

因此，19 个数之和至少为 $1\,990 + 18 = 2\,008$.

(3) 若 $k \geqslant 2$，则 $S \geqslant 19$. 数码和不小于 19 的数最小为 199，任意 19 个这样的数之和显然大于 $1\,999$.

由以上可知，符合题设要求的 19 个数不存在.

7 设 S 是所有满足下列条件的质数 p 组成的集合：

$$\{p \mid p \text{ 是质数}, \frac{1}{p} \text{ 的小数部分中最小循环节中数码的个数是 3 的倍数}\}$$

即对于每个 $p \in S$，存在最小的正整数 $r = r(p)$，使

$$\frac{1}{p} = 0.a_1 a_2 \cdots a_{3r} a_1 a_2 \cdots a_{3r} \cdots$$

对于每个 $p \in S$ 和任意整数 $k \geqslant 1$，定义

$$f(k, p) = a_k + a_{k+r(p)} + a_{k+2r(p)}$$

(1) 证明集合 S 有无穷多个元素；

(2) 对于 $k \geqslant 1$ 及 $p \in S$，求 $f(k, p)$ 的最大值.

（第 40 届国际数学奥林匹克预选题，1999 年）

解 (1) $\frac{1}{p}$ 的最小循环节的长度 d 满足 $p \mid 10^d - 1 (d \geqslant 1)$.

设 q 是质数，$N_q = 10^{2q} + 10^q + 1$，则
$$N_q \equiv 3 \pmod{q}$$

设 p_q 是 $\frac{N_q}{3}$ 的质因数，则 p_q 不能被 3 整除.

因为 N_q 是 $10^{3q} - 1$ 的一个因数，所以 $\frac{1}{p_q}$ 的循环节的长度为 $3q$. 因此，$\frac{1}{p_q}$ 的最小循环节的长度是 $3q$ 的一个因数.

若最小循环节的长度为 q，则由

第 4 章 十进制和其他进制记数法
Chapter 4 Decimal Systems and Other Notation

$$10^q \equiv 1 \pmod{p_q}$$

得

$$N_q = 10^{2q} + 10^q + 1 \equiv 3 \neq 0 \pmod{p_q}$$

矛盾.

若最小循环节的长度为 3,只能有一种情况,即 p_q 是 $10^3-1=3^3\times 37$ 的因子,即 $p_q=37$,此时

$$N_q = 3 \times 37 \equiv 3 \pmod 4$$

而

$$N_q = 10^{2q} + 10^q + 1 \equiv 1 \pmod 4$$

于是,对于每一个质数 q,我们能找到一个质数 p_q,使得 $\dfrac{1}{p_q}$ 的小数部分的最小循环节的长度为 $3q$.

(2) 设质数 $p \in S$, $3r(p)$ 是 $\dfrac{1}{p}$ 的最小循环节的长度,则 p 是 $10^{3r(p)}-1$ 的一个因数,但不是 $10^{r(p)}-1$ 的因数,所以 p 是 $N_{r(p)}=10^{2r(p)}+10^{r(p)}+1$ 的因数.

设 $\dfrac{1}{p} = 0.a_1a_2a_3\cdots$, $x_i = \dfrac{10^{j-1}}{p}$, $y_i = \{x_i\} = 0.a_ja_{j+1}a_{j+2}\cdots$,其中 $\{x_i\}$ 表示 x 的小数部分,则 $a_j < 10 y_j$,于是

$$f(k,p) = a_k + a_{k+r(p)} + a_{k+2r(p)} < 10(y_k + y_{k+r(p)} + y_{k+2r(p)})$$

由于

$$x_k + x_{k+r(p)} + x_{k+2r(p)} = \dfrac{10^{k-1} N_{r(p)}}{p}$$

是整数,则

$$y_k + y_{k+r(p)} + y_{k+2r(p)}$$

也是整数,且小于 3 的整数,即

$$y_k + y_{k+r(p)} + y_{k+2r(p)} \leqslant 2$$

从而

$$f(k,p) < 20$$

因此

$$f(k,p) \leqslant 19$$

由于 $p=7$ 时

$$\dfrac{1}{7} = 0.142\,857\,142\,857\cdots$$

若 $k=2$,则由于 $r=2$,则

$$f(2,7) = a_2 + a_4 + a_6 = 4 + 8 + 7 = 19$$

故所求的最大值为 19.

最新世界各国数学奥林匹克中的初等数论试题(下)

The Lastest Elementary Number Theory in Mathematical Olympiads in The World

8 一个生物学家观察一只变色龙捉苍蝇,变色龙每捉一只苍蝇都要休息一会儿,生物学家注意到:

(1) 变色龙休息了1分钟后捉到了第1只苍蝇;

(2) 捉第 $2m$ 只苍蝇之前休息的时间与捉第 m 只苍蝇之前休息的时间相同,且比捉第 $2m+1$ 只苍蝇之前休息的时间少1分钟.

(3) 当变色龙停止休息时能立即捉到1只苍蝇.

问:

(1) 变色龙第一次休息9分钟之前,它共捉到了多少只苍蝇?

(2) 多少分钟之后,变色龙捉到第98只苍蝇?

(3) 1 999分钟之后,变色龙共捉到了多少只苍蝇?

(第40届国际数学奥林匹克预选题,1999年)

解 设捉第 m 只苍蝇之前变色龙休息的时间为 $r(m)$,则

$$r(1)=1, r(2m)=r(m), r(2m+1)=r(m)+1$$

这表明 $r(m)$ 等于数 m 的二进制表示中1的数目.

设 $t(m)$ 为变色龙捉到第 m 只苍蝇的时刻,$f(n)$ 为 n 分钟后变色龙一共捉到的苍蝇的数目.

对每个正整数 m,有

$$t(m)=\sum_{i=1}^{m}r(i), \quad f(t(m))=m$$

由

$$\sum_{i=1}^{m}r(2i)=\sum_{i=1}^{m}r(i)=t(m)$$

$$\sum_{i=1}^{m}r(2i+1)=1+\sum_{i=1}^{m}[r(i)+1]=t(m)+m+1$$

于是

$$t(2m+1)=2t(m)+m+1 \qquad ①$$

又 $t(2m)=t(2m+1)-r(2m+1)=$
$$[2t(m)+m+1]-[r(m)+1]=$$
$$2t(m)+m-r(m) \qquad ②$$

由②,对 p 用数学归纳法可得

$$t(2^p m)=2^p t(m)+pm 2^{p-1}-(2^p-1)r(m) \qquad ③$$

(1) 即求 m,使 $r(m+1)=9$.

在二进制表示中,有9个1的最小数为

$$\underbrace{11\cdots1}_{9个1}{}_2=2^9-1=511$$

所以 $m=510$,即第1次休息9分钟之前它共捉到了510只苍蝇.

第 4 章 十进制和其他进制记数法
Chapter 4 Decimal Systems and Other Notation

(2) 由于
$$t(98) = 2t(49) + 49 - r(49)$$
$$t(49) = 2t(24) + 24 + 1$$
$$t(24) = 2^3 t(3) + 3 \times 3 \times 2^2 - (2^3 - 1)r(3)$$

因为 $r(1) = 1, r(2) = 1, r(3) = 2$.

由于 49 的二进制表示为 $\overline{11\,0001}_2$, 所以 $r(49) = 3$.
$$t(3) = 2t(1) + 1 + 1 = 4$$
$$t(24) = 8 \times 4 + 9 \times 4 - 7 \times 2 = 54$$
$$t(49) = 2 \times 54 + 24 + 1 = 133$$
$$t(98) = 2 \times 133 + 49 - 3 = 312$$

所以 312 分钟之后, 捉到第 98 只苍蝇.

(3) 由 $f(t(m)) = m$ 知, 当且仅当 $n \in [t(m), t(m+1)]$ 时, $f(n) = m$, 本问是求 m_0, 使
$$t(m_0) \leqslant 1\,999 \leqslant t(m_0 + 1)$$

由式 ①, ②, ③ 得
$$t(2^p - 1) = t(2(2^{p-1} - 1) + 1) = 2t(2^{p-1} - 1) + 2^{p-1} - 1 + 1 = 2t(2^{p-1} - 1) + 2^{p-1}$$

所以
$$t(2^p - 1) = p2^{p-1}$$
$$t(2^p) = 2^p t(1) + p \cdot 2^{p-1} - (2^p - 1)r(1) = 2^p + p \cdot 2^{p-1} - 2^p + 1 = p \cdot 2^{p-1} + 1$$
$$t(\underbrace{\overline{11\cdots1}}_{q \text{ 个 } 1}\underbrace{00\cdots0}_{p \text{ 个 } 0}{}_2) = t(2^p(2^q - 1)) =$$
$$2^p t(2^q - 1) + p(2^q - 1)2^{p-1} - (2^p - 1)r(2^q - 1) =$$
$$2^p \cdot q \cdot 2^{q-1} + p(2^q - 1) \cdot 2^{p-1} - (2^p - 1)q =$$
$$(p + q) \cdot 2^{p+q-1} - p \cdot 2^{p-1} - q \cdot 2^p + q$$
$$t(2^8) = 8 \times 2^7 - 1 < 1\,999 < 9 \times 2^8 + 1 = t(2^9)$$

于是可得
$$2^8 < m_0 < 2^9$$

于是, m_0 的二进制表示有 9 位数, 设 $q = 3, p = 6$ 及 $q = 4, p = 5$, 则
$$t(\overline{1\,1100\,0000}_2) = 9 \times 2^8 - 6 \times 2^5 - 3 \times 2^6 + 3 = 1\,923$$
$$t(\overline{1\,1110\,0000}_2) = 9 \times 2^8 - 5 \times 2^4 - 4 \times 2^5 + 4 = 2\,100$$

所以, m_0 在二进制表示中, 前 4 个数码为 1110.

因为
$$t(\overline{1\,1101\,0000}_2) = 2\,004, \quad t(\overline{1\,1100\,1111}_2) = 2\,000,$$

最新世界各国数学奥林匹克中的初等数论试题(下)
The Lastest Elementary Number Theory in Mathematical Olympiads in The World

$$t(\overline{1\,1100\,1110_2}) = 1\,999$$

所以

$$f(1\,999) = f(t(\overline{1\,1100\,1110_2})) = \overline{1\,1100\,1110_2} = 462$$

9 一个 n 位数的立方是 m 位数,$n+m=2\,001$ 可能吗?

(世界城市数学竞赛,2000 年)

解 注意到 10^{500} 有 501 位,$(10^{500})^3$ 有 1 501 位,$501+1\,501=2\,002$.

所以对任意的正整数 $a > 10^{500}$,a 和 a^3 两数至少有 2 002 位.

如果 $a < 10^{500}$,则 a 最多有 500 位,$a^3 < 10^{1\,500}$,则 a^3 最多有 1 500 位,这时 a 和 a^3 两数至多有 $500+1\,500=2\,000$ 位.

所以 a 与 a^3 的位数之和为 2 001 是不可能的.

10 求所有满足下列条件的四位数:能被 111 整除,且除得的商等于该四位数的各位数码之和.

(中国上海市初中数学竞赛,2000 年)

解 设四位数 $\overline{abcd} = a \times 10^3 + b \times 10^2 + c \times 10 + d$.

因为 $\overline{abcd}$ 能被 111 整除,则

$$\frac{a \times 10^3 + b \times 10^2 + c \times 10 + d}{111} = 9a + b + \frac{a - 11b + 10c + d}{111}$$

由于 $a, b, c, d \in \{0, 1, 2, \cdots, 9\}$,$a \neq 0$,则

$$-98 \leqslant a - 11b + 10c + d \leqslant 108$$

又 $a - 11b + 10c + d$ 是 111 的倍数,则

$$a - 11b + 10c + d = 0 \qquad ①$$

于是

$$\overline{abcd} = (9a + b) \times 111$$

由 ① 有

$$11b = a + 10c + d$$

由题意,有

$$9a + b = a + b + c + d \qquad ②$$

即

$$8a = c + d$$

② 代入 ① 得

$$11b = 9(a + c) \qquad ③$$

因为 $0 \leqslant 11b \leqslant 99$,则 $a + c \leqslant 11$.

由 ②,$8a = c + d \leqslant 18$,则 $a \leqslant 2$.

第 4 章 十进制和其他进制记数法
Chapter 4 Decimal Systems and Other Notation

于是 $a=1$ 或 2.

由 ③ 若 $a=1$，$c=10$ 不可能，所以 $a=2$，$c=9$，再由 ②，$d=7$，由 ③，$b=9$. 于是所求的四位数是 2 997.

11 定义在非负整数集上，取值也在非负整数集上的函数 F 满足下列条件：对所有 $n \geqslant 0$

(1) $F(4n) = F(2n) + F(n)$；
(2) $F(4n+2) = F(4n) + 1$；
(3) $F(2n+1) = F(2n) + 1$.

证明：对于每个正整数 m，满足 $0 \leqslant n < 2^m$，且 $F(4n) = F(3n)$ 的整数 n 的个数为 $F(2^{m+1})$.

(第 41 届国际数学奥林匹克预选题，2000 年)

证 设 $n=0$，由条件(1)，$F(0) = F(0) + F(0)$，则 $F(0) = 0$.

由题设条件，可计算出

n	0	1	2	3	4	5	6	7	8	9	10	11	12	13	14	15	16
$F(n)$	0	1	1	2	2	3	3	4	3	4	4	5	5	6	6	7	5
n	17	18	19	20	21	22	23	24	25	26	27	28	29	30	31	32	
$F(n)$	6	6	7	7	8	8	9	9	9	10	10	11	11	12	8		

由以上可以看出

$$F(1) = 1, F(2^1) = 1, F(4) = F(2^2) = 2,$$
$$F(8) = F(2^3) = 3, F(16) = F(2^4) = 5, F(32) = F(2^5) = 8$$

由此可看出，$F(2^r)$ 恰为斐波那契数列

$$1, 1, 2, 3, 5, 8, 13, 21, 34, \cdots$$

的第 $r+1$ 项.

设 f_n 是斐波那契数列中的第 n 项，其中 $f_1 = f_2 = 1$，$f_n = f_{n-1} + f_{n-2}$ ($n \geqslant 3$).

由条件(1)可得

$$F(2^r) = F(2^{r-1}) + F(2^{r-2})$$

从而

$$F(2^r) = f_{r+1} \quad (r \geqslant 0)$$

首先证明：如果 n 的二进制表示为

$$n = \varepsilon_k 2^k + \varepsilon_{k-1} 2^{k-1} + \cdots + \varepsilon_1 2 + \varepsilon_0$$

其中 $\varepsilon_i = 0$ 或 1，$i = 0, 1, \cdots, k$，则

$$F(n) = \varepsilon_k F(2^k) + \varepsilon_{k-1} F(2^{k-1}) + \cdots + \varepsilon_1 F(2) + \varepsilon_0 F(1) =$$

最新世界各国数学奥林匹克中的初等数论试题(下)

The Lastest Elementary Number Theory in Mathematical Olympiads in The World

$$\varepsilon_k f_{k+1} + \varepsilon_{k-1} f_k + \cdots + \varepsilon_1 f_2 + \varepsilon_0 f_1 \qquad ①$$

对 k 施行数学归纳法.

当 $k=0,1$ 时,式 ① 显然成立.

设 $k \leqslant m$ 时,式 ① 成立.

对于 $k=m+1$ 时,若 $\varepsilon_0 = 1$,由条件(3),$F(2l+1) = F(2l)+1$ 可转化为 $\varepsilon_0 = 0$ 的情形. 不妨假设 $\varepsilon_0 = 0$,若 $\varepsilon_1 = 1$,由条件(2),$F(4l+2) = F(4l)+1$,可转化为 $\varepsilon_1 = 0$ 的情形,故不妨假设 $\varepsilon_1 = 0$,此时

$$n = \varepsilon_k 2^k + \varepsilon_{k-1} 2^{k-1} + \cdots + \varepsilon_2 \cdot 2^2 = 4\left(\sum_{i=2}^{k} \varepsilon_k 2^{i-2}\right) = 4l$$

由条件(1),$F(n) = F(4l) = F(2l) + F(l)$ 及归纳假设

$$F(l) = \sum_{i=2}^{k} \varepsilon_i F(2^{i-2}), \quad F(2l) = \sum_{i=2}^{k} \varepsilon_i F(2^{i-1})$$

再利用

$$F(2^i) = F(2^{i-1}) + F(2^{i-2})$$

可得

$$F(n) = F(2l) + F(l) = \sum_{i=2}^{k} \varepsilon_i [F(2^{i-1}) + F(2^{i-2})] = \sum_{i=2}^{k} \varepsilon_i F(2^i)$$

所以式 ① 成立.

如果 n 在二进制表示中没有两个 1 相邻,则称 1 是孤立的,下面证明:若 n 在二进制表示中,1 是孤立的,则 $F(3n) = F(4n)$.

对于每一个 n,如果在二进制表示中 1 是孤立的,则每一个 01 和第一个数码 1 在 n 乘以 3(二进制为 11) 后被 11 代替,每一个 01 没有进位,从而得到 $F(3n)$ 的表达式为 ① 中的 f_{i+1} 被 $f_{i+1} + f_{i+2} = f_{i+3}$ 所代替.

由条件 ① 得

$$F(3n) = \varepsilon_k(f_{k+1} + f_{k+2}) + \varepsilon_{k-1}(f_k + f_{k+1}) + \cdots + \varepsilon_0(f_1 + f_2) =$$
$$(\varepsilon_k f_{k+1} + \cdots + \varepsilon_0 f_1) + (\varepsilon_k f_{k+2} + \cdots + \varepsilon_0 f_2) =$$
$$F(n) + F(2n) = F(4n)$$

显然 $n=0$ 时结论也成立.

因此,规定 0 也满足 1 是孤立的.

进一步证明:对于 $n \geqslant 0$,有 $F(3n) \leqslant F(4n)$,且如果等号成立,则 n 中的 1 是孤立的.

对于 $m \geqslant 1$,用数学归纳法证明:对所有满足 $0 \leqslant n < 2^m$ 的 n,结论成立.

当 $m=1$ 时,$n=0,1$ 有 $F(3n) = F(4n)$,且 n 中的 1 是孤立的,结论成立.

假设结论对于 m 成立.

若 $2^m \leqslant n < 2^{m+1}$,设 $n = 2^m + p, 0 \leqslant p < 2^m$,则由式 ① 有

$$F(4n) = F(2^{m+2} + 4p) = f_{n+3} + F(4p)$$

第4章 十进制和其他进制记数法
Chapter 4　Decimal Systems and Other Notation

下面分三种情况讨论.

(1) 如果 $0 \leqslant p < \dfrac{2^m}{3}$,则 $3p < 2^m$.

此时 $3p$ 在二进制表示中不进位到 $m+1$ 位,由式 ① 及归纳假设
$$\begin{aligned}F(3n) &= F(3 \cdot 2^m) + F(3p) = F(2^{m+1} + 2^m) + F(3p) = \\ & F(2^{m+1}) + F(2^m) + F(3p) = \\ & F(2^{m+2}) + F(3p) = \\ & f_{m+3} + F(3p) \leqslant \\ & f_{m+3} + F(4p) = \\ & F(4n)\end{aligned}$$

等号仅当 $F(3p) = F(4p)$ 时成立.

由归纳假设,p 满足 1 是孤立的,又因为此时,n 在二进制表示中的第二个数字是 0,从而 n 也满足 1 是孤立的.

(2) 如果 $\dfrac{2^m}{3} < p < \dfrac{2 \cdot 2^m}{3} = \dfrac{2^{m+1}}{3}$,则 $3p$ 满足 $2^m < 3p < 2^{m+1}$,$3p$ 的二进制表示进 1 到 $m+1$ 位,于是有
$$\begin{aligned}F(3n) &= F(3 \cdot 2^m + 3p) = F(3 \cdot 2^m + 2^m + 3p - 2^m) = \\ & F(2^{m+2} + 3p - 2^m) = F(2^{m+2}) + F(3p - 2^m) = \\ & f_{m+3} + F(3p) - F(2^m) = f_{m+3} + F(3p) - f_{m+1} = \\ & f_{m+2} + F(3p) \leqslant f_{m+2} + F(4p) < \\ & f_{m+3} + F(4p) = F(4n)\end{aligned}$$

(3) 如果 $\dfrac{2^{m+1}}{3} < p < 2^m$,则 $3p$ 满足 $2^{m+1} < 3p < 3 \cdot 2^m$,$3p$ 的二进制表示进 1 到 $m+2$ 位,于是有
$$\begin{aligned}F(3n) &= F(3 \cdot 2^m + 3p) = F(5 \cdot 2^m + 3p - 2^{m+1}) = \\ & F(2^{m+2} + 2^m) + F(3p - 2^{m+1}) = \\ & F(2^{m+2}) + F(2^m) + F(3p) - F(2^{m+1}) = \\ & f_{m+3} + f_{m+1} + F(3p) - f_{m+2} = \\ & 2f_{m+1} + F(3p) \leqslant \\ & 2f_{m+1} + F(4p) < \\ & f_{m+1} + f_{m+2} + F(4p) = \\ & f_{m+3} + F(4p) = F(4n)\end{aligned}$$

因此,对于 $m+1$,结论成立.

综上所述,有 $F(3n) \leqslant F(4n)$. 等号当且仅当 $0 \leqslant p < \dfrac{2^m}{3}$ 且 p 满足 1 是孤立的时候成立. 进而可得,n 也是满足 1 是孤立的.

最后证明：在区间 $[0,2^m)(m \geqslant 1)$ 内，有 $f_{m+2}=F(2^{m+1})$ 个整数在二进制表示中满足 1 是孤立的，从而完成本题.

设满足条件的整数有 u_m 个，则比 2^{m-1} 小的有 u_{m-1} 个.

对于不小于 2^{m-1} 的 n，其在二进制表示中的第一个数是 $1(m$ 位$)$，第二个数码是 $0(m-8$ 位$)$，接下来是一个比 2^{m-2} 小的且满足条件的整数，共有 u_{m-2} 个，所以有
$$u_m = u_{m-1} + u_{m-2} \quad (m \geqslant 3)$$

因为 $u_1=2=f_3(n=0,1)$，$u_2=3=f_4(n=0,1,2)$，所以 $f_{m+2}=F(2^{m+1})$ 个 n 满足条件.

12 对正整数 $a \geqslant 2$，记 N_a 为具有以下性质的正整数 k 的个数：k 的 a 进制表示的各位数码的平方和等于 k，证明：

(1) N_a 为奇数；

(2) 对任意给定的正整数 M，存在正整数 $a \geqslant 2$，使得 $N_a \geqslant M$.

（中国国家集训队选拔考试，2000 年）

证 (1) 设 k 的 a 进制表示为 $k=x_n x_{n-1} \cdots x_1 x_0$，其中 $x_n \neq 0, x_i \in \{0,1,2,\cdots,a-1\}, i=0,1,\cdots,n$.

由题设
$$x_n a^n + x_{n-1} a^{n-1} + \cdots + x_1 a + x_0 = x_n^2 + x_{n-1}^2 + \cdots + x_1^2 + x_0^2 = k \quad \text{①}$$

于是有
$$x_n(a^n - x_n) + x_{n-1}(a^{n-1} - x_{n-1}) + \cdots + x_1(a - x_1) = x_0(x_0 - 1)$$
$$(a-1)(a-2) \geqslant x_0(x_0-1) \geqslant x_n(a^n - x_n) \geqslant a^n - a$$

即
$$a^2 \geqslant a^n + 2(a-1)$$

因此，$n=0$ 或 1.

当 $n=0$ 时，由式①，$x_0 a^0 = x_0^2$，即 $x_0^2 = x_0$，所以 $x_0=1$，于是只有一个满足题设要求的正整数 1 为奇数.

当 $n=1$ 时，$k=x_1 x_0$ 满足等式
$$x_1(a - x_1) = x_0(x_0 - 1)$$

考虑以 x_1 为元素的集合
$$B_a(x_0) = \{x_1 \mid x_1(a-x_1) = x_0(x_0-1), 1 \leqslant x_1 \leqslant a-1\}$$

若 $B_a(x_0)$ 非空，则 $x_0 \geqslant 2$.

设 $x_1 \in B_a(x_0)$，则 $a - x_1 \in B_a(x_0)$.

又 $x_0 \geqslant 2$，则 $x_0(x_0-1)$ 不是完全平方数，从而 $x_1 \neq a - x_1$，于是 $B_a(x_0)$ 的元素为 2 个，若 $B_a(x_0) = \varnothing$，则 $B_a(x_0)$ 的元素为 0 个.

第 4 章 十进制和其他进制记数法
Chapter 4 Decimal Systems and Other Notation

显然有 $N_a = 1 + \sum_{x_0=2}^{a-1} |B_a(x_0)|$,则 N_a 为奇数.

(2) 仅考虑满足条件的两位数 $k = x_1 x_0$.

设 $x_0 = uv, x_1 = u$,则
$$k = ua + uv = u^2 + u^2v^2 = (v^2+1)u^2$$

于是
$$a = (v^2+1)u - v$$

令 $v_1 = 2, v_{i+1} = (v_1^2+1)\cdots(v_i^2+1), i = 1,2,\cdots,M-1$. 则
$$(v_i^2+1, v_j^2+1) = 1 \quad (i,j = 1,2,\cdots,M, i \neq j)$$

由中国剩余定理,同余方程组
$$a \equiv -v_1 (\bmod (v_1^2+1))$$
$$a \equiv -v_2 (\bmod (v_2^2+1))$$
$$\vdots$$
$$a \equiv -v_m (\bmod (v_m^2+1))$$

有解 $a \geqslant 2$.

于是对应的正整数 u_i,使得
$$a = (v_i^2+1)u_i - v_i \quad (i = 1,2,\cdots,M)$$

易见,$u_i v_i < a$,且由 $v_1, v_2, \cdots, v_M$ 互不相同可得 $u_1, u_2, \cdots, u_M$ 也互不相同. 从而首位数字为 u_i,末位数字为 $u_i v_i (1 \leqslant i \leqslant M)$ 的共 M 个两位数满足题设性质,即 $N_a \geqslant M$.

13 数组 $(c_1, c_2, \cdots, c_n)$ 称为允许的,如果对任意 $k \in \{0, \pm 1, \pm 2, \cdots, \pm 2(c_1+c_2+\cdots+c_n)\}$ 均可将 k 表示为如下形式:
$$k = \sum_{i=1}^n a_i c_i, \quad a_i \in \{-2,-1,0,1,2\}$$

对每一个正整数 n,求 $\max\left\{\sum_{i=1}^n c_i \mid (c_1,c_2,\cdots,c_n) \text{ 是允许的}\right\}$.

(波兰数学奥林匹克初试,2000 年)

解 $\max\left\{\sum_{i=1}^n c_i \mid (c_1,c_2,\cdots,c_n) \text{ 是允许的}\right\} = \dfrac{5^n-1}{4}$.

事实上,令 $c_i = 5^{i-1}, i = 1,2,\cdots,n$. 利用 5 进制表示,可知:

对任意 $m \in \{0,1,\cdots,4(c_1+c_2+\cdots+c_n)\}$,均存在如下表示
$$m = \sum_{i=1}^n b_i c_i, \quad b_i \in \{0,1,2,3,4\}$$

于是,令 $a_i = b_i - 2$,可知 $a_i \in \{-2,-1,0,1,2\}$,且对

$k \in \{-2(c_1+c_2+\cdots+c_n), \cdots, -1, 0, 1, \cdots, 2(c_1+c_2+\cdots+c_n)\}$
均存在满足题设的表示.

另一方面,设 $(c_1, c_2, \cdots, c_n)$ 为允许的,对任意的
$$k \in \{-2(c_1+c_2+\cdots+c_n), \cdots, -1, 0, 1, \cdots, 2(c_1+c_2+\cdots+c_n)\}$$
均存在满足题设的表示,而由 $a_i \in \{-2, -1, 0, 1, 2\}$,则形如 $\sum_{i=1}^{n} a_i c_i$ 的表示中至多有 5^n 个,于是
$$4(c_1+c_2+\cdots+c_n)+1 \leqslant 5^n$$
即
$$c_1+c_2+\cdots+c_n \leqslant \frac{5^n-1}{4}$$

14 设 n 为正整数,如果 $n, n+1, n+2$ 和 $n+3$ 都可被各自的各位数码之和整除,那么就称 n 为好数.(例如 $n=60\,398$ 就是好数)试问,如果好数的末位数是 8,那么它的倒数第二位是否一定是 9?

(俄罗斯数学奥林匹克,2001年)

解 假设 $n=\overline{a_1 a_2 \cdots a_k 8}$ 是好数.其中 $a_1 \in \{1, 2, \cdots, 9\}$, $a_2, \cdots, a_{k-1} \in \{0, 1, 2, \cdots, 9\}$, $a_k \in \{0, 1, 2, \cdots, 8\}$,即假设倒数第二位不是 9.
$$n+1 = \overline{a_1 a_2 \cdots a_k 9}$$
$$n+2 = \overline{a_1 a_2 \cdots a_{k-1} a_k' 0} \quad (a_k' = a_k+1)$$
$$n+3 = \overline{a_1 a_2 \cdots a_{k-1} a_k' 1} \quad (a_k' = a_k+1)$$

$n+1$ 和 $n+3$ 都是奇数.

$n+1$ 的数码和为 $a_1+a_2+\cdots+a_k+9$.

$n+3$ 的数码和为 $a_1+a_2+\cdots+a_k'+1 = a_1+a_2+\cdots+a_k+2$.

$n+1$ 与 $n+3$ 的各位数码和之差为 7,这表明 $a_1+a_2+\cdots+a_k+9$ 与 $a_1+a_2+\cdots+a_k+2$ 中有一个是奇数,一个是偶数.

但是 $n+1$ 与 $n+3$ 均为奇数,如果是好数,应被自己的各位数码之和整除,而奇数不能被偶数整除,出现矛盾.

所以 $a_k=9$.

15 证明:不存在正整数 n,使得对于所有的 $k=1, 2, \cdots, 9$,都有 $(n+k)!$ 的首位数码(十进制表示下最左端的数码)等于 k.

(第 42 届国际数学奥林匹克预选题,2001年)

证 对于每个正整数 m,定义

第 4 章　十进制和其他进制记数法
Chapter 4　Decimal Systems and Other Notation

$$N(m) = \frac{m}{10^{d(m)-1}}$$

其中 $d(m)$ 是 m 的位数,则 $1 \leqslant N(m) < 10$.

对于任意正整数 l 和 m,由于 lm 至少有 $d(l)+d(m)-1$ 位数码,则有

$$d(l)-1+d(m)-1 \leqslant d(lm)-1$$

所以

$$\frac{lm}{10^{d(lm)-1}} \leqslant \frac{l}{10^{d(l)-1}} \cdot \frac{m}{d^{d(m)-1}}$$

即

$$N(lm) \leqslant N(l) \cdot N(m)$$

假设 n 是一个正整数,对于 $k=1,2,\cdots,9$,都有 $(n+k)!$ 的首位数码是 k,则存在非负整数 r 和实数 a,使得

$$(n+k)! = a \times 10^r$$

其中 $r = d((n+k)!-1)$, $a = N((n+k)!)$. 且 $k < a < k+1$.

也存在非负整数 s 和实数 b,使得

$$(n+k-1)! = b \times 10^s$$

其中 $s = d((n+k-1)!-1)$, $b = N((N+k-1)!)$,且 $k-1 < b < k$,于是

$$1 < N(n+k) = N\left(\frac{(n+k)!}{(n+k-1)!}\right) = \frac{a}{b} < \frac{k+1}{k-1} \leqslant 3$$

由于 $N(m) \geqslant N(m+1)$,只有在 $N(m) \geqslant 9$ 时才有可能发生,于是可得

$$1 < N(n+2) < \cdots < N(n+9) < \frac{9+1}{9-1} = \frac{5}{4}$$

从而有

$$N((n+2)!) \leqslant N((n+1)!) \cdot N(n+2) < 2 \times \frac{5}{4}$$

$$N((n+3)!) \leqslant N((n+2)!) \cdot N(n+3) < 2 \times \left(\frac{5}{4}\right)^2$$

$$N((n+4)!) \leqslant N((n+3)!) \cdot N(n+4) < 2 \times \left(\frac{5}{4}\right)^3 = \frac{250}{64} < 4$$

与题设 $(n+4)!$ 的首位数码是 4 相矛盾.

所以,不存在正整数 n,使得对于所有的 $k=1,2,\cdots,9$,都有 $(n+k)!$ 的首位数码是 k.

16　设 a,b 是正实数,对于任意正整数 n,设 x_n 为 $[an+b]$ 在十进制中各位数码之和.

证明:序列 $\{x_n\}$ 包含一个由常数构成的子列.

(罗马尼亚选拔考试,2002 年)

证 对于任意非负整数 k，定义
$$n_k = \left[\frac{10^k + a - b}{a}\right]$$
则
$$10^k = a\left(\frac{10^k + a - b}{a} - 1\right) + b <$$
$$an_k + b = a\left[\frac{10^k + a - b}{a}\right] + a \leqslant 10^k + a$$
即
$$10^k = [an_k + b] \leqslant 10^k + [a]$$
当 k 足够大时，有 $10^{k-1} > a$.

因此，x_{n_k} 是集合 $\{0, 1, \cdots, [b]\}$ 中某个数 t 的各位数码之和加 1.

因为 k 可以取无穷多个值，而 t 是有限的，因此，有无穷多个 k，使得 $[an_k + b]$ 的各位数码之和相同.

17 试求具有如下性质的最小正整数：它可以表示为 2 002 个各位数码之和相等的正整数之和，又可以表示为 2 003 个各位数码之和相等的正整数之和.

（俄罗斯数学奥林匹克，2002 年）

解 假设对正整数 n，有
$$n = a_1 + a_2 + \cdots + a_{2\,002} = b_1 + b_2 + \cdots + b_{2\,003}$$
其中 $a_1, a_2, \cdots, a_{2\,002}$ 的各位数码之和相同，$b_1, b_2, \cdots, b_{2\,003}$ 的各位数码之和相同. 于是
$$a_1 \equiv a_2 \equiv \cdots \equiv a_{2\,002} \equiv r \pmod{9}, \quad r \in \{0, 1, \cdots, 8\}$$
$$b_1 \equiv b_2 \equiv \cdots \equiv b_{2\,003} \equiv s \pmod{9}, \quad s \in \{0, 1, \cdots, 8\}$$
因此
$$n - 2\,002r \equiv n - 2\,003s \equiv 0 \pmod{9}$$
$$(n - 2\,002r) - (n - 2\,003s) = 2\,003s - 2\,002r =$$
$$2\,003(r + s) - 4\,005r$$
则
$$2\,003(r + s) - 4\,005r \equiv 0 \pmod 9$$
因为 4 005 是 9 的倍数，2 003 与 9 互质，则
$$r + s \equiv 0 \pmod 9$$
如果 $r = s = 0$，则 $n \geqslant 9 \times 2\,003$（因为此时 $b_1, b_2, \cdots, b_{2\,003}$ 都能被 9 整除）.

如果 $r \neq 0$，则 $r + s = 9$，于是 r 与 s 中至少有一个不小于 5，此时分别得到
$$n \geqslant 5 \times 2\,002 \quad \text{或} \quad n \geqslant 5 \times 2\,003$$

第4章 十进制和其他进制记数法
Chapter 4 Decimal Systems and Other Notation

由于
$$10\,010 = 5 \times 2\,002 = 4 \times 2\,002 + 2\,002 \times 1$$
而 4 与 2 002 的各位数码相同.

于是 10 010 可以写成 2 002 个数码和为 5 的 $a_1, a_2, \cdots, a_{2\,002}$ 的和, 也可以写成数码和为 4 的 $b_1, b_2, \cdots, b_{2\,003}$ 的和.

18 证明:存在严格递增的非负整数数列 $\{a_0, a_1, a_2, \cdots\}$, 使得所有非负整数可唯一地表示为 $a_i + 2a_j + 4a_k$, 其中 i, j, k 可以相同, 并求 $a_{2\,002}$.

(德国数学奥林匹克, 2002 年)

证 假设有两个不同的数列 $\{a_n\}, \{b_n\}$ 满足已知条件.

对于最小的 $r, a_r \neq b_r$, 不妨设 $a_r < b_r$.

易知 $a_0 = b_0 = 0$, 则 $r \geqslant 1$, 因此, a_r 可表示为
$$a_r = a_i + 2a_j + 4a_k$$
以及
$$a_r = b_i + 2b_j + 4b_k$$
由数列的单调性可知, $i, j, k < r$, 从而
$$a_i = b_i, \quad a_j = b_j, \quad a_k = b_k$$
所以 $a_r = a_i + 2a_j + 4a_k$ 在 $\{a_n\}$ 中有另一个表示, 矛盾.

定义 $a_n = \sum_{i=0}^{\infty} n_i 8^i$, 其中 $n = \sum_{i=0}^{\infty} n_i 2^i$, n_i 是 n 的二进制表示的第 i 位数.

显然 $\{a_n\}$ 严格单增, 对于每一个非零整数 z, 将 z 分解为二进制表示:
$$z = \sum_{i=0}^{\infty} z_i 2^i = \sum_{i \equiv 0 \pmod 3} z_i 2^i + \sum_{i \equiv 1 \pmod 3} z_i 2^i + \sum_{i \equiv 2 \pmod 3} z_i 2^i =$$
$$\sum_{i \equiv 0 \pmod 3} z_i 2^i + 2 \sum_{i \equiv 0 \pmod 3} z_{i+1} 2^i + 4 \sum_{i \equiv 0 \pmod 3} z_{i+2} 2^i =$$
$$\sum_{i=0}^{\infty} z_{3i} 8^i + 2 \sum_{i=0}^{\infty} z_{3i+1} 8^i + 4 \sum_{i=0}^{\infty} z_{3i+2} 8^i$$
显然, 每个表示法对 z 唯一.
$$2\,002 = (111\,1101\,0010)_2$$
于是
$$a_{2\,002} = 8^{10} + 8^9 + 8^7 + 8^6 + 8^4 + 8^1 = 1\,227\,100\,168$$

19 对于每一个正整数 $g > 2$, 存在一个且仅存在一个 g 进制下的三位数 $\overline{(abc)}_g$, 其可以表示为 h 进制下的三位数 $\overline{(cba)}_h$, 其中 h 与 g 相差为 1.

(澳大利亚国家数学竞赛, 2002 年)

解 由题设条件可知

$$ag^2+bg+c=ch^2+bh+a$$

若 $g<h$,即 $h=g+1$,则有
$$ag^2+bg+c=c(g+1)^2+b(g+1)+a$$
$$ag^2+bg+c=cg^2+2cg+c+bg+b+a$$

因为 $h>g$,所以 $a>c$,于是
$$(a-c)g^2=2cg+b+a$$

由此可知
$$g\mid(b+a)$$

因为
$$0<b+a<2g$$

所以
$$b+a=g$$
$$(a-c)g^2=2cg+g=(2c+1)g$$

又 $a-c>0, 0<2c+1<2g$,则有 $g=2c+1$,即 $c=\dfrac{g-1}{2}$.

因为
$$(a-c)g^2=(2c+1)g=g^2$$

则 $a-c=1$,于是
$$a=\dfrac{g+1}{2},\quad b=g-a=\dfrac{g-1}{2}$$

所以
$$(\overline{abc})_g=\left(\overline{\dfrac{g+1}{2}\ \dfrac{g-1}{2}\ \dfrac{g-1}{2}}\right)_g$$

此式在 g 为奇数时成立.

若 $g>h$,即 $h=g-1$,则有
$$ag^2+bg+c=cg^2-2cg+c+bg-b+a$$

因为 $h<g$,所以 $a<c$.于是
$$(c-a)g^2=2cg+b-a$$

则有
$$g\mid b-a$$

因为
$$-g<b-a<g$$

所以
$$b-a=0$$

因而
$$(c-a)g^2=2cg$$

第4章 十进制和其他进制记数法
Chapter 4 Decimal Systems and Other Notation

又
$$c - a > 0, \quad 0 < 2c < 2g$$
则
$$2c = g$$
即
$$c = \frac{g}{2}$$
因此
$$a = c - 1 = \frac{g-2}{2} = b$$
所以
$$\overline{(abc)}_g = \overline{\left(\frac{g-2}{2} \ \frac{g-2}{2} \ \frac{g}{2}\right)}_g$$

其在 $g(g > 2)$ 为偶数时成立.

综上所述,对于所有 $g(g > 2)$,存在唯一的三位数 $\overline{(abc)}_g$.

20 设 n 是一个正整数,A 是一个 $2n$ 位数,且每位上的数码均为 4,B 是一个 n 位数,且每位数上的数码均为 8,证明 $A + 2B + 4$ 是一个完全平方数.

(巴尔干地区数学奥林匹克,2003 年)

证 $A = \underbrace{44\cdots4}_{2n\text{个}} = \frac{4}{9} \times \underbrace{99\cdots9}_{2n\text{个}} = \frac{4}{9} \times (10^{2n} - 1)$.

$B = \underbrace{88\cdots8}_{n\text{个}} = \frac{8}{9} \times \underbrace{99\cdots9}_{n\text{个}} = \frac{8}{9} \times (10^n - 1)$.

所以
$$A + 2B + 4 = \frac{4}{9} \times (10^{2n} - 1) + \frac{16}{9} \times (10^n - 1) + 4 =$$
$$\frac{4}{9} \times 10^{2n} + \frac{16}{9} \times 10^n + \frac{16}{9} =$$
$$\left(\frac{2}{3} \times 10^n + \frac{4}{3}\right)^2 =$$
$$\frac{4}{9}(10^n + 2)^2$$

由于
$$10^n + 2 \equiv 1 + 2 \equiv 0 \pmod 3$$

则 $(10^n + 2)^2$ 是 9 的倍数,所以 $\frac{4}{9}(10^n + 2)^2$ 是整数,且是完全平方数.

最新世界各国数学奥林匹克中的初等数论试题(下)

The Lastest Elementary Number Theory in Mathematical Olympiads in The World

21 证明:对每个正整数 n,存在一个可以被 5^n 整除的 n 位正整数,它的每一位上的数码是奇数.

(美国数学奥林匹克,2003 年)

证 当 $n=1$ 时,5 满足要求.

假设当 $n=m$ 时,存在数 $A(m) = \overline{a_1 a_2 \cdots a_m}$,其中 $a_i (i=1,2,\cdots,m)$ 为一位奇数,且 $5^m \mid A(m)$.

那么当 $n=m+1$ 时,考查

$$\overline{a_1 a_2 \cdots a_m}, \quad \overline{3 a_1 a_2 \cdots a_m}, \quad \cdots, \quad \overline{9 a_1 a_2 \cdots a_m}$$

即

$$10^m + A(m), \quad 3 \times 10^m + A(m), \quad 5 \times 10^m + A(m),$$
$$7 \times 10^m + A(m), \quad 9 \times 10^m + (Am) \qquad ①$$

这 5 个 $m+1$ 位数.

因为这 5 个 $m+1$ 位数之间的差为

$$2 \times 10^m, \quad 4 \times 10^m, \quad 6 \times 10^m, \quad 8 \times 10^m$$

这 4 个差都不能被 5^{m+1} 整除.

所以①中的 5 个 $m+1$ 位数被 5^{m+1} 除的余数两两不等,这 5 个数中存在一个能被 5^{m+1} 整除的数.

所以用数学归纳法证明了命题正确.

22 设四位数 $\overline{abcd}$ 是一个完全平方数,且 $\overline{ab} = 2\overline{cd} + 1$,求这个四位数.

(中国太原市初中数学竞赛,2004 年)

解 设 $\overline{abcd} = m^2$,则 $32 \leqslant m \leqslant 99$.

又设 $\overline{cd} = x$,则 $\overline{ab} = 2x+1$,于是

$$100(2x+1) + x = m^2$$
$$201x = m^2 - 100$$
$$67 \times 3x = (m-10)(m+10)$$

因为 67 是质数,则 $m-10$ 和 $m+10$ 至少有一个是 67 的倍数.

(1) 若 $m-10 = 67k (k \in \mathbf{N}^*)$,由 $32 \leqslant m \leqslant 99$ 得

$$m - 10 = 67$$
$$m = 77$$

由于 $77^2 = 5\,929$,且满足 $59 = 2 \times 29 + 1$;

(2) 若 $m+10 = 67k (k \in \mathbf{N}^*)$,由 $32 \leqslant m \leqslant 99$ 得

$$m + 10 = 67$$

即

第4章 十进制和其他进制记数法
Chapter 4 Decimal Systems and Other Notation

$$m = 57$$

由于 $57^2 = 3\,249$,而 $32 \neq 2 \times 49 + 1$,故不合题意,所以所求的四位数为 $5\,929$.

23 若 $n \in \mathbf{N}, n \geqslant 2, a_1, a_2, \cdots, a_n$ 为一位数码,且

$$\sqrt{\overline{a_1 a_2 \cdots a_n}} - \sqrt{\overline{a_1 a_2 \cdots a_{n-1}}} = a_n$$

求 n.

其中 $\overline{a_1 a_2 \cdots a_n}$ 为由 $a_1, a_2, \cdots, a_n$ 构成的十进制 n 位数.

(罗马尼亚数学奥林匹克,2003 年)

解 设 $x = \overline{a_1 a_2 \cdots a_{n-1}} \in \mathbf{N}^*$,则

$$\overline{a_1 a_2 \cdots a_n} = 10x + a_n$$

于是,题设等式化为

$$\sqrt{10x + a_n} - \sqrt{x} = a_n$$

故

$$10x + a_n = x + a_n^2 + 2a_n\sqrt{x}$$

$$9x = a_n(a_n + 2\sqrt{x} - 1)$$

因为 $a_n \leqslant 9$,则 $x \leqslant a_n + 2\sqrt{x} - 1$,即

$$(\sqrt{x} - 1)^2 \leqslant a_n \leqslant 9$$

解得 $x = 16$.

另一方面,$a_n \neq 0$(否则 $x = 0$)

$$\sqrt{x} = \frac{9x + a_n - a_n^2}{2a_n}$$

为有理数,故 x 为完全平方数.

由 $\sqrt{10x + a_n} = a_n + \sqrt{x}$ 可知 $10x + a_n$ 也是完全平方数.

所以 x 的可能值为 $1, 4, 9, 16$.

逐一检验可得

$$x = 16, \quad a_n = 9, \quad n = 3$$

显然 $\sqrt{169} - \sqrt{16} = 9$ 满足条件.

24 设 n 是一个三位数,满足 $100 \leqslant n \leqslant 999$,求所有的 n,使得 n^2 的末三位数等于 n.

(意大利数学奥林匹克,2003 年)

解 原命题等价于 $1\,000 \mid (n^2 - n) = n(n-1)$.

由于 $(n, n-1) = 1$,且 n 和 $n-1$ 仅有一个偶数,又

$$1\,000 = 2^3 \times 5^3$$

最新世界各国数学奥林匹克中的初等数论试题(下)

The Lastest Elementary Number Theory in Mathematical Olympiads in The World

由于 n 是一个三位数,则 n 和 $n-1$ 都不是 1 000 的倍数,于是只有如下两种情况:

(1) n 是 2^3 的倍数, $n-1$ 是 5^3 的倍数,为此,设

$$\begin{cases} n = 2^3 a \\ n-1 = 5^3 b \end{cases}$$

则

$$2^3 a - 5^3 b = 1$$

即

$$8a - 125b = 1$$

则 b 是奇数.

因为 $n-1$ 是三位数,由于 b 是奇数,则 b 只能为 1,3,5,7,经检验, $b=3$, $a=47$ 是一组解,此时, $n=8a=376$,满足条件.

(2) n 是 5^3 的倍数, $n-1$ 是 2^3 的倍数,为此,设

$$\begin{cases} n = 5^3 c \\ n-1 = 2^3 d \end{cases}$$

则

$$5^3 c - 2^3 d = 1$$

于是 c 为奇数,与(1)一样, c 只能是 1,3,5,7,经检验, $c=5$, $d=78$,此时, $n=125c=625$,满足条件.

25 在 100×100 方格表的每个方格中均填写着 1 个非 0 数码,已知沿着各行填写的 100 个 100 位数均可被 11 整除.试问:在沿着各列填写的 100 个 100 位数中是否可能恰好有 99 个可被 11 整除.

(俄罗斯数学奥林匹克,2004 年)

解 假设可能.

由于一个正整数可被 11 整除,当且仅当它的偶数位上的数码之和与奇数位上的数码之和被 11 除的余数相等.

按照国际象棋棋盘的染色规则,将各个小方格交替地染成黑色和白色.

由题意,每一行中黑色方格中的数码之和与白色方格中的数码之和被 11 除的余数相等.

因此,所有黑色方格中的数码之和与所有白色方格中的数码之和被 11 除的余数相等.

如果有 99 列的 100 位数可被 11 整除,那么这 99 列中的黑色方格中的数码之和与白色方格中的数码之和被 11 除的余数相等.

则剩下的一列中的黑色方格中的数码之和也与白色方格中的数码之和被

第4章 十进制和其他进制记数法
Chapter 4 Decimal Systems and Other Notation

11除的余数相等,从而该列中的100位数也能被11整除,所以不可能恰好有99列的100位数能被11整除.

26 设 $f(k)$ 是满足下列条件的整数 n 的个数.
(1) $0 \leqslant n < 10^k$, n 在十进制下恰有 k 个数码,且首位数码可以是0;
(2) 将 n 的数码用某种方式重新排列,使得产生的这个数可以被11整除.
证明:对于每个正整数 m,有 $f(2m) = 10 f(2m-1)$.

(第44届国际数学奥林匹克预选题,2003年)

证 对于固定的正整数 m,定义集合 A_0 和 B_0 如下:
A_0 是具有下列性质的所有整数 n 的集合;
(1) $0 \leqslant n < 10^{2m}$,即 n 有 $2m$ 个数码;
(2) 将 n 左边的 $2m-1$ 个数码重新排列后得到的 $2m$ 位整数可以被11整除.

B_0 是具有下列性质的所有整数 n 的集合:
(1) $0 \leqslant n < 10^{2m-1}$,即 n 有 $2m-1$ 个数码;
(2) 将 n 的数码重新排列后得到的整数可被11整除.
显然有 $f(2m) = |A_0|$, $f(2m-1) = |B_0|$.
对于由 $2m$ 个数码组成的整数 $(a_0, a_1, \cdots, a_{2m-1})$,我们考虑下列性质:
可将 $(a_0, a_1, \cdots, a_{2m-1})$ 的数码重新排列,使得

$$\sum_{l=0}^{2m-1} (-1)^l a_l \equiv 0 \pmod{11} \qquad ①$$

于是 $(a_0, a_1, \cdots, a_{2m-1})$ 满足 ① 等价于对所有整数 k

$(a_0 + k, a_1 + k, \cdots, a_{2m-1} + k)$ 满足 ①

$(ka_0, ka_1, \cdots, ka_{2m-1})$ 满足 ①

上述的结构对所有 $k \not\equiv 0 \pmod{11}$ 成立.

对于整数 k,设 k 是使得

$(j+1)k \equiv 1 \pmod{11} \quad j \in \{0, 1, \cdots, 9\}$

成立的唯一整数,且 $k \in \{1, 2, \cdots, 10\}$.

假设 $(a_{2m-1}, \cdots, a_1, j) \in A_0$,则有 $(a_{2m-1}, \cdots, a, j)$ 满足 ①.
于是 $((a_{2m-1}+1)^{k-1}, \cdots, (a_1+1)^{k-1}, 0)$ 也满足 ①.
设 $b_i = r_{(a_i+1)k} - 1$,其中 $r_{(a_i+1)k}$ 是 $(a_i+1)k$ 对 mod 11 的余数.
则 $(b_{2m-1}, \cdots, b_1) \in B_0$.

对于任意的 $j \in \{0, 1, \cdots, 9\}$,我们也能由 $(b_{2m-1}, \cdots, b_1)$ 重新得到 $(a_{2m-1}, \cdots, a_1, j)$,于是有

$|A_0| = 10 |B_0|$

即
$$f(2m) = 10f(2m-1)$$

27 数列 $\{a_n\}$ 按如下方式构成:$a_1 = p$,其中 p 是质数,且 p 恰有 300 位数码不是 0,而 a_{n+1} 是 $\frac{1}{a_n}$ 的十进制小数表达式中的一个循环节的 2 倍,试求 a_{2003}.

(俄罗斯数学奥林匹克,2003 年)

解 假设 $\frac{1}{n}$ 的十进制小数表达式中开始循环之前的部分 A 由 m 位数码构成,最小循环节 B 由 k 位数码组成.

由等比数列求和公式得
$$\frac{1}{n} = \frac{A}{10^m} + \frac{B}{10^m(10^k-1)} = \frac{A(10^k-1)+B}{10^m(10^k-1)}$$

于是
$$n \mid 10^m(10^k-1)$$

反之,如果 m 和 k 是使得关系 $n \mid 10^m(10^k-1)$ 成立的最小正整数,记
$$C = \frac{10^m(10^k-1)}{n}, \quad A = \left[\frac{C}{10^k-1}\right], \quad B = C - A(10^k-1)$$

则有 $B < 10^k - 1, A < 10^m$,并且 $\frac{1}{n}$ 的十进制表达式中开始循环之前的部分就是 A,而最小循环节就是 B.

由题意可知 $p \neq 2, p \neq 5$,并且 p 的十进制表示中不可能全是 1 和 0. 因为,若 p 的各位数码全是 1 或 0,则它的各位数码之和为 300,能被 3 整除,与 p 是质数矛盾.

下面证明:数列 $\{a_n\}$ 的周期为 2.

真分数 $\frac{1}{p}$ 的循环节等于 $\frac{10^t-1}{p}$,其中 t 是使得 $p \mid (10^t-1)$ 的最小正整数. 因此
$$a_2 = \frac{2(10^t-1)}{p}$$

由于 a_2 能被 2 整除,不能被 2^2 和 5 整除,所以,真分数 $\frac{1}{a_2}$ 的循环节等于 $\frac{10^{u+1}-10}{a_2}$,其中 u 是使得 $a_2 = \frac{2(10^t-1)}{p} \mid (10^{u+1}-10)$ 的最小正整数. 在这里,有 $A = 0$(因为 a_2 能被 18 整除),所以 $a_2 > 10$,于是 $B = C$.

这样一来,u 就是使得

第4章 十进制和其他进制记数法
Chapter 4 Decimal Systems and Other Notation

$$(10^t - 1) \mid (10^u - 1)p \qquad \text{①}$$

的最小正整数,我们证明:此时必有 $u = t$.

首先证明 $u \mid t$.

若 $u \nmid t$,不妨设 $t = uq + r, 0 < r < u$,因为

$$(10^u - 1)p \mid (10^{uq} - 1)p$$

则由 ① 可得

$$(10^t - 1) \mid [(10^t - 1)p - (10^{uq} - 1)p]$$

即

$$(10^t - 1) \mid 10^{uq}(10^r - 1)p$$

从而 $(10^t - 1) \mid (10^r - 1)p$,这是不可能的,这是因为 u 是使 ① 成立的最小正整数,所以 $u \mid t$.

设 $t = ul$,由 ①

$$(10^{ul} - 1) \mid (10^u - 1)p$$

于是

$$10^{u(l-1)} + 10^{u(l-2)} + \cdots + 10^u + 1 \mid p$$

但是 p 是质数,则

$$p = 10^{u(l-1)} + 10^{u(l-2)} + \cdots + 10^u + 1$$

但是前面已证明 p 不能全是由 1 和 0 组成,出现矛盾.

所以有 $t = u$. 即

$$a_3 = \frac{2(10^{t+1} - 10)}{a_2} = 10p$$

又 $\dfrac{1}{p}$ 与 $\dfrac{1}{10p}$ 的循环节相同,所以 $a_{2\,003} = a_3 = 10p$.

28 是否存在正整数 N,使得 N, N^2 和 N^3 用且仅用一次 $0,1,2,3,4,5,6,7,8,9$?

(白俄罗斯数学奥林匹克,2003 年)

解 不存在.

假设数 x 和 y 分别有 m 和 n 位数字,即

$$10^{m-1} \leqslant x < 10^m, \quad 10^{n-1} \leqslant x < 10^n$$

则

$$10^{m+n-2} \leqslant xy < 10^{m+n}$$

这样,xy 或者有 $m + n - 1$ 位数码,或者有 $m + n$ 位数码.

假设 N 满足 N, N^2, N^3 用且仅用一次数码 $0,1,2,3,4,5,6,7,8,9$.

当 N 是一位数时,N^2 最多是两位数,N^3 最多是三位数,所以最多用 $1 + 2 + 3 = 6 < 10$ 个数码,不可能用 10 个数码.

当 N 是三位或三位以上的数时,N^2 至少是五位数,N^3 至少是七位数,所以至少用 $3+5+7=15>10$ 个数码,也不可能.

因此,如果符合题目要求,N 是两位数.

这时,如果 N^2 是四位数,则 N^3 至少是五位数,所以至少用 $2+4+5=11>10$ 个数码,不可能.

所以,N^2 是三位数,即

$$10 \leqslant N < 100, \quad 100 \leqslant N^2 < 10\ 000, \quad 10\ 000 \leqslant N^3 < 100\ 000$$

从而 $10 \leqslant N \leqslant 31, 22 \leqslant N \leqslant 46$,因此,$22 \leqslant N \leqslant 31$.

对这 10 个数逐个验证,得

$N=22$,不满足;$N=23, N^2=529, 2$ 被重复,不可能;

$N=24, N^2=576, N^3=13\ 824, 2$ 和 4 被重复,不可能;

$N=25, N^2=625, 2$ 和 5 被重复,不可能;

$N=26, N^2=676, 6$ 被重复,不可能;

$N=27, N^2=729, 7$ 和 2 被重复,不可能.

继续验证 $N=28, 29, 30, 31$ 均不可能.

所以,不存在满足要求的 N.

29 每一个正整数 a 遵循下面的过程得到数 $d=d(a)$.

(1) 将 a 的最后一位数码移到第一位得到数 b;

(2) 将 b 平方得到 c;

(3) 将 c 的第一位数码移到最后一位得到数 d.

例如 $a=2\ 003, b=3\ 200, c=3\ 200^2=1\ 024\ 000, d=02\ 400\ 001=2\ 400\ 001=d(2\ 003)$.

求所有的正整数 a,使得 $d(a)=a^2$.

(第 44 届国际数学奥林匹克预选题,2003 年)

解 设正整数 a 满足 $d=d(a)=a^2$,且 a 有 $n+1$ 位数,$n \geqslant 0$.

又设 a 的最后一位数码为 s,c 的第一个数码为 f,因为

$$(*****s)^2 = a^2 = d = ****f$$
$$(s*****)^2 = b^2 = c = f*****$$

其中 $*$ 表示一位数码.

所以 f 即为末位数为 s 的一个数的平方的最后一位数码,又是首位数码为 s 的一个数的平方的第一位数.

完全平方数 $a^2=d$ 是一个 $2n+1$ 位数或 $2n+2$ 位数.

若 $s=0$,则 $n \neq 0, b$ 有 n 位数,其平方最多为 $2n$ 位数,所以 d 也最多有 $2n$ 位数,矛盾.所以 a 的最后一位数不能是 0.

第 4 章 十进制和其他进制记数法
Chapter 4 Decimal Systems and Other Notation

若 $s=4$，则 $f=6$，而首位是 4 的数的平方的首位数为 1 或 2，即
$$1\,600\cdots 0=(40\cdots 0)^2\leqslant (4*\cdots *)^2<(50\cdots 0)^2=250\cdots 0$$
所以 $s\neq 4$.

下表给出 s 与 f 的对应情况：

s	1	2	3	4	5	6	7	8	9
$f=(\cdots s)^2$ 的末位数码	1	4	9	6	5	6	9	4	1
$f=(s\cdots)^2$ 的首位数码	1,2,3	4,5,6,7,8	9,1	1,2	2,3	3,4	4,5,6	6,7,8	8,9

从表中可以看出，$s=1,s=2,s=3$ 时，均有 $f=s^2$.

当 $s=1$ 或 $s=2$ 时，$n+1$ 位且首位为 s 的数 b 的平方 $c=b^2$ 是 $2n+1$ 位数.

当 $s=3$ 时，$c=b^2$ 或者是首位数为 9 的 $2n+1$ 位数，或者是首位是 1 的 $2n+2$ 位数.

由 $f=s^2=9$，可知首位数码不可能为 1，所以一定是 $2n+1$ 位数.

设 $a=10x+s$，其中 x 是 n 位数（特别地，$x=0$，设 $n=0$），则
$$b=10^n s+x$$
$$c=10^{2n}s^2+2\times 10^n sx+x^2$$
$$d=10(c-10^{m-1}f)+f=10^{2n+1}s^2+20\times 10^n sx+10x^2-10^m f+f$$

其中 m 是数 c 的位数，且已知 $m=2n+1,f=s^2$. 所以
$$d=20\times 10^n sx+10x^2+s^2$$

由 $a^2=d$，即
$$(10x+s)^2=20\times 10^n sx+10x^2+s^2$$

解得
$$x=2s\cdot\frac{10^n-1}{9}$$

即由 $s=1,2,3$ 得
$$a=\underbrace{66\cdots 63}_{n\text{个}},\quad \underbrace{44\cdots 42}_{n\text{个}},\quad \underbrace{22\cdots 21}_{n\text{个}}$$

当 $a=\underbrace{66\cdots 63}_{n\text{个}}$ 和 $\underbrace{44\cdots 42}_{n\text{个}}$ 时，若 $n\geqslant 1$，则由 $a^2=d$ 可得 d 有 $2n+2$ 位数，于是 c 也是 $2n+2$ 位数，与 c 是 $2n+1$ 位数矛盾.

此时必有 $n=0$，即 $a=3,2$，此时 $d(3)=9,d(2)=4$.

当 $a=\underbrace{22\cdots 21}_{n\text{个}}$，符合题目要求.

于是所求的正整数 a 为 $a=3,a=2$ 或 $a=\underbrace{22\cdots 21}_{n\text{个}}(n\geqslant 0)$.

最新世界各国数学奥林匹克中的初等数论试题(下)

The Lastest Elementary Number Theory in Mathematical Olympiads in The World

30 设 b 是大于 5 的整数,对于每一个正整数 n,考虑 b 进制下的数
$$x_n = \underbrace{11\cdots1}_{n-1 \text{个}} \underbrace{22\cdots2}_{n \text{个}} 5$$

证明:"存在一个正整数 M,使得对于任意大于 M 的整数 n,数 x_n 是一个完全平方数"的充分必要条件是 $b=10$.

(第 44 届国际数学奥林匹克预选题,2003 年)

证 当 $b=6$ 时
$$x_n = 6^{2n-1} + 6^{2n-2} + \cdots + 6^{n+1} + 2 \times 6^n + 2 \times 6^{n-1} + \cdots + 2 \times 6 + 5 = \frac{6^{2n} + 6^{n+1} + 13}{5}$$

$$x_n^2 - 5 = \frac{6^{4n} + 2 \times 6^{3n+1} + 6^{2n+2} + 26 \cdot 6^{2n} + 26 \cdot 6^{n+1} + 44}{25}$$

因为 $(25,6)=1$,而 $6 \nmid x^2 - 5$,于是
$$x_n^2 \equiv 5 \pmod{b}$$

由于
$$x_n \equiv 5 \pmod{b}$$

所以 x_n 不是完全平方数.

同样可以验证 $b=7,8,9$ 时,x_n 也不是完全平方数.

对于 $b=10$,有
$$x_n = 10^{2n-1} + 10^{2n-2} + \cdots + 10^{n+1} + 2 \times 10^n + 2 \times 10^{n-1} + \cdots + 2 \times 10 + 5 = \frac{10^{2n} + 10 \cdot 10^n + 25}{9} = \left(\frac{10^n + 5}{3}\right)^2$$

由于 $3 \mid 10^n + 5$,所以 x_n 是一个完全平方数.

对于 $b \geq 11$,由
$$x_n = \frac{b^{2n} + b^{n+1} + 3b - 5}{b-1}$$

设 $y_n = (b-1)x_n$,则 $y_n = b^{2n} + b^{n+1} + 3b - 5$.

假设存在一个正整数 M,当 $n > M$ 时,x_n 是完全平方数,则对于 $n > M$,$y_n y_{n+1} = (b-1)^2 x_n x_{n+1}$ 也是一个完全平方数. 因为
$$b^{2n} + b^{n+1} + 3b - 5 < \left(b^n + \frac{b}{2}\right)^2$$

所以
$$y_n y_{n+1} < \left(b^n + \frac{b}{2}\right)^2 \left(b^{n+1} + \frac{b}{2}\right)^2 = \left(b^{2n+1} + \frac{b^{n+1}(b+1)}{2} + \frac{b^2}{4}\right)^2$$

另一方面,经直接计算可证明
$$y_n y_{n+1} > \left(b^{2n+1} + \frac{b^{n+1}(b+1)}{2} - b^3\right)^2$$

第4章 十进制和其他进制记数法
Chapter 4 Decimal Systems and Other Notation

因此,对于任意整数 $n > M$,存在一个整数 a_n,使得
$$-b^3 < a_n < \frac{b^2}{4}$$
且有
$$y_n y_{n+1} = \left(b^{2n+1} + \frac{b^{n+1}(b+1)}{2} + a_n\right)^2 \qquad ①$$
将 $y_n y_{n+1}$ 的表达式代入式 ① 有
$$[b^n(b^n+b)+(3b-5)][b^{n+2}(b^n+1)+(3b-5)] =$$
$$\left(b^{2n+1} + \frac{b^{n+1}(b+1)}{2} + a_n\right)^2.$$
于是
$$b_n \mid [a_n^2 - (3b-5)^2]$$
当 n 足够大时,一定有 $a_n^2 - (3b-5)^2 = 0$,即 $a_n = \pm(3b-5)$.

再将 y_n, y_{n+1} 的表达式及 $a_n = \pm(3b-5)$ 代入式 ①.

当 $a_n = -(3b-5)$,在 n 足够大时,式 ① 不成立.

所以 $a_n = 3b-5$.

这时式 ① 化为
$$8(3b-5)b + b^2(b+1)^2 = 4b^3 + 4(3b-5)(b^2+1)$$
此时左端能被 b 整除,右端是一个常数项为 -20 的关于 b 的整系数多项式,所以一定有 $b \mid 20$.又因为 $b \geqslant 11$,所以 $b=20$,此时 $x_n \equiv 7 \pmod{8}$,x_n 不是完全平方数.

综上所述,当 $b=10$ 时,x_n 是完全平方数.

上面的证明也表明,当 x_n 是完全平方数时,必有 $b=10$.

31 (1) 如果一个正整数能表示为一些正整数(这些正整数均为 2 的非负整数次幂,且可以相同)的算术平均,则称这个正整数为"好数". 证明:所有正整数均为"好数";

(2) 如果一个正整数不能表示为一些两两不同的正整数(这些正整数均为 2 的非负整数次幂)的算术平均,则称这个正整数为"坏数",证明:存在无穷多个"坏数".

(白俄罗斯数学奥林匹克,2003 年)

证 (1) 对于任意的正整数 m,存在非负整数 k 和 l,使得
$$2^k \leqslant m < 2^l$$
则 m 是 $2^l - 2^k$ 个数的算术平均,其中 $m-2^k$ 个数是 2^l,2^l-m 个数是 2^k,则
$$\frac{1}{2^l-2^k}[2^l(m-2^k)+2^k(2^l-m)] = m$$

最新世界各国数学奥林匹克中的初等数论试题（下）

The Lastest Elementary Number Theory in Mathematical Olympiads in The World

所以 m 是"好数".

(2) 假设整数 m 是"坏数"，则对于任意正整数 k，若 $m \times 2^k$ 不是"坏数"，则存在 $k_1 < k_2 < \cdots < k_n$，使得

$$m \times 2^k = \frac{2^{k_1} + 2^{k_2} + \cdots + 2^{k_n}}{n}$$

所以

$$m \times 2^k = \frac{2^{k_1}(1 + 2^{l_2} + \cdots + 2^{l_n})}{n}$$

其中 $l_i = k_i - k_1, i = 2, 3, \cdots, n$.

由于 $1 + 2^{l_2} + \cdots + 2^{l_n}$ 为奇数，则 $k_1 \geqslant k$，所以

$$m = \frac{2^{k_1-k}(1 + 2^{l_2} + \cdots + 2^{l_n})}{n}$$

这表明，m 是 n 个数 $2^{k_1-k}, 2^{k_2-k}, \cdots, 2^{k_n-k}$ 的算术平均，与 m 是坏数矛盾.

于是，若 m 是坏数，则 $m \times 2^l$ 也是坏数.

因此，只要找到一个"坏数"即可.

下面证明 13 是坏数.

假设 13 是 n 个 2 的整数次幂的算术平均，于是 $13n$ 在二进制下有 n 个 1.

当 $n = 1, 2, 3, 4, 5, 6$ 时有

$13 \times 1 = 1101_{(2)}$

$13 \times 2 = 26 = 1\,1010_{(2)}$

$13 \times 3 = 39 = 10\,0111_{(2)}$

$13 \times 4 = 52 = 11\,0100_{(2)}$

$13 \times 5 = 65 = 100\,0001_{(2)}$

$13 \times 6 = 39 \times 2 = 100\,1110_{(2)}$

当 $n \geqslant 7$ 时，有 $13n < 2^n - 1$，即

$$13n < 1 + 2 + 2^2 + \cdots + 2^{n-1}$$

于是当 $n \geqslant 17$ 时，$13n$ 在二进制下 1 的数目不可能等于 n.

由以上，13 是坏数.

因此，所有形如 13×2^n 的数都是坏数.

32 设 t 是一个固定的正整数，$f_t(n)$ 表示满足 C_n^k 是奇数的数目，其中 $1 \leqslant k \leqslant n, k$ 为正整数，若 $1 \leqslant k < t$，则规定 $C_n^k = 0$.

证明：如果 n 是一个足够大的 2 的整数次幂，则 $\dfrac{f_t(n)}{n} = \dfrac{1}{2^r}$，其中 r 是一个依赖于 t，但不依赖于 n 的整数.

（匈牙利数学奥林匹克，2003 年）

第 4 章 十进制和其他进制记数法
Chapter 4 Decimal Systems and Other Notation

证 先证明两个引理.

引理 1 记 $t(t \in \mathbf{N}^*)$ 的二进制表示中 1 的个数为 $p(t)$,则 $t!$ 中约数 2 的个数为 $(t-p(t))$ 个.

引理 1 的证明:设 $t = \sum_{i=1}^{n} a_i 2^i$,其中 $a_i \in \{0,1\}$, $\sum_{i=0}^{n} a_i = p(t)$.

则 $t!$ 中约数 2 的个数为

$$\sum_{j=1}^{n}\left[\frac{t}{2^j}\right] = \sum_{j=1}^{n}\sum_{i=1}^{n} a_i 2^{i-j} = \sum_{i=1}^{n}\sum_{j=1}^{i} a_i 2^{i-j} = \sum_{i=1}^{n} a_i(2^i-1) = t-p(t)$$

引理 2 $p(t)+p(r) = p(r+t)$($p(t)$ 的定义见引理 1),当且仅当 r 与 s 的二进制表示中,任何两个 1 所在的位数不同.

引理 2 的证明:必要性,显然成立.

下面证充分性.

记 $t = 2^{a_1} + 2^{a_2} + \cdots + 2^{a_{p(t)}}$, $r = 2^{b_1} + 2^{b_2} + \cdots + 2^{b_{p(r)}}$

由 C_{t+r}^r 为整数,则

$$t+r-p(t+r) \geqslant t-p(t)+r-p(r)$$

所以

$$p(t)+p(r) \geqslant p(t+r)$$

若存在 $1 \leqslant i \leqslant p(t), 1 \leqslant j \leqslant p(r)$,使 $a_i = b_j$,则

$$p(t+r) \leqslant p(t+r-2^{a_i}-2^{b_j}) + p(2^{a_i}+2^{b_j}) \leqslant$$
$$p(t)+p(r)-2+1 =$$
$$p(t)+p(r)-1$$

故对任意 $1 \leqslant i \leqslant p(t), 1 \leqslant j \leqslant p(r), a_i \neq b_j$.

引理 2 得证.

下面证明原题.

当 $k \geqslant t$ 时,因为 C_k^t 为奇数,则

$$2 \nmid C_k^t \Leftrightarrow k-p(k) = t-p(t)+(k-t)-p(k-t) \Leftrightarrow$$
$$p(k-t)+p(t) = p(k) \Leftrightarrow$$

$(h-t)$ 与 t 在二进制的表示中,没有两个 1 在同一数位上.

设 $n = 2^k (k \in \mathbf{N}^*, k$ 充分大$)$,有

$$t = 2^q + \sum_{i=0}^{q-1} a_i 2^i, \quad A = \{i \mid a_i = 1\}, \quad |A| = p(t)-1$$

则

$$2 \nmid C_k^t \Leftrightarrow k-t = \sum_{j=1}^{b-q-1} b_j 2^{q+j} + \sum_{\substack{i=0 \\ i \notin A}}^{q-1} c_i 2^i \quad b_i, c_i \in \{0,1\}$$

所以
$$f_t(n) = 2^{h-q-1} \times 2^{q-[p(t)-1]} = 2^{h-p(t)}$$
因而
$$\frac{f_t(n)}{n} = \frac{1}{2^{p(t)}}$$

因此，$r = p(t)$ 依赖于 t，但与 n 无关.

33 求所有满足以下条件的三位数，该数等于它的各位数码之和的 30 倍.

（斯洛文尼亚数学奥林匹克初赛，2004 年）

解 设所求的三位数 $\overline{xyz}$，$x \in \{1,2,\cdots,9\}$，$y,z \in \{0,1,2,\cdots,9\}$，则
$$100x + 10y + z = 30(x+y+z)$$
于是 $z = 0$ 有
$$100x + 10y = 30(x+y)$$
即
$$10x + y = 3(x+y)$$
$$7x = 2y$$
因为 x,y 是一位数，且 $x \neq 0$，则 $x = 2, y = 7$.

因此所求三位数为 270.

34 是否存在满足以下条件的正整数 n：
如果 n 是它的各位数码之和的倍数，那么 n 与其各位数码之和的乘积的各位数码之和等于 3.

（斯洛文尼亚数学奥林匹克决赛，2004 年）

解 设 $s(m)$ 是正整数 m 的各位数码之和.

本题是要求：是否存在一个正整数 n，使
$$s(n \cdot s(n)) = 3$$
由于一个正整数能被 3 整除的充分必要条件是它的各位数码之和能被 3 整除，于是
$$3 \mid n \cdot s(n)$$
又若 $3 \mid n$，则 $3 \mid s(n)$，反之若 $3 \mid s(n)$，则 $3 \mid n$，于是
$$9 \mid n \cdot s(n)$$
从而
$$9 \mid s(n \cdot s(n))$$
即 $s(n \cdot s(n)) = 3$ 无解.

第 4 章 十进制和其他进制记数法
Chapter 4 Decimal Systems and Other Notation

35 求所有的五位数 $\overline{abcde}$，该数能被 9 整除，且 $\overline{ace} - \overline{bda} = 760$.

(斯洛文尼亚数学奥林匹克决赛,2004 年)

解 方程 $\overline{ace} - \overline{bda} = 760$，可改写为
$$100a + 10c + e - 100b - 10d - a = 760$$
于是 $e - a = 0, e = a$.

又化为
$$100a - 100b + 10c - 10d = 760$$
$$10(a-b) + (c-d) = 76$$

因此,只有两种可能
$$\begin{cases} a-b=7 \\ c-d=6 \end{cases} \quad \begin{cases} a-b=8 \\ c-d=-4 \end{cases}$$

对于第一种情形,$c = d+6, a = b+7$. 又
$$a+b+c+d+e = b+7+b+d+6+d+b+7 =$$
$$3b+2d+20 = 3b+2(d+1+9)$$

能被 9 整除.

所以 $3 \mid (d+1)$，又 $c-d=6$,则 $d=2, c=8$.

又 $3(b+2)$ 能被 9 整除,又 $a=b+7$,则 $b=1$.

因此所求五位数为 81 828.

对于第二种情形,$d = c+4, a = b+8$.

因此,$a=8, b=0$ 或 $a=9, b=1$.

若 $a=8$,由
$$9 \mid (a+b+c+d+e) = 8+2c+4+8 = 20+2c$$
于是 $c=8$,进而 $d = c+4 = 12$ 不是一位数.

若 $a=9$,由
$$9 \mid (a+b+c+d+e) = 10+2c+4+9 = 23+2c$$
于是 $c=2$,相应的五位数为 91 269.

36 在各位数码各不相同的 10 位数中,是 11 111 的倍数的有多少个? 证明你的结论.

(中国上海高中数学竞赛,2004 年)

解 设 $n = \overline{abcdefghij}$ 满足条件,则 $11\,111 \mid n$,且 $a, b, \cdots, i, j$ 是 $0, 1, \cdots, 8, 9$ 的一个排列,$a \neq 0$. 因为
$$a+b+c+d+\cdots+i+j = 0+1+\cdots+9 = 45 \equiv 0 \pmod{9}$$
所以

最新世界各国数学奥林匹克中的初等数论试题(下)
The Lastest Elementary Number Theory in Mathematical Olympiads in The World

$$9 \mid n$$

因为 $(11\,111, 9) = 1$,则 $99\,999 \mid n$.

设 $x = \overline{abcde}, y = \overline{fghij}$,则

$$n = 10^5 x + y \equiv x + y \equiv 0 \pmod{99\,999}$$

但

$$0 < x + y < 2 \times 99\,999$$

所以只能有

$$x + y = 99\,999$$

即

$$a + f = b + g = c + h = d + i = e + j = 9$$

若允许 $a = 0$,则 $(a,f), (b,g), (c,h), (d,i), (e,j)$ 是 $(0,9), (1,8), (2,7),(3,6), (4,5)$ 的一个排列,有 $5! \times 2^5$ 种可能.

当 $a = 0$ 时, $f = 9$ 有 $4! \times 2^4$ 种可能.

所以满足条件的 10 位数共有

$$5! \times 2^5 - 4! \times 2^4 = 3\,456(个)$$

37 在十进制表示中,若 k 位数码 a 满足:如果两个均以 a 结尾的正整数的乘积也以 a 结尾,我们就称 a 是"稳定"的.(如 0 和 25 稳定)证明:对任意正整数 k,恰存在四个稳定的 k 位数码.

(白俄罗斯数学奥林匹克,2004 年)

证 以 a 为结尾的数形如 $n = 10^k b + a$.

容易看出,当且仅当 a^2 以 a 为结尾时, a 是稳定的.于是

$$10^k \mid (a^2 - a)$$

即

$$2^k 5^k \mid (a^2 - a)$$

若 a 以 0 开始,我们定义 a 为相应的正整数,若 a 的所有数位都是 0,则记 a 为 0.

由于 $a^2 - a = a(a-1), (a, a-1) = 1$,所以有下面的四种情形:

(1) $10^k \mid a$;

(2) $10^k \mid (a-1)$;

(3) $2^k \mid a, 5^a \mid (a-1)$;

(4) $5^k \mid a, 2^k \mid (a-1)$.

下面分别讨论.

(1) 因为 $0 \leqslant a < 10^k$,则 $a = \overline{00\cdots0}$.

(2) 因为 $-1 \leqslant a - 1 < 10^k$,所以 $a - 1 = \overline{00\cdots0}, a = \overline{00\cdots1}$.

第 4 章 十进制和其他进制记数法
Chapter 4　Decimal Systems and Other Notation

(3) 设 $a=2^k x$, $x \in \{1,2,\cdots,5^k-1\}$, $a-1=5^k y$, $y \in \mathbf{Z}$, 则
$$2^k x - 5^k y = 1 \qquad ①$$
① 的所有解为
$$\begin{cases} x = x_0 + 5^k t & ② \\ y = y_0 + 2^k t & ③ \end{cases}$$
其中 (x_0, y_0) 是二元一次不定方程 ① 的一组解, 且 $t \in \mathbf{Z}$.

因为 $x_0 \neq 0$, 则满足 ② 的等差数列在 $[0, 5^k)$ 内恰有一项, 所以恰有一解 (x_1, y_1), 其中 $x_1 \in \{1, 2, \cdots, 5^k - 1\}$.

于是 $a = 2^k x_1 \in \{1, 2, \cdots, 10^k - 1\}$ 是所求的 a.(若 a 的位数少于 k, 可以在 a 的左边添上适当的 0, 补到 k 位)

(4) 与 (3) 完全类似.

于是对于任意的 $k \in \mathbf{N}^*$, 恰有四个稳定的 k 位数码.

38 有多少个正整数对 (m, n), 使得 $7m + 3n = 10^{2\,004}$, 且 $m \mid n$.

(日本数学奥林匹克初赛, 2004 年)

解 设 $n = mk$, $k \in \mathbf{N}^*$, 则
$$m(7 + 3k) = 2^{2\,004} \times 5^{2\,004}$$
令
$$7 + 3k = 2^u \times 5^v \quad (u, v \in \mathbf{N}^*)$$
因为上式两边对 $\bmod 3$ 同余, 所以 u, v 的奇偶性相同.

由于 $\{0, 1, 2, \cdots, 2\,004\}$ 中有 $1\,003$ 个奇数和 $1\,002$ 个偶数.

于是 k 可取 $1\,003^2 + 1\,002^2 - 2$(不包括 $(u, v) = (0, 0), (2, 0)$).

所以 $(m, n) = \left(\dfrac{10^{2\,004}}{7 + 3k}, mk\right)$ 有 $1\,003^2 + 100^2 - 2 = 2\,010\,011$ 个解.

即原方程有 $2\,010\,011$ 个解.

39 设 $\{N_1, N_2, \cdots, N_k\}$ 是由 8 位数(十进制)构成的数组, 使得任何一位各位数码形成非降序列的五位数中都至少有一位数码与数 $N_1, N_2, \cdots, N_k$ 中的某个数的相同位置上的数码相同, 试求 k 的最小可能值.

(俄罗斯数学奥林匹克, 2004 年)

解 k 的最小可能值是 2.

具有所述性质的数组 $\{N_1, N_2, \cdots, N_k\}$ 不可能仅由一个五位数组成.

事实上, 对于任何一个五位数 $N = \overline{abcde}$, 都存在不同于 a, b, c, d, e 的数码 g. 从而, N 的任何一位数都不与 $G = \overline{ggggg}$ 相同.

下面证明, 由数 $N_1 = 13\,579$, $N_2 = 12\,468$ 所构成的数组即可满足题意.

最新世界各国数学奥林匹克中的初等数论试题(下)
The Lastest Elementary Number Theory in Mathematical Olympiads in The World

任取一个五位数 $A = \overline{a_1 a_2 a_3 a_4 a_5}$,其中 $a_1 \leqslant a_2 \leqslant a_3 \leqslant a_4 \leqslant a_5$.

如果 A 的任何一位数都不与 N_1, N_2 的相同位置上的数码相同,必有 $a_5 \leqslant 7$,因此 $a_4 \leqslant 7$.

但 a_4 既不同于 N_1 的十位数,也不同于 N_2 的十位数,因此 $a_4 \leqslant 5$,所以有 $a_3 \leqslant 5$.

又由于 a_3 既不同于 N_1 的百位数,也不同于 N_2 的百位数.因此,$a_3 \leqslant 3$.故 $a_2 \leqslant 3$.

如此下去,又推出 $a_2 \neq 3, a_2 \neq 2$,必有 $a_1 = 1$.从而 A 的首位数码与 N_1, N_2 的首位数码相同.

因此 $N_1 = 13\ 579, N_2 = 12\ 468$ 符合题意.

40 设正整数 $A = \overline{a_n a_{n-1} \cdots a_1 a_0}, a_n, a_{n-1}, \cdots, a_0$ 均不为 0,且不全相等,数

$$A_1 = \overline{a_{n-1} \cdots a_1 a_0 a_n}$$
$$A_2 = \overline{a_{n-2} \cdots a_1 a_0 a_n a_{n-1}}$$
$$\vdots$$
$$A_k = \overline{a_{n-k} a_{n-k-1} \cdots a_0 a_n \cdots a_{n-k+1}}$$
$$\vdots$$
$$A_n = \overline{a_0 a_n \cdots a_1}$$

是由 A 循环排列而得.

求 A,使得任意的 $A_k (k = 1, 2, \cdots, n)$ 能被 A 整除.

(白俄罗斯数学奥林匹克,2004 年)

解 所求的 $A = \underbrace{142857\ 142857 \cdots 142857}_{k 个}, k \in \mathbf{N}^*$.

设 $B = \overline{a_{n-1} a_{n-2} \cdots a_1 a_0}$,则

$$A = 10^n \cdot a_n + B$$
$$A_1 = 10B + a_n, \quad B < 10^n$$

令 $A_1 = mA, m \in \mathbf{N}^*$,因为

$$10^n \cdot m \leqslant Am = A_1 < 10^{n+1}$$

所以

$$m < 10$$
$$10B + a_n = m(10^n \cdot a_n + B)$$

于是

$$B = a_n \cdot \frac{10^n m - 1}{10 - m} \qquad\qquad ①$$

第 4 章　十进制和其他进制记数法
Chapter 4　Decimal Systems and Other Notation

因为 A 的各位数码均不相等,所以 $A \neq A_1$,即 $m \neq 1$.

假设 $m \geqslant 5$,则
$$B = a_n \cdot \frac{10^n m - 1}{10^{-m}} \geqslant 1 \times \frac{5 \times 10^n - 1}{10^{-5}} = 10^n - \frac{1}{5} > 10^n - 1$$

与 $B < 10^n$ 矛盾.

所以 $1 < m < 5$.

若 $m = 2$,则
$$B = a_n \cdot \frac{2 \times 10^n - 1}{8}$$

因为 $2 \times 10^n - 1$ 是奇数,于是 $8 \mid a_n$,从而 $a_n = 8$.

但此时
$$B = 2 \times 10^n - 1 > 10^n$$

矛盾.

类似地,若 $m = 4$,则 $B = a_n \cdot \frac{4 \times 10^n - 1}{6}$,从而 $2 \mid a_n$,由此
$$B \geqslant \frac{4 \times 10^n - 1}{3} > 10^n$$

矛盾.

所以 $m = 3$.

由
$$B = a_n \cdot \frac{3 \times 10^n - 1}{7} < 10^n$$

则 $a_n \leqslant 2$.

若 $a_n = 1$,则
$$B = \frac{3 \times 10^n - 1}{7}, \quad A = \frac{1}{7}(10^{n+1} - 1)$$

若 $a_n = 2$,则
$$B = 2 \times \frac{3 \times 10^n - 1}{7}, \quad A = \frac{2}{7}(10^{n+1} - 1)$$

因为 $A \in \mathbf{N}^*$,则 $7 \mid (10^{n+1} - 1)$.

由于,当且仅当 $6 \mid m$ 时,$7 \mid (10^m - 1)$,于是
$$n + 1 = 6k$$

由于
$$\frac{10^6 - 1}{7} = 142\ 857, \quad \frac{2(10^6 - 1)}{7} = 285\ 714$$

所以

最新世界各国数学奥林匹克中的初等数论试题(下)
The Lastest Elementary Number Theory in Mathematical Olympiads in The World

$$A = \underbrace{142857\ 142857\ \cdots\ 142857}_{k\text{组}}$$

或

$$A = \underbrace{285714\ 285714\ \cdots\ 285714}_{k\text{组}}$$

因为 $A_4 = \overline{1\cdots} < \overline{2\cdots} = A$,则 A_4 不能被 A 整除,所以第二种情况不可能.

对第一种情况,容易证明
$$142\ 857 = 142\ 857 \times 1$$
$$428\ 571 = 142\ 857 \times 3$$
$$285\ 714 = 142\ 857 \times 2$$
$$857\ 142 = 142\ 857 \times 6$$
$$571\ 428 = 142\ 857 \times 4$$
$$714\ 285 = 142\ 857 \times 5$$

于是有 $A_1 = 3A, A_2 = 2A, A_3 = 6A, A_4 = 4A, A_5 = 5A$. 从而满足题目要求.

41 如果一个正整数的十进制表示中,任何两个相邻数字的奇偶性不同,则称这个正整数为交替数.

试求出所有的正整数 n,使得至少有一个 n 的倍数为交替数.

(第 45 届国际数学奥林匹克,2004 年)

解 先证明两个引理.

引理 1 对 $k \geqslant 1$,存在 $0 \leqslant a_1, a_2, \cdots, a_{2k} \leqslant 9$,使得 $a_1, a_3, \cdots, a_{2k-1}$ 是奇数,$a_2, a_4, \cdots, a_{2k}$ 是偶数,且 $2^{2k+1} \mid \overline{a_1 a_2 \cdots a_{2k}}$(表示十进制数).

引理 1 的证明:对 k 用数学归纳法.

当 $k=1$ 时,$8 \mid 16$,命题成立;

假设当 $k=n-1$ 时,命题成立,即 $2^{2n-1} \mid \overline{a_1 a_2 \cdots a_{2n-2}}$ 成立.

则当 $k=n$ 时,设 $\overline{a_1 a_2 \cdots a_{2n-2}} = 2^{2n-1} t, t$ 为正整数.

只要证明存在 $0 \leqslant a, b \leqslant 9, a$ 为奇数,b 为偶数,且
$$2^{2n+1} \mid (\overline{ab} \times 10^{2n-2} + 2^{2n-1} t)$$

(即 $2^{2n+1} \mid \overline{ab a_1 a_2 \cdots a_{2n-2}}$)即可.

即证
$$2^3 \cdot 2^{2n-2} \mid 2^{2n-2}(\overline{ab} \times 5^{2n-2} + 2t)$$

于是须证
$$8 \mid (\overline{ab} \times 5^{2n-2} + 2t)$$

因为

第 4 章 十进制和其他进制记数法
Chapter 4 Decimal Systems and Other Notation

$$5^{2n-2} = (8 \times 3 + 1)^{n-1} \equiv 1 \pmod{8}$$

所以须证
$$8 \mid (\overline{ab} + 2t)$$

由 $8 \mid (12+4), 8 \mid (14+2), 8 \mid (16+0), 8 \mid (50+6)$，可知 $8 \mid (\overline{ab}+2t)$ 成立，即 $k=n$ 时命题成立.

于是引理 1 得证.

引理 2 对 $k \geqslant 1$，存在一个 $2k$ 位的交替数 $\overline{a_1 a_2 \cdots a_{2k}}$，其末位为奇数，且
$$5^{2k} \mid \overline{a_1 a_2 \cdots a_{2k}}$$

引理 2 的证明：对 k 用数学归纳法.

当 $k=1$ 时，由 $25 \mid 25$ 知命题成立；

假设 $k=n-1$ 时命题成立，即存在交替数 $\overline{a_1 a_2 \cdots a_{2n-2}}$，满足
$$5^{2n-2} \mid \overline{a_1 a_2 \cdots a_{2n-2}}$$

当 $k=n$ 时，设
$$\overline{a_1 a_2 \cdots a_{2n-2}} = 5^{2n-2} \cdot t$$

只要证明存在 $0 \leqslant a, b \leqslant 9$，$a$ 为偶数，b 为奇数，且
$$5^{2n} \mid (\overline{ab} \times 10^{2n-2} + t \times 5^{2n-2})$$

(即 $5^{2n} \mid \overline{ab a_1 a_2 \cdots a_{2n-2}}$).

即证
$$25 \times 5^{2n-2} \mid 5^{2n-2}(\overline{ab} \times 2^{2n-2} + t)$$

于是只须证
$$25 \mid (\overline{ab} \times 2^{2n-2} + t)$$

由于
$$(2^{2n-2}, 25) = 1$$

则一定存在 $0 < \overline{ab} \leqslant 25$，使得
$$25 \mid (\overline{ab} \times 2^{2n-2} + t)$$

此时，若 b 是奇数，则 $\overline{ab}$ 和 $\overline{ab}+50$ 中至少有一个首位是偶数，个位是奇数，且满足条件.

若 b 是偶数，则 $\overline{ab}+25$ 和 $\overline{ab}+75$ 中至少有一个首位是偶数，个位是奇数，且满足条件.

即 $k=n$ 时，命题成立.

于是引理 2 得证.

下面证明原题.

设 $n = 2^\alpha \cdot 5^\beta \cdot t$，其中 $(t, 10) = 1, \alpha, \beta \in \mathbf{N}$.

若 $\alpha \geqslant 2, \beta \geqslant 1$，则对 n 的任一个倍数 l，l 的个位数是 0，且十位是偶数，因此 n 不满足要求.

最新世界各国数学奥林匹克中的初等数论试题(下)
The Lastest Elementary Number Theory in Mathematical Olympiads in The World

(1) 当 $\alpha=0, \beta=0$ 时，考虑数列
$$21, 2121, 212121, \cdots, \underbrace{2121\cdots 21}_{k \uparrow 21}, \cdots$$
其中必有两个数对 $\bmod n$ 同余，不妨设 $t_1 > t_2$，且
$$\underbrace{2121\cdots 21}_{t_1 \uparrow 21} \equiv \underbrace{2121\cdots 21}_{t_2 \uparrow 21} \pmod{n}$$
则
$$\underbrace{2121\cdots 21}_{(t_1-t_2) \uparrow 21}\underbrace{00\cdots 0}_{2t_2 \uparrow 0} \equiv 0 \pmod{n}$$
因为 $(n, 10) = 1$，所以
$$\underbrace{2121\cdots 21}_{(t_1-t_2) \uparrow 21} \equiv 0 \pmod{n}$$
此时 n 满足要求.

(2) 当 $\beta = 0, \alpha \geqslant 1$ 时，由引理 1 知，存在交替数 $\overline{a_1 a_2 \cdots a_{2k}}$，满足
$$2^\alpha \mid \overline{a_1 a_2 \cdots a_{2k}}$$
考虑数列
$$\overline{a_1 a_2 \cdots a_{2k}}, \overline{a_1 a_2 \cdots a_{2k} a_1 a_2 \cdots a_{2k}}, \cdots, \underbrace{\overline{a_1 a_2 \cdots a_{2k} a_1 a_2 \cdots a_{2k} \cdots a_1 a_2 \cdots a_{2k}}}_{t \uparrow}, \cdots$$
其中必有两个数对 $\bmod t$ 同余，不妨设 $t_1 > t_2$，且
$$\underbrace{\overline{a_1 a_2 \cdots a_{2k} \cdots a_1 a_2 \cdots a_{2k}}}_{t_1 \uparrow} \equiv \underbrace{\overline{a_1 a_2 \cdots a_{2k} \cdots a_1 a_2 \cdots a_{2k}}}_{t_2 \uparrow} \pmod{t}$$
因为 $(t, 10) = 1$，所以
$$\underbrace{\overline{a_1 a_2 \cdots a_{2k} \cdots a_1 a_2 \cdots a_{2k}}}_{(t_1-t_2) \uparrow} \equiv 0 \pmod{t}$$
又因为 $(t, 2) = 1$，所以
$$n = 2^\alpha t \mid \underbrace{\overline{a_1 a_2 \cdots a_{2k} \cdots a_1 a_2 \cdots a_{2k}}}_{(t_1-t_2) \uparrow}$$
且此数为交替数.

(3) 当 $\alpha = 0, \beta \geqslant 1$ 时，由引理 2 知，存在交替数 $\overline{a_1 a_2 \cdots a_{2k}}$，满足
$$5^\beta \mid \overline{a_1 a_2 \cdots a_{2k}}$$
a_{2k} 为奇数.
同 (2) 可得，存在 $t_1 > t_2$ 满足
$$t \mid \underbrace{\overline{a_1 a_2 \cdots a_{2k} \cdots a_1 a_2 \cdots a_{2k}}}_{(t_1-t_2) \uparrow}$$
因为 $(s, t) = 1$，所以
$$n = 5^\beta t \mid \underbrace{\overline{a_1 a_2 \cdots a_{2k} \cdots a_1 a_2 \cdots a_{2k}}}_{(t_1-t_2) \uparrow}$$

第4章 十进制和其他进制记数法
Chapter 4 Decimal Systems and Other Notation

且此数为交替数,末位数 a_{2k} 为奇数.

(4) 当 $\alpha=1, \beta \geqslant 1$ 时,由(3)知,存在交替数 $\overline{a_1a_2\cdots a_{2k}\cdots a_1a_2\cdots a_{2k}}$, a_{2k} 为奇数,且

$$5^\beta t \mid \overline{a_1a_2\cdots a_{2k}\cdots a_1a_2\cdots a_{2k}}$$

从而

$$n = 2\times 5^\beta t \mid \overline{a_1a_2\cdots a_{2k}\cdots a_1a_2\cdots a_{2k}0}$$

此数也为交替数.

由以上,只要 n 不是 20 的倍数,即满足 $20 \nmid n, n \in \mathbf{N}^*$ 的 n 都满足要求.

42 证明存在正整数 m,使得 $2\,004^m$ 的十进制表示的开始的数字为 20042005200620072008

(中国国家集训队培训试题,2004 年)

证 记 $\alpha = 20042005200620072008$
$\beta = 20042005200620072009$

先证明一个引理.

引理 对任意 $\varepsilon \in (0,1)$,存在 $m \in \mathbf{N}^*$,使

$$0 < \{m\lg 2\,004\} < \varepsilon$$

引理的证明:先证明 $\lg 2\,004$ 是无理数.

用反证法,假设 $\lg 2\,004$ 是有理数,即存在 $p, q \in \mathbf{N}^*, (p,q)=1$,使

$$\lg 2\,004 = \frac{p}{q}$$

则

$$10^p = 2\,004^q$$

由于 $3 \nmid 10^p, 3 \mid 2\,004^q$,因此,$10^p \neq 2\,004^q$,矛盾,所以 $\lg 2\,004$ 是无理数.

由 $\varepsilon \in (0,1)$ 知,存在 $n \in \mathbf{N}^*$,使 $0 < \frac{1}{n} < \varepsilon$,故只须证明:

存在 $m \in \mathbf{N}^*$,使

$$0 < \{m\lg 2\,004\} < \frac{1}{n}$$

考虑 $n+1$ 个数 $\{i\lg 2\,004\}(i=0,1,2,\cdots,n)$ 及 n 个区间 $I_j = \left[\frac{j-1}{n}, \frac{j}{n}\right)(j=1,2,\cdots,n)$.

由抽屉原理可知,存在一个区间 I_j,使 $\{i_1\lg 2\,004\}, \{i_2\lg 2\,004\} \in I_j, 0 \leqslant i_1 \leqslant i_2 \leqslant n+1$.

(1) 若 $\frac{j-1}{n} \leqslant \{i_1\lg 2\,004\} \leqslant \{i_2\lg 2\,004\} < \frac{j}{n}$,则

$$0 \leqslant \{(i_2-i_1)\lg 2\,004\} = \{i_2\lg 2\,004\} - \{i_1\lg 2\,004\} < \frac{1}{n}, \quad i_2-i_1 \in \mathbf{N}^*$$

最新世界各国数学奥林匹克中的初等数论试题(下)
The Lastest Elementary Number Theory in Mathematical Olympiads in The World

(2) 若 $\dfrac{j-1}{n} \leqslant \{i_2 \lg 2\ 004\} < \{i_1 \lg 2\ 004\} < \dfrac{j}{n}$,则

$$0 < \{(i_2 - i_1)\lg 2\ 004\} < \dfrac{1}{n}$$

即

$$1 - \dfrac{1}{n} < \{(i_2 - i_1)\lg 2\ 004\} < 1$$

设

$$\{(i_2 - i_1)\lg 2\ 004\} = 1 - \delta, \quad 0 < \delta < \dfrac{1}{n}$$

则由 $0 < \delta < \dfrac{1}{n}$ 得,存在 $r \in \mathbf{N}^*$,使

$$1 - r\delta < \dfrac{1}{n}$$

于是

$$\{r(i_2 - i_1)\lg 2\ 004\} = \{r(1 - \delta)\} = \{r - 1 + 1 - \delta\} =$$
$$\{1 - r\delta\} \in \left(0, \dfrac{1}{n}\right), \quad r(i_2 - i_1) \in \mathbf{N}^*$$

综合(1),(2)知,存在 $m \in \mathbf{N}^*$,使 $0 \leqslant \{m\lg 2\ 004\} < \dfrac{1}{n}$.

又因为 $\lg 2\ 004$ 为无理数,故 $\{m\lg 2\ 004\} \neq 0$,所以有

$$0 < \{m\lg 2\ 004\} < \dfrac{1}{n}$$

引理得证.

下面证明:存在 $k, m \in \mathbf{N}^*$,使

$$k + \lg \alpha \leqslant m\lg 2\ 004 < k + \lg \beta$$

显然当取 $d \in (0, 1)$ 时,$\lg \alpha \notin \mathbf{Z}$,使

$$\lg \alpha + d < \lg \beta$$
$$\{\lg \alpha\} + d < 1$$

取 $M \in \mathbf{N}^*$,使

$$M\lg 2\ 004 > \lg \beta + 1$$

由引理,存在 $m_0 \in \mathbf{N}^*$,使

$$0 < \{m_0 \lg 2\ 004\} < \dfrac{d}{M}$$

从而

$$0 < \{Mm_0 \lg 2\ 004\} < d$$

于是可得,存在 $l \in \mathbf{N}^*$,使得

$$0 < \{\lg \alpha\} < l\{m_0 M\lg 2\ 004\} < \{\lg \alpha\} + d < 1 -$$

第 4 章 十进制和其他进制记数法
Chapter 4 Decimal Systems and Other Notation

$$\{\lg \alpha\} < \{Mm_0 l \cdot \lg 2\,004\} = l\{Mm_0 \lg 2\,004\} < \{\lg \alpha\} + d \Leftrightarrow$$
$$\lg \alpha - [\lg \alpha] + [Mm_0 l \cdot \lg 2\,004] < Mm_0 l \cdot \lg 2\,004 <$$
$$\lg \alpha - [\lg \alpha] + [Mm_0 l \cdot \lg 2\,004] + d <$$
$$\lg \beta - [\lg \beta] + [Mm_0 l \cdot \lg 2\,004]$$

若令 $k = [Mm_0 l \cdot \lg 2\,004] - [\lg \alpha]$,$m = Mm_0 l$,则 $k \in \mathbf{Z}, m \in \mathbf{N}^*$,且

$$k + \lg \alpha \leqslant m \lg 2\,004 < k + \lg \beta$$

由 $m = Mm_0 l \geqslant M$ 及上式得

$$k > m \lg 2\,004 - \beta \geqslant M \lg 2\,004 - \beta > 1$$

从而必有 $k \in \mathbf{N}^*, m \in \mathbf{N}^*$ 且使命题成立.

由该命题

$$\alpha \cdot 10^k \leqslant 2\,004^m < \beta \cdot 10^k$$

有

$$20042005200620072008 \cdot 10^k \leqslant 2\,004^m <$$
$$20042005200620072009 \cdot 10^k$$

即 $2\,004^m$ 的十进制表示的开始数字为 20042005200620072008.

43 设整数 $b > 5$,对于每个正整数 n,考虑 b 进制表示的数

$$x_n = \underbrace{11\cdots1}_{n-1\text{个}}\underbrace{22\cdots2}_{n\text{个}}5$$

证明:$b = 10$ 的充分必要条件是存在正整数 M,使得对于所有正整数 $n > M$,均有 x_n 是一个完全平方数.

（中国台湾数学奥林匹克集训营，2004 年）

证 必要性.

因为 $b = 10$,所以当 $n > 0$ 时有

$$\underbrace{11\cdots1}_{n-1\text{个}}\underbrace{22\cdots2}_{n\text{个}}5 = 10^{n+1} \times \frac{10^{n-1}-1}{10-1} + 20 \times \frac{10^n - 1}{10 - 1} + 5 =$$
$$\frac{10^{2n}}{9} - \frac{10^{n+1}}{9} + \frac{2 \cdot 10^{n+1}}{9} + \frac{25}{9} =$$
$$\frac{10^{2n}}{9} + 2 \cdot \frac{5}{9} \cdot 10^n + \frac{25}{9} =$$
$$\left(\frac{10^n}{3} + \frac{5}{3}\right)^2$$

又 $10 \equiv 1 \pmod{3}$,所以 $3 \mid (10^n + 5)$,所以 $\frac{10^n + 5}{3}$ 是整数.因而 x_n 是完全平方数.

充分性.

最新世界各国数学奥林匹克中的初等数论试题(下)

The Lastest Elementary Number Theory in Mathematical Olympiads in The World

假设存在 b,使得存在正整数 M,对于任意 $n > M$,有
$$x_n = (\underbrace{11\cdots1}_{n-1\uparrow}\underbrace{22\cdots2}_{n\uparrow}5)_b$$
为完全平方数,则有
$$x_n = (\underbrace{11\cdots1}_{n-1\uparrow}\underbrace{22\cdots2}_{n\uparrow}5)_b = b^{n+1}(b^{n-2}+b^{n-3}+\cdots+b+1)+$$
$$2b(b^{n-1}+b^{n-2}+\cdots+b+1)+5 =$$
$$b^{n+1} \cdot \frac{b^{n-1}-1}{b-1} + 2b \cdot \frac{b^n-1}{b-1} + 5 =$$
$$\frac{b^{2n}+b^{n+1}+3b-5}{b-1}$$

若 $b \equiv 0 \pmod{4}$,则 $x_n \equiv 5 \pmod{8}$.

但是一个完全平方数,对于 mod 8,只能余 0,1 或 4. 出现矛盾;

若 $b \equiv 1 \pmod{4}$,则 $x_n \equiv 3n \pmod{4}$,当 $n \equiv 2 \pmod{4}$ 时,x_n 不是完全平方数.

若 $b \equiv -1 \pmod{4}$,则 n 为奇数时,$x_n \equiv 2b+5 \equiv 3 \pmod{4}$,此时 x_n 不是完全平方数.

故 $b \equiv 2 \pmod{4}$.

令 $b-1 = a^2 c$,其中 c 中的质因数的幂指数为 1,于是有
$$x_n = \frac{(a^2c+1)^{2n}+(a^2c+1)^{n+1}+3(a^2c+1)-5}{a^2c} =$$
$$a^4c^2w + \frac{n(5n-1)}{2}a^2c + 3n + 4 \quad (w \text{ 为整数})$$

若 a 中有不等于 3 的质因子 p,则当 n 取遍模 p^2 的完系时,$3n+4$ 也取遍 p^2 的完系.

所以,存在无限多个 n,使得 $n \mid (3n+4)$,$p^2 \nmid (3n+4)$.

此时,$p \mid x_n$,但 $p^2 \nmid x_n$,与题设 x_n 是完全平方数矛盾.

所以 a 中没有不等于 3 的质因子,即 $a = 3^u$,此时
$$x_n = 3^{4u}c^2w + \frac{n(5n-1)}{2} \times 3^{2u}c + 3n + 4$$

若 c 中有不等于 3 的质因子 q(由 $b \equiv 2 \pmod{4}$ 知 $q \neq 2$),由
$$(n, 3n+4) = (n, 4)$$
$$(5n-1, 3n+4) = (n+9, 3n+4) = (n+9, 23)$$

若 $q = 23$,则 $3n+4$ 可取遍 q^2 的完系,存在无限多个 n,使得
$$q \mid (3n+4)$$
但
$$q^2 \nmid (3n+4)$$

· 46 ·

第4章 十进制和其他进制记数法
Chapter 4 Decimal Systems and Other Notation

此时 $q \mid (5n-1)$，则 $q \mid x_n$，但 $q^2 \nmid x_n$. 与题设矛盾.

所以 $c = 3$.

由以上，$b = 3^k + 1(k \in \mathbf{N}^*)$.

由 $b \equiv 2 \pmod 4$，可知 $2 \mid k$.

所以 $b = 3^{2t} + 1(t \in \mathbf{N}^*)$，取
$$n = \max\{M+1, 100\}$$
则
$$\underbrace{11\cdots1}_{n-1\text{个}}\underbrace{22\cdots2}_{n\text{个}}5 = 5 + 2b \cdot \frac{b^n - 1}{b - 1} + b^{n+1} \cdot \frac{b^{n-1} - 1}{b - 1} =$$
$$\frac{(b^n + \frac{b}{2})^2 - \frac{b^2}{4} + 3b - 5}{b - 1}$$

又由 $n > M$，则由题设 $\underbrace{11\cdots1}_{n-1\text{个}}\underbrace{22\cdots2}_{n\text{个}}5$ 为完全平方数.

因为 $b - 1 = 3^{2t}$ 为完全平方数，所以
$$\left(b^n + \frac{b}{2}\right)^2 - \frac{b^2}{4} + 3b - 5$$
为完全平方数. 而
$$\frac{b}{2} + b^n \in \mathbf{Z}, \quad \left|\frac{b^2}{4} - 3b + 5\right| < 2\left(b^n + \frac{b}{2}\right)$$
则
$$\frac{b^2}{4} - 3b + 5 = 0$$
即
$$b^2 - 12b + 20 = 0$$

解得 $b = 2$ 或 $b = 10$.

因为 $b > 5$，所以 $b = 10$.

44 已知 $p_1, p_2, \cdots, p_{25}$ 是给定的不超过 2 004 的 25 个互不相同的质数. 求最大的正整数 T，使得任何不大于 T 的正整数，总可以表成 $(p_1 p_2 \cdots p_{25})^{2\,004}$ 的互不相同的正约数之和.（如 $1, p_1, 1 + p_1^2 + p_1 p_2 + p_3$ 等均是 $(p_1 p_2 \cdots p_{25})^{2\,004}$ 的互不相同的正约数之和）

（中国国家集训队选拔考试，2004 年）

解 当 $p_1 > 2$ 时，2 不能表示成 $(p_1 p_2 \cdots p_{25})^{2\,004}$ 的不同正约数之和，此时 $T = 1$.

当 $p_1 = 2$ 时，我们证明如下更一般的结论：

如果 $p_1, p_2, \cdots, p_k$ 为 k 个互不相同的质数，$p_i < p_{i+1} \leqslant p_i^{2\,005}(i = 1, 2, \cdots,$

k),$p_1=2$,则能表示成$(p_1p_2\cdots p_k)^{2004}$的不同正约数之和的正整数所成的集合为$\{1,2,3,\cdots,T_k\}$,其中

$$T_k = \frac{p_1^{2005}-1}{p_1-1} \cdot \frac{p_2^{2005}-1}{p_2-1} \cdots \frac{p_k^{2005}-1}{p_k-1}$$

注意到$(p_1p_2\cdots p_k)^{2004}$的所有正约数之和即为$T_k$,因此只要证明,当$1\leqslant n\leqslant T_k$时,$n$可以表示为$(p_1p_2\cdots p_k)^{2004}$的不同正约数之和.

对k用数学归纳法.

当$k=1$时,设$1\leqslant n\leqslant T_1=1+2+2^2+\cdots+2^{2004}$.

由n的二进制表示知,n可表成2^{2004}的不同正约数之和.

假设结论对k成立.

设$1\leqslant n\leqslant T_{k+1}$,由

$$T_{k+1} = T_k(1+p_{k+1}+\cdots+p_{k+1}^{2004})$$

可知,存在$0\leqslant i\leqslant 2004$,使得

$$T_k(p_{k+1}^{i+1}+p_{k+1}^{i+2}+\cdots+p_{k+1}^{2004}) < n \leqslant T_k(p_{k+1}^i+p_{k+1}^{i+1}+\cdots+p_{k+1}^{2004})$$

于是当$i=2004$时,不等式左边为0,于是

$$1 \leqslant n - T_k(p_{k+1}^{i+1}+p_{k+1}^{i+2}+\cdots+p_{k+1}^{2004}) \leqslant T_k p_{k+1}^i$$

取整数m_i,使得

$$0 \leqslant n - T_k(p_{k+1}^{i+1}+p_{k+1}^{i+2}+\cdots+p_{k+1}^{2004}) - m_i p_{k+1}^i < p_{k+1}^i$$

所以,$0\leqslant m_i\leqslant T_k$.

将$n-T_k(p_{k+1}^{i+1}+p_{k+1}^{i+2}+\cdots+p_{k+1}^{2004})-m_ip_{k+1}^i$表示成$p_{k+1}$进制,则

$$n - T_k(p_{k+1}^{i+1}+p_{k+1}^{i+2}+\cdots+p_{k+1}^{2004}) - m_i p_{k+1}^i =$$
$$m_0 + m_1 p_{k+1} + \cdots + m_{i-1} p_{k+1}^{i-1}$$

当$j\leqslant i-1$时

$$0 \leqslant m_j \leqslant p_{k+1}-1 \leqslant p_k^{2005}-1 \leqslant \frac{p_1^{2005}-1}{p_1-1} \cdot \frac{p_2^{2005}-1}{p_2-1} \cdot \cdots \cdot \frac{p_k^{2005}-1}{p_k-1} = T_k$$

(这里用到了$p_{k+1}-1\leqslant p_n^{2005}-1, p_1-1=1$)

令$m_{i+1}=m_{i+2}=\cdots=m_{2004}=T_k$,则

$$n = m_0 + m_1 p_{k+1} + \cdots + m_{2004} p_{k+1}^{2004} \quad (0\leqslant m_i\leqslant T_i, 0\leqslant i\leqslant 2004)$$

由归纳假设知,每一个非零m_i均可以表成$(p_1p_2\cdots p_k)^{2004}$的不同正约数之和,结论得证.

所以,当$p_1>2$时,$T=1$;

当$p_1=2$时

$$T = \frac{p_1^{2005}-1}{p_1-1} \cdot \frac{p_2^{2005}-1}{p_2-1} \cdot \cdots \cdot \frac{p_{25}^{2005}-1}{p_{25}-1}$$

45 设N是一个正整数,甲、乙两名选手轮流在黑板上写集合$\{1,$

第 4 章 十进制和其他进制记数法
Chapter 4 Decimal Systems and Other Notation

$2,\cdots,N$} 中的数,甲先开始,并在黑板上写了 1,然后,如果一名选手在某次书写中在黑板上写了 n,那么他的对手可以在黑板上写 $n+1$ 或 $2n$(不能超过 N). 规定写 N 的选手赢得比赛,我们称 N 是 A 型的(或 B 型的),是根据甲(或乙)有赢得比赛的策略.

(1) 问 $N=2\,004$ 是 A 型的还是 B 型的?

(2) 求最小的 $N(N>2\,004)$,使得 N 与 $2\,004$ 的类型不同.

(第 45 届国际数学奥林匹克预选题,2004 年)

解 我们考虑一般的情形:

N 是 B 型的,当且仅当 N 的二进制表示中所有奇数位上的数码全是 0,奇数位的确定是由右向左数的.

假设数 $n, n \in \{1,2,\cdots,N\}$ 在某一时刻写在黑板上,我们称 n 为"赢的"或"输的"是根据下一个选手是赢或不赢.

例如 1 是赢的,当且仅当 N 是 B 型的(因为写 1 的选手是甲).

设 $N = \overline{a_k a_{k-1} \cdots a_1}$ 是 N 的二进制表示,则 $a_k = 1$.

设 $N_0 = 0, N_1 = \overline{a_k} = 1, N_2 = \overline{a_k a_{k-1}}, \cdots, N_{k-1} = \overline{a_k a_{k-1} \cdots a_2}, N_k = \overline{a_k a_{k-1} \cdots a_1}$.

再设区间 $I = \{n \in \mathbb{N} \mid N_{j-1} < n \leqslant N_j\}, j = 1, 2, \cdots, k$.

对于最后一个区间 I_k 内的所有的数,对手再写的数只可能是将这个数加 1(不可能将这个数 2 倍);而对于其他区间内的数,对手再写的数可以是将这个数加 1,也可以是该数的 2 倍.

对于 $j = 2, 3, \cdots, k$,若将区间 I_{j-1} 内的一个数加倍得到 I_j 中的一个偶数,下面证明:对于每个区间 $I_j, j = 1, 2, \cdots, k$,以下三个结论恰好只有一个成立.

(1) I_j 中所有偶数是赢的,所有奇数是输的;

(2) I_j 中所有奇数是赢的,所有偶数是输的;

(3) I_j 中所有数是赢的.

易知,最后一个区间 I_k 当 N 是奇数时,I_k 是(1) 型的,当 N 是偶数时,I_k 是(2) 型的.

下面对于 $j \geqslant 2$,考虑区间 I_j.

假设 I_j 是(1) 型的,对于任意的 $n \in I_{j-1}, 2n \in I_j$,且是赢的,$n$ 是赢的,当且仅当 $n+1$ 是输的. 特别地,I_{j-1} 中的最大数 N_{j-1} 是赢的(输的),当且仅当下一个区间 I_j 中的第一个数是输的(赢的). 于是区间 I_{j-1} 继承了区间 I_j 中交替输赢的模式,因此 I_{j-1} 也是(1) 型的.

假设 I_j 是(2) 型的,对于任意的 $n \in I_{j-1}, 2n \in I_j$,且是输的,于是 I_{j-1} 中所有数是赢的,即 I_{j-1} 是(3) 型的.

最后假设 I_j 是(3) 型的,则将 I_{j-1} 中的一个数加倍得到 I_j 中的一个数,于是 I_{j-1} 中的这个数是输的,所以 I_{j-1} 中的一个数 n 是赢的,当且仅当 $n+1$ 是输的. 因为 N_{j-1} 后面的数就是 I_j 中的第一个数,且 I_j 中的每个数都是赢的,所以,I_{j-1} 中的最大数 N_{j-1} 是输的,N_{j-1} 决定了 I_{j-1} 的类型:如果 N_{j-1} 是偶数,则 I_{j-1} 是(2)型的,如果 N_{j-1} 是奇数,则 I_{j-1} 是(1)型的.

如果某个 I_j 是(1)型的,则前面的所有区间也是(1)型的,特别地,用到 $I_1=\{1\}$,因为 1 是奇数,所以,在这种情形下,N 是 A 型的(因为乙将输掉这场比赛).

如果没有区间(1)型的,则区间序列 $I_k, I_{k-1}, \cdots$ 是(2)型、(3)型、(2)型、(3)型 …… 这种情形出现的充分必要条件是 $N_n=N, N_{k-2}, N_{k-4}, \cdots$ 都是偶数,这等价于 $a_1=a_3=a_5=\cdots=0$,在这种情形,1 应该在一个(2)型或一个(3)型区间,由定义,这两种情形均有 1 是赢的,这表明 N 是 B 型的(乙赢了这场游戏).

所以,有下面的结论:N 是 B 型的,当且仅当 N 的二进制表示中所有奇数位上的数码全是 0.

(1) 2 004 的二进制表示是 2 004 = $\overline{111\ 1101\ 0100}$,所以 2 004 是 A 型的.

(2) 满足 $N>2\ 004$ 的最小的 N,使得奇数位全是 0 的数是 100 0000 0000 = 2^{11} = 2 048,则 2 048 是 B 型的,与 2 004 的类型不同.

46 求所有的可用十进制表示的 $\overline{13xy45z}$,且能被 792 整除的正整数,其中 x, y, z 为未知数.

(克罗地亚国家数学奥林匹克,2005 年)

解 因为 $792=8\times 9\times 11$,所以 $\overline{13xy45z}$ 能被 8, 9, 11 整除.
因为
$$8\mid\overline{13xy45z}$$
则
$$8\mid\overline{45z}$$
由
$$\overline{45z}=450+z=448+(z+2)$$
则由 $8\mid 448$ 知 $8\mid(z+2)$,所以 $z=6$.
由
$$9\mid\overline{13xy456}$$
知
即
$$9\mid(1+3+x+y+4+5+6)$$
$$9\mid(x+y+19)$$
由
$$x+y+19=18+(x+y+1)$$

第4章 十进制和其他进制记数法
Chapter 4 Decimal Systems and Other Notation

则
$$9 \mid (x+y+1)$$
于是
$$x+y=8$$
或
$$x+y=17$$
由
$$11 \mid \overline{13xy456}$$
则
$$11 \mid (1-3+x-y+4-5+6)$$
即
$$11 \mid (x-y+3)$$

因此 $x-y=-3$ 或 $x-y=8$.

若 $x+y$ 为偶数,则 $x+y=8, x-y=8$,于是 $x=8, y=0$.

若 $x+y$ 为奇数,则 $x+y=17, x-y=-3$,于是 $x=7, y=10$,无解.

因此 $x=8, y=0, z=6$.

47 现有19张卡片,能否在每张卡片上各写一个非0数码,使得可以用这19张卡片排成1个可以被11整除的19位数.

(俄罗斯数学奥林匹克,2005年)

解 分别在10张卡片上各写一个2,在另外9张卡片上各写一个1.

由于一个十进制正整数被11整除的充要条件是它的奇数位置上的数码之和与偶数位置上的数码之和的差 s 是11的倍数.

这时 s 的最大值是奇数位都是2,偶数位都是1,即 $2 \times 10 - 9 = 11$.

最小值为偶数位都是2,奇数位是172和9个1,即 $2+9-18=-7$.于是
$$-7 \leqslant s \leqslant 11, \quad s \neq 0$$

这里仅有 $s=11$ 是11的倍数,对应的19位数是奇数位都是2,偶数位是1,即
$$n = 2121212121212121212$$

48 已知正整数 N 的各位数码之和为100,而 $5N$ 的各位数码之和为50,证明 N 是偶数.

(俄罗斯数学奥林匹克,2005年)

证 用 $S(A)$ 表示正整数 A 的各位数码之和.

关于各位数码和有下面的不等式

$$S(A+B) \leqslant S(A)+S(B)$$

当且仅当 $A+B$ 不发生进位时,等号成立.

题设条件表明,对正整数 $5N$,有 $5N+5N=10N$,没有进位,这是因为
$$S(10N)=S(N)=100=50+50=S(5N)+S(5N)$$

另一方面,$5N$ 只能以 5 或 0 为末位,若 $5N$ 的末位是 5,则
$$5N+5N=10N$$

会发生进位.

所以 $5N$ 必以 0 为末位,即 N 是偶数.

49 试求最小的正整数 n,使得对于任何 n 个连续正整数中,必有一数,其各位数字和是 7 的倍数.

(中国江西省高中数学竞赛,2005 年)

解 首先,存在 12 个连续正整数的各位数字和不是 7 的倍数,例如
$$994,995,\cdots,999,1\,000,1\,001,\cdots,1\,005$$
其中任意一个数的各位数字之和都不是 7 的倍数.

因此 $n \geqslant 13$.

现在证明 13 是最小值,即任何连续 13 个正整数中,必有一个数,其各位数字之和是 7 的倍数.

对每个非负整数 a,称如下 10 个数所构成的集合
$$A_a=\{10a,10a+1,\cdots,10a+9\}$$
为一个"基本段",13 个连续正整数,或者属于两个基本段,或者属于三个基本段.

当 13 个数属于两个基本段时,根据抽屉原理,其中必有连续的 7 个数属于同一个基本段;

当 13 个连续数属于三个基本段 A_{a-1},A_a,A_{a+1} 时,其中必有连续的 10 个数同属于 A_a.

现在设
$$\overline{a_ka_{k-1}\cdots a_1a_0},\overline{a_ka_{k-1}\cdots a_1(a_0+1)},\cdots,\overline{a_ka_{k-1}\cdots a_1(a_0+6)}$$
是属于同一个基本段的 7 个数,它们的各位数字之和分别是
$$\sum_{i=0}^{k}a_i,\quad \sum_{i=0}^{k}a_i+1,\quad\cdots,\quad \sum_{i=0}^{k}a_i+6$$

显然这 7 个和被 7 除的余数互不相同,其中必有一个是 7 的倍数.

因此,所求的最小值为 $n=13$.

50 已知 n 是一个整数,设 $p(n)$ 表示它的各位数字的乘积(用十进制

第 4 章 十进制和其他进制记数法
Chapter 4　Decimal Systems and Other Notation

表示).

(1) 求证：$p(n) \leqslant n$；

(2) 求使 $10p(n) = n^2 + 4n - 2\,005$ 成立的所有的 n.

(罗马尼亚数学奥林匹克决赛,2005 年)

解　(1) 假设 n 有 $k+1$ 位数,$k \in \mathbf{N}$,则
$$n = 10^k a_k + 10^{k-1} a_{k-1} + \cdots + 10 a_1 + a_0$$

其中
$$a_1, a_2, \cdots, a_k \in \{1, 2, \cdots, 9\}$$

于是,有
$$p(n) = a_0 a_1 \cdots a_k \leqslant a_k \cdot 9^k \leqslant a_k \cdot 10^k \leqslant n$$

因此
$$p(n) \leqslant n$$

(2) 解 $n^2 + 4n - 2\,005 \geqslant 0$ 得
$$n \geqslant 43$$

其次,由
$$n^2 + 4n - 2\,005 = 10p(n) \leqslant 10n$$

得
$$n^2 - 6n - 2\,005 \leqslant 0$$

于是
$$n \leqslant 47$$

从而
$$43 \leqslant n \leqslant 47$$

对 $n = 43, 44, 45, 46, 47$ 逐一检验可得 $n = 45$.

51　证明：对每一个正整数 n,在十进制表示下,存在唯一的 n 位正整数能被 5^n 整除,其每一位数码都属于 $\{1,2,3,4,5\}$.

(罗马尼亚数学奥林匹克决赛,2005 年)

证　用数学归纳法证明.

对于每个 $n \in \mathbf{N}^*$,存在唯一的 $A_n \in \mathbf{N}^*$,A_n 是 n 位数,且 $5^n \mid A_n$,A_n 的各位数码均属于 $\{1,2,3,4,5\}$.

当 $n=1$ 时　　　　　　　$5^1 \mid A_1 = 5$

当 $n=2$ 时　　　　　　　$5^2 \mid A_2 = 25$

所以,$n=1,2$ 时命题成立.

假设 $n=k$ 时命题成立.设 $B_k = \dfrac{A_k}{5^k}$,则 $k+1$ 位数

$$\overline{C_{k+1}C_k\cdots C_1} = C_{k+1}\cdot 10^k + \overline{C_k C_{k-1}\cdots C_1} = C_{k+1}\cdot 10^k + A_k$$

能被 5^k 整除.

因此
$$\overline{C_{k+1}C_k\cdots C_1} = 5^k(2^k C_{k+1} + B_k)$$

当且仅当 $2^k C_{k+1} + B_k$ 能被 5 整除时, $5^{k+1} \mid \overline{C_{k+1}C_k\cdots C_1}$.

因为 $(2^k, 5) = 1$, 则同余式
$$2^k x + b \equiv 0 \pmod{5}$$

在 $\{1,2,3,4,5\}$ 有唯一解,其中 $k \in \mathbf{N}^*, b \in \mathbf{N}$.

因而能求出 C_{k+1} 满足题设要求,从而
$$5^{k+1} \mid \overline{C_{k+1}C_k\cdots C_1} = A_{k+1}$$

因此,$n = k+1$ 时命题成立.

由以上,对 $n \in \mathbf{N}^*$,命题成立.

52 证明对于任何正整数 $k(k>1)$,都能找到一个 2 的方幂数,在它的末尾的 k 个数码中至少有一半是 9.

(中国国家集训队培训试题,2005 年)

证 先用数学归纳法,证明

$k \geqslant 1$ 时
$$2^{2\cdot 5^{k-1}} = -1 + 5^k \cdot x_k \quad (x_k \in \mathbf{Z}) \qquad ①$$

当 $k=1$ 时, $2^2 = -1 + 5^1 \cdot 1$, $k=1$ 时式 ① 成立;

假设式 ① 对 k 成立,则
$$2^{2\cdot 5^k} = (-1 + 5^k \cdot x_k)^5 = -1 + C_5^1 \cdot 5^k \cdot x_k + C_5^2 \cdot (5^k \cdot x_k)^2 + \cdots =$$
$$-1 + 5^{k+1} \cdot x_{k+1} \quad (x_{k+1} \in \mathbf{Z})$$

所以式 ① 对 $k+1$ 成立.

从而对 $k \in \mathbf{N}^*$,式 ① 成立.

由 ① 得
$$2^{2\cdot 5^{k-1}} \equiv -1 \pmod{5^k}$$

从而
$$2^{2\cdot 5^{k-1}+k} \equiv -2^k \pmod{5^k}$$

又
$$2^{2\cdot 5^{k-1}+k} \equiv -2^k \pmod{2^k}$$

则
$$2^{2\cdot 5^{k-1}+k} \equiv -2^k \equiv 10^k - 2^k \pmod{10^k}$$

因为
$$2^k = 8^{\frac{k}{3}} < 10^{\frac{k}{3}} \leqslant 10^{[\frac{k}{3}]}$$

本题的记号$[x]$表示不小于x的最小整数.

所以k位数$10^k - 2^k$至多在末尾的$\left[\dfrac{k}{3}\right]$个数位上不是9,从而至少在$k - \left[\dfrac{k}{3}\right] = \left[\dfrac{2k}{3}\right]$个数位上都是9.

由于当$k \geqslant 2$时,$\left[\dfrac{2k}{3}\right] \geqslant \dfrac{k}{2}$,所以$2^{2 \cdot 5^{k-1}+k}$在它的末尾的$k$个数码中至少有一半是9.

53 求所有正整数k,使得在十进制表示下,k的各位数码的乘积等于$\dfrac{25}{8}k - 211$.

(北欧数学竞赛,2005年)

解 设s是k的各位数码的乘积.

因为$s \in \mathbf{N}$,故$8 \mid k$,且$\dfrac{25}{8}k - 211 \geqslant 0$,即

$$k \geqslant \dfrac{1\,688}{25}$$

因为$k \in \mathbf{N}^*$,则$k \geqslant 68$.

又$8 \mid k$,则k的个位数是偶数,从而s是偶数.

由于211是奇数,则$\dfrac{25}{8}k$是奇数,所以$16 \nmid k$.

设$k = \overline{a_1 a_2 \cdots a_t}$,$0 \leqslant a_i \leqslant 9(i = 2, 3, \cdots, t)$,$1 \leqslant a_1 \leqslant 9$.

由定义

$$s = \prod_{i=1}^{t} a_i \leqslant a_1 \times 9^{t-1} < a_1 \times 10^{t-1} = \underbrace{\overline{a_1 0 0 \cdots 0}}_{t-1 \text{个}} \leqslant k.$$

故

$$k > s = \dfrac{25}{8}k - 211$$

所以

$$k \leqslant 99$$

即

$$68 \leqslant k \leqslant 99$$

由$8 \mid k$,$16 \nmid k$,则$k = 72$或88.

$k = 72$时,$s = 2 \times 7 = 14$,又$\dfrac{25}{8} \times 72 - 211 = 14$,符合题意.

$k = 88$时,$s = 8 \times 8 = 64$,又$\dfrac{25}{8} \times 88 - 211 = 64$,符合题意.

所以 $k=72$ 和 88.

54 当一个自然数倒过来写和原来的数一样的时候,这个数称为"回文数",例如 484 484 和 2 都是回文数,试确定所有的 (m,n),使 $\underbrace{111\cdots1}_{m\uparrow} \times \underbrace{11\cdots1}_{n\uparrow}$ 所得到的数是回文数.

(巴西数学奥林匹克,2005 年)

解 设 $N = \underbrace{111\cdots1}_{m\uparrow} \times \underbrace{11\cdots1}_{n\uparrow}$,因为

$$N = \underbrace{111\cdots1}_{m\uparrow} \times \underbrace{11\cdots1}_{n\uparrow} < 2 \times 10^{m-1} \times 2 \times 10^{n-1} = 4 \times 10^{m+n-2}$$

所以 N 是一个 $m+n-1$ 位数.

如果 m,n 均大于 9,则考虑最大边的第十位数,它将有进位.

这时 N 的前九位数和最后九位数将不一样,所以当 m,n 都大于 9 的时候,N 不是回文数.

如果 m,n 中有一个不超过 9,将没有进位,则 N 是一个回文数.

55 求 $(\sqrt{2}+\sqrt{5})^{2000}$ 的十进制表示中,小数点前的第一位数字和小数点后的第一位数字.

(爱尔兰数学奥林匹克,2005 年)

证 $(\sqrt{2}+\sqrt{5})^{2000} = (7+2\sqrt{10})^{1000}$.

设 $a_n = (7+2\sqrt{10})^n + (7-2\sqrt{10})^n$.

则 $a_0 = 2, a_1 = 14$. 由 a_n 表达式可知

$$a_{n+2} = (\alpha+\beta)a_{n+1} - \alpha\beta a_n$$

其中

$$\alpha = 7+2\sqrt{10}, \quad \beta = 7-2\sqrt{10}$$

即

$$a_{n+2} = 14a_{n+1} - 9a_n \qquad ①$$

于是,$\{a_n\}$ 是整数数列.

我们计算该数列的前几项 mod 10 的余数:

项	a_0	a_1	a_2	a_3	a_4	a_5	a_6	a_7
余数	2	4	8	6	2	4	8	6

由上表可看出,有

$$a_{n+4} \equiv a_n \pmod{10} \qquad ②$$

下面用数学归纳法给予证明.

第 4 章 十进制和其他进制记数法
Chapter 4 Decimal Systems and Other Notation

由式 ① 有
$$a_{n+2} \equiv 4a_{n+1} + a_n \pmod{10}$$
当 $n=0,1$ 时
$$a_4 \equiv a_0 \equiv 2 \pmod{10}, \quad a_5 \equiv a_1 \equiv 4 \pmod{10}$$
假设 $n=k$ 时,有
$$a_{k+4} \equiv a_k \pmod{10}$$
注意到
$$a_{k+2} \equiv 4a_{k+1} + a_k \pmod{10}$$
$$a_{k+3} \equiv 4a_{k+2} + a_{k+1} \equiv 17a_{k+1} + 4a_k \equiv 7a_{k+1} + 4a_k \pmod{10}$$
$$a_{k+4} \equiv 4a_{k+3} + a_{k+2} \equiv 12a_{k+1} + 7a_k \equiv 2a_{k+1} + 7a_k \pmod{10}$$
又由归纳假设
$$a_{k+4} \equiv a_k \pmod{10}$$
则有
$$a_k \equiv 2a_{k+1} + 7a_k \pmod{10}$$
即
$$2a_{k+1} \equiv -6a_k \pmod{10}$$
于是,当 $n=k+1$ 时
$$a_{k+5} \equiv 4a_{k+4} + a_{k+3} \equiv 5a_{k+1} + 2a_k \equiv a_{k+1} - 12a_k + 2a_k \equiv a_{k+1} \pmod{10}$$
所以,式 ② 成立.

由式 ②
$$a_{1\,000} \equiv a_0 \equiv 2 \pmod{10}$$
因为 $0 < 7 - 2\sqrt{10} < 1$,则
$$0 < (7 - 2\sqrt{10})^{1\,000} < 1$$
故
$$(7 + 2\sqrt{10})^{1\,000} = a_{1\,000} - 1 \equiv 1 \pmod{10}$$
所以,$(\sqrt{2} + \sqrt{5})^{2\,000}$ 的小数点前的第一位数字是 1.

又
$$0 < 7 - 2\sqrt{10} < 0.9$$
则
$$0 < (7 - 2\sqrt{10})^{1\,000} < 0.1$$
因此
$$(7 + 2\sqrt{10})^{1\,000} = 1 - (7 - 2\sqrt{10})^{1\,000} > 0.9$$
所以,$(\sqrt{2} + \sqrt{5})^{2\,000}$ 的小数点后的第一位数字是 9.

最新世界各国数学奥林匹克中的初等数论试题（下）

The Lastest Elementary Number Theory in Mathematical Olympiads in The World

56 设 m 是一个正整数，$s(m)$ 为 m 的各位数码之和，对于正整数 n ($n \geq 2$) 存在一个含有 n 个正整数的集合 S，对于任意的非空子集 $X \subset S$，$s(\sum_{x \in X} x) = k$，k 的最小值设为 $f(n)$.

证明：存在常数 $0 < c_1 < c_2$，使得 $c_1 \lg n \leq f(n) \leq c_2 \lg n$.

（美国数学奥林匹克，2005 年）

证 设 p 是满足 $10^p \geq \frac{1}{2} n(n+1)$ 的最小的正整数. 令

$$S = \{10^p - 1, 2(10^p - 1), \cdots, n(10^p - 1)\}$$

显然，S 的任意一个非空子集的元素之和有 $k(10^p - 1)$ 的形式，其中

$$1 \leq k \leq \frac{1}{2} n(n+1)$$

由于

$$k(10^p - 1) = (k-1)10^p + [(10^p - 1) - (k-1)]$$

则第一项的末尾至少有 p 个 0，而第二项至多有 p 位数码，$10^p - 1$ 的每位数码都是 9，且 $10^p - 1 \geq k - 1$.

因此，$k(10^p - 1)$ 的各位数码之和就是 $(k-1)10^p$ 的各位数码之和加上 $10^p - 1$ 的各位数码之和，再减去 $k-1$ 的各位数码之和，所以 $k(10^p - 1)$ 的各位数码之和即为 $10^p - 1$ 的各位数码之和是 $9p$.

因为

$$10^{p-1} < \frac{1}{2} n(n+1)$$

所以

$$f(n) \leq 9p < 9\lg[5n(n+1)]$$

因为，当 $n \geq 2$ 时

$$5(n+1) < n^4$$

所以

$$f(n) < 9\lg n^5 = 45 \lg n$$

因此，取 $c_2 = 45$，可知右边的不等式成立.

设 S 是由 $n (n \geq 2)$ 个正整数组成的集合，使得对于任意的非空子集 $X \subset S$，均有 $s(\sum_{x \in X} x) = f(n)$，因为

$$s(m) \equiv m \pmod{9}$$

所以，对于所有的非空子集 $X \subset S$，均有

$$s(\sum_{x \in X} x) \equiv f(n) \pmod{9}$$

对 S 中的任意一个数 x_1，当 X 取一个不同于 x_1 的数 x_2 时，有 $x_2 \equiv f(n)$

第 4 章 十进制和其他进制记数法
Chapter 4 Decimal Systems and Other Notation

$(\bmod 9)$,当 X 取两个数 x_1, x_2 时,有
$$x_1 + x_2 \equiv f(n) \pmod 9$$
于是,$x_1 \equiv 0 \pmod 9$,即 S 中的每个元素都是 9 的整数倍,且 $f(n) \geqslant 9$.

设 q 是满足 $10^q - 1 \leqslant n$ 的最大整数,使得 $10^q - 1 \leqslant n$. 由下面的引理 1 可知,有一个 S 的非空子集 X,使得 $\sum_{x \in X} x$ 是 $10^q - 1$ 的倍数. 再由引理 2 可得 $f(n) \geqslant s(10^q - 1) = 9q$. 于是,由 q 的最大性,知 $10^{q+1} - 1 > n$,从而 $q + 1 > \lg n$,因此,有
$$f(n) \geqslant \frac{1}{2}(9q + 9) = \frac{9}{2}(q + 1) > \frac{9}{2}\lg n$$

因此,取 $c_1 = \frac{9}{2}$,可知左边的不等式成立.

引理 1 含有 m 个正整数的集合包含一个非空子集,其元素之和是 m 的倍数.

证 对任意 m 个正整数的集合 $T = \{a_1, a_2, \cdots, a_m\}$,如果 $a_1, a_2, \cdots, a_m$ 中任意两个数对 $\bmod m$ 同余,那么,$a_1 + a_2 + \cdots + a_m \equiv 0 \pmod m$.

否则,不妨设 $a_1 \not\equiv a_2 \pmod m$,考查下面的 $m + 1$ 数:
$$a_1, a_2, a_1 + a_2, a_1 + a_2 + a_3, \cdots, a_1 + a_2 + \cdots + a_m$$
其中必有两个数对 $\bmod m$ 同余,则其差是 m 的倍数. 引理 1 得证.

引理 2 对 $10^q - 1$ 的任意一个整数倍数 M,都有
$$s(M) \geqslant s(10^q - 1) = 9q$$

证 如果命题不成立,设 M 是符合条件但使得 $s(M) < 9q$ 成立的最小正整数,则由 $10^q - 1 \mid M$,知 $M \neq 10^q - 1$,因此,$M > 10^q - 1$,即 M 是一个至少为 $q + 1$ 位的正整数.

设 M 是一个 $m + 1$ 位数,则 $m \geqslant q$,令 $N = M - 10^{m-q}(10^q - 1)$,则
$$(10^q - 1) \mid N, \quad N < M$$
记
$$M = 10^{m-q}x + y, \quad 0 \leqslant y \leqslant 10^{m-q} - 1$$
则
$$s(M) = s(x) + s(y)$$
其中
$$10^q \leqslant x < 10^{q+1}$$
现在有
$$s(N) = s(x - (10^q - 1)) + s(y) = s((x - 10^q) + 1) + s(y) \leqslant s(x) + s(y)$$
即 $s(N) \leqslant s(M) < 9q$,这与 M 的最小性矛盾,引理 2 得证.

于是本题得证.

57 互质的正整数 p_n, q_n 满足

$$\frac{p_n}{q_n} = 1 + \frac{1}{2} + \frac{1}{3} + \cdots + \frac{1}{n}$$

试找出所有的正整数 n，使得 $3 \mid p_n$.

(中国国家集训队培训试题，2005 年)

解 将 n 表示为三进制

$$n = (a_k a_{k-1} \cdots a_0)_3 = a_k \cdot 3^k + \cdots + a_1 \cdot 3^1 + a_0$$

其中

$$a_j \in \{0, 1, 2\}, \quad j = 0, 1, 2, \cdots, k, a_k \neq 0$$

用 A_n 表示 $1, 2, \cdots, n$ 的最小公倍数，则 $A_n = 3^k \cdot B_n, 3 \nmid B_n$. 记

$$L_n = A_n \cdot \frac{p_n}{q_n} = A_n (1 + \frac{1}{2} + \cdots + \frac{1}{n})$$

则 $L_n \in \mathbf{N}^*$，且由 $3 \mid p_n$ 知 $3^{k+1} \mid L_n$. 记

$$S_j = \sum_{\substack{1 \leq i \leq \frac{n}{3^j} \\ 3 \nmid i}} \frac{1}{i}, \quad j = 0, 1, \cdots, k$$

则

$$L_n = 3^k \cdot B_n \cdot \sum_{i=1}^{n} \frac{1}{i} = B_n \cdot S_k + 3^1 \cdot B_n \cdot S_{k-1} + \cdots + 3^k \cdot B_n \cdot S_0 \quad \text{①}$$

证明一个引理.

引理 当 $a_j = 0$ 或 2 时，$B_n S_j \equiv 0 \pmod{3}$，当 $a_j = 1$ 时

$$B_n S_j \equiv B_n \pmod{3}$$

引理的证明：由于

$$\frac{1}{3m+1} + \frac{1}{3m+2} = \frac{3(2m+1)}{(3m+1)(3m+2)}$$

所以

$$B_n \cdot \left(\frac{1}{3m+1} + \frac{1}{3m+2}\right) \equiv 0 \pmod{3}$$

所以当 $a_j = 0$ 或 2 时

$$B_n \cdot S_j \equiv 0 \pmod{3}$$

当 $a_j = 1$ 时

$$B_n S_j \equiv \frac{B_n}{3r+1} \equiv B_n \pmod{3}$$

回到原题.

设 $3^{k+1} \mid L$，由式 ① 得

$$B_n S_k \equiv 0 \pmod{3}$$

第 4 章 十进制和其他进制记数法
Chapter 4 Decimal Systems and Other Notation

由引理,知 $a_k = 2, S_k = \dfrac{3}{2}$,若 $k=0$,则 $n=2$.

当 $k \geqslant 1$ 时,由 ① 得

$$0 \equiv B_n \cdot \dfrac{3}{2} + 3^1 \cdot B_n \cdot S_{k-1} \pmod{9}$$

则

$$0 \equiv B_n S_{k-1} + B_n \cdot \dfrac{1}{2} \equiv B_n \cdot S_{n-1} - B_n \pmod{3}$$

故

$$B_n \cdot S_{k-1} \equiv B_n \pmod{3}$$

由引理知

$$a_{k-1} = 1, \quad S_{k-1} = 1 + \dfrac{1}{2} + \dfrac{1}{4} + \dfrac{1}{5} + \dfrac{1}{7}$$

若 $k=1$,则

$$n = (2,1)_3 = 7$$

当 $k \geqslant 2$ 时,由式 ① 得

$$0 \equiv B_n \cdot \dfrac{3}{2} + 3^1 \cdot B_n \cdot S_{k-1} + 3^2 \cdot B_n \cdot S_{k-2} \pmod{27}$$

则

$$0 \equiv 3 \cdot B_n \cdot S_{k-2} + B_n \cdot \dfrac{1}{2} + B_n \cdot (1 + \dfrac{1}{2} + \dfrac{1}{4} + \dfrac{1}{5} + \dfrac{1}{7}) \equiv$$

$$3 \cdot B_n \cdot S_{k-2} + B_n(2 + \dfrac{1}{4} + \dfrac{1}{5} + \dfrac{1}{7}) \equiv$$

$$3 \cdot B_n \cdot S_{k-2} + B_n(2 - 2 + 2 + 4) \equiv$$

$$3 \cdot (B_n \cdot S_{k-2} - B_n) \pmod{9}$$

故

$$B_n \cdot S_{k-2} \equiv B_n \pmod{3}$$

由引理知

$$a_{k-2} = 1, \quad S_{k-2} = 1 + \dfrac{1}{2} + \dfrac{1}{4} + \cdots + \dfrac{1}{22}$$

若 $k \geqslant 3$,由式 ① 得

$$0 \equiv B_n \cdot \dfrac{3}{2} + 3^1 \cdot B_n(1 + \dfrac{1}{2} + \dfrac{1}{4} + \dfrac{1}{5} + \dfrac{1}{7}) +$$

$$3^2 \cdot B_n \cdot S_{k-2} + 3^3 \cdot B_n \cdot S_{k-3} \pmod{81}$$

则

$$0 \equiv B_n(2 + \dfrac{1}{4} + \dfrac{1}{5} + \dfrac{1}{7}) + 3 \cdot B_n \cdot S_{k-2} + 3^2 \cdot B_n \cdot S_{k-3} \equiv$$

$$B_n(2 + 7 + 11 + 4) + 3 \cdot B_n \cdot S_{k-2} + 3^2 \cdot B_n \cdot S_{k-3} \equiv$$

$$-3B_n + 3 \cdot B_n \cdot S_{k-2} + 3^2 \cdot B_n \cdot S_{k-3} \pmod{27}$$

从而

$$0 \equiv 3 \cdot B_n \cdot S_{k-3} + B_n(-1+1+\frac{1}{2}+\frac{1}{4}+\cdots+\frac{1}{2^2}) \equiv$$

$$3 \cdot B_n \cdot S_{k-3} + B_n[-1+(1+\frac{1}{2}+\frac{1}{4}-\frac{1}{4}-\frac{1}{2}-1)\times 2 +$$

$$(1+\frac{1}{2}+\frac{1}{4})] \equiv$$

$$3 \cdot B_n \cdot S_{k-3} + B_n(5-2) \equiv$$

$$3 \cdot B_n \cdot S_{k-3} + 3B_n \pmod{9}$$

故

$$B_n \cdot S_{k-3} + B_n \equiv 0 \pmod{3}$$

由引理知,这不可能.

所以所求正整数 $n=2,7$ 和 22.

58 试找出两个相邻的正整数,使得每个数的各位数码之和都能被 $2\,006$ 整除.

(德国数学奥林匹克第一试,2006 年)

解 数 $\underbrace{11\cdots1}_{2\,005\text{个}}\underbrace{99\cdots9}_{223\text{个}}$ 和 $\underbrace{11\cdots1}_{2\,004\text{个}}2\underbrace{00\cdots0}_{2\,003\text{个}}$ 满足要求.

事实上

$$2\,005 + 9 \times 223 = 4\,012 = 2 \times 2\,006$$
$$2\,004 + 2 = 2\,006$$

59 正整数数列 $\{a_n\}$ 满足

$$a_{n+1} = a_n + b_n, \quad n \geq 1$$

其中 b_n 是将 a_n 的各位数码的次序反过来得到的数(数 b_n 的首位数码可以是 0),例如 $a_1=170, b_1=071, a_2=170+071=241, a_3=383, a_4=766$ 等等,问:a_7 是否可以是一个质数?

(捷克和斯洛伐克数学奥林匹克,2006 年)

解 a_7 不是质数,我们证明 a_7 总是一个能被 11 整除的合数. 设

$$m = \overline{C_k C_{k-1} \cdots C_1 C_0}, \quad \text{res}(m) = C_0 - C_1 + C_2 - \cdots + (-1)^k C_k$$

则

$$m \equiv \text{res}(m) \pmod{11}$$

由题设

$$\text{res}(b_n) = \pm \text{res}(a_n)$$

第4章 十进制和其他进制记数法
Chapter 4 Decimal Systems and Other Notation

其中,当 a_n 的位数是偶数时,取负号,当 a_n 的位数是奇数时,取正号.

于是,若数列中有一个数可以被 11 整除,则其后面的数也可以被 11 整除.

若 a_n 的位数是偶数,则
$$\mathrm{res}(a_n) = -\mathrm{res}(b_n)$$
所以
$$a_{n+1} = a_n + b_n \equiv \mathrm{res}(a_n) + \mathrm{res}(b_n) \equiv 0 \pmod{11}$$

由条件知,a_n 是严格递增的.

当 a_1 的位数是偶数,于是当 $a_1 \neq 10$ 时,a_2 是被 11 整除的合数.

当 $a_1 = 10$ 时,$a_2 = 11$,$a_3 = 22$ 是被 11 整除的合数.

下面证明:当 a_7 的位数是奇数时,前六个数中有一个数的位数是偶数,因而 a_7 是 11 的倍数.

若 $a_1, a_2, a_3, a_4, a_5, a_6$ 的位数都是奇数.

设 c 是 a_1 的首位数码,d 是 a_1 的末位数码,则 $1 \leqslant c \leqslant 9, 0 \leqslant d \leqslant 9$.

所以,b_1 的首位数码是 d,末位数码是 c.

由于 $a_2 = a_1 + b_1$ 的位数是奇数位,所以 a_2 与 a_1 的位数相同,且有 $c + d < 10$.

于是 a_2 的首位数码是 $c + d$ 或 $c + d + 1$(这取决于第二位是否进位),末位数码是 $c + d$.

因此,a_2 的首位数码 $\geqslant c + d$.

同理
$$a_3 = a_2 + b_2 \text{ 的首位数码} \geqslant 2(c+d)$$
$$a_4 = a_3 + b_3 \text{ 的首位数码} \geqslant 4(c+d)$$
$$a_5 = a_4 + b_4 \text{ 的首位数码} \geqslant 8(c+d)$$
$$a_6 = a_5 + b_5 \text{ 的首位数码} \geqslant 16(c+d)$$

由 $1 \leqslant c + d < 10$,则 $16(c+d) \geqslant 16$ 与 $16(c+d) < 10$ 矛盾.

所以 $a_1, a_2, a_3, a_4, a_5, a_6$ 中总有一个数的位数是偶数.

60 对任一正整数 k,设 $f_1(k)$ 是 k 的各位数码之和的平方(例如,$f_1(123) = (1+2+3)^2 = 36$),若 $f_{n+1}(k) = f_1(f_n(k))$,求 $f_{2007}(2^{2006})$ 的值.

(香港数学奥林匹克,2006 年)

解 由于 $2^{2006} < 8^{700} < 10^{700}$,则
$$f_1(2^{2006}) < (9 \times 700)^2 < 5 \times 10^7$$
$$f_2(2^{2006}) < (4 + 9 \times 7)^2 < 4\,900$$
$$f_3(2^{2006}) \leqslant (3 + 9 \times 3)^2 = 30^2$$

由 $2^6 \equiv 1 \pmod 9$,知
$$2^{2006} \equiv 2^2 \equiv 4 \pmod 9$$

于是
$$f_1(2^{2006}) \equiv 4^2 \equiv 7 \pmod{9}$$
$$f_2(2^{2006}) \equiv 7^2 \equiv 4 \pmod{9}$$
$f_3(2^{2006}) = n^2$,其中 $n \leqslant 30$,且
$$n \equiv f_2(2^{2006}) \equiv 4 \pmod{9}$$
所以 $f_3(2^{2006}) = 16, 169$ 或 484.

进而 $f_4(2^{2006}) = 49$ 或 256.
$$f_5(2^{2006}) = 169$$
$$f_6(2^{2006}) = 256$$
进一步推出 $f_k(2^{2006}) = \begin{cases} 169 & k \text{ 为奇数} \\ 256 & k \text{ 为偶数}, (k \geqslant 5) \end{cases}$

所以
$$f_{2007}(2^{2006}) = 169$$

61 给定一列正整数 $a_1, a_2, \cdots, a_n, \cdots$,其中 $a_1 = 2^{2006}$,并且对于每一个正整数 i,a_{i+1} 等于 a_i 的各位数字之和的平方,求 a_{2006} 的值.

(我爱数学初中生夏令营数学竞赛,2006 年)

解 $2, 2^2, 2^3, 2^4, 2^5, 2^6, 2^7, 2^8, \cdots$ 用 9 除的余数依次是 $2, 4, 8, 7, 5, 1, 2, 4, \cdots$

由于
$$2^{m+6} - 2^m = 2^m(2^6 - 1) = 7 \times 9 \times 2^m \equiv 0 \pmod 9$$
所以
$$2^{m+6} \equiv 2^m \pmod 9$$
因为
$$2006 = 334 \times 6 + 2$$
所以
$$a_1 = 2^{2006} \equiv 2^2 \equiv 4 \pmod 9$$
于是,a_1 的各位数码之和用 9 除的余数为 4.

由题意,a_2 与 4^2 对 mod 9 同余,即
$$a_2 \equiv 4^2 \equiv 7 \pmod 9$$
进而
$$a_3 \equiv 7^2 \equiv 4 \pmod 9$$
$$a_4 \equiv 4^2 \equiv 7 \pmod 9$$
另一方面
$$a_1 = 2^{2006} < 2^{3 \times 669} < 10^{669}$$

第 4 章 十进制和其他进制记数法
Chapter 4 Decimal Systems and Other Notation

所以 a_1 的各位数码之和不超过 $9 \times 669 = 6\,021$,于是
$$a_2 \leqslant 6\,021^2 < 37 \times 10^6$$
所以 a_2 的各位数码之和不超过 $9 \times 7 + 2 = 65$,于是
$$a_3 \leqslant 65^2 = 4\,225$$
所以 a_3 的各位数码之和不超过 $9 \times 3 + 3 = 30$,于是
$$a_4 \leqslant 30^2 = 900$$

又 a_4 等于 a_3 的各位数字之和的平方,且被 9 除余 7,于是 a_4 是 $4^2, 13^2, 22^2$ 三数中的一个,即 a_4 是 $16, 169, 484$ 中的一个.

而 a_5 是 $(1+6)^2, (1+6+9)^2, (4+8+4)^2$ 即 $49, 256$ 中的一个.

a_6 是 $(4+9)^2, (2+5+6)^2$ 中的一个,即 169.

于是 $a_7 = 256, a_8 = 169, \cdots$,如此下去,$a_{2\,006} = 169$.

注意:本题基本是 2006 年香港数学奥林匹克试题.

62 "幸运数"是指一个等于其各位数码(十进制)和的 19 倍的正整数,求出所有的幸运数.

(青少年数学国际城市邀请赛队际赛,2006 年)

解 设 $10a+b$ 是一个至多两位数,方程 $10a+b = 19(a+b)$ 仅当 $a = b = 0$ 时成立.所以,所有的幸运数至少是三位数.

假设一个幸运数有 m 位数,$m \geqslant 4$,则该数至少为 10^{m-1},其数码和至多为 $9m$,所以,$171m \geqslant 10^{m-1}$.

当 $m = 4$ 时,$684 \geqslant 1\,000$ 不成立.而 $m \geqslant 5$ 时,也不可能成立.

因此,所有的幸运数都是三位数.

由 $100a + 10b + c = 19a + 19b + 19c$,知 $9a = b + 2c$.

当 $a = 1$ 时,可得 $(b,c) = (1,4),(3,3),(5,2),(7,1),(9,0)$.

当 $a = 2$ 时,可得 $(b,c) = (0,9),(2,8),(4,7),(6,6),(8,5)$.

当 $a = 3$ 时,可得 $(b,c) = (9,9)$.

当 $a > 3$ 时,无解.

所以共有 11 个幸运数:$114, 133, 152, 171, 190, 209, 228, 247, 266, 285$ 和 399.

63 对于任意正整数 n,设 $a(n)$ 是 n 的各位数码的乘积.

(1) 证明:对所有正整数 n,有 $n \geqslant a(n)$;

(2) 求所有的 n,使得
$$n^2 - 17n + 56 = a(n)$$
成立.

(澳大利亚数学奥林匹克,2006 年)

解 (1) 令 $n = \overline{b_k b_{k-1} \cdots b_1 b_0}$，则

$$n \geqslant b_k \times 10^k > b_k \times 9^k \geqslant b_k \prod_{i=0}^{k-1} b_k = \prod_{i=0}^{k} b_i = a(n)$$

(2) 由

$$a(n) = n^2 - 17n + 56 \leqslant n$$

得

$$a^2 - 18n + 56 \leqslant 0$$

所以

$$4 \leqslant n \leqslant 14$$

又由

$$n^2 - 17n + 56 = a(n) \geqslant 0$$

得

$$n \leqslant 4 \quad 或 \quad n \geqslant 13$$

于是

$$n = 4 \quad 或 \quad n = 13, 14$$

当 $n = 13$ 时，$a(n) = 3$，而

$$13^2 - 17 \times 13 + 56 \neq 3$$

当 $n = 14$ 时，$a(n) = 4$，而

$$14^2 - 17 \times 14 + 56 \neq 4$$

而 $n = 4$ 时，$a(n) = 4$

$$4^2 - 17 \times 4 + 56 = 4$$

于是 $n = 4$.

注：本题与第 50 题 2005 年罗马尼亚数学奥林匹克决赛题基本相同.

64 证明：对于每一个整数 $k(k \geqslant 1)$，存在一个满足下列性质的正整数 n：用十进制表示 2^n，可以恰好有 k 个连续 0 的单元，即

$$2^n = \cdots a \underbrace{00 \cdots 0}_{k \uparrow} b \cdots$$

其中 a, b 是非零数码.

(捷克－波兰－斯洛伐克数学奥林匹克，2006 年)

证 首先证明：2 的幂有任意长的零区间.

显然，在 2^n 的十进制表示中至少有 k 个连续的 0，当且仅当 2^n 具有

$$y \cdot 10^{m+k} + z$$

的形式，其中 $y, z \in \mathbf{N}^*$，且 z 至多有 m 位，即 $z < 10^m$.

故只须证明：存在 n 和 m，满足 2^n 模 10^{m+k} 的余数小于 10^m.

第4章 十进制和其他进制记数法
Chapter 4　Decimal Systems and Other Notation

根据欧拉定理,对于每个正整数 t,因 $(2,5^t)=1$,有
$$2^{\varphi(5^t)} \equiv 1 \pmod{5^t}$$
即
$$2^{t+\varphi(5^t)} \equiv 2^t \pmod{10^t}$$
因此,对某个正整数 y,有
$$2^{t+\varphi(5^t)} = y \cdot 10^t + 2^t$$
规定
$$n = t + \varphi(5^t), \quad m = t - k$$
令 $2^t < 10^{t-k}$,这样的 t 值一定存在,例如 $t=2k$,则 $2^{2k}=4^k<10^k$。由此得,在
$$2^{2k+\varphi(5^{2k})} = y \cdot 10^{2k} + 2^{2k}$$
中至少有 k 个连续 0 的单元.

对于给定的 k,选定 2 的幂恰好有 r 个 0 的单元,其中 $r \geqslant k$.

下面讨论:当用 2 乘这个带 0 单元的数时,对于某些非零数码 a,b,有
$$2^n = \cdots a\underbrace{00\cdots 0}_{r\text{个}}\underbrace{b\cdots}_{s\text{位}} = y \cdot 10^{r+s} + z$$
因此
$$2^{n+1} = 2y \cdot 10^{r+s} + 2z$$
数 $2z$ 与 z 有相同位数的数码,或者多一位.

所以,在零单元的"右边"没有削减或只削减一个 0,在零单元的"左边"只有当 y 能被 5 整除时,才能扩展一个 0.

综上,当 y 不能被 5 整除时,零单元的长度或者减 1,或者不变,且当反复地乘以 2 时,第一次零单元的长度至多减 1.

于是,避免 k 长度零单元的唯一可能是保留大于 k 的长度,但这是不可能的.

设 $y = 5^\alpha t$,其中 $5 \nmid t$.

当用 2 乘 2^n 第 $\alpha+1$ 次时,零单元左边不再扩张,而每乘一个 2 的 4 次幂时,因为 $2^4 > 10$,零单元右边削减.

因此,次数足够时,可以得到恰有 k 个 0 的 2 的幂.

65　设 n 是一个确定的自然数.

(1) 求方程 $\sum_{k=1}^{n}\left[\dfrac{x}{2^k}\right] = x-1$ 的所有解;

(2) 当 m 是一个已知自然数时,求方程 $\sum_{k=1}^{n}\left[\dfrac{x}{2^k}\right] = x-m$ 的所有解的数目.

(伊朗国家队选拔考试,2006 年)

解 (1) 令 $x = \sum_{i=0}^{\infty} C_i 2^i (C_i \in \{0,1\})$，则

$$\sum_{k=1}^{\infty}\left[\frac{x}{2^k}\right] = \sum_{k=1}^{\infty}\sum_{i=k}^{\infty} C_i 2^{i-k} = \sum_{i=1}^{\infty}\sum_{k=1}^{i} C_i 2^{i-k} =$$

$$\sum_{i=1}^{\infty} C_i \sum_{k=1}^{i} 2^{i-k} = \sum_{i=1}^{\infty} C_i (2^i - 1) =$$

$$\sum_{i=0}^{\infty} C_i 2^i - \sum_{i=0}^{\infty} C_i = x - f(x)$$

其中 $f(x)$ 表示 x 二进制表示中"1"的个数.

又

$$\sum_{k=1}^{\infty}\left[\frac{x}{2^k}\right] \geqslant \sum_{k=1}^{n}\left[\frac{x}{2^k}\right]$$

从而 $f(x) = 1$，设 $x = 2^k$，则 $\left[\frac{2^k}{2^{n+1}}\right] = 0$，从而 $k \leqslant n$. 所以

$$x = 2^k \quad (0 \leqslant k \leqslant n)$$

(2) 设 $x = 2^n y + \sum_{i=1}^{l} 2^{r_i}$，其中

$$0 \leqslant r_1 < r_2 < \cdots < r_l \leqslant n-1$$

则

$$x - \sum_{k=1}^{n}\left[\frac{x}{2^k}\right] = x - (2^n y - y + \sum_{i=1}^{l} 2^{r_i} - l) = y + l = m$$

对特定的 l，$y = m - l$，其中 $0 \leqslant l \leqslant m$.

对特定的 l，$r_1, r_2, \cdots, r_l$ 的取法有 C_n^l 种.

因此，方程解的数目为 $\sum_{l=0}^{m} C_n^l$.

66 将 $(1+x)^n$ 的展开式中被 3 除余数为 r 的系数个数记为 $T_r(n)$，$r \in \{0,1,2\}$，试计算 $T_0(2\,006), T_1(2\,006), T_2(2\,006)$.

(中国国家集训队培训试题，2006 年)

解 先证引理.

引理 1 若 $n = 3^m, m \in \mathbf{N}^*$，则

$$(1+x)^n \equiv 1 + x^n \pmod{3}$$

引理 1 的证明：对 m 归纳，$m = 0$ 时

$$(1+x)^{3^0} = 1 + x \equiv 1 + x^{3^0} \pmod{3}$$

假设当 $n = k$ 时，有

$$(1+x)^{3^k} \equiv 1 + x^{3^k} \pmod{3}$$

则当 $m = k + 1$ 时

第 4 章 十进制和其他进制记数法
Chapter 4 Decimal Systems and Other Notation

$$(1+x)^{3^{k+1}} = [(1+x)^{3^k}]^3 \equiv (1+x^{3^k})^3 =$$
$$1+3x^{3^k}+3 \cdot x^{2 \cdot 3^k}+x^{3^{k+1}} \equiv$$
$$1+x^{3^{k+1}} \pmod 3$$

因此,对一切 $m \in \mathbf{N}^*$

$$(1+x)^{3^m} \equiv 1+x^{3^m} \pmod 3$$

成立.

引理 2 对于任一整系数多项式 $f(x)$,若用 $p_0(f), p_1(f), p_2(f)$ 分别表示 $f(x)$ 的系数中被 3 整除,余 1 及余 2 的系数的个数,则

$$p_0(2f)=p_0(f), \quad p_1(2f)=p_2(f), \quad p_2(2f)=p_1(f)$$

引理 2 的证明:设 $f(x)=\sum_{i=0}^{m}a_i x^i$,则

$$2f(x)=\sum_{i=0}^{m}2a_i x^i, \quad x \in \{0,1,\cdots,m\}$$

由于当 $a_i \equiv 1 \pmod 3$ 时,有 $2a_i \equiv 2 \pmod 3$

当 $a_i \equiv 2 \pmod 3$ 时,有 $2a_i \equiv 1 \pmod 3$

当 $a_i \equiv 0 \pmod 3$ 时,有 $2a_i \equiv 0 \pmod 3$

则结论成立.

引理 3 设 $f(x)$ 为 m 次整系数多项式,又设多项式

$$g(x)=x^{a_1}+x^{a_2}+\cdots+x^{a_k}$$

其中 $a_j \in \mathbf{N}, j=1,2,\cdots k; a_{i+1}-a_i > m, i=1,2,\cdots,k-1$,则

$$p_r(f(x) \cdot g(x))=kp_r(f(x)), \quad r \in \{0,1,2\}$$

引理 3 的证明:设 $f(x)=b_0+b_1 x+\cdots+b_m x^m$. 则

$$f(x) \cdot g(x)=x^{a_1}f(x)+x^{a_2}f(x)+\cdots+x^{a_k}f(x)=$$
$$(b_0 x^{a_1}+b_1 x^{a_1+1}+\cdots+b_m x^{a_1+m})+$$
$$(b_0 x^{a_2}+b_1 x^{a_2+1}+\cdots+b_m x^{a_2+m})+\cdots+$$
$$(b_0 x^{a_k}+b_1 x^{a_k+1}+\cdots+b_m x^{a_k+m})$$

由于等式右端各项均按 x 的升幂排列,任两项都不是同类项.

所以右端各项的系数中,被 3 除余 r 的系数的个数等于 k 个括号中余数为 r 的系数之和,但每个括号中皆为同一组系数(与 $f(x)$ 的系数相同),所以

$$p_r(f \cdot g)=kp_r(f), \quad r \in \{0,1,2\}$$

现在回到原题,我们证明:

对任何 $n \in \mathbf{N}$,若 n 的三进制表示中含有 α_1 个 1,α_2 个 2,则

$$T_1(n)=2^{\alpha_1-1}(3^{\alpha_2}+1)$$
$$T_2(n)=2^{\alpha_1-1}(3^{\alpha_2}-1)$$
①

对非负整数 $\alpha_1+\alpha_2$ 用数学归纳法.

最新世界各国数学奥林匹克中的初等数论试题(下)

The Lastest Elementary Number Theory in Mathematical Olympiads in The World

当 $\alpha_1 = \alpha_2 = 0$ 时,$n = 0$,因 $(1+x)^0 = 1$,故
$$T_1(0) = 1, \quad T_2(0) = 0$$
由于 $2^{0-1}(3^0+1) = 1, 2^{0-1}(3^0-1) = 0$,也就是
$$T_1(0) = 2^{0-1}(3^0+1) = 1$$
$$T_2(0) = 2^{0-1}(3^0-1) = 0$$

则式 ① 成立.

当 $\alpha_1 = 1, \alpha_2 = 0$ 时,$n = 3^m$,由引理 1,$(1+x)^n \equiv 1 + x^n \pmod{3}$,故
$$T_1(n) = 2, \quad T_2(n) = 0$$

由于
$$2^{1-1}(3^0+1) = 2, \quad 2^{1-1}(3^0-1) = 0$$

即
$$T_1(n) = 2^{\alpha_1-1}(3^{\alpha_2}+1), \quad T_2(n) = 2^{\alpha_1-1}(3^{\alpha_2}-1)$$

当 $\alpha_1 = 0, \alpha_2 = 1$ 时,则 $n = 2 \cdot 3^m$,由引理 1
$$(1+x)^n = (1+x)^{2 \cdot 3^m} = [(1+x)^{3^m}]^2 \equiv$$
$$(1+x^{3^m})^2 \equiv 1 + 2 \cdot x^{3^m} + x^{2 \cdot 3^m} \pmod{3}$$

故
$$T_1(n) = 2, \quad T_2(n) = 1$$

由于 $2^{0-1}(3^1+1) = 2, 2^{0-1}(3^1-1) = 1$,即
$$T_1(n) = 2^{\alpha_1-1}(3^{\alpha_2}+1), \quad T_2(n) = 2^{\alpha_1-1}(3^{\alpha_2}-1)$$

因此,当 $\alpha_1 + \alpha_2 \leq 1$ 时,式 ① 成立.

设 $\alpha_1 + \alpha_2 \leq k$ 时,结论成立.

下面证明 $\alpha_1 + \alpha_2 = k+1$ 时,结论成立.

设 $3^m < n < 3^{m+1}$,有如下情形:

(1) $n = 3^m + n'$. (2) $n = 2 \cdot 3^m + n'$,其中 $0 < n' < 3^m$(若 $n' = 0$,或 $n' = 3^m$ 属于已经讨论过的情形).

设 n' 的三进制表示中,含有 α_1' 个 1,α_2' 个 2,则 $\alpha_1' + \alpha_2' = k$,由归纳假设
$$T_1(n') = 2^{\alpha_1'-1}(3^{\alpha_2'}+1), \quad T_2(n') = 2^{\alpha_1'-1}(3^{\alpha_2'}-1)$$

对于(1),当 $n = 3^m + n'$ 时,则 $\alpha_1 = \alpha_1' + 1, \alpha_2 = \alpha_2'$,于是
$$(1+x)^n = (2+x)^{3^m}(1+x)^{n'} \equiv (1+x^{3^m}) \cdot (1+x)^{n'} \pmod{3}$$

由引理 3
$$T_1(n) = p_1[(1+x)^n] = p_1[(1+x^{3^m})(1+x)^{n'}] =$$
$$2p_1[(1+x)^{n'}] = 2 \cdot 2^{\alpha_1'-1}(3^{\alpha_2'}+1) = 2^{\alpha_1-1}(3^{\alpha_2}+1)$$

同理
$$T_2(n) = 2p_2[(1+x)^{n'}] = 2 \cdot 2^{\alpha_1'-1}(3^{\alpha_2'}-1) = 2^{\alpha_1-1}(3^{\alpha_2}-1)$$

对于(2),当 $n = 2 \cdot 3^m + n'$ 时,则 $\alpha_1 = \alpha_1', \alpha_2 = \alpha_2' + 1$,于是

第 4 章 十进制和其他进制记数法
Chapter 4 Decimal Systems and Other Notation

$$(1+x)^n = [(1+x)^{3^m}]^2 (1+x)^{n'} \equiv (1+x^{3^m})^2 (1+x)^{n'} =$$
$$(1+2x^{3^m}+x^{2\cdot 3^m})(1+x)^{n'} =$$
$$(1+x)^{n'} + 2\cdot x^{3^m}(1+x)^{n'} + x^{2\cdot 3^m}(1+x)^{n'} \pmod{3}$$

右端的三个多项式展开后没有同类项,故由归纳假设和引理 2,有

$$p_1[(1+x)^n] = p_1[(1+x)^{n'}] + p_1[2x^{3^m}(1+x)^{n'}] + p_1[x^{2\cdot 3^m}(1+x)^{n'}] =$$
$$p_1[(1+x)^{n'}] + p_1[2\cdot(1+x)^{n'}] + p_1[(1+x)^{n'}] =$$
$$p_1[(1+x)^{n'}] + p_2[(1+x)^{n'}] + p_1[(1+x)^{n'}] =$$
$$2T_1(n') + T_2(n') =$$
$$2\cdot 2^{\alpha'_1-1}(3^{\alpha'_2}+1) + 2^{\alpha'_1-1}(3^{\alpha'_2}-x) =$$
$$2^{\alpha'_1-1}(3^{\alpha'_2+1}+1) = 2^{\alpha_1-1}(3^{\alpha_2}-1)$$

同理有

$$p_2[(1+x)^n] = 2T_2(n') + T_1(n') =$$
$$2\cdot 2^{\alpha'_1-1}(3^{\alpha'_2}-1) + 2^{\alpha'_1-1}(3^{\alpha'_2}+1) =$$
$$2^{\alpha'_1-1}(3^{\alpha'_2+1}-1) =$$
$$2^{\alpha_1-1}(3^{\alpha_2}-1)$$

所以当 $\alpha_1+\alpha_2=k+1$ 时结论成立.

即对所有 $\alpha_1+\alpha_2 \in \mathbf{N}$ 时,式 ① 成立.

因为 $(1+x)^n$ 的展开式中共有 $n+1$ 项,则

$$T_0(n) = n+1-T_1(n)-T_2(n) = n+1-2^{\alpha_1}3^{\alpha_2}$$

由于 $2\,006 = (2202022)_{(3)}$,则 $\alpha_1=0, \alpha_2=5$,因此

$$T_0(2\,006) = 2\,006+1-2^0\cdot 3^5 = 1\,764$$
$$T_1(2\,006) = 2^{0-1}(3^5+1) = 122$$
$$T_2(2\,006) = 2^{0-1}(3^5-1) = 121$$

67 求 $11^{12^{13}}$ 的十位数字.

(日本数学奥林匹克预赛,2007 年)

解 对任意正整数 n,有

$$11^n = (10+1)^n = \sum_{k=0}^n C_n^k 10^k \equiv 10n+1 \pmod{100}$$

故 11^n 的十位数字等于 n 的最后一位数字.

又 12^n 的末位数字为 $2,4,8,6$,且以 4 为周期.

所以 12^{13} 的末位数是 2.

即 $11^{12^{13}}$ 的十位数是 2.

68 对于一个正整数 n:

(1) n 与 $n+2007$ 的十进制表示下的各位数码之和能否相等?

(2) n 与 $n+199$ 的十进制表示下的各位数码之和能否相等?

(拉脱维亚数学奥林匹克,2007 年)

解 (1) 能. $n=18\,001$.

此时
$$n+2\,007=18\,001+2\,007=20\,008$$
n 与 $n+2007$ 的各位数码之和为 10.

(2) 不能.

记 $s(n)$ 表示十进制下 n 的各位数码之和,则 $s(n)\equiv n\pmod 9$.

若存在所求的 n,则
$$n\equiv s(n)\equiv s(n+199)\equiv n+199\pmod 9$$
由此 $199\equiv 0\pmod 9$,矛盾.

因此,不存在所求的 n.

69 求所有的数 n,满足存在 $k(k\in \mathbf{N}^*)$,在十进制表示下,k 的各位数码之和为 n,k^2 的各位数码之和为 n^2.

(德国数学奥林匹克,2007 年)

解 对于 $n\in \mathbf{N}^*$,存在满足性质的 $k(n)$,定义
$$k(n)=\sum_{i=0}^{n-1}10^{2^i-1}$$
记 $S(n)$ 为 n 的各位数码之和,则 $k(n)=n$.

另一方面
$$k^2(n)=\sum_{0\leqslant i,j\leqslant n-1}10^{2^i-1}\times 10^{2^j-1}=$$
$$\sum_{i=0}^{n-1}(10^{2^i-1})^2+2\sum_{0\leqslant i<j\leqslant n-1}10^{(2^i-1)+(2^j-1)}=$$
$$\sum_{i=0}^{n-1}10^{2^{i+1}-2}+2\sum_{0\leqslant i<j\leqslant n-1}10^{2^i+2^j-2}$$

在上式中,第一个和式中包含了 n 个元素,第 2 个和式中有 C_n^2 个元素,且所有以 10 为底的指数的幂均不同.

因此,在 $k^2(n)$ 的十进制表达式中有 n 个 1 和 $\dfrac{n(n-1)}{2}$ 个 2,故
$$S(k^2(n))=n+(n-1)n=n^2$$

70 求出所有满足如下条件的十进制正整数 n:n 是 a 位数,且 $a^a=n$.

(中国上海市 TI 杯高二年级数学竞赛,2007 年)

第 4 章 十进制和其他进制记数法
Chapter 4 Decimal Systems and Other Notation

解 因为 $1^1 = 1$,所以 $n = 1$ 满足条件;

当 $a = 2,3,4,5,6,7$ 时,因为

$$2^2 = 4, 3^3 = 27, 4^4 = 256, 5^5 = 3\ 125, 6^6 = 46\ 656, 7^7 = 823\ 543$$

这里的 n 依次不是两位数、三位数、四位数、五位数、六位数和七位数.

当 $a = 8$ 时,$8^8 = 16\ 777\ 216$,满足条件;

当 $a = 9$ 时,$9^9 = 387\ 420\ 489$,满足条件.

当 $a \geqslant 10$ 时,$n = a^a \geqslant 10^a = 1\underbrace{00\cdots0}_{a\text{个}} > n$,不满足条件.

所以满足条件的正整数 n,只有 $16\ 777\ 216$ 和 $387\ 420\ 489$.

71 n 为十位数非零的四位数,若将 n 的前两位和后两位分别看做两个两位数,求所有满足条件的 n,使得按上述方法拆分后的两个两位数之积是 n 的因数.

(日本数学奥林匹克预赛,2007 年)

解 设 A, B 分别为 n 的前两位和后两位,则 $n = 100A + B$.

问题转化为求 (A, B),使 $AB \mid (100A + B)$.

由于 $AB \mid (100A + B)$,则 $A \mid B$.

设 $B = Ak, k \in \mathbf{N}^*$.

因为 A, B 均为两位数,则

$$10 \leqslant A < \frac{100}{k}$$

因此 $k < 10$,又

$$AB \mid (100A + B) \Rightarrow kA^2 \mid (100A + kA) \Rightarrow$$
$$kA \mid (100 + k) \Rightarrow$$
$$k \mid (100 + k) \Rightarrow$$
$$k \mid 100$$

则

$$k = 1, 2, 4, 5$$

又由

$$A \mid \frac{100 + k}{k}$$

及 $10 \leqslant A < \frac{100}{k}$,则

当 $k = 1$ 时,$A \mid 101$,不可能.

当 $k = 2$ 时,$A \mid 51, 10 \leqslant A < 50$,则 $A = 17, B = 34$.

当 $k = 4$ 时,$A \mid 26, 10 \leqslant A < 25$,则 $A = 13, B = 52$.

当 $k=5$ 时,$A \mid 21, 10 \leqslant A < 20$,无解.
所以 $n = 1734, 1352$.

72 设 r, k 是正整数,且 r 的所有质因数比 50 大,一个正整数在十进制表示下至少有 k 位数(首位数不是零),如果其十进制表示下的每个连续的 k 个数码组成的整数(可能首位数是零)都是 r 的倍数,则称为"好数". 证明:如果存在无穷多个好数,则 $10^k - 1$ 是好数.

(波罗的海地区数学奥林匹克,2007 年)

证 由于有无穷多个好数,则一定存在一个至少有 $10k+1$ 位的好数,设为 $c_1 c_2 \cdots c_{10k+1}$,于是

$$a = 10^{k-1} c_1 + 10^{k-2} c_2 + \cdots + 10 c_{k-1} + c_k$$

和

$$b = 10^{k-1} c_2 + 10^{k-2} c_3 + \cdots + 10 c_k + c_{k+1}$$

都是 r 的倍数,则

$$10a - b = 10^k c_1 - c_{k+1}$$

也是 r 的倍数.

设 $d_i = c_{ik+1}(i = 0, 1, \cdots, 10)$,类似地有

$$r \mid (10^k d_i - d_{i+1}) \quad (i = 0, 1, \cdots, 9)$$

由于 $d_0, d_1, \cdots, d_{10}$ 只可以从 $0, 1, \cdots, 9$ 中选择,则一定有两个数相等.

所以存在 $i, j(0 \leqslant i, j \leqslant 10)$,使得 $d_i, d_{i+1}, \cdots, d_{j-1}$ 两两不同,且 $d_i = d_j$,因此

$$(10^k d_i - d_{i+1}) + (10^k d_{i+1} - d_{i+2}) + \cdots + (10^k d_{j-1} - d_j) =$$
$$(10^k d_i - d_i) + (10^k d_{i+1} - d_{i+1}) + \cdots + (10^k d_{j-1} - d_{j-1}) =$$
$$(10^k - 1)(d_i + d_{i+1} + \cdots + d_{j-1})$$

可以被 r 整除.

因为 $d_i, d_{i+1}, \cdots, d_{j-1}$ 两两不同,所以 $d_i + \cdots + d_{j-1}$ 不超过 $0 + 1 + \cdots + 9 = 45$,而 r 的所有质因数大于 50,因此 $10^k - 1$ 可以被 r 整除,即 k 位数 $10^k - 1$ 是好数.

73 给定两个非负整数 $m, n(m > n)$,如果从左到右去掉 m 的十进制表示的某些数码可以得到 n,那么,就称 m "终止"于 n(如 329 只能终止于 9 和 29),试确定能终止于其各位数码的乘积的三位数的个数.

(中美洲及加勒比海地区数学奥林匹克,2007 年)

解 设所求的三位数为 $\overline{abc}$.
(1) 若 $c = abc$,则 $ab = 1$ 或 $c = 0$. 于是 $a = b = 1$ 或 $c = 0$.

第4章 十进制和其他进制记数法
Chapter 4 Decimal Systems and Other Notation

故 $111,112,113,\cdots,119$ 及 $\overline{ab0}(a=1,2,\cdots,9,b=0,1,2,\cdots,9)$. 共 99 个数满足条件.

(2) 若 $10b+c=abc$,则
$$c=b(ac-10)$$
由 $ac-10\leqslant 9$,则 $11\leqslant ac\leqslant 19$.

若 $c=2$,则 $a=6,b=1(a=7,8,9$ 时,b 无解);

故 612 满足条件.

若 $c=3,a=4$,此时无解;

若 $c=4$,则 $a=3$ 或 4.

$a=3$ 时 $b=2$,而 $a=4$ 时 b 无解.

故 324 满足条件.

若 $c=5$,有 $a=3,b=1$,故 315 满足条件.

若 $c=6$,有 $a=2,b=3$,故 236 满足条件.

若 $c=7,8,9$ 时,$a=2$,此时无解.

所以共有 103 个数满足条件.

74 若对于任意 n 个连续正整数中,总存在一个数的各位数码之和是 8 的倍数,试确定 n 的最小值,并说明理由.

(中国北京市初中二年级数学竞赛,2007 年)

解 当 $n=14$ 时,对于下面的 14 个连续正整数
$$9\,999\,993,9\,999\,994,\cdots,10\,000\,006$$
任何一个数的各位数码之和都不是 8 的倍数,$n<14$ 时,题设性质也不成立.

因此 $n\geqslant 15$.

下面证明 $n=15$ 时,题设的性质成立.

设 $a_1,a_2,\cdots,a_{15}$ 为任意 15 个连续正整数.

则这 15 个正整数中,个位数为 0 的至多两个,至少一个.

(1) 当 $a_1,a_2,\cdots,a_{15}$ 中个位数为 0 的整数有两个时.

设 a_i,a_j 的个位数为 0,且 $a_i<a_j$.

则 $a_i,a_i+1,a_i+2,\cdots,a_i+9,a_j$ 这 11 个数中,前 10 个数 $a_i,a_i+1,\cdots,a_i+9$ 没有进位.

设 n_i 表示 a_i 的各位数码之和,则 $a_i,a_i+1,\cdots,a_i+9$ 的各位数码之和依次为 $n_i,n_i+1,\cdots,n_i+9$.这是连续 10 个正整数,一定有一个是 8 的倍数.

(2) 当 $a_1,a_2,\cdots,a_{15}$ 中个位数为 0 的只有一个(记为 a_i).

第一种情况:若 $1\leqslant i\leqslant 8$,则 a_i 后面至少有 7 个连续正整数 $a_i,a_i+1,\cdots,a_i+7$,这 8 个数的各位数码之和也是连续整数,因此必有一个是 8 的倍数.

第二种情况:若 $9 \leqslant i \leqslant 15$,则 a_i 前面至少有 8 个连续整数,不妨设为 a_{i-8}, a_{i-7},…,a_{i-1},这 8 个连续整数的各位数码之和也是 8 个连续整数,所以必有一个是 8 的倍数.

所以 n 的最小值是 15.

75 若一个质数的各位数码经任意排列后仍然是质数,则称它是一个"绝对质数".(如 $2,3,5,7,11,13(31),17(71),37(73),79(97),113(131, 311),199(919,991),337(373,733),\cdots$ 都是绝对质数).

求证:绝对质数的各位数码不能同时出现 $1,3,7,9$.

(数学国际城市邀请赛,2007 年)

证 绝对质数不可能含有 $0,2,4,6,8$,否则,经过适当排列之后,这个数能被 2 与 5 整除(质数 2 和 5 除外).

设 N 是一个同时含有 $1,3,7,9$ 的绝对质数.

因为 $k_0 = 7\,931, k_1 = 1\,793, k_2 = 9\,137, k_3 = 7\,913, k_4 = 7\,193, k_5 = 1\,937, k_6 = 7\,139$,对于 $\bmod 7$,有

$$k_i \equiv i \pmod{7} \quad (i = 0, 1, 2, \cdots, 6)$$

考虑下面的 7 个正整数,它们同时含有 $1,3,7,9$.

$$N_0 = \overline{C_1 \cdots C_{n-4} 7\,931} = L \cdot 10^4 + k_0$$
$$N_1 = \overline{C_1 \cdots C_{n-4} 1\,793} = L \cdot 10^4 + k_1$$
$$N_2 = \overline{C_1 \cdots C_{n-4} 9\,137} = L \cdot 10^4 + k_2$$
$$N_3 = \overline{C_1 \cdots C_{n-4} 7\,931} = L \cdot 10^4 + k_3$$
$$N_4 = \overline{C_1 \cdots C_{n-4} 7\,193} = L \cdot 10^4 + k_4$$
$$N_5 = \overline{C_1 \cdots C_{n-4} 1\,937} = L \cdot 10^4 + k_5$$
$$N_6 = \overline{C_1 \cdots C_{n-4} 7\,139} = L \cdot 10^4 + k_6$$

这 7 个数中一定有一个能被 7 整除,这个数就不是质数,因此绝对质数的各位数码不能同时出现 $1,3,7,9$.

76 季玛算出了整数 $80 \sim 99$ 中每一个数的阶乘的倒数,并把所得的十进制小数分别打印在 20 张无限长的纸条上(如在最后一张纸条上打印的数是 $\dfrac{1}{99!} = 0.\underbrace{00\cdots0}_{155\text{个}}10715\cdots$).

萨沙从其中的一张纸条上剪下一段,上面恰有 n 个数字且不带小数点,如果萨沙不想让季玛猜出他是从哪张纸条上剪下的这 n 个数字,那么 n 的最大值是多少?

第4章 十进制和其他进制记数法
Chapter 4 Decimal Systems and Other Notation

(俄罗斯数学奥林匹克,2007年)

解 n 的最大值是 155.

假设在分别写着 $\dfrac{1}{k!},\dfrac{1}{l!}(k<l)$ 的两张纸条上,都有同样排列着的一段 n 个数码.

将 $\dfrac{1}{k!},\dfrac{1}{l!}$ 分别乘以 10 的适当方幂,使得这一段相同的数都刚好直接位于小数点之后,但是,所得到的分数 $\dfrac{10^a}{k!},\dfrac{10^b}{l!}$ 的小数部分不可能相等.

否则,若相等,则

$$\frac{10^a}{k!}-\frac{10^b}{l!}=\frac{10^a(k+1)(k+2)\cdots l-10^b}{l!}$$

应该是一个整数,从而 $10^a(k+1)(k+2)\cdots l-10^b$ 是 l 的倍数,特别地,10^b 是 l 的倍数,然而从 $81\sim 99$ 中任何一个整数都不可能整除 10^b(因为在它们的每一个的质因数中,都有 2 和 5 以外的质因数).

一方面,由于 99! 是 81! $\sim$ 99! 之中的任何一个整数的倍数,则可以把 $\dfrac{10^a}{k!},\dfrac{10^b}{l!}$ 都表示为分母为 99! 的分数.

又由 $\dfrac{10^a}{k!}\neq\dfrac{10^b}{l!}$,所以 $\left|\dfrac{10^a}{k!}-\dfrac{10^b}{l!}\right|\geqslant\dfrac{1}{99!}$.

另一方面,如果两个小于 1 的正数的小数点之后的前 n 位数码相同,所以它们的差小于 $\dfrac{1}{10^n}$,由此可知 $\dfrac{1}{99!}<\dfrac{1}{10^n}$.

由题设的 $\dfrac{1}{99!}=0.\underbrace{00\cdots0}_{155\text{个}}10715\cdots$,可知

$$\frac{1}{99!}>\frac{1}{10^{156}}$$

从而

$$\frac{1}{10^n}>\frac{1}{99!}>\frac{1}{10^{156}},\quad n<156$$

这样一来,对于任何由 156 个数码形成的片断,都可以判断出它的出处.

但当 $n=155$ 时,在写着 $\dfrac{1}{98!},\dfrac{1}{99!}$ 的纸条上,却有着完全相同的,由 155 个数码列成的片断:

$$\frac{1}{99!}=0.\underbrace{00\cdots0}_{155\text{个}}10715\cdots$$

$$\frac{1}{98!}=\frac{99}{99!}=\frac{100}{99!}-\frac{1}{99!}=$$

$$0.\underbrace{00\cdots010715}_{153\text{个}}\cdots - 0.\underbrace{00\cdots00010715}_{153\text{个}}\cdots =$$
$$0.\underbrace{00\cdots000106}_{153\text{个}}\cdots$$

所以由 155 个数码列成相同的片断 $\underbrace{00\cdots010}_{153\text{个}}$,从而季玛无法猜出.

77 魔术师和他的助手表演下面的节目:首先助手要求观众在黑板上一个接一个地将 N 个数码写成一行,然后,助手把两个相邻的数码盖住.此后,魔术师登场,猜出被盖住的两个相邻数码(包括顺序).

为了确保魔术师按照与助手的事先约定猜出结果,求 N 的最小值.

(俄罗斯数学奥林匹克,2007 年)

解 $N=101$.

为方便起见,将按顺序排列的 m 个数码称为"m 位数".

假设对某个 N 值,魔术师可以猜出结果.于是,魔术师可以将任何一个二位数恢复为原来的 N 位数(将可以恢复成的 N 位数的数目记为 k_1).

这表明,对于任何一个二位数,魔术师都可以对应成一个 N 位数(将这样的 N 位数的数目记为 k_2).

因而 $k_1=(N-1)\times 10^{N-2}$,这是因为所给定的二位数有 $N-1$ 种选择位置的方法,在其余的 $N-2$ 个位置上各有 10 种不同的放置数码的方法.

同时还有 $k_1 \geqslant k_2$.

不难看出,$k_2=10^N$.

于是有 $k_1=(N-1)10^{N-2} \geqslant 10^N$,即 $N-1 \geqslant 100, N \geqslant 101$.

下面说明:对于 $N=101$,魔术师能够猜出结果.

将 101 个数位自左至右编为 0 至 100 号.

设所有奇数位上的数码之和被 10 除的余数为 s,所有偶数位上数码之和被 10 除的余数为 t,记 $p=10s+t$.

魔术师和助手约定,盖住第 p 位和第 $p+1$ 位上的数码.

于是,只要知道了 s,那么,只要根据未盖住的奇数位置上的数码之和,就可以算出所盖住的奇数位置上的数码.

同理,魔术师也可以算出被盖住的偶数位置的数码.

78 求 2 007! 的末尾连续的 0 的个数及其最末一位非零数字.

(爱尔兰数学奥林匹克,2007 年)

解 设 $F(k)=\left[\dfrac{2\,007}{k}\right](k \in \mathbf{N}^*)$.

第 4 章 十进制和其他进制记数法
Chapter 4 Decimal Systems and Other Notation

则质数 5 在 2 007! 中出现的次数为
$$F(5) + F(5^2) + F(5^3) + \cdots$$
因为 $5^5 > 2\ 007$,则
$$F(5) + F(5^2) + F(5^3) + F(5^4) = 401 + 80 + 16 + 3 = 500$$
所以 5 在 2 007! 中出现的次数是 500.

因为比 2 007 小的正偶数有 1 003 个,则 2 在 2 007! 中出现的次数至少为 1 003.

这表明 $10^{500} \mid 2\ 007!$ 但 $10^{501} \nmid 2\ 007!$

因此,2 007! 中的末尾有 500 个连续的 0.

下面求 2 007! 中最末一位非零数字.

首先注意以下两个事实:

对任意整数 k,有
$$(10k+1)(10k+3)(10k+7)(10k+9) \equiv -1 \pmod{10} \qquad ①$$
$$\prod_{\substack{i \leqslant 1 \\ i \neq 5}}^{9} (10k+i) \equiv 6 \pmod{10} \qquad ②$$

考虑从 1 到 1 999 除去 5 的倍数的所有奇数的积.

可将其分为 200 组如式 ① 的乘积.

故这些数对于 mod 10,余 $(-1)^{200} = 1$.

此外 $2\ 001 \times 2\ 003 \times 2\ 007 \equiv 1 \pmod{10}$.

另一方面,$F(5) = 401$,即小于或等于 2 007 的正整数中有 401 个 5 的倍数,其中有 201 个奇数.

因此,小于或等于 2 007 的所有正奇数的乘积可表示为
$$2\ 007!! = M_1 \times 5^{201} \times 401!!$$
其中,$M_1 \equiv 1 \pmod{10}$,$n!!$ 表示小于或等于 n 的所有正奇数的乘积.

类似地
$$401!! = M_2 \times 5^{40} \times 79!!$$
其中
$$M_2 \equiv (-1)^{40} \equiv 1 \pmod{10}, \quad 79!! = M_3 \times 5^8 \times 15!!$$
其中
$$M_3 \equiv (-1)^8 \equiv 1 \pmod{10}$$
$$15!! = 1 \times 3 \times 5 \times 7 \times 9 \times 11 \times 13 \times 15 = M_4 \times 5^2$$
其中
$$M_4 \equiv 1 \pmod{10}$$
于是
$$2\ 007!! = M_1 \times 5^{201} \times 401!! =$$

最新世界各国数学奥林匹克中的初等数论试题（下）
The Lastest Elementary Number Theory in Mathematical Olympiads in The World

$$M_1 \times 5^{201} \times M_2 \times 5^{40} \times 79!! =$$
$$M_1 \times 5^{201} \times M_2 \times 5^{40} \times M_3 \times 5^8 \times 15!! =$$
$$M_1 \times 5^{201} \times M_2 \times 5^{40} \times M_3 \times 5^8 \times M_4 \times 5^2 =$$
$$(M_1 M_2 M_3 M_4) \times 5^{251} =$$
$$M \times 5^{251}$$

其中
$$M \equiv M_1 M_2 M_3 M_4 \equiv 1 \pmod{10}$$

再考虑小于 2 007 的所有正偶数的乘积，可将其分成 100 组如式 ② 的乘积，故这些数对 mod 10 为

$$6^{100} \equiv 6 \pmod{10}$$

此外
$$1\,001 \times 1\,002 \times 1\,003 \equiv 6 \pmod{10}$$

因为 1 003 以下的正整数中有 200 个 5 的倍数，故

$$1\,003! = N_1 \times 5^{200} \times 200!$$

其中 $N_1 \equiv 6 \pmod{10}$.

类似地
$$200! = N_2 \times 5^{40} \times 40!$$

其中
$$N_2 \equiv 6^{20} \equiv 6 \pmod{10}$$
$$40! \equiv N_3 \equiv 5^8 \equiv 8!$$

其中
$$N_3 \equiv N^4 \equiv 6 \pmod{10}$$
$$8! = n_4 \times 5$$

其中
$$N_4 \equiv 2 \times 3 \times 4 \times (-4) \times (-3) \times (-2) \equiv -6 \pmod{10}$$

因此
$$1\,003! = N \times 5^{249}$$

其中
$$N \equiv N_1 N_2 N_3 N_4 \equiv -6 \pmod{10}$$

综上，有
$$2\,007! = MN \times 5^{500} \times 2^{1\,003} = MN \times 2^{503} \times 10^{500}$$

其中
$$MN \equiv -6 \equiv 4 \pmod{10}$$

又因为
$$2^{503} \equiv 8 \pmod{10}$$

· 80 ·

第 4 章 十进制和其他进制记数法
Chapter 4 Decimal Systems and Other Notation

所以
$$MN \times 2^{503} \equiv 4 \times 8 \equiv 2 \pmod{12}$$

因此,2 007! 最末一位非零数字为 2.

79 我们知道,$\frac{49}{98}$ 约分后是 $\frac{1}{2}$,但按方法 $\frac{4\cancel{9}}{\cancel{9}8}$,居然也得 $\frac{1}{2}$. 试求所有分子和分母都是十进制两位正整数,分子的个位数与分母的十位数相同,具有上述"奇怪"性质的真分数.

(中国上海市 TI 杯高二年级数学竞赛,2007 年)

解 设真分数 $\frac{\overline{ab}}{\overline{bc}}$ 是有题设的"奇怪"性质,则

$$\overline{ab} < \overline{bc} \quad \text{且} \quad \frac{\overline{ab}}{\overline{bc}} = \frac{a}{c} < 1$$

于是
$$\frac{10a+b}{10b+c} = \frac{a}{c}$$

即
$$9ac = b(10a-c)$$

若 $9 \mid (10a-c)$,则 $9 \mid (a-c)$,但 $|a-c| < 9$,于是 $a-c=0$,矛盾.

所以 $9 \nmid (10a-c)$,因此 $3 \mid b$.

(1) 若 $b=3$,则 $3ac = 10a-c$,于是
$$c = \frac{10a}{3a+1} = 3 + \frac{a-3}{3a+1}$$

于是 $(3a+1) \mid (a-3)$,而 $|a-3| < |3a+1|$,故只能 $a=3$,从而 $c=3$,与 $a<c$ 矛盾.

(2) 若 $b=6$,则 $3ac = 2(10a-c)$.
$$c = \frac{20a}{3a+2} = 6 + \frac{2a-12}{3a+2}$$

当 $a > 6$ 时,$0 < 2a-12 < 3a+2$,此时 c 不是整数.

当 $a = 6$ 时,$c=6$,与 $a<c$ 矛盾.

当 $a < 6$ 时,$12-2a \geq 3a+2$,所以 $a \leq 2$.

当 $a = 1$ 时,$c=4$,满足题意的分数为 $\frac{16}{64}$.

当 $a = 2$ 时,$c=5$,满足题意的分数为 $\frac{26}{65}$.

(3) 当 $b=9$ 时,则 $ac = 10a-c$,于是
$$c = \frac{10a}{a+1} = 10 - \frac{10}{a+1}$$

最新世界各国数学奥林匹克中的初等数论试题（下）

The Lastest Elementary Number Theory in Mathematical Olympiads in The World

所以 $(a+1) \mid 10, a = 1, 4, 9$.

当 $a=1$ 时，$c=5$，满足题意的分数为 $\dfrac{19}{95}$；

当 $a=4$ 时，$c=8$，满足题意的分数为 $\dfrac{49}{98}$；

当 $a=9$ 时，$c=9$，与 $a<c$ 矛盾.

综合以上，满足题意的真分数为 $\dfrac{16}{64}, \dfrac{26}{65}, \dfrac{19}{95}, \dfrac{49}{98}$.

80 已知整数 $k(k>5)$，用 k 进制表示给定的正整数，将这个 k 进制的数的各位数码之和与 $(k-1)^2$ 的积写在给定的正整数的后面，对所得到的新的数继续这种运算得到一个数列.

证明：从某个数开始，其后面的数全部相等.

（保加利亚春季数学奥林匹克，2007 年）

证 因为 $\sum\limits_{i=0}^{n} a_i k^i - \sum\limits_{i=1}^{n} a_i \equiv 0 \pmod{(k-1)}$，所以

$$\sum_{i=0}^{n} a_i k^i \equiv 0 \pmod{(k-1)}$$

与

$$\sum_{i=0}^{n} a_i \equiv 0 \pmod{(k-1)}$$

等价.

于是，经过两次运算以后，每个数都可以被 $(k-1)^3$ 整除，这是因为第一次运算后的数可以被 $k-1$ 整除，而这个数在 k 进制下各位数码的和也可以被 $k-1$ 整除，从而第二次运算后的数可以被 $(k-1)^3$ 整除. 设 $a = \overline{a_n a_{n-1} \cdots a_0}_{(k)}$，$n \geqslant 4$，或 $a_3 \geqslant 2, n=3$，则

$a - (k-1)^2 (a_n + a_{n-1} + \cdots + a_0) \geqslant$
$2[k^3 - (k-1)^2] - a_1[(k-1)^2 - k] - a_0[(k-1)^2 - 1] \geqslant$
$2[k^3 - (k-1)^2] - (k-1)[2(k-1)^2 - k - 1] =$
$5k^2 - 2k - 1 > 0$

从而，总可以得到一个形如 $\overline{a_3 a_2 a_1 a_0}_{(k)}$ 的数，其中 $a_3 = 1$，或 $a_3 = 0$，于是下一个数为

$(k-1)^2(a_3 + a_2 + a_1 + a_0) \leqslant (k-1)^2[1 + 3(k-1)] < 4(k-1)^3$

因此，这个数为

$$(k-1)^3 \text{ 或 } 2(k-1)^3 \text{ 或 } 3(k-1)^3$$

因为 $(k-1)^3 = \overline{k-3, 2, k-1}_{(k)}(k>2)$（这是由于 $(k-1)^3 = (k-3)k^2 +$

第 4 章 十进制和其他进制记数法
Chapter 4 Decimal Systems and Other Notation

$2k+(k-1))$,其下一个数是
$$(k-3+2+k-1)\cdot(k-1)^2=2(k-1)^3$$
又因为 $2(k-1)^3=\overline{1,k-6,5,k-2}_{(k)}(k>5)$,其下一个数是 $2(k-1)^3$;

而 $3(k-1)^3=\overline{2,k-9,8,k-3}_{(k)}(k>8)$,其下一个数是 $2(k-1)^3$;

又当 $k=6$ 时,$3\times 5^3=\overline{1423}_{(6)}$,下一个数是 $10\times 5^2=2\times 5^3$.

当 $k=7$ 时,$3\times 6^3=\overline{1614}_{(7)}$,下一个数是 $6^2\times 12=2\times 6^3$.

当 $k=8$ 时,$3\times 7^3=\overline{2005}_{(7)}$,下一个数是 $7^2\times 7=7^3$,再下一个数是 2×7^3.

所以,当 $k>5$ 时,从某个数开始,其后面的数全等于 $2(k-1)^3$.

81 对 $A\subseteq \mathbf{Z}$ 和 $a,b\in\mathbf{Z}$,记 $aA+b$ 表示集合 $\{ax+b\mid x\in A\}$,若 $a\neq 0$,称集合 $aA+b$ 与 A "相似".

"康托集"C 是由三进制表示中不含 1 的非负整数构成的集合,易知
$$C=(3C)\bigcup(3C+2)$$
另一个例子是
$$C=(9C)\bigcup(9C+6)\bigcup(3C+2)$$
集合 C 的表示是指将 C 划分为有限个(多于 1 个)与 C 相似的集合,即
$$C=\bigcup_{i=1}^{n}C_i$$
其中,$C_i=a_iC+b$ 是与 C 相似的集合.

当且仅当某些 C_i 的并集不与 C 相等或相似时,称 C 的一个表示是"本原的".

考虑康托集的一个本原表示,求证:

(1) $a_i>1$;

(2) 所有的 a_i 都是 3 的方幂;

(3) $a_i>b_i$;

(4) C 的唯一本原的表示是 $C=(3C)\bigcup(3C+2)$.

(伊朗数学奥林匹克,2007 年)

证 (1) 由 $a_i\times 0+b_i\in C$,得 $b_i\geq 0$.

若有某些 $i,a_i=1$,则
$$C_i=C+b_i\subseteq C$$
由 $0\in C$,得 $0+b_i\in C$,且 $b_i+b_i\in C$,进而对所有非负整数 n,有 $nb_i\in C$.

设 k 是满足 $3^k>b_i$ 的非负整数,则满足 $3^k\leq n<2\times 3^k$ 的 n 的三进制表示中均含有 1,它们不在 C 中.

而由 $3^k>b_i$,即存在某些 n,使得 nb_i 也包含在这些数中,这与 $nb_i\in C$ 矛盾.

所以 $a_i > 1$.

(2) 设非负整数 k 满足 $3^k > b_i$.

对任意 $m \in C$, 有 $3^k m \in C$, 则 $3^k m a_i + b_i \in C$.

考查 $a_i m$ 的三进制表示, 并由 $3^k > b_i$, 可知 $a_i m \in C$, 于是
$$a_i C \subseteq C$$

又 $2 \in C$, 则 $2a_i \in C$.

故 a_i 的三进制表示中只含有 $0, 1$.

令 $a_i = 3^v u (3 \nmid u)$.

若 $u = 1$, 则结论成立.

否则, 设 u 的三进制表示中右数第二个 1 的位数为 v. 用 a_i 乘以 $2 \times 3^{v-1} + 2$, 则得到一个 C 以外的数, 矛盾.

所以 $a_i = 3^k$.

(3) 设 $a_i = 3^k$, 并令 $2 \times 3^l \leqslant b_i \leqslant 3^{l+1}$ (这是因为 $b_i \in C$, 且其三进制表示中最左端的数码是 2).

若 $a_i \leqslant b_i$, 则 $k \leqslant l$, $2 \times 3^{l-k} \in C$.

于是, $2 \times 3^{l-k} a_i + b_i \in C$.

而 $2 \times 3^{l-k} a_i + b_i$ 的三进制表示中最左端的数码应该是 1, 矛盾.

因此 $a_i > b_i$.

(4) 令 $J = \{i \in \{1, 2, \cdots, n\}, b_i \equiv 2 \pmod{3}\}$.

显然 $\emptyset \neq J \neq \{1, 2, \cdots, n\}$.

令 $D = \bigcup_{i \in J} C_i$, $E = \bigcup_{i \notin J} C_i$.

容易验证, $D = 3C + 2$, 且 $E = 3C$.

82 将各位数码不大于 3 的全体正整数 m 按自小到大的顺序排成一个数列 $\{a_n\}$, 求 $a_{2\,007}$.

(中国高中数学联赛江西省预赛, 2007 年)

解 1 a_n 在十进制中不连续, 且各位上的数码均不大于 3, 则这样的 a_n 在四进制中为连续整数.

记集合 $\{(a_n)_4\} = \{$四进制连续正整数$\}$.

其中记号 $(x)_k$ 表示一个 k 进制数.

则
$$(a_n)_4 = (a_{n-1})_4 + (1)_{10} = (a_{n-2})_4 + (2)_{10} = \cdots = (n)_{10}$$

当 $n = 2\,007$ 时
$$(a_{2\,007})_4 = (2\,007)_{10} = 133\,113$$

解 2 我们把符合题目要求的数叫做"好数".

第 4 章 十进制和其他进制记数法
Chapter 4 Decimal Systems and Other Notation

则一位数好数有 3 个:1,2,3.

两位好数有:$3 \times 4 = 12$ 个(10,20,30,11,21,31,12,22,32,13,23,33).

三位好数有:$3 \times 4^2 = 48$ 个.

k 位好数有:$3 \times 4^{k-1}$ 个.

记 $S_n = 3 \sum_{k=1}^{n} 4^{k-1}$.

因为 $S_5 < 2\,007 < S_6$,又 $2\,007 - S_5 = 984$.

所以 $a_{2\,007}$ 是第 984 个六位好数.

在六位好数中,首位为 1 的有 $4^5 = 1\,024$ 个,首两位为 10,11,12,13 的各有 256 个. 因此,$a_{2\,007}$ 的前两位数是 13,且是前两位为 13 的第 $984 - 3 \times 256 = 216$ 个,又前三位为 130,131,132,133 的各有 64 个,因此,$a_{2\,007}$ 的前三位数为 133,由此推下去,$a_{2\,007} = 133\,113$.

83 有多少个形如 $\overline{37abc}$ 的五位整数,满足 $\overline{37abc}$,$\overline{37bca}$,$\overline{37cab}$ 均能被 37 整除?

(克罗地亚国家集训赛,2008 年)

解 注意到 $37 \mid \overline{37abc} \Leftrightarrow 37 \mid \overline{abc}$.

设 $x = \overline{abc}, y = \overline{bca}, z = \overline{cab}$,则

$$10x - y = 1\,000a + 100b + 10c - 100b - 10c - a = 999a$$
$$10y - z = 1\,000b + 100c + 10a - 100c - 10a - b = 999b$$
$$10z - x = 1\,000c + 100a + 10b - 100a - 10b - c = 999c$$

由于 $37 \mid 999$,若 x,y,z 中有一个能被 37 整除,则其余两个也能被 37 整除.

因此,所有满足题意的 $\overline{abc}$ 的个数为 $\left[\dfrac{999}{37}\right] + 1 = 28$.

84 已知某两位数加上它的十位数与个位数之积后,恰好为它的十位数与个位数之和的平方,求所有这样的两位数.

(克罗地亚数学奥林匹克(国家赛),2008 年)

解 记 $\overline{xy} = 10x + y(x \neq 0)$,由题设

$$10x + y + xy = (x+y)^2$$

整理得

$$x^2 + (y-10)x + (y^2 - y) = 0$$

其根的判别式

$$\Delta = (y-10)^2 - 4(y^2 - y) \geqslant 0$$
$$3y^2 + 16y - 100 \leqslant 0$$

$$0 < y < \frac{2\sqrt{91}-8}{3} < 4$$

所以 y 只能为 $0,1,2,3$.

当 $y=0$ 时,$x^2-10x=0$,$x_1=0$,$x_2=10$ 均不合题意;

当 $y=1$ 时,$x^2-9x=0$,$x_1=0$,$x_2=91$,有数 $\overline{xy}=91$.

当 $y=2$ 时,$x^2-8x+2=0$,无整数解.

当 $y=3$ 时,$x^2-7x+6=0$,$x_1=1$,$x_2=6$,有数 $\overline{xy}=13$,$\overline{xy}=63$.

所以,满足题目要求的两位数为 $91,13,63$.

85 (1) 求所有以数码 6 为首位的正整数,使得删去 6 以后得到的新数为原来的 $\frac{1}{25}$.

(2) 证明:不存在正整数 n,满足:在去掉它的首位数码后得到的新数为 n 的 $\frac{1}{35}$.

(克罗地亚数学奥林匹克(州赛),2008 年)

解 (1) 设 $M=6\times 10^k+x$(x 为 k 位数),则
$$6\times 10^k+x=25x$$

故
$$x=2^{k-2}\times 5^k=25\times 10^{k-2}$$

因此,所有满足题意的整数 M 为
$$6\times 10^k+25\times 10^{k-2}=625\times 10^{k-2}$$

即 $625, 6\,250, 62\,500, \cdots$.

(2) 设 $n=a\times 10^k+x$(x 为 k 位数),$a\in\{1,2,\cdots,9\}$,则
$$a\times 10^k+x=35x$$
$$x=\frac{a\times 10^k}{34}$$

因为 $17\mid 34$,但 $17\nmid a\times 10^k$.

所以这样的 x 不存在,因而满足条件的 n 不存在.

86 求满足下述条件的正整数的数目:可以被 9 整除,位数不超过 2\,008,且各位数码中至少有两位数码是 9.

(越南数学奥林匹克,2008 年)

解 首先,不超过 2\,008 位正整数中,有 $\frac{10^{2\,008}-1}{9}$ 个数是 9 的倍数.

下面只须计算各位数码均不是 9 和恰有一位是 9 的倍数的个数.

第4章 十进制和其他进制记数法
Chapter 4　Decimal Systems and Other Notation

(1) 各位全不是 9.

前 2 007 位可以取 $0,1,\cdots,8$ 中任意一个,而且为使该数为 9 的倍数,第 2 008 位也唯一确定,但 0 不能放在第一位,故此类数的个数为 $9^{2\,007}-1$.

(2) 恰有一位是 9.

先选出第几位是 9,再用(1)的方法计算此类数为 $2\,008\times 9^{2\,006}$.

故满足题意的个数为
$$\frac{10^{2\,008}-1}{9}-(9^{2\,007}-1)-2\,008\times 9^{2\,006}=$$
$$\frac{1}{9}(10^{2\,008}-9^{2\,008}-2\,008\times 9^{2\,007}+8)$$

87 如果正整数 n 的各个数位的数码之和能被 7 整除,则称 n 为"幸运数",如果 n 是幸运数,但 $n+1,n+2,\cdots,n+12$ 均不是幸运数,则称 n 为"超幸运数",求最小的超幸运数.

(克罗地亚国家集训赛,2008 年)

解 设 n 为幸运数,x 为 n 的个位数.

(1) $0\leqslant x<3$ 时,则 n 与 $n+7$ 除个位外均相同,故均为幸运数,此时 n 不是超幸运数.

(2) $3<x\leqslant 9$ 时,考虑下面的 7 个数:
$$n+(10-x),n+(10-x)+1,\cdots,n+(10-x)+6$$
由于 $n+(10-x)+6\leqslant n+12$,且连续 7 个整数中必有一个能被 7 整除,故当 n 为幸运数时,这七个数中必有一个幸运数.因此,n 不是超幸运数.

(3) $x=3$ 时,由于 3 不是幸运数,则考虑 n 的末二位数 $\overline{y3}$.

若 $y<9$,则 $n+9$ 的个位比 n 少 1,十位多 1,所以 $n+9$ 是幸运数,此时 n 不是超幸运数.

因此,若 n 为超幸运数,它的最后两位一定是 93.

由于 93 的数码和 $9+3=12,93$ 不是幸运数,则考虑 $\overline{z93}$,即 n 的末三位数.

若 $z<9$,则 $z+11$ 是幸运数.

故 n 的末三位必为 993.

而 $994,995,\cdots,1\,005$ 都不是幸运数.

所以 993 是超幸运数,且为最小的超幸运数.

88 证明:对于所有满足
$$1<r<s\leqslant\frac{2\,008}{2\,007}$$

最新世界各国数学奥林匹克中的初等数论试题(下)
The Lastest Elementary Number Theory in Mathematical Olympiads in The World

的实数 r,s,都存在正整数 p,q(不需要互质),使得 $r<\dfrac{p}{q}<s$,且 p,q 的各位数码均没有 0.

(匈牙利数学奥林匹克,2007—2008 年)

证 显然,存在正整数 n,使得
$$(s-r)\times 9\times 10^{n-1}>1$$
将 s 写成十进制表示
$$s=1+\sum_{i=1}^{\infty}a_i 10^{-i}=\overline{1.a_1 a_2 a_3 \cdots}$$
由 $\dfrac{2\ 008}{2\ 007}=1.000\ 498\ 256\cdots$,则 $a_1=a_2=a_3=0$.

下面构造 $\{2,3,\cdots,n\}$ 的子集 A 及整数 e,使得
$$p=[s(10^n-\sum_{i\in A}10^i-e)]$$
的各位数码没有 0.其中 $e\in\{1,2\}$,$[x]$ 表示不超过 x 的最大整数.

(1) 设 $10^n s=\overline{1a_1 a_2\cdots a_n \cdot a_{n+1}\cdots}$,其中 $a_1=a_2=\cdots=a_l=0,a_{l+1}\geqslant 1$.

令 $n-l\in A$,记 $p=10^n s-10^{n-l}s$.

可以知道 p 的整数部分前 l 位数码均是 9.

(2) 将 $p=\overline{a_1 a_2\cdots a_n \cdot a_{n+1}\cdots}$ 的整数部分的各位数码从左到右逐个检查,若没有 0,则直接按下面的(4)构造,若有 0,则按下面的(3)构造.

(3) 分两种情况:

第一种情况:$a_t=0,a_{t-1}>1$,则令 $n-t\in A$,知 $p-10^{n-t}s$ 的前 t 位数码非 0,且第 t 位数码不小于 8.

第二种情况:$a_t=0,a_{t-1}=a_{t-2}=\cdots=a_{t-u}=1,a_{t-u-1}\geqslant 2$.

则令 $n-t+u,n-t+u+1,\cdots,n-v\in A$,其中 $v(t-u\leqslant v\leqslant t)$ 保证 $p-s\sum_{i=t-u}^{v}10^{n-i}$ 的前 v 位数码均非 0,且第 v 位数码不小于 8.

由以上两种情况,将新数记为 p,回到(2)的操作,并从不小于 8 的数码继续检查;

(4) 若 p 的各位数码没有 0,且对 A 中的数的最小值 $n-k$,p 的第 k 位数码不小于 8.

将 p 的前 $k-1$ 位数 p_1 固定不动,考虑 $p-s$ 的小数点前 $n-k+1$ 位数 p_2 中是否有 0,即对 p_2 进行(2)的操作,得到 p_2 的对应的集合 A',其中 $\max\{i\mid i\in A'\}<n-k$,令
$$e=\begin{cases}1, & 1\notin A'\\ 2, & 1\in A'\end{cases}$$

将 $A'/\{1\}$ 并入 A 中,则
$$p = [s(10^n - \sum_{i \in A} 10^i - e)]$$
的各位数码没有 0.

令 $q = 10^n - \sum_{i \in A} 10^i - e$,知 q 的各位数码没有 0.

又 $q > q \times 10^{n-1}$,因此 $qr < qs - 1 < p < qs$.

故
$$r < \frac{p}{q} < s$$

89 记 $A = \{x \mid x \in \mathbf{N}^*,$ 在十进制表示下 x 的每一个数码都不是零,且 $S(x) \mid x\}$,这里 $S(x)$ 表示 x 的各数码之和.

求证:对任意正整数 k,A 中都有一个恰好是 k 位的正整数.

(中国国家集训队培训考试,2008)

证 对任意的 $k \in \mathbf{N}^*$,设 $t = [\log_3 k]$.

对 k 分三种情形讨论.

(1) 当 $k = 3^t$ 时,k 位数 $r_t = \underbrace{11\cdots1}_{k \uparrow 1} \in A$.

我们用数学归纳法给予证明.

$r_0 = 1 \in A$.

由 $S(r_{t+1}) = 3S(r_t)$, $r_{t+1} = \underbrace{11\cdots1}_{3^{t+1}\uparrow 1} = \underbrace{10\cdots0}_{(3^t-1)\uparrow 0}\underbrace{10\cdots0}_{(3^t-1)\uparrow 0}1 \times r_t$. 可被 $3r_t$ 整除知,当 $r_t \in A$ 时,$r_{t+1} \in A$. 从而 $r_t \in A$ 对一切 $t \in \mathbf{N}$ 成立.

(2) 当 $3^t < k < 2 \times 3^t$ 时,设 $l = k - 3^t$,则
$$u = \underbrace{11\cdots1}_{(3^t-l)\uparrow 1}\underbrace{99\cdots9}_{l\uparrow 9}\underbrace{88\cdots8}_{(3^t-l)\uparrow 8} \in A$$

事实上,由 $S(u) = 9S(r_t)$ 及 $u \equiv \underbrace{100\cdots0}_{(3^t-l-1)\uparrow 0}8 \times r_t$,可被 $9r_t$ 整除,由(1)的结论,可知 $u \in A$.

(3) 当 $2 \times 3^t \leqslant k < 3^{t+1}$ 时,设 $m = k - 2 \times 3^k$,则
$$v = \underbrace{1\cdots1}_{(2\times3^t-m)\uparrow 1}\underbrace{99\cdots9}_{m\uparrow 9}\underbrace{88\cdots8}_{(2\times3^t-m)\uparrow 8} \in A$$

事实上,$S(v) = 18S(r_t)$ 及 $v = 1\underbrace{00\cdots0}_{(2\times3^t-m-1)\uparrow 0}8 \times v_t$ 可被 $18v_t$ 整除,由(1)的结论,可知 $v \in A$.

由以上,结论成立.

最新世界各国数学奥林匹克中的初等数论试题(下)
The Lastest Elementary Number Theory in Mathematical Olympiads in The World

90 在十进制下,将 2 008 分解成若干个不同的正整数的和,使得每个正整数都大于 10,且其各个数位上的数码均相同,例如
$$2\,008 = 1\,111 + 666 + 99 + 88 + 44$$
(1) 将 8 002 分解成上述形式;
(2) 同(1),要求分解的整数的个数最少.

(捷克和斯洛伐克数学奥林匹克,2008 年)

解 (1) $8\,002 = 3\,333 + 999 + 888 + 777 + 666 + 555 + 333 + 99 + 88 + 77 + 66 + 55 + 44 + 22$.

(2) 第(1)问的结果分解的整数个数最少. 设
$$8\,002 = 1\,111 \times k + 111 \times l + 11 \times m$$
由于每两个同样位数的正整数不同,故 k, l, m 均小于或等于
$$1 + 2 + \cdots + 9 = 45$$
又
$$8\,002 = 727 \times 11 + 5 = 11(101k + 10l + m) + l$$
则
$$727 = 101k + 10l + m + \frac{l-5}{11}$$
从而 $l = 11q + 5, q \in \{0, 1, 2, 3\}$,代入上式
$$727 = 101k + 110q + 50 + m + q$$
$$677 = 101(k+q) + 10q + m$$
由 $q \in \{0, 1, 2, 3\}$,则
$$k + q = 6, \quad 10q + m = 71$$
又由于 $k, l, m \le 45$,则
$$q = 3, \quad k = 3, \quad m = 41$$
进而 $l = 38$.

为使分解出的整数最少,只须使 k, l, m 各自分解的数码的个数最少.
这等价于使 k 分解出的数码最少,$45 - l, 45 - m$ 分解出的数码的个数最多.
则 $k = 3 = 1 + 2, k$ 取 1 个,即取 3.
$$45 - l = 7 = 1 + 6 = 1 + 2 + 4 = 2 + 5 = 3 + 4$$
$$45 - l \text{ 取 } 1 + 2 + 4$$
$$45 - m = 1 + 3, 45 - m \text{ 取 } 1 + 3$$
即
$$l \text{ 取 } l = 3 + 5 + 6 + 7 + 8 + 9$$
$$m \text{ 取 } m = 41 = 2 + 4 + 5 + 6 + 7 + 8 + 9$$
因而(1)是分解的整数个数最少的分解方式.

第4章 十进制和其他进制记数法
Chapter 4　Decimal Systems and Other Notation

91　证明:对于每个正整数 a,都存在一个正整数 n,使得满足下列性质:

(1) n 从左开始的第一部分的数与 a 相同;

(2) m 是由 n 将从左开始的与 a 相同的第一部分放到最右边所得的整数,则 $n = am$.

例如,若 $a = 4$,取 $n = \boxed{4}10256$,则 $m = 10256\boxed{4}$,且有 $401256 = 4 \times 102564$,若 $a = 58$,取 $n = \boxed{58}0100017244352474564$,将 $\boxed{58}$ 放到最右边,并去掉最左边的 0,得

$$m = 100017244352474564\boxed{58}$$

且有

$$580100017244352474564 =$$
$$58 \times 10001724435247456458$$

（意大利国家队选拔考试,2008 年）

证　设 $n = \overline{ay}, m = \overline{ya}$,且 a 为 s 位数,y 为 t 位数（允许 y 的首位为 0）,则 $n = am$,即

$$10^t a + y = a(10^s y + a)$$

故只须证明存在正整数 k,使得 $10^t + k = 10^s ka + a$ 即可.

这是因为,如果存在这样的 k,则可令 $y = ka$,于是

$$y = \frac{10^t - a}{10^s a - 1} \cdot a < 10^t$$

是一个不超过 t 位的数.

在 y 前补上足够多的零,使其成为一个 t 位数.因此,可以找到对应的 $n = \overline{ay}$ 及 $m = \overline{ya}$ 满足条件.

下面只须证明:存在某个正整数 t,使得 $k = \frac{10^t - a}{10^s a - 1}$ 是一个正整数.

事实上,由

$$(a, 10^s a - 1) = (10, 10^s a - 1) = 1$$

设 $r = \varphi(10^s a - 1)$,其中记号 $\varphi(x)$ 表示欧拉函数.

由欧拉定理得

$$10^r \equiv a^r \equiv 1 \ (\mathrm{mod} \ (10^s a - 1))$$

即

$$10^r - a^r \equiv 0 \ (\mathrm{mod} \ (10^s a - 1)) \qquad ①$$

另一方面,对足够大的 t,有

$$10^t - a \equiv 0 \ (\mathrm{mod} \ (10^s a - 1)) \qquad ②$$

这等价于
$$(10^t - a) \cdot a - 10^{t-s}(10^s a - 1) \equiv 0 \pmod{10^s a - 1}$$
即
$$10^{t-s} - a^2 \equiv 0 \pmod{10^s a - 1}$$
$$10^{t-ds} - a^{d+1} \equiv 0 \pmod{10^s a - 1} \quad \text{③}$$

③ 与 ② 是等价的.

因此,可令 $t - ds = r, d + 1 = r$,则 ③ 与 ① 相同.

由此证明了
$$10^{(r-1)s+r} - a \equiv 0 \pmod{10^s a - 1}$$

因此,存在
$$y = ka = \frac{10^{(r-1)s+r} - a}{10^s a - 1} \cdot a$$

是整数,且使
$$n = \overline{ay}, \quad m = \overline{ya}$$

满足条件.

92 假设一个正整数 n 在十进制下表示为 $n_{(10)}$,已知三个不同的正整数 a, b, c 满足下列三个条件:

(1) $c_{(10)}$ 等于 $a_{(10)}$ 拿去一个数码 6 后所得的数;

(2) $c_{(10)}$ 等于 $b_{(10)}$ 拿去一个数码 6 后所得的数;

(3) 数 a 的位数等于数 b 的位数,且 a 是 b 的倍数.

求满足条件的最小正整数 c 的值.

(日本数学奥林匹克预赛,2008 年)

解 由条件(3),若 a 和 b 的首位数相同,则 $\frac{a}{b} < 2$ 与 a 是 b 的倍数矛盾,所以 $a_{(10)}$ 与 $b_{(10)}$ 的首位数不同.

由条件(1),(2),$a_{(10)}$ 或 $b_{(10)}$ 一定有一个首位是 6.

若 b 的首位是 6,由 $a \geqslant 2b$,可知 a 的位数多于 b 的位数,与条件(3)矛盾.

所以 a 的首位数是 6.

因为 a, b 的位数相同,所以 $\frac{a}{b}$ 一定是 2,3,4,5,6 之一(设为 m).

下面证明:若 c 是满足条件的最小的数,则 $c_{(10)}$ 等于 $b_{(10)}$ 拿去的数码 6 后所得的数,这个 6 一定是 $b_{(10)}$ 的后三位数之一.

由 c 的最小性可知,b 不可能是 10 的倍数. 如果 b 的最后一位是 0,则 $a_{(10)}$ 和 $c_{(10)}$ 的最后一位也是 0,此时 a, b, c 都是 10 的倍数,若将 a, b, c 中的每一个都除以 10,所得到的三个数也满足条件,与 c 的最小性矛盾.

第4章 十进制和其他进制记数法
Chapter 4 Decimal Systems and Other Notation

若从 $b_{(10)}$ 中拿去 6,得到 $c_{(10)}$ 这个 6 不是后三位,则 a 与 b 的后三位相同,一定有
$$a \equiv b \pmod{1\,000}$$
又 $a = mb$,所以
$$(m-1)b \equiv 0 \pmod{1\,000}$$
而 $m - 1 \in \{1,2,3,4,5\}$,则 b 是 10 的倍数,前已证明这不可能.

因此,为得到 $c_{(10)}$,从 b 中拿去的 6 在最后三位.

(1) 若被拿去的 6 是 b 的个位,因为
$$a \equiv mb \pmod{10}$$
$$b \equiv 6 \pmod{10}$$
则可以确定 $a_{(10)}$ 的个位数码,而这个数码等于 $b_{(10)}$ 的十位数码.

考虑模 100 的情形,则确定了 $a_{(10)}$ 的十位数码,等于 $b_{(10)}$ 的百位数码.

用这种方式可以将 $a_{(10)}$ 的各位数码从右到左逐个求出来.

若 $a_{(10)}$ 从右到左的第 n 个数码是 6,且不再进位,由此又可确定 b.

若 $a \equiv mb \pmod{10^n}$,则 $c_{(10)}$ 等于 $b_{(10)}$ 的最后一位 6 拿去后所得的数,因此,三元数组 a,b,c 满足条件.

例如 $m = 4$,由
$$a \equiv 4b \pmod{10}$$
$$b \equiv 6 \pmod{10}$$
得
$$a \equiv \times\times \cdots \times 4, b = \times\times\times \cdots \times 46$$
由
$$a \equiv 4 \times 46 \pmod{10^2}$$
$$b \equiv 46 \pmod{10^2}$$
得
$$a = \times\times \cdots \times 84$$
$$b = \times\times \cdots 846$$
由
$$a \equiv 4 \times 846 = 3\,384 \pmod{10^3}$$
$$b \equiv 846 \pmod{10^3}$$
得
$$a \equiv \times\times \cdots 384$$
$$b \equiv \times\times \cdots 3846$$
进而有
$$a = \times\times\times \cdots 5384$$

$$b = \times \times \cdots 53846$$
$$a = \times \cdots 15384$$
$$b = \times \cdots 153846$$
$$a = 615\ 384$$
$$b = 153\ 846$$

此时
$$c = 15\ 384$$

对 $m = 2, 3, 5, 6$,同样进行上面的工作,可以得出 $c = 15\ 384$ 最小.

(2) 若被拿去的 6 是 b 的十位数码,由
$$\begin{cases} a \equiv mb \pmod{10} \\ a \equiv b \pmod{10} \end{cases}$$

知 $m = 6$ 时,a, b 的个位是 $2, 4, 6, 8$,$m = 3$ 时,a, b 的个位是 5,$m = 5$ 时,a, b 的个位是 2.

用(1)的方法对每种情况检验可知 c 至少是六位数.

(3) 若被拿去的 6 是 b 的百位数码,由
$$\begin{cases} a \equiv mb \pmod{100} \\ a \equiv b \pmod{100} \end{cases}$$

可得 a, b 的后两位分别是 25 和 75.

用(1)的方法对每种情况检验可知,c 至少是六位数.

综合以上,c 的最小值为 15 384.

93 对于正整数 n,令
$$f_n = [2^n \sqrt{2\ 008}] + [2^n \sqrt{2\ 009}]$$

求证:数列 $f_1, f_2, \cdots$ 中有无穷多个奇数和无穷多个偶数.($[x]$ 表示不超过实数 x 的最大整数)

(中国女子数学奥林匹克,2008 年)

证 用二进制表示 $\sqrt{2\ 008}, \sqrt{2\ 009}$.
$$\sqrt{2\ 008} = \overline{10\ 1100.a_1 a_2 \cdots}_{(2)}$$
$$\sqrt{2\ 009} = \overline{10\ 1100.b_1 b_2 \cdots}_{(2)}$$

下面用反证法证明数列中有无穷多个偶数.

假设数列中只有有限个偶数,则存在 $N \in \mathbf{N}^*$,对 $\forall n > N$,f_n 是奇数.

考虑 $n_1 = N+1, n_2 = N+2, \cdots$

在二进制中
$$f_{n_i} = \overline{101100 b_1 b_2 \cdots b_{n_i}}_{(2)} + \overline{101100 a_1 a_2 \cdots a_{n_i}}_{(2)}$$

第4章 十进制和其他进制记数法
Chapter 4 Decimal Systems and Other Notation

这个数与 $b_{n_i}+a_{n_i}$ 对模 2 同余.

因为 f_{n_i} 是奇数,所以 $\{b_{n_i},a_{n_i}\}=\{0,1\}$. 故
$$\sqrt{2\,008}+\sqrt{2\,009}=\overline{101\,1001.c_1c_2\cdots c_{m-1}111\cdots}_{(2)}$$

由此可得,$\sqrt{2\,008}+\sqrt{2\,009}$ 在二进制表示中是有理数,这是不可能的(因为 $\sqrt{2\,008}+\sqrt{2\,009}$ 是无理数).

因此,假设数列中只有有限个偶数是错误的.

所以数列中有无穷多个偶数.

同样可以证明:数列中有无穷多个奇数.

令 $$g_n=[2^n\sqrt{2\,009}]-[2^n\sqrt{2\,008}]$$

显然,g_n 和 f_n 有相同的奇偶性.

这样,对 $n>N$,g_n 都是偶数.

注意到,在二进制中
$$g_{n_i}=\overline{101100b_1b_2\cdots b_{n_i}}_{(2)}-\overline{101100a_1a_2\cdots a_{n_i}}_{(2)}$$

与 $b_{n_i}-a_{n_i}$ 对模 2 同余.

因为 g_{n_i} 是偶数,所以 $b_{n_i}=a_{n_i}$,从而
$$\sqrt{2\,009}-\sqrt{2\,008}=\overline{0.d_1d_2\cdots d_{m-1}000\cdots}_{(2)}$$

即 $\sqrt{2\,009}-\sqrt{2\,008}$ 在二进制表示中是有理数,这不可能.(因为 $\sqrt{2\,009}-\sqrt{2\,008}$ 是无理数)

所以数列中有无穷多个奇数.

94 证明:在任意 18 个连续的三位数中,一定有一个三位数能被组成这个三位数的三个数字之和整除.

(宗沪杯数学竞赛,2009 年)

证 若连续 18 个三位数中含有 999,由 $9+9+9=27\mid 999$,则 999 满足条件.

若连续 18 个三位数中不含 999,则一定有一个数是 18 的倍数,进而这个数能被 9 整除,从而它的各位数字和可以被 9 整除. 数字和是 9 的倍数的只能是 9,18(不可能是 27,若数字和为 27,则该数为 999),因而这个数满足条件.

95 两个三位数写在一起形成了一个六位数,若这个六位数恰等于原来两个三位数乘积的整数倍,求这个六位数.

(中国上海市 TI 杯高二数学竞赛,2009 年)

解 设这个六位数是 $\overline{abcdef}$,$a\in\{1,2,\cdots,9\}$,$b,c,d,e,f\in\{0,1,2,\cdots,9\}$.

由题意,存在整数 k,使
$$\overline{abcdef} = k\overline{abc} \cdot \overline{def}$$
即
$$\overline{abc} \times 1\,000 + \overline{def} = k\overline{abc} \cdot \overline{def}$$
所以
$$\overline{abc} \mid \overline{def}$$
记
$$\overline{def} = l\overline{abc}, \quad l \in \{1, 2, \cdots, 9\}$$
于是
$$kl\overline{abc}^2 = (1\,000 + l)\overline{abc}$$
从而
$$kl\overline{abc} = 1\,000 + l$$
于是
$$l \mid 1\,000$$

又 $l \in \{1, 2, \cdots, 9\}$,则 $l = 1, 2$ 或 5.

若 $l = 1$,则 $k\overline{abc} = 1\,001 = 7 \times 11 \times 13$.

所以 $k = 7, \overline{abc} = 143$,此时六位数为 $\overline{abcdef} = 143\,143$.

若 $l = 2$,则 $2k\overline{abc} = 1\,002, \overline{abc} < 500$,且 $k\overline{abc} = 501 = 3 \times 167$.

所以 $k = 3, \overline{abc} = 167, \overline{def} = 2 \times 167 = 334$.

此时六位数为 $\overline{abcdef} = 167\,334$.

若 $l = 5$,则 $5k\overline{abc} = 1\,005, k\overline{abc} = 201 = 3 \times 67$,此时 $\overline{abc}$ 不是三位数.

综上可知,所求六位数有两个:$143\,143$ 和 $167\,334$.

96 求能被 209 整除,且各位数字之和等于 209 的最小正整数.

(中国北方数学奥林匹克,2009)

解 由于 $209 = 11 \times 19, 209 = 9 \times 23 + 2$.

第二个等式表明,所求正整数至少有 24 位,第一个等式表明该数能被 11 和 19 整除.

(1) 如果该数为 24 位数,设从右向左数,第 i 位的数码为 $a_i (1 \leqslant i \leqslant 24)$,设该数为 S,则
$$S = \sum_{i=1}^{24} 10^{i-1} a_i \equiv \sum_{i=1}^{24} (-1)^{i-1} a_i \equiv 0 \pmod{11}$$

设 $S_1 = a_1 + a_3 + \cdots + a_{23}, S_2 = a_2 + a_4 + \cdots + a_{24}$,则
$$S_1 \equiv S_2 \pmod{11}$$

又 $S_1 + S_2 = 209$,由于 S_1, S_2 中的最大数不大于 $12 \times 9 = 108$,最小数不小

第4章 十进制和其他进制记数法
Chapter 4 Decimal Systems and Other Notation

于 101,则 S_1,S_2 的差的绝对值不大于 7,而 S_1 和 S_2 一为奇数,一为偶数,故 $S_1-S_2\neq 0$,从而 $S_1\not\equiv S_2(\bmod 11)$,出现矛盾.

所以满足条件的数至少为 25 位.

(2) 如果该数为 25 位数,则设
$$S_1=a_1+a_3+\cdots+a_{25}$$
$$S_2=a_2+a_4+\cdots+a_{24}$$

如果 $a_{25}=1$,由于 S_1,S_2 中最大者不大于 109,则最小者不小于 100,其差的绝对值不大于 9,而 S_1 和 S_2 一奇一偶,同样有 $S_1-S_2\neq 0$,从而 $S_1\not\equiv S_2(\bmod 11)$,矛盾.

如果 $a_{25}=2$,由于 S_1,S_2 中的最大数不大于 110,最小数不小于 99,其差的绝对值不大于 11,而 S_1 和 S_2 一奇一偶,故 $S_1-S_2\neq 0$,此时只有 $S_1=110$, $S_2=99$ 满足条件,此时有
$$a_1=a_3=\cdots=a_{23}=9$$

如果 $a_{24}=0$,则该数为
$$S=2\times 10^{24}+10^{23}-1$$

除以 19 余 5,不满足条件.

如果 $a_{24}=1$,则该数为
$$S=2\times 10^{24}+2\times 10^{23}-1-10^x \quad (x\text{ 为奇数})$$

由于
$$2\times 10^{24}+2\times 10^{23}-1\equiv 8\ (\bmod 19)$$

而 10^k 对 $\bmod 19$ 的余数为 10,5,12,6,3,11,15,17,18,9,14,7,13,16,8,4,2,1,循环.

于是 $x=18t+15$,故 $x=15$.

所以满足条件的最小正整数是
$$2\times 10^{24}+2\times 10^{23}-10^{15}-1$$

97 设 $\overline{a_1a_2\cdots a_{2\,009}}$ 是一个 2 009 位数,且满足对每一个 $i(i=1,2,\cdots,2\,007)$,两位数 $\overline{a_ia_{i+1}}$ 是三个互质的数之积,求 $a_{2\,008}$.

(新加坡数学奥林匹克,2009 年)

解 由三个互质的数相乘所得到的两位数有
$$30=2\times 3\times 5, 42=2\times 3\times 7, 60=4\times 3\times 5,$$
$$66=2\times 3\times 11, 70=2\times 5\times 7, 78=2\times 3\times 13, 84=4\times 3\times 7$$

为使对每一个 $i(i=1,2,\cdots,2\,007)$,$\overline{a_ia_{i+1}}$ 都是三位互质数之积,则 $a_i=6$.

因而 $a_{2\,008}=6$ 或 0.

最新世界各国数学奥林匹克中的初等数论试题（下）
The Lastest Elementary Number Theory in Mathematical Olympiads in The World

98 证明：数 $\underbrace{99\cdots9}_{2\,005\text{个}}{}^{2\,009}$ 能够通过擦去 $\underbrace{99\cdots9}_{2\,008\text{个}}{}^{2\,009}$ 的若干数码得到．

（保加利亚国家队选拔考试，2009 年）

证 记 $k=2\,008,n=2\,009,M=\underbrace{99\cdots9}_{2\,008\text{个}}{}^{2\,009}$．

由二项式定理

$$M=(10^k-1)^n=10^{kn}-C_n^1 10^{k(n-1)}+C_n^2 10^{k(n-2)}-\cdots=$$
$$(10^k-C_n^1)10^{k(n-1)}+(C_n^2-1)10^{k(n-2)}+(10^k-C_n^3)10^{k(n-3)}+$$
$$(C_n^4-1)10^{k(n-4)}+\cdots \qquad ①$$

由于

$$C_{2\,009}^i \leqslant C_{2\,009}^{1\,004} < 2^{2\,009} < 10^{2\,005}$$

所以式①中每一个 10 的幂次前的系数均能表示成为 k 位正整数（这样的 k 位数的前几位可能是 0）．

若将这些 k 位数连续地写下来，则是 M 的十进制表示．

注意到这些系数的"999"或"000"开头，故擦去这样的三位数码之后，可得到对应的 $\underbrace{99\cdots9}_{2\,005\text{个}}{}^{2\,009}$ 的系数．

99 一个四位数能够被 7 整除，将它逆序排列后得到的新四位数也能被 7 整除，且比原来的四位数大，又知这两个四位数模 37 同余，求原来的四位数．

（捷克和斯洛伐克数学奥林匹克，2009 年）

解 设所求的数为
$$n=\overline{abcd}=1\,000a+100b+10c+d$$
则新四位数为
$$k=\overline{dcba}=1\,000d+100c+10b+a$$
由
$$k\equiv n\pmod{37}$$
则
$$37\mid(k-n)$$
即
$$37\mid[999(d-a)+90(c-b)]$$
因为 $999=37\times 27$，则
$$37\mid 90(c-b)$$
因为 $(37,90)=1$，则 $b=c$．

从而 $n=\overline{abbd},k=\overline{dbba}$，由题设

第 4 章 十进制和其他进制记数法
Chapter 4　Decimal Systems and Other Notation

则
$$7 \mid n, 7 \mid k$$
$$7 \mid (k-n) = 37 \times 27(d-a)$$
因为 $(7,37)=1, (7,27)=1$，则
$$7 \mid (d-a)$$
由于 $d > a$，则 $d-a=7$.

又 $a > 0$，则 $a=1, d=8$ 或 $a=2, d=9$.

当 $a=1, d=8$ 时
$$n = \overline{1bb8} = 1\,008 + 110b = 7(144+15b)+5b$$
由 $7 \mid n$，则 $7 \mid 5b$，由 $(7,5)=1$，则 $7 \mid b$.

所以 $b=0$ 或 7.

当 $a=2, d=9$ 时
$$n = \overline{2bb9} = 2\,009 + 110b = 7(287+15b)+5b$$
同样 $b=0$ 或 7.

经验证 $1\,008, 1\,778, 2\,009, 2\,779$ 均满足题意.

100 求所有由相继的三个正奇数构成的三元数组，使得这三个数的平方和为一个各个数位数码相同的四位数.

（克罗地亚国家数学奥林匹克，2009 年）

解 设所求的三个相继的正奇数为
$$2k-1, 2k+1, 2k+3 \quad (k \in \mathbf{N}^*)$$
若存在一个 $x \in \{1,2,\cdots,9\}$，满足
$$(2k-1)^2 + (2k+1)^2 + (2k+3)^2 = \overline{xxxx}$$
即
$$12k^2 + 12k + 11 = 1111x \qquad ①$$
由于
$$1\,111 \equiv 7 \pmod{12}$$
则求 ①，需满足
$$12 \mid (7x-11) \qquad ②$$
由题设，三个奇数的平方和为奇数，因为 $x \in \{1,3,5,7,9\}$.

把 $x=1,3,5,7,9$ 代入 ② 计算，当 $x=5$ 时，满足
$$12 \mid (7 \times 5 - 11)$$
于是 $x=5$，代入 ① 可求得 $k=21$.

因此三个相继正奇数为 $41, 43, 45$，即
$$41^2 + 43^2 + 45^2 = 5\,555$$

最新世界各国数学奥林匹克中的初等数论试题（下）

The Lastest Elementary Number Theory in Mathematical Olympiads in The World

101 A, B 两人玩一个游戏,规则如下:A, B 两人轮流从左到右在一个六位数的每个数位上写上一个数码.A 先写第一位数(这个数不能是 0),且 6 个数码各不相同,若最后写下的六位数能够被 2,3,5 之一整除,则 A 胜,否则 B 胜,证明 A 存在必胜策略.

（克罗地亚国家数学奥林匹克,2009 年）

解 设 A 写下的数码为 a_1, a_2, a_3,B 写下的数码为 b_1, b_2, b_3.
则最后写出的六位数为
$$x = \overline{a_1 b_1 a_2 b_2 a_3 b_3}$$
其中 $a_1 \neq 0$,且 $a_1, b_1, a_2, b_2, a_3, b_3$ 两两不同.

令 $M = \{0, 2, 4, 5, 6, 8\}, N = \{1, 3, 7, 9\}$.

若 $b_3 \in M$,则 $2 \mid x$ 或 $5 \mid x$,从而仅当 $b_3 \notin M$ 时,B 才能获胜.

因此,A 若从集合 N 中选他的前两个数码 a_1, a_2,则可迫使 B 从 M 中选他的前两个数码 b_1, b_2.否则,A 可以在 B 选最后一个数码之前,从集合 N 中选出 a_3,从而迫使 B 只能从 M 中选 b_3,这样,A 获胜.

现在,为了获胜,A 必须使 $x = \overline{a_1 b_1 a_2 b_2 a_3 b_3}$ 能被 3 整除.

若他选的前两个数为 $a_1 = 3, a_2 = 9$,则 B 为了获胜,必须对 b_3 从 N 中选择,现 N 中剩下 1 和 7,于是 $b_3 \equiv 1 \pmod{3}$.

由于 $3 \mid x$ 等价于 $3 \mid (a_1 + b_1 + a_2 + b_2 + a_3 + b_3)$,所以 A 可根据已选出的 b_1, b_2,进行选择.

(1) 若 $b_1 + b_2 \equiv 0 \pmod{3}$,则
$$a_1 + a_2 + a_3 + b_1 + b_2 + b_3 \equiv a_3 + 1 \pmod{3}$$
此时 A 可从 $\{2, 5, 8\}$ 中选出一个作为 a_3,从而满足 $a_3 + 1 \equiv 0 \pmod{3}$.

(2) 若 $b_1 + b_2 \equiv 1 \pmod{3}$,则
$$a_1 + a_2 + a_3 + b_1 + b_2 + b_3 \equiv 2 + a_3 \pmod{3}$$
此时 A 选 $a_3 = 1$ 即可.

(3) 若 $b_1 + b_2 \equiv 2 \pmod{3}$,则
$$a_1 + a_2 + a_3 + b_1 + b_2 + b_3 \equiv a_3 \pmod{3}$$
此时,$\{0, 6\}$ 这两个数码至少有一个还未被 B 选择,所以 A 可从 $\{0, 6\}$ 中 B 没选择的数作为 a_3.

综合以上,A 都有一种策略,使得 x 是 3 的倍数,从而有必胜的策略.

102 给定正整数 a, k,定义数列 $\{a_n\}$:
$a_1 = a$,
$a_{n+1} = a_n + kp(a_n) \quad (n = 1, 2, \cdots)$

第4章 十进制和其他进制记数法
Chapter 4 Decimal Systems and Other Notation

其中 $p(m)$ 表示 m 各位上数码之积(如 $p(413)=12, p(308)=0$).

证明 存在正整数 a,k,使得数列 $\{a_n\}$ 中恰有 2 009 个不同的数.

(捷克－波兰－斯洛伐克数学奥林匹克,2009 年)

证 显然,数列 $\{a_n\}$ 随 n 递增,直到数字 0 第一次出现在某项中,以后的各项都是一个常数.

于是,问题转化为,求使得 $a_{2\,009}$ 成为第一个含有数字 0 第一次出现在项 a_m 中的正整数 a,k.

一般地,对于给定的整数 $m>4$,给定使数字 0 第一次出现在项 a_m 中的正整数 a,k.

令
$$a = \frac{10^{2m-5}-1}{9} = \underbrace{11\cdots1}_{2m-5\text{个}}$$
$$k = 10^{m-3}+4 = 1\underbrace{00\cdots0}_{m-4\text{个}}4$$

则
$$a_1 = a = \underbrace{11\cdots1}_{2m-5\text{个}}, \quad p(a_1)=1$$
$$a_2 = a_1 + k = a_1 + 1\underbrace{00\cdots0}_{m-4\text{个}}4 = \underbrace{11\cdots1}_{m-3\text{个}}2\underbrace{11\cdots1}_{m-4\text{个}}5$$
$$p(a_2)=10$$
$$\vdots$$
$$a_i = a_{i-1} + 10^{i-2}k = \underbrace{11\cdots1}_{m-i-1\text{个}}\underbrace{22\cdots2}_{i-1\text{个}}\underbrace{11\cdots1}_{m-i-2\text{个}}\underbrace{55\cdots5}_{i-1\text{个}}$$
$$p(a_i)=10^{i-1}$$
$$\vdots$$
$$a_{m-1} = a_{m-2} + 10^{m-3}k = a_{m-2} + 1\underbrace{00\cdots0}_{m-4\text{个}}41\underbrace{00\cdots0}_{m-3\text{个}} =$$
$$\underbrace{22\cdots2}_{m-3\text{个}}6\underbrace{55\cdots5}_{m-3\text{个}}$$
$$p(a_{m-1}) = 6 \times 10^{m-3}$$
$$a_m = a_{m-1} + 6 \times 10^{m-3}k = a_{m-1} + 6\underbrace{00\cdots0}_{m-5\text{个}}24\underbrace{0\cdots0}_{m-3\text{个}} =$$
$$8\underbrace{22\cdots2}_{m-5\text{个}}20\underbrace{55\cdots5}_{m-3\text{个}}$$
$$p(a_m)=0$$

故当 $a = \dfrac{10^{4\,013}-1}{9}, k = 10^{2\,006}+4$ 时,$\{a_n\}$ 中恰有 2 009 个不同的数.

第5章

欧拉定理和孙子定理

第5章 欧拉定理和孙子定理
Chapter 5 Euler Theorem and Chinese Remainder Theorem

1 设 n,k 是正整数,且 n 不能被 3 整除,$k \geqslant n$.

证明:存在正整数 m,使得 m 可被 n 整除,且它的各位数码之和是 k.

(第 40 届国际数学奥林匹克预选题,1999 年)

证 设 $n = 2^a 5^b p$,其中 a,b 是非负整数,且 $(p,10)=1$.

只要证明存在正整数 M,满足 $p \mid M$,且 p 的各位数字之和等于 k,则 $m = M \cdot 10^c$,其中 $c = \max\{a,b\}$,就满足题目要求.

因为 $(p,10)=1$,由欧拉定理,存在正整数 $d \geqslant 2$,使得
$$10^d \equiv 1 \pmod{p}$$

对于每个非负整数 i,j,有
$$10^{id} \equiv 1 \pmod{p}, \quad 10^{jd+1} \equiv 1 \pmod{p}$$

设 $M = \sum_{i=1}^{u} 10^{id} + \sum_{i=1}^{v} 10^{id+1}$,其中如果 u 或 v 是 0,则对应的和是 0.

由于 $M \equiv u + 10v \pmod{p}$,设
$$\begin{cases} u+v=k \\ p \mid u+10v \end{cases}$$

其等价于
$$\begin{cases} u+v=k \\ p=k+9v \end{cases}$$

因为 $(p,3)=1$,则 $k, k+9, k+18, \cdots, k+9(p-1)$ 这 p 个数对于 mod p 一定有一个能被 p 整除.设此数为 $k+9v_0$,其中 $v_0 \in \{0,1,2,\cdots,p-1\}$,再设 $u_0 = k - v_0$.

则由 u_0, v_0 所确定的 M 满足题目的要求.

2 设 $p_1, p_2, \cdots, p_n$ 是大于 3 的 n 个互不相同的质数,证明:$2^{p_1 p_2 \cdots p_n} + 1$ 至少有 4^n 个因数.

(第 43 届国际数学奥林匹克预选题,2002 年)

证 若奇数 u,v 满足 $(u,v)=1$,则 $2^u + 1$ 和 $2^v + 1$ 可以被 3 整除.

设 $(2^u + 1, 2^v + 1) = t$.

若 $t > 3$,则
$$2^u \equiv -1 \pmod{t}, \quad 2^v \equiv -1 \pmod{t}$$

于是有
$$(-2)^u \equiv 1 \pmod{t}, \quad (-2)^v \equiv 1 \pmod{t}$$

考虑同余方程
$$(-2)^x \equiv 1 \pmod{t} \qquad \qquad ①$$

因为 u,v 是同余方程 ① 的解,则一定存在最小正整数 r 是 ① 的解,即

$$(-2)^r \equiv 1 \pmod{t}, \quad r > 2$$

若方程 ① 的解为 $x = rp + q, 0 < q < r$,则
$$1 \equiv (-2)^x \equiv (-2)^{rp+q} \equiv (-2)^q \pmod{t}$$

于是 q 也是该方程的解,由 $q < r$ 与 r 的最小性矛盾,所以 $q = 0$,即 $r \mid x$.

从而有 $r \mid u, r \mid v$,这又与 $(u, v) = 1$ 矛盾.

所以 $t > 3$ 不成立,即 $t = 3$.
$$(2^u + 1, 2^v + 1) = 3$$

因为
$$2^{uv} + 1 = (2^u + 1)(2^{u(v-1)} - 2^{u(v-2)} + \cdots + 2^{2u} - 2^u + 1)$$

所以
$$(2^u + 1) \mid (2^{uv} + 1)$$

由于 $(2^u + 1, 2^v + 1) = 3$,所以有
$$\frac{1}{3}(2^u + 1)(2^v + 1) \mid (2^{uv} + 1)$$

当 $u = 1$ 时,$2^{p_1} + 1$ 至少有 4 个因数,即 $1, 3, \frac{1}{3}(2^{p_1} + 1), 2^{p_1} + 1$(这里要指出的是,由 $p_1 \geq 5, 3 \neq \frac{1}{3}(2^{p_1} + 1)$,即 3 与 $\frac{1}{3}(2^{p_1} + 1)$ 不同).

假设 $2^{p_1 p_2 \cdots p_{n-1}} + 1$ 至少有 4^{n-1} 个因数,对于 $2^{p_1 p_2 \cdots p_n} + 1$,设
$$u = p_1 p_2 \cdots p_{n-1}, \quad v = p_n$$

由于
$$\left(2^u + 1, \frac{2^v + 1}{3}\right) = 1$$

于是
$$m = \frac{1}{3}(2^u + 1)(2^v + 1)$$

至少有 $2 \times 4^{n-1}$ 个因数.

因为
$$m \mid (2^{uv} + 1)$$

且 $uv > 2(u + v)$,其中 $u, v \geq 5$,于是
$$2^{uv} + 1 > 2^{2(u+v)} + 1 > m^2$$

因此,$2^{uv} + 1$ 的因数个数不少于 m 的因数个数的 2 倍,即 $2^{uv} + 1$ 的因数个数不少于 4^n.

所以由数学归纳法证得结论成立.

3 求所有正整数对 (b, c),使得数列 $a_1 = b, a_2 = c, a_{n+2} = |3a_{n+1} - 2a_n|$

第5章 欧拉定理和孙子定理
Chapter 5 Euler Theorem and Chinese Remainder Theorem

($n \geqslant 1$) 只有有限个合数.

(保加利亚数学奥林匹克,2002 年)

解 设 (b,c) 是满足条件的数对.

若 $a_k = a_{k+1}$,且 k 是满足这个条件的下标中最小的一个.

若 $k \geqslant 4$,因为 $a_{k+1} = |3a_k - 2a_{k-1}|$,且 $a_k \neq a_{k-1}$,则 $a_{k+1} = 2a_{k-1} - 3a_k$,即
$$a_k = 2a_{k-1} - 3a_k, \quad a_{k-1} = 2a_k$$

又因为 $a_k = |3a_{k-1} - 2a_{k-2}|$,所以
$$a_k = |6a_k - 2a_{k-2}|, \quad 2a_{k-2} = 5a_k \quad 或 \quad 2a_{k-2} = 7a_k$$

此时有 a_k 可以被 2 整除.

另一方面,当 $n \geqslant k$ 时,有 $a_n = a_k$,设 P 是所有质数和 1 组成的集合,由于只有有限个合数,则 $a_k \in P$.

从而由 a_k 可以被 2 整除,得 $a_k = 2, a_{k-1} = 4, a_{k-2} = 5$ 或 7.

然而 $4 = a_{k-1} = |3a_{k-2} - 2a_{k-3}|$,左边为偶数而右边为奇数,出现矛盾,所以 $k \leqslant 3$.

当 $k = 3$ 时,$a_3 = 2, a_2 = 4, a_1 = 5$ 或 7,即 $(b,c) = (5,4)$ 或 $(7,4)$.

当 $k = 2$ 时,$a_2 = p, a_1 = 2p$,其中 $p \in P$,即 $(b,c) = (2p,p)$.

当 $k = 1$ 时,$a = p, p \in P, a_2 = p$,即 $(b,c) = (p,p)$.

若对所有的 n,均有 $a_n \neq a_{n+1}$,由于 $a_n \geqslant 0$,则一定存在一个正整数 l,使得 $a_{l+1} > a_l$,由数学归纳法可得

当 $n \geqslant l$ 时,有 $a_{n+l} > a_l$.

再利用 $a_{n+2} = 3a_{n+1} - 2a_n$,由数学归纳法可得
$$a_n = a_{l+2} + 2(2^{n-l-2} - 1)(a_{l+2} - a_{l+1})$$

若 a_{l+2} 为偶数,则 $a_n \geqslant 4$,且 a_n 是偶数,其中 $n \geqslant l+3$ 与有限个合数矛盾.

若 a_{l+2} 为奇数,则 $a_{l+2} \geqslant 3$,且 $(a_{l+2}, 2) = 1$.

由欧拉定理
$$a_{l+2} \mid 2^{\varphi(a_{l+2})} - 1$$

其中 φ 是欧拉函数,即 $\varphi(m)$ 表示小于 m 且与 m 互质的正整数个数.

令 $n = l + 2 + i\varphi(a_{l+2}), i = 1, 2, \cdots$,则 $a_{l+2} \mid a_n (a_n > a_{l+2})$ 与有限个合数矛盾.

综上所述,符合条件的正整数对 (b,c) 为 $(5,4), (7,4), (2p,p), (p,p)$,其中 $p \in P$.

4 设 p 为质数,证明:存在质数 q,使得对任意整数 n,数 $n^p - p$ 都不能被 q 整除.

(第 44 届国际数学奥林匹克,2003 年)

证 由于
$$\frac{p^p-1}{p-1}=1+p+p^2+\cdots+p^{p-1}\equiv p+1\pmod{p^2}$$
则 $\frac{p^p-1}{p-1}$ 中至少有一个质因子 q，满足
$$q\not\equiv 1\pmod{p^2}$$
若假设存在整数 n，使得
$$n^p\equiv p\pmod q$$
则由 q 的选取，有
$$n^{p^2}\equiv n^p\equiv 1\pmod q$$
另一方面，由费马小定理，由 q 是质数，且 $(n,q)=1$，有
$$n^{q-1}\equiv 1\pmod q$$
由于 $p^2\nmid(q-1)$，有 $(p^2,q-1)\mid p$.
则
$$n^p\equiv 1\pmod q$$
因此
$$p\equiv 1\pmod q$$
从而导出
$$1+p+\cdots+p^{p-1}\equiv p\pmod q$$
由 q 的选取，又有
$$p\equiv 0\pmod q$$
出现矛盾.

所以存在质数 q，使得 $\forall n\in\mathbf{N},q\nmid n^p-n$.

5 一个正整数的集合 C 称为"好集"，是指对任何整数 k，都存在着 $a,b\in C,a\neq b$，使得数 $a+k$ 与 $b+k$ 不是互质的数.

证明：如果一个好集 C 的元素之和为 $2\,003$，则存在一个 $c\in C$，使得集合 $C\backslash\{c\}$ 仍是一个"好集".

(保加利亚数学奥林匹克，2003 年)

证 设 $p_1,p_2,\cdots,p_n$ 是集合 C 中两个数的差的所有可能的质因子.

假定对每个 p_i 都存在一个剩余 α_i，使得 C 中至多有一个数关于模 p_i 与 α_i 同余.

利用中国剩余定理（孙子定理）可得，存在一个整数 k，使得
$$k\equiv p_1-\alpha_1\pmod{p_1}$$
$$k\equiv p_2-\alpha_2\pmod{p_2}$$
$$\vdots$$

第 5 章 欧拉定理和孙子定理
Chapter 5 Euler Theorem and Chinese Remainder Theorem

$$k \equiv p_n - \alpha_n \pmod{p_n}$$

由题设条件，存在某个 j 和某个 $a,b \in C$，使得

$$p_j \mid (a+k), \quad p_j \mid (b+k)$$

从而 a,b 关于 $\bmod p_j$ 与 α_j 同余，这与假定相矛盾．

由此可以断定关于 $\bmod p$ 的每个剩余，在 C 中的数的剩余至少出现两次．

若 C 中每个剩余恰好出现 2 次，则 C 中元素的和等于

$$pr + 2(0+1+\cdots+p-1) = p(r+p-1) \quad (r \geqslant 1)$$

这与 2 003 是质数矛盾．

因此，一定存在某个剩余，它至少出现三次，将具有这种性质的 C 的元素，删除 1 个，就得到 1 个新的"好集"．

6 给定正整数 $k > 2$，由 k 角形数形成的数列为 $1, k, 3k-3, 6k-8, \cdots$ 是一个二阶等差数列，其二阶公差为 $k-2$．

费马数形成的数列为 $3 = 2^{2^0}+1, 5 = 2^{2^1}+1, 17 = 2^{2^2}+1, \cdots$

求所有的正整数 k，使得上述两个数列有公共项．

(中国国家集训队培训试题，2003 年)

解 我们证明：当 $k > 2$ 时，由 k 角形数组成的数列的第 3 项起，不可能是一个费马数．

由于第 n 个 k 角形数为 $\dfrac{(k-2)n(n-1)}{2} + n$．

若有公共项，则

$$\frac{n(n-1)}{2}(k-2) + n = 1 + 2^{2^m} \qquad ①$$

其中 $n > 2, k > 2$．

则 ① 中 $n-1$ 不能被任何奇质数整除，故可设 $n-1 = 2^r, r \in \mathbf{N}^*$．

因为 n 是奇数，则 $n \mid (1+2^{2^m})$．即有

$$2^r \equiv -1 \pmod{n}$$
$$2^{2^m} \equiv -1 \pmod{n} \qquad ②$$

② 表明 2 对模 n 的阶是 2^{m+1}，从而 r 必为 2^m 的奇数倍．

于是

$$n = 1 + 2^r \geqslant 1 + 2^{2^m}$$

而

$$n \mid (1 + 2^{2^m})$$

故

$$n = 1 + 2^{2^m}$$

由式①，$\frac{n(n-1)}{2}(k-2)=0$，$k=2$ 与 $k>2$ 矛盾.

由以上可知，当且仅当 k 为一个费马数时，两个数列有公共项 k.

7 设 n 是正整数，求证：2^n+1 不存在模 8 余 -1 的质因子.

（越南国家队选拔考试，2003 年）

证 对质数 $p\equiv -1\pmod 8$，考虑

$$2,2\times 2,2\times 3,2\times 4,\cdots,2\times\frac{p-1}{2}$$

记其中不大于 $\frac{p-1}{2}$ 的数为 $r_1,r_2,\cdots,r_h$，大于 $\frac{p-1}{2}$ 的数为 $s_1,s_2,\cdots,s_g$，易知

$$r_i=r_j\Leftrightarrow i=j \quad (1\leqslant i,j\leqslant h)$$
$$s_i=s_j\Leftrightarrow i=j \quad (1\leqslant i,j\leqslant g)$$

若 $p-s_i=r_j$，则 $2\mid p$，与 $p\equiv -1\pmod 8$ 矛盾.

所以

$$p-s_i\neq r_j \quad (1\leqslant i\leqslant g, 1\leqslant j\leqslant h)$$

因为

$$p-s_i\leqslant \frac{p-1}{2} \quad (1\leqslant i\leqslant g)$$

则

$$r_1r_2\cdots r_h(p-s_1)(p-s_2)\cdots(p-s_g)=\left(\frac{p-1}{2}\right)!$$

故

$$r_1r_2\cdots r_h(s_1s_2\cdots s_g)\equiv(-1)^g\left(\frac{p-1}{2}\right)! \pmod p$$

所以

$$2^{\frac{p-1}{2}}\times\left(\frac{p-1}{2}\right)!\equiv(-1)^g\left(\frac{p-1}{2}\right)! \pmod p$$

从而

$$2^{\frac{p-1}{2}}\equiv(-1)^g\pmod p$$

又因为

$$2\times\frac{p-3}{4}<\frac{p-1}{2},\quad 2\times\frac{p+1}{4}>\frac{p-1}{2}$$

所以

$$g=\frac{p+1}{4}$$

设 $p=8k-1$，则

第 5 章 欧拉定理和孙子定理
Chapter 5 Euler Theorem and Chinese Remainder Theorem

$$2^{4k-1} \equiv 1 \pmod{p}$$

设 n_0 是使得 $2^{n_0} \equiv 1 \pmod{p}$ 的最小正整数,则

$$n_0 \mid (4k-1)$$

若存在 n,使得 $2^n \equiv -1 \pmod{p}$,取其中最小的正整数 n_1,则

$$n_1 < n_0$$

这是因为若 $n_1 \geqslant n_0$,有

$$2^{n_1-n_0} \equiv 2^{n_1-n_0} \times 2^{n_0} \equiv 2^{n_1} \equiv -1 \pmod{p}$$

与 n_1 的最小性矛盾.

设 $n_0 = n_1 c + d, 0 \leqslant d < n_1$,则

$$1 \equiv 2^{n_0} = 2^{n_1 c} \times 2^d \equiv (-1)^c 2^d \pmod{p}$$

若 c 为奇数,则

$$2^d \equiv -1 \pmod{p}$$

与 n_1 的最小性矛盾.

所以 c 为偶数,且 $d=0$ 即 $n_0 = 2cn_1$,与 $n_0 \mid (4k-1)$ 矛盾.

因此,不存在 n,使得 $2^n + 1$ 有模余 -1 的质因子.

8 设 m 是正整数.
(1) 如果 $2^{m+1}+1$ 整除 $3^{2^m}+1$,证明 $2^{m+1}+1$ 是质数;
(2)(1)的逆命题是否成立?

(韩国数学奥林匹克,2003 年)

解 (1) 设 $q = 2^{m+1}+1$.
根据题设条件,有

$$3^{2^m} \equiv -1 \pmod{q} \qquad \qquad ①$$

由此可知 $(3, q) = 1$.
式 ① 化为

$$(3^{2^m})^2 \equiv (-1)^2 \pmod{q}$$

即

$$3^{2^{m+1}} \equiv 1 \pmod{q}$$

设 k 是满足 $3^k \equiv 1 \pmod{q}$ 的最小正整数,则 k 是 2^{m+1} 的一个因数,即是 $q-1$ 的一个因数.

于是 k 具有 2^r 的形式,其中 $r \leqslant m+1$,且 $r \in \mathbf{N}^*$.

假定 $r \leqslant m$,则 $3^{2^m} \equiv 1 \pmod{q}$ 与式 ① 矛盾.

因此必有 $r = m+1$.

另一方面,由欧拉定理,k 是 $\varphi(q)$ 的因数,于是

$$2^{m+1} = q-1 \mid \varphi(q)$$

由于 $\varphi(q) \leqslant q-1$, 又 $\varphi(q) \geqslant q-1$, 则 $\varphi(q) = q-1$, 因而 q 是质数, 即 $2^{m+1}+1$ 是质数.

(2)(1) 的逆命题也成立.

设 $q = 2^{m+1}+1$ 是质数, 则
$$\varphi(q) = 2^{m+1}$$

由于 $q \geqslant 5$, 可得 $(3, q) = 1$.

由费马小定理, 有
$$3^{\varphi(q)} = 3^{2^{m+1}} \equiv 1 \pmod{q}$$

于是
$$3^{\frac{\varphi(q)}{2}} = 3^{2^m} \equiv \pm 1 \pmod{q} \qquad ②$$

由于 $q \equiv 1 \pmod 4$, $q \equiv 2 \pmod 3$, 有
$$\left(\frac{3}{q}\right) = (-1)^{\frac{(3-1)(q-1)}{4}} \left(\frac{q}{3}\right) = \left(\frac{2}{3}\right) = -1$$

其中 $\left(\frac{*}{*}\right)$ 是 Legendre 符号.

另外, 由于
$$-1 = \left(\frac{3}{q}\right) \equiv 3^{\frac{q-1}{2}} \pmod{q}$$

故式 ② 应取 -1, 因此
$$q \mid (3^{2^m} + 1)$$

9 一个整数 n, 若满足 $|n|$ 不是一个完全平方数, 则称这个数是 "好" 数, 求满足下列性质的所有整数 m:

m 可以用无穷多种方法表示成三个不同的 "好" 数的和, 且这三个 "好" 数的乘积是一个奇数的平方.

(第 44 届国际数学奥林匹克预选题, 2003 年)

解 假设 m 满足条件, 即
$$m = u + v + w$$
且 uvw 是一个奇数的平方.

于是, u, v, w 均为奇数, 且
$$uvw \equiv 1 \pmod 4$$

所以, u, v, w 对 $\mod 4$, 或者有两个余 3, 一个余 1, 或者三个都余 1, 因此
$$m = u + v + w \equiv 3 \pmod 4$$

下面证明: 当 $m \equiv 3 \pmod 4$ 时, 满足条件要求的性质.

第 5 章　欧拉定理和孙子定理
Chapter 5　Euler Theorem and Chinese Remainder Theorem

设 $m = 4k+3, k \in \mathbf{N}$, 我们设法寻求形如
$$m = 4k+3 = xy + yz + zx$$
的表达式, 因为在这个表达式中, 三数之积 $(xy)(yz)(zx) = (xyz)^2$.

设 $x = 2l+1, y = 1-2l$, 则
$$4k+3 = 1 - 4l^2 + 2z$$
$$z = 2l^2 + 2k + 1$$

于是
$$xy = 1 - 4l^2 = f(l)$$
$$yz = -4l^3 + 2l^2 - (4k+2)l + 2k + 1 = g(l)$$
$$zx = 4l^3 + 2l^2 + (4k+2)l + 2k + 1 = h(l)$$

由上面的表达式可知, $f(l), g(l)$ 和 $h(l)$ 均为奇数, 且乘积是一个奇数的平方.

显然 $f(l) = g(l) = h(l)$ 只有有限个解, 因此, 除有限个 l 之外, $f(l), g(l)$ 和 $h(l)$ 是互不相同的.

当 $l \neq 0$ 时, $|f(l)| = |1 - 4l^2|$ 不是完全平方数.
$$h(l) = 4l^3 + 2l^2 + (4k+2)l + 2k + 1 = (2l+1)(2l^2 + 2k + 1)$$
选取两个不同的质数 p, q, 使 $p > 4k+3, q > 4k+3$, 选取 l, 使 l 满足
$$1 + 2l \equiv 0 \pmod{p}$$
$$1 - 2l \equiv 0 \pmod{q}$$
$$1 + 2l \not\equiv 0 \pmod{p^2}$$
$$1 - 2l \not\equiv 0 \pmod{q^2}$$

由中国剩余定理, l 是存在的.

由于 $p > 4k+3$, 且
$$2(2l^2 + 2k + 1) = (2l+1)(2l-1) + 4k + 3 \equiv 4k + 3 \pmod{p}$$
所以 $2(2l^2 + 2k + 1)$ 不能被 p 整除.

因此 $2l^2 + 2k + 1$ 不能被 p 整除.

于是 $|h(l)| = |(2l+1)(2l^2 + 2k + 1)|$ 能被 p 整除, 但不能被 p^2 整除.

所以 $|h(l)|$ 不是完全平方数.

类似地可证 $|g(l)|$ 也不是完全平方数.

于是 $f(l), g(l)$ 和 $h(l)$ 满足要求.

10 数列 $a_0, a_1, a_2, \cdots$ 定义如下: 对于所有的 $k(k \geqslant 0, k \in \mathbf{N})$, $a_0 = 2, a_{k+1} = 2a_k^2 - 1$.

证明: 如果奇质数 p 整除 a_n, 则 2^{n+3} 整除 $p^2 - 1$.

(第 44 届国际数学奥林匹克预选题, 2003 年)

最新世界各国数学奥林匹克中的初等数论试题(下)
The Lastest Elementary Number Theory in Mathematical Olympiads in The World

证 $2a_{k+1} = (2a_n)^2 - 2$.

设 $b_n = 2a_n$,则 $b_{n+1} = b_n^2 - 2$.

设 $b_n = f(x_n), f(x) = x + \dfrac{1}{x}$,则

$$b_{n+1} = f(x_{n+1}) = f^2(x_n) - 2 = x_n^2 + \dfrac{1}{x_n^2} = f(x_n^2)$$

于是

$$x_{n+1} = x_n, \quad x_n = x_0^{2^n}, \quad x_n^{-1} = x_0^{-2^n}$$

因为

$$b_0 = f(x_0) = 2a_0 = 4$$

则

$$x_0 + \dfrac{1}{x_0} = 4, \quad x_0 = 2 \pm \sqrt{3}$$

于是

$$b_n = (2+\sqrt{3})^{2^n} + (2-\sqrt{3})^{2^n}$$

$$a_n = \dfrac{(2+\sqrt{3})^{2^n} + (2-\sqrt{3})^{2^n}}{2}$$

由 $p \mid a_n$ 得

$$(2+\sqrt{3})^{2^n} + (2-\sqrt{3})^{2^n} \equiv 0 \pmod{p}$$

若 $x^2 \equiv 3 \pmod{p}$ 有整数解,设整数 m 满足

$$m^2 \equiv 3 \pmod{p}$$

则有

$$(2+m)^{2^n} + (2-m)^{2^n} \equiv 0 \pmod{p}$$

因为

$$(2+m)(2-m) = 4 - m^2 \equiv 1 \pmod{p}$$

由

$$(2+m)^{2^n}[(2+m)^{2^n} + (2-m)^{2^n}] \equiv 0$$

可得

$$(2+m)^{2^{n+1}} \equiv -1 \pmod{p}$$

于是

$$(2+m)^{2^{n+2}} \equiv 1 \pmod{p}$$

所以 $2+m$ 对 $\bmod p$ 的阶为 2^{n+2}.

因为

$$(2+m, p) = 1$$

由费马小定理有

第 5 章　欧拉定理和孙子定理
Chapter 5　Euler Theorem and Chinese Remainder Theorem

$$(2+m)^{p-1} \equiv 1 \pmod{p}$$

于是

$$2^{n+2} \mid (p-1)$$

因为 p 是奇质数，则 $2 \mid (p+1)$，因而

$$2^{n+3} \mid (p^2-1)$$

结论成立．

若 $x^2 \equiv 3 \pmod{p}$ 无整数解，同样有

$$(2+\sqrt{3})^{2^n} + (2-\sqrt{3})^{2^n} \equiv 0 \pmod{p}$$

即存在整数 q，使得

$$(2+\sqrt{3})^{2^n} + (2-\sqrt{3})^{2^n} = qp$$
$$(2+\sqrt{3})^{2^n}[(2+\sqrt{3})^{2^n} + (2-\sqrt{3})^{2^n}] = qp(2+\sqrt{3})^{2^n}$$
$$(2+\sqrt{3})^{2^{n+1}} + 1 = qp(2+\sqrt{3})^{2^n}$$

因此，存在整数 a,b，使得

$$(2+\sqrt{3})^{2^{n+1}} = -1 + pa + pb\sqrt{3}$$

因为

$$[(1+\sqrt{3})a_{n-1}]^2 = (a_n+1)(2+\sqrt{3})$$

且 $p \mid a_n$．

不妨设 $a_n = tp$，于是有

$$[(1+\sqrt{3})a_{n-1}]^{2^{n+2}} = (a_n+1)^{2^{n+1}}(2+\sqrt{3})^{2^{n+1}} =$$
$$(tp+1)^{2^{n+1}}(-1+pa+pb\sqrt{3})$$

所以存在整数 a',b'，使得

$$[(1+\sqrt{3})a_{n-1}]^{2^{n+2}} = -1 + pa' + pb'\sqrt{3}$$

设集合

$$S = \{i+j\sqrt{3} \mid 0 \leqslant i,j \leqslant p-1, (i,j) \neq (0,0)\}$$
$$I = \{a+b\sqrt{3} \mid a \equiv b \equiv 0 \pmod{p}\}$$

下面证明对于每个 $(i+j\sqrt{3}) \in S$，不存在一个 $(i'+j'\sqrt{3}) \in S$，满足

$$(i+j\sqrt{3})(i'+j'\sqrt{3}) \in I$$

这是因为，若 $i^2 - 3j^2 \equiv 0 \pmod{p}$，因为 $0 \leqslant i,j \leqslant p-1$，且 $(i,j) \neq (0,0)$，则 $j \neq 0$．

于是存在整数 u，使得 $uj \equiv 1 \pmod{p}$．

因而有 $(ui)^2 \equiv 3(uj)^2 \equiv 3 \pmod{p}$，与 $x^2 \equiv 3 \pmod{p}$ 无整数解矛盾．

因此

$$i^2 - 3j^2 \not\equiv 0 \pmod{p}$$

最新世界各国数学奥林匹克中的初等数论试题(下)
The Lastest Elementary Number Theory in Mathematical Olympiads in The World

若 $(i+j\sqrt{3})(i'+j'\sqrt{3}) \in I$,则
$$ii' \equiv -3jj' \pmod{p}$$
$$ij' \equiv -i'j \pmod{p}$$
故
$$i^2 i'j' \equiv 3j^2 i'j' \pmod{p}$$
于是
$$i'j' \equiv 0 \pmod{p}$$
推出 $i=j=0$ 或 $i'=j'=0$,矛盾.

因为 $(1+\sqrt{3})a_{n-1} \in S$,所以对于任意的 $(i+j\sqrt{3}) \in S$,存在映射 $f: S \to S$,满足
$$[(i+j\sqrt{3})(1+\sqrt{3})a_{n-1} - f(i+j\sqrt{3})] \in I$$
且是双射.
于是有
$$\prod_{x \in S} x = \prod_{x \in S} f(x)$$
所以有
$$(\prod_{x \in S} x)[((1+\sqrt{3})a_{n-1})^{p^2-1} - 1] \in I$$
因此
$$[((1+\sqrt{3})a_{n-1})^{p^2-1} - 1] \in I$$
由前面的结论,满足
$$[((1+\sqrt{3})a_{n-1})^r - 1] \in I$$
的最小正整数为 2^{n+3}.
从而有
$$2^{n+3} \mid (p^2-1)$$
由以上,有
$$2^{n+3} \mid (p^2-1)$$

11 已知正整数 $n(n>1)$,设 p_n 是所有小于 n 的正整数 x 的乘积,其中 x 满足 n 整除 x^2-1,对于每一个 $n>1$,求 p_n 除以 n 的余数.

(第 45 届国际数学奥林匹克,2004 年)

解 如果 $n=2$,则 $p_n=1, p_n \equiv 1 \pmod{2}$.

假设 $n>2$,设 X_n 是同余方程
$$x^2 \equiv 1 \pmod{n}$$
在集合 $\{1, 2, \cdots, n-1\}$ 中的解集.

第 5 章 欧拉定理和孙子定理
Chapter 5 Euler Theorem and Chinese Remainder Theorem

则当 $x_1 \in X_n, x_2 \in X_n$，则 $x_1 x_2 \in X_n$，且 X_n 中的元素与 n 互质.

当 $n > 2$ 时，1 和 $n-1$ 都是 X_n 的元素，如果是 X_n 中仅有的两个元素，则它们的乘积 $1 \times (n-1) \equiv -1 \pmod{n}$.

假设 X_n 中的元素多于两个.

取 $x_1 \in X_n$ 且 $x_1 \neq 1$. 设集合 $A_1 = \{1, x_1\}$，则 X_n 中除了 A_1 之外还有其他元素，设 x_2 为其中的一个. 设

$$A_2 = A_1 \cup \{x_2, x_1 x_2\} = \{1, x_1, x_2, x_1 x_2\}$$

在本解答中，所有的乘积都是在 $\mathrm{mod}\, n$ 意义下的剩余，于是 A_2 在乘法意义下是封闭的，有 $2^2 = 4$ 个元素.

假设对于某个 $k > 1$，定义了 X_n 的一个有 2^k 个元素的子集 A_k，且在乘法意义上是封闭的.

考查 X_n 中是否还有不属于 A_k 的元素，若有，则取一个 x_{k+1}，定义

$$A_{k+1} = A_k \cup \{x x_{k+1} \mid x \in A_k\}$$

由于 A_k 与 $\{x x_{k+1} \mid x \in A_k\}$ 的交集是空集，所以 $A_{k+1} \subset X_n$，且有 2^{k+1} 个元素，同时 A_{k+1} 在乘法意义下是封闭的，又因为 X_n 是有限集，则存在正整数 m，使得 $X_n = A_m$.

由于 A_2 中的元素的乘积（在 $\mathrm{mod}\, n$ 的意义下）等于 1，又由 $A_k (k > 2)$ 的定义可知，A_k 的元素的乘积（在 $\mathrm{mod}\, n$ 的意义下）也等于 1.

特别地，$A_m = X_n$ 中的元素的乘积（在 $\mathrm{mod}\, n$ 的意义下）同样等于 1. 即有

$$p_n \equiv 1 \pmod{n}$$

下面分情况考虑 X_n 中的元素的个数.

假设 $n = ab$，其中 $a > 2, b > 2$，且 $(a, b) = 1$.

由中国剩余定理，存在整数 x, y 满足

$$\begin{cases} x \equiv 1 \pmod{a} \\ x \equiv -1 \pmod{b} \end{cases}$$

和

$$\begin{cases} y \equiv -1 \pmod{a} \\ y \equiv 1 \pmod{b} \end{cases}$$

由此可以取 x, y 满足 $1 \leqslant x, y < ab = n$.

因为 $x^2 \equiv 1 \pmod{n}, y^2 \equiv 1 \pmod{n}$. 所以 $x, y \in X_n$.

又 $a > 2, b > 2, n > 2$，则 $1, x, y$ 对 $\mathrm{mod}\, n$ 的余数两两不同，所以 X_n 中有两个以上的元素.

同理，如果 $n = 2^k (k > 2)$，则 $1, 2^k - 1, 2^{k-1} + 1$ 是 X_n 中三个不同的元素.

剩下的情形是 X_n 恰有两个元素.

当 $n=4$ 时,X_n 中恰有两个元素 1 和 3.

假设 $n=p^k$,其中 p 是奇质数,k 为正整数,因为 $x-1$ 和 $x+1$ 的最大公约数与 n 互质,由 $x^2 \equiv 1 \pmod{n}$ 可得
$$x \equiv 1 \pmod{n} \quad \text{或} \quad x \equiv -1 \pmod{n}$$
所以 X_n 中只有两个元素 1 和 $n-1$.

同理,当 $n=2p^k$ 时,也有同样的结论.

综上所述,当 $n=2,n=4,n=p^k,n=2p^k$ 时,X_n 只包含两个元素 1 和 $n-1$.(这里的 p 是奇质数,k 是正整数).

这时 $p_n = n-1 \equiv -1 \pmod{n}$.

在其他情况下,X_n 的元素多于两个,有 $p_n \equiv 1 \pmod{n}$.

12 设 p 是一个质数,且
$$f_p(x) = x^{p-1} + x^{p-2} + \cdots + x + 1$$
(1) 对任何一个能被 p 整除的整数 m,是否存在一个质数 q,使得 q 整除 $f_p(m)$,且 q 与 $m(m-1)$ 互质?

(2) 证明:存在无限多个正整数 n,使得 $pn+1$ 是质数.

(韩国数学奥林匹克,2004 年)

解 (1) 设 q 是任何一个能整除 $f_p(m)$ 的质数.

由于
$$f_p(m) \equiv 1 \pmod{m}$$
故
$$(m,q)=1$$
如果
$$m \equiv 1 \pmod{q}$$
则
$$f_p(m) \equiv p \pmod{q}$$
有 $q \mid p$,由于 $p \mid m$,则有 $q \mid m$,引出矛盾.

所以 $f_p(m)$ 的任一个整因子都满足条件.

(2) 假定只有有限个 n,使 $pn+1$ 是质数.

设 $p_1, p_2, \cdots, p_N$ 是仅有的 N 个具有形式 $pn+1$ 的质数.

令 $m = p_1 p_2 \cdots p_N p$,而 q 是任何一个能整除 $f_p(m)$ 的质数.

由(1)知 $m \not\equiv 0,1 \pmod{q}$.

由欧拉定理可知
$$m^{q-1} \equiv 1 \pmod{q}$$
$$m^p \equiv 1 \pmod{q}$$

第 5 章 欧拉定理和孙子定理
Chapter 5 Euler Theorem and Chinese Remainder Theorem

于是 $q-1$ 能被 p 整除,矛盾,因此结论成立.

13 (1) 给定正整数 $n(n \geqslant 5)$,集合 $A_n = \{1, 2, \cdots, n\}$,是否存在一一映射 $\varphi: A_n \to A_n$,满足条件:对一切 $k(1 \leqslant k \leqslant n-1)$,都有
$$k \mid (\varphi(1) + \varphi(2) + \cdots + \varphi(k))$$

(2) $\mathbf{N}^*$ 为全体正整数的集合,是否存在一一映射 $\varphi: \mathbf{N}^* \to \mathbf{N}^*$ 满足条件:对一切 $k \in \mathbf{N}^*$,都有
$$k \mid (\varphi(1) + \varphi(2) + \cdots + \varphi(k))$$

证明你的结论.

注:映射 $\varphi: A \to B$ 称为一一映射,如果任意 $b \in B$,有且只有一个 $a \in A$,使得 $\varphi(a) = b$.

(中国高中数学联赛福建省预赛,2004 年)

解 (1) 不存在.

记
$$S_k = \sum_{i=1}^{k} \varphi(i)$$

当 $n = 2m+1 (m \geqslant 2)$ 时,由 $2m \mid S_m$ 及
$$S_{2m} = \frac{(2m+1)(2m+2)}{2} - \varphi(2m+1)$$

可得
$$\varphi(2m+1) \equiv m+1 \pmod{2m}$$

但是
$$\varphi(2m+1) \in A_{2m+1}$$

故
$$\varphi(2m+1) = m+1$$

再由
$$(2m-1) \mid S_{2m-1}$$

及
$$S_{2m-1} = \frac{(2m+1)(2m+2)}{2} - (m+1) - \varphi(2m)$$

可得
$$\varphi(2m) \equiv m+1 \pmod{(2m-1)}$$

所以 $\varphi(2m) = m+1$ 与 φ 的双射定义矛盾.

当 $n = 2m+2 (m \geqslant 2)$ 时
$$S_{2m+1} = \frac{(2m+2)(2m+3)}{2} - \varphi(2m+2)$$

给出 $\varphi(2m+2) = 1$ 或 $2m+2$,同上又得出 $\varphi(2m+1) = \varphi(2m) = m+2$ 或 $m+1$,

矛盾.

(2) 存在.

对 n 归纳定义 $\varphi(2n-1)$ 及 $\varphi(n)$ 如下:

令 $\varphi(1)=1, \varphi(2)=3$.

假设已定义出不同的正整数值 $\varphi(k)(1\leqslant k\leqslant 2n)$ 满足整除条件且包含 1, $2,\cdots,n$.

又设 v 是没有取到的最小正整数值.

由于 $(2n+1,2n+2)=1$,根据中国剩余定理,存在不同于 v 及 $\varphi(k)(1\leqslant k\leqslant 2n)$ 的正整数 u 满足同余式组
$$u\equiv -S_{2n} \pmod{2n+1}$$
$$u\equiv -S_{2n}-v \pmod{2n+2}$$

定义 $\varphi(2n+1)=u, \varphi(2n+2)=v$,则正整数 $\varphi(k)(1\leqslant k\leqslant 2n+2)$ 也互不相同,且满足整除条件,且包含 $1,2,\cdots,n+1$.

根据数学归纳法,已经得到符合要求的一一映射 $\varphi:\mathbf{N}^*\to\mathbf{N}^*$.

14 试定出所有满足如下条件的正整数 m:对于 m,存在质数 p,使得对任意整数 n,数 n^m-m 都不是 p 的倍数.

(中国国家集训队测试题,2004 年)

解 $m=1$ 时,不存在质数 p,使得对任意的 $n,p\nmid (n-1)$(例如 $n=p+1$, $p\mid p$).

下面证明:对 $m\geqslant 2$,均存在相应的质数 p,使得对一切 $n\in\mathbf{N}^*$,有
$$p\nmid (n^m-m)$$

设质数 $q\mid m, q^a\|m$,注意到
$$\frac{m^q-1}{m-1}=1+m+\cdots+m^{q-1}\equiv 1+m \pmod{q^{a+1}}$$

取质数 p,使 $p\left|\frac{m^q-1}{m-1}\right., p\not\equiv 1 \pmod{q^{a+1}}$,则
$$p\left|\frac{m^q-1}{m-1}\cdot (m-1)\right.$$

即
$$p\mid (m^q-1)$$
$$m^q\equiv 1 \pmod{p}$$

若存在 $n\in\mathbf{N}^*$,使 $n^m\equiv m \pmod{p}$,则
$$n^{mq}\equiv m^q\equiv 1 \pmod{p} \qquad ①$$

故 $(n,p)=1$,由费马小定理
$$n^{p-1}\equiv 1 \pmod{p} \qquad ②$$

由 ①,② 得
$$n^{(mq,p-1)} \equiv 1 \pmod{p}$$
由 $q^{\alpha+1} \nmid (p-1)$. 结合 ① 知 $(mq, p-1) \mid m$.
因此
$$n^m \equiv 1 \pmod{p}$$
从而
$$n^m \equiv m \equiv 1 \pmod{p}$$
因此
$$0 \equiv \frac{m^q - 1}{m - 1} = 1 + m + \cdots + m^{q-1} \equiv q \pmod{p}$$
所以 $p = q$,从而 $p \mid m$ 与 $p \mid (1 + m + \cdots + m^{q-1})$ 矛盾.
所以对任意 $n, p \nmid (n^m - m)$.

15 设 p 是奇质数,证明:
$$\sum_{k=1}^{p-1} k^{2p-1} \equiv \frac{p(p+1)}{2} \pmod{p^2}$$
(加拿大数学奥林匹克,2004 年)

证 因为 $p - 1$ 是偶数,所以
$$\sum_{k=1}^{p-1} k^{2p-1} = \sum_{k=1}^{\frac{p-1}{2}} [k^{2p-1} + (p-k)^{2p-1}]$$
由二项式定理
$$(p-k)^{2p-1} = p^{2p-1} - \cdots - C_{2p-2}^2 p^2 k^{2p-3} + C_{2p-1}^1 pk^{2p-2} - k^{2p-1}$$
所以
$$k^{2p-1} + (p-k)^{2p-1} \equiv k^{2p-1} + C_{2p-1}^1 pk^{2p-2} - k^{2p-1} \equiv$$
$$(2p-1) \cdot pk^{2p-2} \pmod{p^2}$$
对 $1 \leqslant k \leqslant p-1$,必有 $(p, k) = 1$.
由费马小定理,有
$$k^{p-1} \equiv 1 \pmod{p}$$
所以
$$(2p-1)k^{2p-2} \equiv (2p-1) \cdot 1^2 \equiv -1 \pmod{p}$$
从而
$$(2p-1)pk^{2p-2} \equiv -p \pmod{p^2}$$
于是
$$\sum_{k=1}^{p-1} k^{2p-1} \equiv -p \cdot \frac{p-1}{2} \equiv \frac{p-p^2}{2} + p^2 \equiv \frac{p(p+1)}{2} \pmod{p^2}$$

最新世界各国数学奥林匹克中的初等数论试题(下)
The Lastest Elementary Number Theory in Mathematical Olympiads in The World

16 已知 x, y, z, w 是整数,且 y, z, w 是奇数.证明:17 能整除 $x^{y^{z^w}} - x^{y^z}$.

(爱尔兰数学奥林匹克,2005 年)

证 先证明一个引理:设 n 是奇数,则 $n^4 \equiv 1 \pmod{16}$.

事实上,对 $n = 4k \pm 1$ 有

$$(4k \pm 1)^4 = 256k^4 \pm 256k^3 + 96k^2 \pm 16k + 1 \equiv 1 \pmod{16}$$

下面证明本题.

因为 y, z, w 是奇数,则

$$z^w = z(z^2)^{\frac{w-1}{2}} \equiv z \pmod 4$$
$$y^4 \equiv 1 \pmod{16}$$
$$y^{z^w} = y^z (y^4)^{\frac{z^w - z}{4}} \equiv y^z \pmod{16}$$

若 $17 \mid x$,则

$$17 \mid (x^{y^{z^w}} - x^{y^z})$$

若 $17 \nmid x$,由费马小定理有 $x^{16} \equiv 1 \pmod{17}$,则

$$x^{y^{z^w}} = x^{y^z}(x^{16})^{\frac{y^{z^w} - y^z}{16}} \equiv x^{y^z} \pmod{17}$$

于是

$$17 \mid (x^{y^{z^w}} - x^{y^z})$$

17 求所有的整数 m 和 n,使得

$$mn \mid (3^m + 1), \quad mn \mid (3^n + 1)$$

(韩国数学奥林匹克,2005 年)

解 如果 m 和 n 都是偶数,则

$$4 \mid 3^m + 1$$

但这是不可能的,因为对所有偶数 m

$$3^m + 1 \equiv 2 \pmod 4$$

所以,m, n 中至少有一个奇数.

不妨设 m 为奇数,且 $m \neq 1$.

设 p 为整除 m 的最小质数,且 $m = p^k$,易知 $p \geqslant 5$.

由费马小定理有

$$3^{p-1} \equiv 1 \pmod p$$

由题设

$$3^{p^k} \equiv -1 \pmod p$$

第 5 章 欧拉定理和孙子定理
Chapter 5 Euler Theorem and Chinese Remainder Theorem

即
$$3^{2p^k} \equiv 1 \pmod{p}$$
由 p 是质数,有 $(2p^k, p-1) = 2$,所以
$$3^2 \equiv 1 \pmod{p}$$
但这是不可能的,因此 $m = 1$. 即
$$(m, n) = (1, 1), (1, 2), (2, 1)$$

18 设 $a_1, a_2, \cdots, a_n (n > 1)$ 是不全相等的正整数,证明:有无穷多个质数 p,对于每个 p,存在 $k \in \mathbf{N}^*$,满足 $p \mid (a_1^k + a_2^k + \cdots + a_n^k)$.

(伊朗数学奥林匹克,2005 年)

证 可以假设 $a_1, a_2, \cdots, a_n$ 是互质的.

否则,令 $d = (a_1, a_2, \cdots, a_n)$, $a_i' = \dfrac{a_i}{d}$,如果 $p \mid a_1'^k + a_2'^k + \cdots + a_n'^k$,就可以得到 $p \mid (a_1^k + a_2^k + \cdots + a_n^k)$.

用反证法,假设满足题设条件的质数 p 只有有限个.

设 $\{p_1, p_2, \cdots, p_s\}$ 是 $\{a_1^k + a_2^k + \cdots + a_n^k \mid k \in \mathbf{N}^*\}$ 的所有质约数的集合.

存在一个数 t,满足 $p_i^t \nmid j, j = 1, 2, \cdots, n$.

令 $u = \varphi((p_1 p_2 \cdots p_s)^t)$. 数 a 满足 $b = au > t$.

考虑数 $c = a_1^b + a_2^b + \cdots + a_n^b$,设 q 是 p_i 中的一个,若 $q \mid a_i$,因为 $b > t$,则
$$a_i^b \equiv 0 \pmod{q^t}$$
若 $q \nmid a_i$,就有
$$a_i^b \equiv 1 \pmod{q^t}$$
所以 c 模 q^t 的余数就是 $0, 1, 2, \cdots, n$ 中的一个.

因为不是所有的 a_i 都能被 q 整除,所以 $q^t \nmid c$,所以,对于选定的 t, c 都不能被 q^t 整除,所以
$$c \leqslant (p_1 p_2 \cdots p_s)^t$$
于是可以找一个足够大的 b,使得 c 变得足够大,引出矛盾.

所以满足题设条件的质数 p 有无穷多个.

19 设 $a_0, a_1, \cdots, a_n, x_0, x_1, \cdots, x_n (n \geqslant 2)$ 均为整数,$r(\geqslant 2)$ 为整数,满足
$$\sum_{j=0}^{n} a_j x_j^k = 0 \quad (k = 1, 2, \cdots r)$$
证明:对正整数 $m \in \{r+1, r+2, \cdots, 2r+1\}$,都有
$$\sum_{j=0}^{n} a_j x_j^m \equiv 0 \pmod{m}$$

最新世界各国数学奥林匹克中的初等数论试题(下)
The Lastest Elementary Number Theory in Mathematical Olympiads in The World

(中国国家集训队测试题,2005 年)

证 任取 $p^\alpha \| m$,其中 p 是质数,$\alpha \geqslant 1$,则由

$$\varphi(p^\alpha) = p^{\alpha-1}(p-1)$$

知

$$\varphi(p^\alpha) \mid \left(m - \frac{m}{p}\right)$$

因为

$$\frac{m}{p} \leqslant \frac{2r+1}{2} < r+1$$

所以

$$\frac{m}{p} \leqslant r$$

于是

$$r \geqslant \frac{m}{p} \geqslant p^{\alpha-1} \geqslant \alpha$$

对任意 $x_j, j = 0, 1, 2, \cdots, n$.

若 $p \mid x_j$,则由 $m > \frac{m}{p} \geqslant \alpha$ 得

$$x_j^m \equiv x_j^{\frac{m}{p}} \pmod{p^\alpha}$$

若 $p \nmid x_j$,则由 $\varphi(p^\alpha) \mid (m - \frac{m}{p})$ 和欧拉定理得

$$x_j^{m-\frac{m}{p}} \equiv 1 \pmod{p^\alpha}$$

从而也有

$$x_j^m \equiv x_j^{\frac{m}{p}} \pmod{p^\alpha} \quad (j = 0, 1, 2, \cdots, n)$$

因为 $\frac{m}{p} \leqslant r$,所以由上式及题设条件得

$$\sum_{j=0}^{n} a_j x_j^m \equiv \sum_{j=1}^{n} a_j x_j^{\frac{m}{p}} \equiv 0 \pmod{p^\alpha}$$

由于 $p^\alpha \| m$,则

$$m \mid \sum_{j=0}^{n} a_j x_j^m$$

即

$$\sum_{j=0}^{n} a_j x_j^m \equiv 0 \pmod{m}$$

20 设正整数 $n \geqslant 2$.证明:
$$n \mid [1^{n-1} + 2^{n-1} + \cdots + (n-1)^{n-1} + 1]$$

第 5 章 欧拉定理和孙子定理
Chapter 5 Euler Theorem and Chinese Remainder Theorem

的充分必要条件是对于 n 的每一个质因数 p，$p \mid \left(\dfrac{n}{p}-1\right)$ 且 $(p-1) \mid \left(\dfrac{n}{p}-1\right)$.

(丝绸之路数学奥林匹克,2005 年)

解 设 $n = Ap$.

因为 p 是质数,当 $k = 1, 2, \cdots, p-1, p+1, \cdots, 2p-1, 2p+1, \cdots, (A-1)p-1, (A-1)p+1, \cdots, Ap-1$ 时,由费马小定理,有
$$k^{p-1} \equiv 1 \pmod{p}$$
若 $(p-1) \mid (n-1)$,则
$$k^{n-1} \equiv 1 \pmod{p}$$
故
$$\sum_{k=1}^{n-1} k^{n-1} \equiv n-1-(A-1) \equiv Ap - A \equiv -A \pmod{p}$$

若 $(p-1) \nmid (n-1)$.

设 r 是模 p 的一个原根,则
$$r^{p-1} \equiv 1 \pmod{p}$$
因为 $(r, p) = 1$,所以 $1, 2, \cdots, p-1$ 与 $r, 2r, \cdots, (p-1)r$ 对模 p 的剩余所构成的集合相同,于是
$$\sum_{k=1}^{p-1} k^{n-1} \equiv \sum_{k=1}^{p-1} (rk)^{n-1} \equiv r^{n-1} \sum_{k=1}^{p-1} k^{n-1} \pmod{p}$$
又由于 $(p-1) \nmid (n-1)$,设 $n-1 = B(p-1)+C$,其中 $1 \leqslant C \leqslant p-2$,则
$$r^{n-1} \equiv r^{C} \pmod{p}$$
由于 r 是模 p 的一个原根,则 $\varphi(p) = p-1$($\varphi(m)$ 是 m 的欧拉函数)是满足 $r^{t} \equiv 1 \pmod{p}$ 的最小的 t,所以
$$r^{n-1} \not\equiv 1 \pmod{p}$$
从而一定有
$$\sum_{k=1}^{p-1} k^{n-1} \equiv 0 \pmod{p}$$
同理可得
$$\sum_{k=1}^{2p-1} k^{n-1} \equiv 0 \pmod{p}, \cdots, \sum_{k=1}^{Ap-1} k^{n-1} \equiv 0 \pmod{p}$$
于是
$$\sum_{k=1}^{n-1} k^{n-1} \equiv 0 \pmod{p}$$

综上所述,有

$$\sum_{k=1}^{n-1} k^{n-1} \equiv \begin{cases} -A \pmod{p}, (p-1) \mid (n-1) \\ 0 \pmod{p}, (p-1) \nmid (n-1) \end{cases}$$

若 $n \mid [1^{n-1} + 2^{n-1} + \cdots + (n-1)^{n-1} + 1]$ 成立,则或者有 $(p-1) \mid (n-1)$ 且 $p \mid (-A+1)$,或者 $(p-1) \nmid (n-1)$ 且 $p \mid 1$.

后者不可能成立. 所以

$$(p-1) \mid (n-1) \text{ 且 } p \mid (A-1)$$

又因为

$$n - 1 = Ap - 1 = (p-1)A + A - 1$$

所以

$$(p-1) \mid (A-1) \text{ 且 } p \mid (A-1)$$

若 $p \mid (A-1)$,则 $p \nmid A$,因而 $p^2 \nmid n$.

又若 $(p-1) \mid (A-1)$,则

$$(p-1) \mid (A-1)p = n - p = n - 1 - (p-1)$$

于是

$$(p-1) \mid (n-1)$$

故

$$\sum_{k=1}^{n-1} k^{n-1} + 1 \equiv 1 - A \equiv 0 \pmod{p}$$

又 n 取所有质因数满足 $p^2 \nmid n$,所以 $n \mid [1^{n-1} + 2^{n-1} + \cdots + (n-1)^{n-1} + 1]$.

21 设 $Q(n)$ 表示正整数 n 的各位数码之和,证明:

$$Q(Q(Q(2\,005^{2\,005}))) = 7$$

(德国数学奥林匹克,2005 年)

证 因为 $Q(n) \equiv n \pmod{9}$,所以研究 $2\,005^{2\,005}$ 对 $\mod 9$ 的余数.

$$2\,005^{2\,005} \equiv (9 \times 222 + 7)^{2\,005} \equiv 7^{2\,005} = 7^{6 \times 334 + 1} \pmod{9}$$

由欧拉定理

$$7^{\varphi(9)} = 7^6 \equiv 1 \pmod{9}$$

所以

$$2\,005^{2\,005} \equiv 7 \pmod{9}$$

故

$$Q(Q(Q(2\,005^{2\,005}))) \equiv 2\,005^{2\,005} \equiv 7 \pmod{9}$$

因为

$$2\,005^{2\,005} < (10^4)^{2\,005} = 10^{8\,020}$$

所以 $2\,005^{2\,005}$ 至多有 8 020 位. 故

$$Q(2\,005^{8\,020}) \leqslant 9 \times 8\,020 = 72\,180$$

第 5 章 欧拉定理和孙子定理
Chapter 5 Euler Theorem and Chinese Remainder Theorem

于是 $Q(2\,005^{2\,005})$ 至多有 5 位. 因此
$$Q(Q(2\,005^{2\,005})) \leqslant 9 \times 5 = 45$$
于是 $Q(Q(2\,005^{2\,005}))$ 至多有 2 位且不大于 45. 所以
$$Q(Q(Q(2\,005^{2\,005}))) \leqslant 3 + 9 = 12$$
又
$$Q(Q(Q(2\,005^{2\,005}))) \equiv 7 \pmod{9}$$
所以
$$Q(Q(Q(2\,005^{2\,005}))) = 7$$

22 设 a,b 是正整数,使得对任意正整数 n,均有 $(a^n + n) \mid (b^n + n)$,证明: $a = b$.

(第 46 届国际数学奥林匹克预选题,2005 年)

证 用反证法.

假设 $b \neq a$.

当 $n = 1$ 时,有 $(a+1) \mid (b+1)$,故 $b > a$.

设 p 是一个大于 b 的质数,n 是满足
$$\begin{cases} n \equiv 1 \pmod{p-1} \\ n \equiv -a \pmod{p} \end{cases}$$
的正整数.

由中国剩余定理可知,这样的 n 是存在的,例如 $n = (a+1)(p-1) + 1$.

由费马小定理,有
$$a^n = a^{k(p-1)+1} \equiv a \pmod{p}$$
其中 $k \in \mathbf{N}$,所以
$$a^n + n \equiv 0 \pmod{p}$$
即
$$p \mid a^n + n$$
由 $(a^n + n) \mid (b^n + n)$,有
$$p \mid (b^n + n)$$
再由费马小定理,$b^n \equiv b \pmod{p}$ 及 $n \equiv -a \pmod{p}$,有
$$b^n + n \equiv (b - a) \pmod{p}$$
所以,$p \mid b - a$ 与 p 是一个大于 b 的质数矛盾,因此,$a = b$.

23 设 n 和 k 是正整数,其中 n 是奇数或 n 和 k 都是偶数.

证明:存在整数 a, b,使得
$$(a, n) = 1, (b, n) = 1, k = a + b$$

最新世界各国数学奥林匹克中的初等数论试题(下)

The Lastest Elementary Number Theory in Mathematical Olympiads in The World

(西班牙数学奥林匹克,2005 年)

证 (1)若 n 是奇质数或奇质数的幂,设 $n=p^\alpha$.

因为 $k=1+(k-1), k=2+(k-2), (2,n)=(2,p^\alpha)=1, k-1$ 和 $k-2$ 中一定有一个和 p 互质,因而也与 $n=p^\alpha$ 互质.

于是,$(k-1,n)$ 与 $(k-2,n)$ 必有一个为 1,又 $(1,n)=1,(2,n)=1$,则 $k=a+b=1+(k-1)$ 或 $2+(k-2)$ 必有一个符合条件.

所以 n 是奇质数或奇质数的幂时,命题成立.

(2)若 n 是奇数,设 $n=p_1^{\alpha_1}p_2^{\alpha_2}\cdots p_m^{\alpha_m}$,其中 $p_1,p_2,\cdots,p_m$ 为奇质数.

由(1),对 $i=1,2,\cdots,m$,存在 a_i,b_i,满足
$$k=a_i+b_i,(a_i,p_i^{\alpha_i})=1,(b_i,p_i^{\alpha_i})=1$$

由中国剩余定理,同余方程组
$$\begin{cases} x\equiv a_1 (\bmod\ p_1^{\alpha_1}) \\ x\equiv a_2 (\bmod\ p_2^{\alpha_2}) \\ \vdots \\ x\equiv a_m (\bmod\ p_m^{\alpha_m}) \end{cases}$$

有解,设此解为 a',则
$$a'\equiv a_i(\bmod\ p_i^{\alpha_i})\quad (i=1,2,\cdots,m)$$

于是由 $(a_i,p_i^{\alpha_i})=1$,得 $(a',p_i^{\alpha_i})=1$.

于是 $(a',n)=1$,同理可证存在整数 b',使 $(b',n)=1$. 由于
$$k=a_i+b_i\equiv a'+b'\ (\bmod\ p_i^{\alpha_i})\quad (i=1,2,\cdots,m)$$

再由中国剩余定理,得
$$k\equiv a'+b'\ (\bmod\ n)$$

设 $k=a'+b'+tn$,又设 $a=a',b=b'+tn$,则
$$(a,n)=1,(b,n)=(b',n)=1,k=a+b$$

所以,n 为奇数时,命题成立.

(3)若 n 为偶数,则 k 也是偶数.

设 $n=2^\beta n_0$,其中 n_0 是奇数,由(2),存在整数 a_0,b_0,使得
$$(a_0,n_0)=1,(b_0,n_0)=1,k=a_0+b_0$$

若 a_0,b_0 都是奇数,则 $(a_0,n)=1,(b_0,n)=1$,命题成立.

若 a_0,b_0 都是偶数,设 $a=a_0+n_0,b=b_0-n_0$,则 a,b 都是奇数,所以
$$(a,n)=1,(b,n)=1,k=a+b$$

因此 n 是偶数时,命题成立.

24 数列 $a_1,a_2,\cdots$ 定义如下:
$$a_n=2^n+3^n+6^n-1\quad (n=1,2,\cdots)$$

第 5 章 欧拉定理和孙子定理
Chapter 5 Euler Theorem and Chinese Remainder Theorem

求与此数列的每一项都互质的所有正整数.

(第 46 届国际数学奥林匹克,2005 年)

解 满足条件的正整数只有 1.

因为 1 与所有正整数都互质,所以 1 符合题目要求.

下面证明所有大于 1 的整数都不符合题目要求.

为此,需要证明对任意质数 p,都是数列 $\{a_n\}$ 中某一项的一个约数. $a_1 = 10, 2$ 和 5 是 a_1 的约数,$a_2 = 48, 2$ 和 3 都是它的约数.

因此对 $p = 2, 3, 5, a_1$ 和 a_2 中有一项含有该约数.

若质数 $p > 3$,则由 $(2, p) = 1, (3, p) = 1, (6, p) = 1$,由费马小定理有

$$2^{p-1} \equiv 1 \pmod{p}, 3^{p-1} \equiv 1 \pmod{p}, 6^{p-1} \equiv 1 \pmod{p}$$

则

$$3 \times 2^{p-1} + 2 \times 3^{p-1} + 6^{p-1} \equiv 3 + 2 + 1 \equiv 6 \pmod{p}$$

即

$$6 \times 2^{p-2} + 6 \times 3^{p-2} + 6 \times 6^{p-2} \equiv 6 \pmod{p}$$

于是

$$a_{p-2} = 2^{p-2} + 3^{p-2} + 6^{p-2} - 1 \equiv 0 \pmod{p}$$

即质数 p 是 a_{p-2} 的一个约数.

这表明,对任意大于 1 的正整数 n, a_n 都必存一个质因数 p,前已证明 $p = 2, 3, 5$ 都是数列某一项的约数.

由于 $p \geqslant 5$ 时,$(n, a_{p-2}) > 1$.

所以大于 1 的整数 n 一定有数列的某一项与它不互质,所以符合条件的只有 1.

25 设 n 是正整数,$F_n = 2^{2^n} + 1$,证明:对 $n \geqslant 3$,数 F_n 有一个质因子大于 $2^{n+2}(n+1)$.

(中国国家集训队测试,2005 年)

证 首先证明一个引理.

引理 设 p 是 F_n 的任一质因子,则 p 具有形式 $2^{n+1}x_n + 1, x_n \in \mathbf{N}^*$.

引理的证明:因为 p 是 $F_n = 2^{2^n} + 1$ 的任一质因子,则 $p \neq 2$.

设 2 模 p 的阶是 k

$$2^k \equiv 1 \pmod{p}$$

由

$$2^{2^n} \equiv -1 \pmod{p}$$

得

$$2^{2^{n+1}} \equiv 1 \pmod{p}$$

129

则
$$k \mid 2^{n+1}$$
所以 k 是 2 的幂.

设 $k = 2^l$,其中 $0 \leqslant l \leqslant n+1$.

如果 $l \leqslant n$,则将 $2^{2^l} \equiv 1 \pmod{p}$ 两边反复平方若干次,有
$$2^{2^n} \equiv 1 \pmod{p}$$
与
$$2^{2^n} \equiv -1 \pmod{p}$$
矛盾.

因此 $l = n+1$,即 2 模 p 的阶为 $k = 2^{n+1}$.

由费马小定理
$$2^{p-1} \equiv 1 \pmod{p}$$
则
$$2^{n+1} \mid (p-1)$$
即
$$p - 1 = 2^{n+1} x_n$$

引理得证.

回到原题.

设
$$F_n = p_1^{\alpha_1} p_2^{\alpha_2} \cdots p_k^{\alpha_k} \qquad ①$$
则由引理知
$$p_i = 2^{n+1} x_i + 1$$
故由 ① 知
$$2^{2^n} + 1 \geqslant (2^{n+1}+1)^{(\alpha_1+\cdots+\alpha_k)} > 2^{(n+1)(\alpha_1+\cdots+\alpha_k)} + 1$$
即有
$$\sum_{i=1}^{k} \alpha_i < \frac{2^n}{n+1} \qquad ②$$

另一方面,由二项式展开知
$$p_i^{\alpha_i} = (2^{n+1} x_i + 1)^{\alpha_i} \equiv 1 + 2^{n+1} \alpha_i x_i \pmod{2^{2n+2}}$$
由于 $n \geqslant 3$ 时,$2^n \geqslant 2n+2$,故由 ① 模 2^{2n+2} 得到
$$1 \equiv 2^{2^n} + 1 = \prod_{i=1}^{n} p_i^{\alpha_i} \equiv \prod_{i=1}^{k}(1 + 2^{n+1}\alpha_i x_i) \equiv$$
$$1 + 2^{n+1} \sum_{i=1}^{k} \alpha_i x_i \pmod{2^{2n+2}}$$
即

第5章 欧拉定理和孙子定理
Chapter 5 Euler Theorem and Chinese Remainder Theorem

$$2^{n+1}\sum_{i=1}^{k}\alpha_i x_i \equiv 0 \pmod{2^{n+1}}$$

故有

$$\sum_{i=1}^{k}\alpha_i x_i \geqslant 2^{n+1}$$

从而,必有某个 x_j,使

$$x_j \sum_{j=1}^{n}\alpha_i \geqslant 2^{n+1} \qquad ③$$

由①,②,③得

$$2^{n+1} \leqslant x_j \sum_{i=1}^{k}\alpha_i < x_j \cdot \frac{2^n}{n+1}$$

从而有

$$x_j > 2(n+1)$$

故

$$p_j = 2^{n+1}x_j + 1 > 2^{n+1}(2n+2) = 2^{n+2}(n+1)$$

26 已知 $x \in (0,1)$,令 $y \in (0,1)$,且 y 的小数点后第 n 位数码是 x 的小数点后第 2^n 位数码. 证明:若 x 是有理数,则 y 也是有理数.

(第 47 届国际数学奥林匹克预选题,2006 年)

证 因为 x 是有理数,所以 x 从小数点后某位开始具有周期性.
设周期长度为 d,且设 $d = 2^u v$,其中 v 是奇数.
则存在正整数 w,使得

$$2^w \equiv 1 \pmod{v}$$

若取 $w = \varphi(v)$,其中 φ 是 Euler 函数. 于是,对每个正整数 n,有

$$2^{n+w} = 2^n \times 2^w \equiv 2^n \pmod{v}$$

又因为对所有 $n \geqslant u$,有

$$2^{n+w} \equiv 2^n \equiv 0 \pmod{2^u}$$

由 $(2^u, v) = 1$,则对所有 $n \geqslant u$,有

$$2^{n+w} \equiv 2^n \pmod{d}$$

因此,当 n 足够大时,x 的小数点后第 2^{n+w} 位数码与第 2^n 位数码相同.
所以,y 的小数点后的第 $n+w$ 位数码与第 n 位数码相同.
于是,y 小数点后的数码从某位开始,以 w 为周期,从而 y 是有理数.

27 证明:对任给正整数 m, n,总存在正整数 k,使得 $2^k - m$ 至少有 n 个不同的质因子.

最新世界各国数学奥林匹克中的初等数论试题(下)
The Lastest Elementary Number Theory in Mathematical Olympiads in The World

(中国国家集训队测试,2006 年)

证 固定 m,不妨设 m 为奇数.

我们证明对任何正整数 n,总存在 k_n,使得 $2^{k_n} - m$ 至少有 n 个不同的质因子.

对 n 归纳.

当 $n=1$ 时,$2^{3m} - m$ 至少有一个质因子.

假设 $2^{k_n} - m$ 至少有 n 个不同的质因子,令 $A_n = 2^{k_n} - m$,则 $(A_n, 2) = 1$.

$$2^{k_n + \varphi(A_n^2)} - m \equiv 2^{k_n} - m = A_n \pmod{A_n^2}$$

因此

$$A_n \mid (2^{k_n + \varphi(A_n^2)} - m)$$

取质数 p

$$p \mid \frac{2^{k_n + \varphi(A_n^2)} - m}{A_n}$$

由

$$\frac{2^{k_n + \varphi(A_n^2)} - m}{A_n} \equiv 1 \pmod{A_n}$$

知 $p \nmid A_n$,所以 $2^{k_n + \varphi(A_n^2)} - m$ 至少有 $n+1$ 个质因子,由数学归纳法知命题成立.

28 求所有的正整数对 (a, n),使得

$$\frac{(a+1)^n - a^n}{n}$$

是整数.

(中国国家集训队测试,2006 年)

解 设 a 为任意正整数,则 $(a, 1)$ 是问题的解.

下面我们证明该问题没有其他解.

假设 (a, n) 是原问题的解,则存在正整数 k,使得

$$(a+1)^n - a^n = kn$$

由于 $(a+1, a) = 1$,则由上式,$(n, a) = 1$,$(n, a+1) = 1$.

由欧拉定理

$$(a+1)^{\varphi(n)} \equiv a^{\varphi(n)} \equiv 1 \pmod{n}$$

令 $d = (n, \varphi(n))$,则存在 $\alpha, \beta \in \mathbf{Z}$,使得

$$d = \alpha n + \beta \varphi(n)$$

由

$$(a+1)^n \equiv a^n \pmod{n}$$

和

第 5 章 欧拉定理和孙子定理
Chapter 5 Euler Theorem and Chinese Remainder Theorem

$$(a+1)^{\varphi(n)} \equiv a^{\varphi(n)} \pmod{n}$$

可推出

$$(a+1)^a \equiv (a+1)^{\alpha n + \beta \varphi(n)} a^{\alpha n + \beta \varphi(n)} \equiv a^d \pmod{n}$$

显然 $d > 1$(否则,由 $a+1 \equiv a \pmod{n}$ 推出 $n=1$),又 $\varphi(n) < n$,所以 $d < n$.

因此 (a, d) 是问题的另一组解,并且 $1 < d < n$.

重复上述过程就得到一个无穷递降正整数序列,而这是不可能的.

因此,原问题没有 $n > 1$ 的解.

29 证明:对于每一个正整数 d,存在一个整数 m,使得 $d \mid (2^m + m)$.

(第 47 届国际数学奥林匹克预选题,2006 年)

证 对 d 用数学归纳法证明:

对于每一个正整数 N,存在正整数 $b_0, b_1, \cdots, b_{d-1}$,使得对于每一个 $i(i = 0, 1, \cdots, d-1)$ 有 $b_i > N$,且

$$2^{b_i} + b_i \equiv i \pmod{d}$$

当 $m = b_0$ 时,即为原题.

当 $d = 1$ 时,结论显然成立.

对于 $a > 1$,假设 $d < a$ 时,结论成立.

由于 2^i 对 $\bmod a$ 的剩余,从某个指数 M 开始具有周期性,设 k 为最小正周期.

当 k_0 为 k 的倍数时,有

$$2^{M+k_0} \equiv 2^M \pmod{a}$$

由于 0 或者不在一个周期中,或者是这个周期中的唯一的数,所以,一个周期不包含 $\bmod a$ 的所有余数.

因此,$k < a$,故

$$d = (a, k), \quad a' = \frac{a}{d}, \quad k' = \frac{k}{d}$$

因为 $0 < k < a$,所以 $0 < d < a$.

由归纳假设,存在正整数 $b_0, b_1, \cdots, b_{d-1}$,使得

$$b_i > \max\{2^M, N\}$$

且对 $i = 0, 1, \cdots, d-1$,有

$$2^{b_i} + b_i \equiv i \pmod{d} \qquad ①$$

对于每一个 $i(i = 0, 1, \cdots, d-1)$,考虑数列

$$2^{b_i} + b, 2^{b_i + k} + (b_i + k), \cdots, 2^{b_i + (a'-1)k} + [b_i + (a'-1)k] \qquad ②$$

它们对 $\bmod a$ 的余数分别与

$$2^{b_i} + b, 2^{b_i} + (b_i + k), \cdots, 2^{b_i} + [b_i + (a'-1)k]$$

最新世界各国数学奥林匹克中的初等数论试题(下)
The Lastest Elementary Number Theory in Mathematical Olympiads in The World

同余,d 个数列共有 $a'd = a$ 项.

下面证明:它们模 a 的余数两两不同.

假设对于 $i,j \in \{0,1,\cdots,d-1\}$ 和 $m,n \in \{0,1,\cdots,a'-1\}$,有
$$2^{b_i} + (b_i + mk) \equiv 2^{b_j} + (b_j + nk) \pmod{a} \qquad ③$$

因为 d 是 a 的因数,所以
$$2^{b_i} + (b_i + mk) \equiv 2^{b_j} + (b_j + nk) \pmod{d}$$

又 d 是 k 的因数,结合式 ① 有
$$i \equiv j \pmod{d}$$

由于 $i,j \in \{0,1,\cdots,d-1\}$,因此 $i = j$.

把 $i = j$ 代入 ③ 得
$$mk \equiv nk \pmod{a}$$

于是
$$mk' \equiv nk' \pmod{a'}$$

因为 a' 与 k' 互质,所以
$$m \equiv n \pmod{a'}$$

于是
$$m = n$$

由 ② 确定的 d 个数列共 a 个数,且对每个 $b_i > \max\{2^M, N\}$,因此,2 的指数都大于 N,于是对 a 结论成立.

30 已知 $p(p \geqslant 5)$ 为质数,从 $p \times p$ 的棋盘上任取 p 个方格,使得所取方格不能位于同一行(可以位于同一列),记这样的取法数为 r,求证:$p^5 \mid r$.

(亚太地区数学奥林匹克,2006 年)

证 符合要求的取法数是 $r = C_{p^2}^{p} - p$.
$$C_{p^2}^{p} - p = \frac{p^2(p^2-1)(p^2-2)\cdots(p^2-p+1)}{p!} - p =$$
$$p \cdot \frac{(p^2-1)(p^2-2)\cdots(p^2-p+1) - (p-1)!}{(p-1)!}$$

所以只须证明
$$(p^2-1)(p^2-2)\cdots(p^2-p+1) - (p-1)! \equiv 0 \pmod{p^4} \qquad ①$$

考虑多项式
$$f(x) = (x-1)(x-2)\cdots[x-(p-1)] =$$
$$x^{p-1} + s_{p-2}x^{p-2} + \cdots + s_1 x + s_0 \qquad ②$$

则
$$f(0) = (p-1)! = s_0$$

第 5 章 欧拉定理和孙子定理
Chapter 5 Euler Theorem and Chinese Remainder Theorem

于是式 ① 等价于
$$f(p^2) - s_0 \equiv 0 \pmod{p^4}$$
即
$$s_1 p^2 \equiv 0 \pmod{p^4}$$
从而
$$s_1 \equiv 0 \pmod{p^2}$$
由费马小定理,对 $a \in \{1, 2, \cdots, p-1\}$,有
$$a^{p-1} \equiv 1 \pmod{p}$$
则
$$x^{p-1} - 1 \equiv (x-1)(x-2)\cdots[x-(p-1)] \pmod{p} \quad ③$$
比较式 ③ 左端与式 ② 右端的各项系数,则
$$p \mid s_i \quad (1 \leqslant i \leqslant p-2)$$
$$s_0 \equiv -1 \pmod{p}$$
另一方面,在式 ② 中,令 $x = p$,有
$$s_0 = f(0) = (-1)^{p-1}(p-1)! = (p-1)! = f(p) =$$
$$p^{p-1} + s_{p-2}p^{p-2} + \cdots + s_1 p + s_0$$
于是
$$p^{p-1} + s_{p-2}p^{p-2} + \cdots + s_2 p^2 = -s_1 p$$
由 $p \geqslant 5, p \mid s_2$,得 $s_1 \equiv 0 \pmod{p^2}$.

因此结论成立.

31 设 p 是使得 p^2 能整除 $2^{p-1} - 1$ 的质数,证明:对任意自然数 n,整数 $(p-1)(p! + 2^n)$ 至少有三个不同的质因子.

(保加利亚国家数学奥林匹克,2006 年)

证 因为 $(p-1) \mid p!$,所以 $p-1$ 和 $p! + 2^n$ 的最大公因子是 2 的幂.

下面证明: $p-1$ 和 $p! + 2^n$ 都至少有一个奇因子.

设 $p - 1 = 2^k, p = 2^k + 1$,若 $s \geqslant 3$ 是 k 的一个奇因子,则
$$p = 2^s + 1 = (2^t + 1)A$$
则 p 不是质数,矛盾.

因此,$k = 2^t$,由此得
$$2^{p-1} - 1 = 2^{2^k} - 1 = (2^{2^{k-1}} - 1)(2^{2^{k-1}} + 1) =$$
$$(2^{2^t} - 1)(2^{2^t} + 1)(2^{2^{t+1}} + 1)\cdots(2^{2^{k-1}} + 1) \quad ①$$

因为当 $l > t$ 时
$$(2^{2^t} + 1, 2^{2^l} + 1) = 1$$
且

$$2^{2^t}-1 < p = 2^{2^t}+1$$

所以 p^2 不能整除式 ①，即 $p^2 \nmid (2^{p-1}-1)$，矛盾.

因此，$p-1$ 不是 2 的幂.

设 $p! + 2^n = 2^k$，则 $k > n$，且 $p! = 2^n(2^{k-n}-1)$.

所以 $p \mid (2^m-1)$，其中 $m = k-n$.

设 t 是满足 $p \mid (2^t-1)$ 的最小正整数，则 $t \mid m$.

又由费马小定理，$t \mid (p-1)$.

令 $p-1 = lt$，则
$$2^{p-1}-1 = (2^t-1)(2^{t(l-1)}+2^{t(l-2)}+\cdots+2^t+1)$$

因为 $2^t \equiv 1 \pmod{p}$，则有
$$2^{t(l-1)}+2^{t(l-2)}+\cdots+2^t+1 \equiv l \not\equiv 0 \pmod{p}$$

于是，$p^2 \mid (2^t-1)$.

这表明 $p^2 \mid (2^m-1)$，即 $p^2 \mid p!$，矛盾.

因此 $p-1$ 和 $p!+2^n$ 都至少有一个奇因子，而它们是不相等的.

所以，$(p-1)(p!+2^n)$ 至少有三个不同的质因子.

32 已知 n 是一个给定的大于 1 的自然数，求 n 元正整数组 a_1, $a_2, \cdots, a_n$ 的数目，其中，$a_1, a_2, \cdots, a_n$ 两两不同，且两两互质，并满足对任意的 $i(1 \leq i \leq n)$，有
$$(a_1 + a_2 + \cdots + a_n) \mid (a_1^i + a_2^i + \cdots + a_n^i)$$

(伊朗国家队选拔考试，2006 年)

解 设 $\sigma_k = a_1^k + a_2^k + \cdots + a_n^k$，则
$$\sigma_1 \mid \sigma_i \quad (i = 1, 2, \cdots, n)$$

下面证明：当 $i > n$ 时，仍然有 $\sigma_1 \mid \sigma_i$. 设
$$p(x) = (x-a_1)(x-a_2)\cdots(x-a_n) = x^n + C_{n-1}x^{n-1} + \cdots + C_1 x + C_0$$
则有
$$p(a_1) = p(a_2) = \cdots = p(a_n) = 0$$

考虑如下的和
$$0 = a_1 p(a_1) + a_2 p(a_2) + \cdots + a_n p(a_n) = \sigma_{n+1} + C_{n-1}\sigma_n + \cdots + C_0 \sigma_1$$

因此
$$\sigma_1 \mid \sigma_{n+1}$$

同样可证，对任意正整数 i，有 $\sigma_1 \mid \sigma_{n+i}$.

设 σ_1 的质因数 p 满足 $p^k \| \sigma_1, m > k$，且满足
$$\varphi(p^k) \mid m$$

其中 φ 为欧拉函数.

第 5 章 欧拉定理和孙子定理
Chapter 5 Euler Theorem and Chinese Remainder Theorem

于是有 $p^k \mid \sigma_m$.

若 a_i 中有满足 $p \mid a_i$ 的项,则 $p^k \mid a_i^m$.

因为 $a_i(i=1,2,\cdots,n)$ 两两互质,满足 $p \mid a_i$ 的最多有一项.

对于满足 $p \nmid a_i$ 的项,由欧拉定理有
$$a_i^{\varphi(p^k)} \equiv 1 \pmod{p^n}$$

从而
$$a_i^m \equiv 1 \pmod{p^k}$$

因此
$$\sigma_m \equiv n \text{ 或 } n-1 \pmod{p^t}$$

又因为 $p^k \mid \sigma_m$,所以 $p^k \mid n$ 或 $p^k \mid (n-1)$.

于是
$$\sigma_1 \mid n(n-1)$$

因此
$$\sigma_1 \leqslant n(n-1)$$

由于 a_i 是两两互质的不同的正整数,所以 σ_1 大于或等于前 $n-1$ 个质数的和加 1.

若 $n > 5$,则
$$\sigma_1 \geqslant 1+2+3+5+7+11+13+15+17+\cdots+(2n-1)=n^2-7$$

当 $n > 7$ 时
$$n^2-7 > n^2-n = n(n-1)$$

所以此时无解.

当 $n=4,6$ 时,前 $n-1$ 个质数的和加 1 等于 $n(n-1)-1$,其他情况的 $\sigma_1 > n(n-1)$,均不满足 $\sigma_1 \mid n(n-1)$,因此也无解.

当 $n=5$ 时,前 $n-1$ 个质数的和加 1 即
$$2+3+5+7+1=18$$

因为
$$\sigma_1 \mid n(n-1) = 5 \times 4 = 20$$

所以
$$\sigma_1 = 20$$

于是
$$\{a_1,a_2,a_3,a_4,a_5\}=\{1,3,4,5,7\}$$

由于 $5 \mid \sigma_1$,而 $\sigma_4 \equiv 4 \pmod 5$,矛盾.

当 $n=7$ 时,前 $n-1$ 个质数的和加 1,即
$$2+3+5+7+11+13+1=42=7\times 6=n(n-1)$$

于是

$$\{a_1, a_2, a_3, a_4, a_5, a_6, a_7\} = \{1, 2, 3, 5, 7, 11, 13\}$$

由于 $7 \mid \sigma_1 = 42, \sigma_6 \equiv 6 \pmod{7}$,矛盾.

当 $n = 3$ 时,前 $n-1$ 个质数的和加 1,即
$$2 + 3 + 1 = 6 = 3 \times 2 = n(n-1)$$

于是
$$\{a_1, a_2, a_3\} = \{1, 2, 3\}$$

由于 $3 \mid \sigma_1 = 6, \sigma_2 \equiv 2 \pmod{3}$,矛盾.

当 $n = 2$ 时,前 $n-1$ 个质数的和加 1 即
$$2 + 1 = 3 > 2 \times 1 = n(n-1)$$

矛盾.

综上,不存在满足条件的 $a_1, a_2, \cdots, a_n$.

33 设 p 是一个质数,求所有正整数 n,使得 $p \mid \varphi(n)$,且对所有满足 $(a, n) = 1$ 的 a,有 $n \mid (a^{\frac{\varphi(n)}{p}} - 1)$.

(伊朗国家队选拔考试,2006 年)

解 设 $n = \prod_{i=1}^{m} p_i^{\alpha_i}$,则
$$\varphi(n) = \prod_{i=1}^{m} \varphi(p_i^{\alpha_i}) = \prod_{i=1}^{m} [p_i^{\alpha_i - 1}(p_i - 1)]$$

显然,$p \mid \varphi(n)$ 的充要条件是,存在某个 $p_i = p$ 或某个 p_i 满足 $p \mid (p_i - 1)$,对任意的 a,$(a, n) = 1$,有
$$n \mid (a^{\frac{\varphi(n)}{p}} - 1) \Leftrightarrow p_i^{\alpha_i} \mid (a^{\frac{\varphi(n)}{p}} - 1) \ (i = 1, 2, \cdots, m) \Leftrightarrow$$
$$\varphi(p_i^{\alpha_i}) \mid \frac{\varphi(n)}{p} \ (i = 1, 2, \cdots, m)$$

下面分情况讨论.

(1) 至少有两个 p_k, p_l 满足
$$p \mid (p_k - 1), \quad p \mid (p_l - 1)$$

则
$$\frac{\varphi(p_k^{\alpha_k})}{p} \in \mathbf{N}^*, \quad \frac{\varphi(p_l^{\alpha_l})}{p} \in \mathbf{N}^*$$

故 $\varphi(p_i^{\alpha_i}) \mid \frac{\varphi(n)}{p} \ (i = 1, 2, \cdots, m)$,$n$ 满足条件.

(2) 恰有一个 p_k 满足 $p \mid (p_k - 1)$.

设 $p^\alpha \parallel \varphi(p_k^{\alpha_k})(\alpha \in \mathbf{N}^*)$.

(i) $p \nmid n$,此时 $p^{\alpha - 1} \parallel \frac{\varphi(n)}{p}$ 与 $\varphi(p_k^{\alpha_k}) \mid \frac{\varphi(n)}{p}$ 矛盾.

第 5 章 欧拉定理和孙子定理
Chapter 5 Euler Theorem and Chinese Remainder Theorem

故 n 不满足条件.

(ii) $p \mid n$,不妨设 $p_1 = p$.

若 $\alpha_1 \geqslant 2$,则

$$\frac{\varphi(p_1^{\alpha_1})}{p} \in \mathbf{N}^*, \quad \frac{\varphi(p_k^{\alpha_k})}{p} \in \mathbf{N}^*$$

故 $\varphi(p_i^{\alpha_i}) \mid \frac{\varphi(n)}{p} (i=1,2,\cdots,n)$,$n$ 满足条件.

若 $\alpha_1 = 1$,则 $p^{\alpha-1} \parallel \frac{\varphi(n)}{p}$ 与 $\varphi(p_k^{\alpha_k}) \mid \frac{\varphi(n)}{p}$ 矛盾.

故 n 不满足条件.

(3) 设有 $p \mid (p_k - 1)$,则 $p \mid n$.

不妨设 $p_1 = p$.

此时 $p^{\alpha_1-1} \parallel \varphi(p_1^{\alpha_1})$ 且 $p^{\alpha_1-2} \parallel \frac{\varphi(n)}{p}$ 与 $\varphi(p_1^{\alpha_1}) \mid \frac{\varphi(n)}{p}$ 矛盾.

故 n 不满足条件.

34 p_k 表示第 k 个质数,求 $\sum_{k=2}^{2\,550} p_k^{p_k^4-1}$ 除以 2 550 后所得的余数.

(泰国数学奥林匹克,2006 年)

解 用 $\varphi(n)$ 表示小于或等于 n 且与 n 互质的正整数的个数. 由于
$$2\,550 = 2 \times 3 \times 5^2 \times 17$$

首先考虑 $p_k \neq 2,3,5,17$ 时,$p_k^{p_k^4-1}$ 模 2 550 的情形.

因为 $\varphi(5) = 4$ $(5, p_k) = 1$

所以由费马小定理

$$5 \mid (p_k^4 - 1)$$

又
$$p_k^4 - 1 = (p_k - 1)(p_k + 1)(p_k^2 + 1)$$

且 $p_k - 1$ 与 $p_k + 1$ 中有一个能被 4 整除. 则当 $k > 1$ 时

$$16 \mid (p_k^4 - 1)$$

因此
$$20 \mid (p_k^4 - 1)$$

又因为
$$\varphi(2) = 1, \varphi(3) = 2, \varphi(5^2) = 5 \times 4, \varphi(17) = 16$$

所以,由欧拉定理知

$$p_k^{p_k^4-1} \equiv 1 \pmod{2}$$
$$p_k^{p_k^4-1} \equiv 1 \pmod{3}$$

$$p_k^{p_k^4-1} \equiv 1 \pmod{5^2}$$
$$p_k^{p_k^4-1} \equiv 1 \pmod{17}$$

因此
$$p_k^{p_k^4-1} \equiv 1 \pmod{2\,550}$$

下面考虑 $p_k = 2,3,5,17$ 的情况.

由于所求和式从 $k=2$ 开始,所以不同研究 $p_1=2$ 的情形.

又知 $3=p_2,5=p_3,17=p_7$.

记 $A = p_2^{p_2^4-1}, B = p_3^{p_3^4-1}, C = p_7^{p_7^4-1}$.

经计算得
$$\begin{cases} A \equiv 1,0,1,1 \pmod{2,3,5^2,17} \\ B \equiv 1,1,0,1 \pmod{2,3,5^2,17} \\ C \equiv 1,1,1,0 \pmod{2,3,5^2,17} \end{cases}$$

因此
$$A+B+C \equiv 2 \pmod{3,5^2,17}$$
$$A+B+C \equiv 1 \pmod{2}$$

又由中国剩余定理知
$$A+B+C \equiv 2+3 \times 5^2 \times 17 \pmod{2 \times 3 \times 5^2 \times 17}$$

于是
$$\sum_{k=2}^{2\,550} p_k^{p_k^4-1} \equiv (2+3 \times 5^2 \times 17)+(2\,550-4) \equiv 1\,273 \pmod{2\,550}$$

35 对于每个正整数 n, A_n 表示由正整数组成的集合,其元素 a 满足
$$a \leqslant n, \quad n \mid (a^n+1)$$

(1) 求所有正整数 n,使得 A_n 非空;

(2) 求所有正整数 n,使得 $|A_n|$ 是非零的,且为偶数;

(3) 是否存在正整数 n,使得 $|A_n|=130$?

(意大利国家队选拔考试,2006 年)

解 (1) 若 $4 \mid n$,则 $a^n+1 \equiv 1$ 或 $2 \pmod 4$,从而 $n \nmid (a^n+1)$.

若 $2 \nmid n$,则当 $a=n-1$ 时
$$(n-1)^n+1 \equiv (-1)^n+1 \equiv 0 \pmod n$$

所以 n 为奇数时满足条件.

若 $2 \| n$,且存在质数 $p \mid n, p \equiv 3 \pmod 4$,由 $a^2 \equiv 0,1 \pmod 4$,则对任意的 a,都有 $p \nmid (a^2+1)$,因而 $n \nmid (a^n+1)$.

若对任意奇质数 $p \mid n$,且 $p \equiv 1 \pmod 4$.

第 5 章 欧拉定理和孙子定理
Chapter 5 Euler Theorem and Chinese Remainder Theorem

我们证明:存在整数 a,使得
$$p^{\alpha} \mid (a^{2p^{\alpha-1}}+1) \qquad ①$$
显然,存在 a,使 $p \mid (a^2+1)$,对 α 归纳.

当 $\alpha=1$ 时,由 $p \mid (a^2+1)$,式 ① 成立;

假设当 $\alpha=k$ 时,式 ① 成立.

当 $\alpha=k+1$ 时
$$\frac{a^{2p^k}+1}{a^{2p^{k-1}}+1}=\frac{1-(-a^2)^{p^k}}{1-(-a^2)^{p^{k-1}}}=$$
$$1+(-a^2)^{p^{k-1}}+(-a^2)^{2p^{k-1}}+\cdots+(-a^2)^{(p-1)p^{k-1}}$$

又
$$p \mid (a^2+1)$$
则
$$(-a^2)^{p^{k-1}} \equiv 1 \pmod{p}$$
所以
$$p \mid \frac{a^{2p^k}+1}{a^{2p^{k-1}}+1}$$
又由归纳假设
$$p^k \mid (a^{2p^{k-1}}+1)$$
则
$$p^{k+1} \mid (a^{2p^k}+1)$$

设 $m=\prod\limits_{i=1}^{k}p_i^{\alpha_i}$,则存在 a,使得
$$p_i \mid (a^2+1) \quad (i=1,2,\cdots,k)$$
从而
$$\frac{n}{2} \mid (a^n+1)$$
因而
$$n \mid (a^n+1)$$
或
$$n \mid \left[(a \pm \frac{n}{2})^n+1\right]$$

于是,当 $n=2\prod\limits_{i=1}^{k}p_i^{\alpha_i}$ 且 $p_i \equiv 1 \pmod{4}$,$\alpha_i \geqslant 1$ 时满足条件.

由以上,n 为奇数,或 $n=2\prod\limits_{i=1}^{k}p_i^{\alpha_i}$,且 $p_i \equiv 1 \pmod{4}$,$\alpha_i \geqslant 1$ 时 A_n 非空.

(2)若 n 为奇数,设 $b=n-a$,则

最新世界各国数学奥林匹克中的初等数论试题(下)
The Lastest Elementary Number Theory in Mathematical Olympiads in The World

$$n \mid (a^n+1) \Leftrightarrow n \mid (b^n+1)$$

设

$$n = \prod_{i=1}^{k} p_i^{a_i}, \quad (n, p_i-1) = d_i$$

由费马小定理,得

$$p_i \mid (b_i^{p_i-1}-1)$$

所以,若 $n \mid (b^n-1)$,则有 $p_i \mid (b^n-1)$,即 $p_i \mid (b^{d_i}-1)$. 又由 $p_i \mid (b^{d_i}-1)$ 可推出

$$b^{d_i} = kp_i + 1 \quad (k \in \mathbf{Z})$$

进而有

$$b^{d_i p_i^{a_i-1}} - 1 = (kp_i+1)^{p_i^{a_i-1}} - 1 = \sum_{j=1}^{p_i^{a_i-1}} C_{p_i^{a_i-1}}^{j} (kp_i)^j$$

显然,当 $j \geqslant 2$ 时,$C_{p_i^{a_i-1}}^{j}$ 中 p_i 的次数 $\geqslant a_i-2$;

当 $j=1$ 时,$C_{p_i^{a_i-1}}^{j} = p_i^{a_i-1}$.

从而

$$p_i \mid (b^{d_i}-1) \Rightarrow p_i^{d_i} (b^{d_i p_i^{a_i-1}}-1) \Rightarrow p_i^{a_i} \mid (b^n-1)$$

因此,$p_i^{a_i} \mid (b^n-1) \Leftrightarrow p_i (b^{d_i}-1)$,其中后者在 $(\bmod p_i)$ 中有 a_i 个解.

所以,同余式

$$b^n \equiv 1 \pmod{p_i^{a_i}}$$

有 $d_i p_i^{a_i-1}$ 个解.

由中国剩余定理的推广可知

$$b^n \equiv 1 \pmod{n}$$

有 $\prod_{i=1}^{k} d_i p_i^{d_i-1}$ 个解,这是一个奇数.

若 $2 \parallel n, n \mid (a^n+1)$,则 $n \mid ((n-a)^n+1]$

若 $n > 2$,则 $\mid A_n \mid$ 为偶数.

若 $n = 2$,则 $\mid A_n \mid$ 为奇数.

(3) 我们证明不存在 $n \in \mathbf{N}^*$,使得 $\mid A_n \mid = 130$.

设 $n = 2 \prod_{i=1}^{k} p_i^{a_i}, n = 2t$,则

$$p^{a_i} \mid [(-a^2)^t - 1]$$

从而

$$p_i \mid [(-a^2)^{\prod_{j \neq i} p_j^{a_j}} - 1]$$

上式中 $a \pmod{p_i}$ 的解有偶数个.

又 $2 \parallel 130$,有 $k=1$,从而 $n = 2p^a$.

第 5 章 欧拉定理和孙子定理
Chapter 5 Euler Theorem and Chinese Remainder Theorem

若 $\alpha \geqslant 3$,则 $p^2 \mid 130$,矛盾,所以 $\alpha \leqslant 2$.

若 $\alpha = 2$,则 $p \mid 130$,从而 $p = 5$ 或 13.

当 $p = 5$ 时,$n = 2 \times 5^2 = 50 < 130$ 矛盾.

当 $p = 13$ 时,$n = 2 \times 13^2 = 338$,有
$$13^2 \mid (a^{338} + 1) \Rightarrow 13(a^2 + 1)$$

有 $2 \times 13 = 26$ 个解,与 $\mid A_n \mid = 130$ 矛盾.

若 $\alpha = 1, 2p \mid (a^{2p} + 1)$,从而
$$p \mid (a^{2p} + 1) \Rightarrow p \mid (a^2 + 1)$$

有 2 个解.

也出现矛盾.

所以不存在 $n \in \mathbf{N}^*$,使 $\mid A_n \mid = 130$.

36 已知质数 $p = 6k + 1(k \in \mathbf{N}, k > 1), m = 2^p - 1$.

证明:$\dfrac{2^{m-1} - 1}{127m}$ 为整数.

(土耳其数学奥林匹克,2007 年)

证 由费马小定理
$$2^p \equiv 2 \pmod{p}$$

则
$$m = 2^p - 1 \equiv 1 \pmod{p}$$

即
$$p \mid (m - 1)$$

所以
$$(2^p - 1) \mid (2^{m-1} - 1)$$

即
$$m \mid (2^{m-1} - 1)$$

另一方面,由已知 $p = 6k + 1$,则
$$6 \mid (p - 1)$$

于是
$$63 = (2^6 - 1) \mid (2^{p-1} - 1)$$

则
$$7 \mid (2^p - 2)$$

即
$$7 \mid (m - 1)$$

于是

最新世界各国数学奥林匹克中的初等数论试题(下)
The Lastest Elementary Number Theory in Mathematical Olympiads in The World

$$127 = (2^7 - 1) \mid (2^{m-1} - 1)$$

下面只须证明 $(127, m) = 1$.

由于 127 是质数,则需证明 $127 \nmid m$.

设 $p = 7s + n (0 < n < 7, s \geqslant 1)$,则
$$127 = (2^7 - 1) \mid (2^{7^k} - 1)$$

所以
$$127 \mid (2^{7^{k+n}} - 2^n) = (2^p - 2^n)$$

若 $127 \mid m$,则 $127 \mid (2^n - 1)$,从而 $2^n - 1 > 127$,与 $0 < n < 7$ 矛盾.

所以 $(127, m) = 1$,于是 $127m \mid (2^{m-1} - 1)$.

37 试求所有的质数对 (p, q),使得
$$pq \mid (p^p + q^q + 1)$$

(韩国数学奥林匹克,2007 年)

解 显然,$p \neq q$,不妨设 $p < q$.

当 $p = 2$ 时,由
$$p^p + q^q + 1 = q^q + 5 \equiv 0 \pmod{q}$$

则 q 只能取 5.

此时
$$p^p + q^q + 1 = 5^5 + 5 \equiv 0 \pmod{10}$$

所以
$$pq = 10 \mid (p^p + q^q + 1)$$

当 p, q 都是奇质数时,由题设有
$$p^p + 1 \equiv 0 \pmod{q}$$

于是
$$q \mid (p^{p-1} - p^{p-2} + \cdots - p + 1) \qquad ①$$
$$p^p \equiv -1 \pmod{q}$$
$$p^{2q} \equiv 1 \pmod{q}$$

另一方面,由费马小定理
$$p^{q-1} \equiv 1 \pmod{q}$$

若 $(2p, q-1) = 2$,则 $p^2 \equiv 1 \pmod{q}$. 于是
$$p \equiv 1 \pmod{q} \text{ 或 } p \equiv -1 \pmod{q}$$

这时式 ① 化为
$$0 \equiv p^{p-1} - p^{p-2} \cdots - p + 1 \equiv 1 \text{ 或 } p \pmod{q}$$

矛盾. 若 $(2p, q-1) = 2p$,则 $q \equiv 1 \pmod{p}$,有

第 5 章 欧拉定理和孙子定理
Chapter 5　Euler Theorem and Chinese Remainder Theorem

$$0 \equiv p^p + q^q + 1 \equiv p^p + 1 + 1 = 2 \pmod{p}$$

矛盾.

由以上,及 p,q 的对称性,满足条件的质数对

$$(p,q) = (2,5) \text{ 和 } (5,2)$$

38 是否存在正整数 a,b 满足 a 不整除 $b^n - n$ 对所有的正整数 n 成立？

(中国国家集训队培训试题,2007 年)

解 不存在.
下面用数学归纳法证明对任意的正整数 a,b 均存在正整数 n,使得
$$a \mid (b^n - n)$$

对 a 归纳.

(1) 当 $a = 1$ 时, $1 \mid (b^n - n)$ 显然成立；

(2) 假设小于 a 时成立,当 a 时分两种情况：

第一种情况:质数 p 满足 $p \mid (a,b)$.

设 $a = p^l a_0, p \nmid a_0$,取 $k > l$,使 $a_0 \mid (p^k - 1)$,再取 $b_0 = b^{p^k}$.

由归纳假设知,存在正整数 n_0,使得
$$a_0 \mid (b_0^{n_0} - n_0)$$

这样

$$0 \equiv b_0^{n_0} - n_0 = b^{p^k n_0} - n_0 \equiv b^{p^k n_0} - n_0 - (p^k - 1)n_0 \equiv b^{p^k n_0} - p^k n_0 \pmod{a_0}$$

记 $n = p^k n_0$,则 $a_0 \mid (b^n - n)$.

又 $l < k < n, p \mid b$,故 $p^l \mid b^n, p^l \mid n$,即 $p^l \mid (b^n - n)$.

所以 $a \mid (b^n - n)$.

第二种情况:不存在质数 p 满足 $p \mid (a,b)$,即 $(a,b) = 1$,则
$$b^{\varphi(a)} \equiv 1 \pmod{a}$$

设 $d = (a, \varphi(a))$,则 $d < a$,由归纳假设知,存在正整数 n_0,使得
$$d \mid (b^{n_0} - n_0)$$

故对于任意正整数 k_0,使得
$$d \mid (b^{n_0 + k_0 \varphi(0)} - [n_0 + k_0 \varphi(a)])$$

由裴蜀定理知,存在正整数 x,y 使得
$$x\varphi(x) - ya = d$$

取
$$k_0 = kx, \quad b^{n_0 + k_0 \varphi(a)} \equiv b^{n_0} \pmod{a}$$
$$n_0 + k_0 \varphi(a) = n_0 + kx\varphi(a) \equiv n_0 + kd \pmod{a}$$

故当 k 取遍 $\mod \dfrac{a}{d}$ 的一个完全剩余系时，$b^{n_0+k_0\varphi(a)} - [n_0 + k_0\varphi(a)]$ 取遍 $\mod a$ 意义下被 d 整除的那部分剩余系，特别地，存在 $k \in \mathbf{N}^*$，使得
$$a \mid (b^{n_0+k_0\varphi(a)} - [n_0 + k_0\varphi(a)])$$
此时取 $n = n_0 + kx \cdot \varphi(a)$ 即符合题意.

所以当为 a 时，成立.

由数学归纳法可知，对任意正整数 a,b 均存在正整数 n，使 $a \mid (b^n - n)$.

因此，不存在正整数 a,b 满足 a 不整除 $b^n - n$ 对所有 $n \in \mathbf{N}^*$ 成立.

39 是否存在无穷多个正整数 k，使得 $k \cdot 2^n + 1$ 对每个正整数 n 都是合数？

(中国国家集训队测试，2007 年)

解 1 设 $i > j$，显然
$$(2^{2^j}+1) \mid (2^{2^i}-1)$$
所以，对于 $i \geq 0$，费马数 $f_i = 2^{2^i}+1$ 两两互素.

令 p_i 是 $2^{2^i}+1$ 的一个质因子，则对于每个具有形式 $2^i \cdot q$，q 为奇数的 n
$$2^n = 2^{2^i \cdot q} \equiv -1 \pmod{p_i}$$
进而对 $k \equiv 1 \pmod{p_i}$，有
$$p_i \mid (2^n \cdot k + 1)$$
而对于每个具有形式 $2^i \cdot q$，q 为偶数的 n
$$2^n = 2^{2^i \cdot q} \equiv 1 \pmod{p_i}$$
进而对 $k \equiv 1 \pmod{p_i}$，有
$$p_i \mid (2^n \cdot k + 1)$$

对 $i=0,1,2,3,4$，令 p_i 是 $2^{2^i}+1$ 的质因子，p, q 是 $2^{32}+1$ 的两个不同的质因子(即 641 和 6 700 417).

根据中国剩余定理，我们选取 k，使对 $i=0,1,2,3,4$，$k \equiv 1 \pmod{p_i}$，$k \equiv 1 \pmod{p}$，以及 $k \equiv -1 \pmod{q}$.

令 i 是满足 $2^i \mid n$ 的最大整数，则由上可知，当 $i=5$ 时，$p \mid (2^n \cdot k + 1)$，当 $i < 5$ 时，$p_i \mid (2^n \cdot k + 1)$，对 $i > 5$，因为 $k \equiv -1 \pmod{q}$，所以有
$$q \mid (2^n \cdot k + 1)$$
因此，我们选取充分大的 k，则 $2^n \cdot k + 1$ 对所有 $n \in \mathbf{N}$ 是合数.

解 2 注意到
$$2^2 \equiv 1 \pmod{3}, 2^4 \equiv 1 \pmod{5}$$
$$2^3 \equiv 1 \pmod{7}, 2^{12} \equiv 1 \pmod{13}$$
$$2^8 \equiv 1 \pmod{17}, 2^{24} \equiv 1 \pmod{241}$$

第 5 章 欧拉定理和孙子定理
Chapter 5 Euler Theorem and Chinese Remainder Theorem

利用中国剩余定理,我们选取 k,使得
$$2k \equiv -1 \pmod{3}, 2^4 k \equiv -1 \pmod{5}$$
$$2^2 k \equiv -1 \pmod{7}, 2^6 k \equiv -1 \pmod{13}$$
$$2^{10} k \equiv -1 \pmod{17}, 2^{22} k \equiv -1 \pmod{241}$$

对这样的正整数 k,我们有以下的结果:其中 n 对 $\mod 24$,p 为相应的数 $2^n \cdot k + 1$ 的质因子.

n	1	2	3	4	5	6	7	8
p	3	7,17	3	5	3,7	13	3	5,7
n	9	10	11	12	13	14	15	16
p	3	17	3,7	5	3	7	3	5
n	17	18	19	20	21	22	23	24
p	3,7	13,17	3	5,7	3	241	1,7	5

40 证明:对于任意的正整数 n
$$\sum_{k=0}^{n} (-1)^k C_{2n+1}^{2k+1} 2008^k$$
都不能被 19 整数.

(泰国数学奥林匹克,2007 年)

证 $-2008 \equiv 6 \equiv 25 \pmod{19}$,故
$$10 \sum_{k=0}^{n} C_{2n+1}^{2k+1}(-2008)^k \equiv 10 \sum_{k=0}^{n} C_{2n+1}^{2k+1} 5^{2k} \equiv$$
$$(1+5)^{2n+1} - (1-5)^{2n+1} \equiv$$
$$6^{2n+1} + 4^{2n+1} \equiv$$
$$2^{2n+1}(3^{2n+1} + 2^{2n+1}) \pmod{19}$$

又
$$3^{2n+1} + 2^{2n+1} \equiv (-16)^{2n+1} + 2^{2n+1} \equiv$$
$$2^{2n+1}(1 - 2^{6n+3}) \pmod{19}$$

由费马小定理
$$2^{18} \equiv 1 \pmod{19}$$

则
$$2^{6(n+3)+3} \equiv 2^{6n+3} \pmod{19}$$

因此,只须证明当 $n=0,1,2$ 时,$19 \nmid (3^{2n+1} + 2^{2n+1})$ 即可.

当 $n=0$ 时,$3^1 + 2^1 \equiv 5 \not\equiv 0 \pmod{19}$.

当 $n=1$ 时,$3^3+2^3 \equiv 35 \not\equiv 0 \pmod{19}$.

当 $n=2$ 时,$3^5+2^5 \equiv 275 \equiv 9 \not\equiv \pmod{19}$.

所以
$$19 \nmid (3^{2n+1}+2^{2n+1})$$
即
$$19 \nmid \sum_{k=0}^{n} C_{2n+1}^{2k+1}(-2008)^n$$

41 设 n 为大于或等于 2 的自然数.证明:若存在正整数 b,使得 $\dfrac{b^n-1}{b-1}$ 是某个质数的若干次幂,则 n 必为质数.

(爱沙尼亚国家队选拔考试,2007 年)

证 显然,$b \geqslant 2$.

假设 $\dfrac{b^n-1}{b-1} = p^l$(p 为质数).

则当 $n \geqslant 2$ 时,$l \geqslant 1$.

若 n 不是质数,设 $n=xy$,其中 $x,y \in \mathbf{Z}, x>1, y>1$,则

$$\frac{b^{xy}-1}{b-1} = \frac{b^{xy}-1}{b^y-1} \cdot \frac{b^y-1}{b-1} = (1+b^y+\cdots+b^{y(x-1)}) \cdot \frac{b^y-1}{b-1} \qquad ①$$

因为 $\dfrac{b^{xy}-1}{b-1}=p^l$,且 $x>1, y>1$,则 $\dfrac{b^{xy}-1}{b-1}$ 的每一个因数均为 p 的幂,因此,$p \mid (b^y-1)$,即

$$b^y \equiv 1 \pmod{p}$$

所以
$$1+b^y+\cdots+b^{y(x-1)} \equiv x \pmod{p}$$

于是
$$p \mid x$$

因为 x 是 n 的任意大于 1 的因数,所以有 $n=p^m$.

式 ① 化为
$$\frac{b^{p^m}-1}{b-1} = \frac{b^{p^m}-1}{b^{p^{m-1}}-1} \cdot \cdots \cdot \frac{b^{p^2}-1}{b^p-1} \cdot \frac{b^p-1}{b-1}$$

其中每一个因式约是 pm 幂,从而
$$p \mid (b^p-1)$$
即
$$b^p \equiv 1 \pmod{p}$$

由费马小定理知

第 5 章 欧拉定理和孙子定理
Chapter 5 Euler Theorem and Chinese Remainder Theorem

$$b^p \equiv b \pmod{p}$$

因此
$$b \equiv 1 \pmod{p}$$

于是
$$p \mid (b-1)$$

又由
$$p \mid \frac{b^p - 1}{b - 1}$$

得
$$p^2 \mid (b^p - 1)$$

于是
$$b^p \equiv 1 \pmod{p^2}$$

若 $m \geqslant 2$，考虑
$$\frac{b^{p^2} - 1}{b^p - 1} = 1 + b^p + \cdots + b^{p(p-1)} \qquad ②$$

式 ② 右端模 p^2 余 p，而式 ② 右端又大于 p，所以必被 p^2 整除，矛盾. 因此 $m = 1$，即 $n = p$ 是质数.

42 p 为大于 3 的质数，证明：

(1) $(p-1)^p + 1$ 至少含有一个不同于 p 的质因子；

(2) 设 $(p-1)^p + 1 = \prod_{i=1}^{n} p_i^{\alpha_i}$，其中 $p_1, p_2, \cdots, p_n$ 是互不相同的质数，$\alpha_1, \alpha_2, \cdots, \alpha_n$ 为正整数，则
$$\sum_{i=1}^{n} p_i \alpha_i \geqslant \frac{p^2}{2}$$

（意大利国家队选拔考试，2007 年）

证 (1) 因为
$$(p-1)^p + 1 = (p-1+1)[(p-1)^{p-1} - (p-1)^{p-2} + \cdots + (p-1)^2 - (p-1) + 1] =$$
$$p \cdot \sum_{i=0}^{p-1} (-1)^i (p-1)^i =$$
$$p\left[1 + (p-2) \sum_{j=1}^{\frac{p-1}{2}} (p-1)^{2j-1}\right] >$$
$$p\left(1 + 2 \times \frac{p-1}{2}\right) = p^2$$

又

最新世界各国数学奥林匹克中的初等数论试题(下)

The Lastest Elementary Number Theory in Mathematical Olympiads in The World

$$\sum_{i=0}^{p-1}(-1)^i(p-1)^i \equiv \sum_{i=0}^{p-1}(1-ip) \equiv$$
$$p - p\sum_{i=0}^{p-1}i \equiv$$
$$p - p \times \frac{p(p-1)}{2} \equiv p \pmod{p^2}$$

所以，$(p-1)^p + 1$ 含有不同于 p 的质因子.

(2) 假设 $q(\neq p)$ 是 $(p-1)^p + 1$ 的另一个质因子，则 $q \neq 2$.

$$(p-1)^{2p} \equiv 1 \pmod{q}$$

又因为 $q \mid [(p-1)^p + 1]$，则

$$(p-1, q) = 1$$

所以，由费马小定理得

$$(p-1)^{q-1} \equiv 1 \pmod{q}$$

设 $(q-1, 2p) = d$，则由

$$(p-1)^{2p} \equiv 1 \pmod{q}$$
$$(p-1)^{q-1} \equiv 1 \pmod{q}$$

得

$$(p-1)^d \equiv 1 \pmod{q}$$

这是因为一定存在正整数 s，满足

$$s = \min\{x \in \mathbf{N}^* \mid (p-1)^x \equiv 1 \pmod{q}\}$$

设 $2p = as + b (0 \leqslant b \leqslant s-1)$，则由

$$(p-1)^{2p} \equiv (p-1)^{as+b} \equiv (p-1)^b \pmod{q}$$

及 s 的定义知 $b = 0$，即

$$s \mid 2p$$

同理

$$s \mid (q-1)$$

所以

$$s \mid (2p, q-1)$$

即

$$s \mid d$$

于是

$$(p-1)^d \equiv 1 \pmod{q}$$

又因为 $(q-1, 2p) = d$，所以 d 为 $1, 2, p$ 或 $2p$.

(i) 若 $d = 1$ 或 p，则

$$(p-1)^p \equiv 1 \pmod{q}$$

与 $q \mid [(p-1)^p + 1]$ 矛盾.

第 5 章 欧拉定理和孙子定理
Chapter 5 Euler Theorem and Chinese Remainder Theorem

(ii) 若 $d=2$,则
$$(p-1)^2 \equiv 1 \pmod{q}$$
故
$$(p-1)^{p-1} \equiv 1 \pmod{q}$$
$$(p-1)^p \equiv p-1 \pmod{q}$$
于是
$$(p-1)^p + 1 \equiv p \pmod{q}$$
与 $q \mid [(p-1)^p+1]$ 矛盾.

因此,必有 $d=2p$,于是
$$2p \mid (q-1), \quad q > p$$
设 $(p-1)^p + 1$ 的所有质因子为 $p_i, i=1,2,\cdots,n$.

令 $\beta_i = \alpha_i \log_p p_i$,则
$$p_i^{\alpha_i} = p^{\beta_i}$$

由于函数 $x \to \dfrac{x}{\ln x}$ 在 $[l,+\infty)$ 上单调递增,则
$$\alpha_i p_i = \beta_i \ln p \cdot \dfrac{p_i}{\ln p_i} \geqslant \beta_i \ln p \cdot \dfrac{p}{\ln p} = \beta_i p$$
因此
$$\sum_{i=1}^{n} \alpha_i p_i \geqslant p \sum_{i=1}^{n} \beta_i$$
而
$$\sum_{i=1}^{n} \beta_i = \sum_{i=1}^{n} \alpha_i \log_p p_i = \log_p[(p-1)^p + 1] \geqslant$$
$$p \log_p (p-1) \geqslant \dfrac{p}{2}$$
所以
$$\sum_{i=1}^{n} \alpha_i p_i \geqslant p \cdot \dfrac{p}{2} = \dfrac{p^2}{2}$$

43 求和式
$$S = 1\mathrm{C}_{2\,008}^0 + 2\mathrm{C}_{2\,008}^1 + 3\mathrm{C}_{2\,008}^2 + \cdots + 2\,009\mathrm{C}_{2\,008}^{2\,008}$$
除以 2 008 所得的余数.

(澳大利亚数学奥林匹克,2008 年)

解
$$2S = 2\,010 \sum_{i=0}^{2\,008} \mathrm{C}_{2\,008}^i = 2\,010 \times 2^{2\,008}$$
$$S = 2\,010 \times 2^{2\,007} = 1\,005 \times 2^{2\,008}$$

最新世界各国数学奥林匹克中的初等数论试题(下)
The Lastest Elementary Number Theory in Mathematical Olympiads in The World

$$S \equiv 2^{2\,008} \pmod{2\,008}$$

由欧拉定理

$$2^{250} \equiv 1 \pmod{251}$$

则

$$2^{2\,000} \equiv 1 \pmod{251}$$

所以

$$2^{2\,008} \equiv 2^8 \pmod{251}$$

又

$$2\,008 = 8 \times 251$$

则

$$2^{2\,008} \equiv 2^8 \equiv 256 \pmod{2\,008}$$

即所求的余数为 256.

44 设整数 $m(m \geqslant 2), a_1, a_2, \cdots, a_m$ 都是正整数,证明:存在无穷多个正整数 n,使得数

$$a_1 \times 1^n + a_2 \times 2^n + \cdots + a_m \times m^n$$

都是合数.

(中国西部数学奥林匹克,2008 年)

证 取数 $a_1 + 2a_2 + \cdots + ma_m$ 的质因子 p.

由费马小定理知,对任意的 $k(1 \leqslant k \leqslant m)$,有

$$k^p \equiv k \pmod{p}$$

所以,对任意的正整数 n,即有

$$a_1 \times 1^{p^n} + a_2 \times 2^{p^n} + \cdots + a_m \times m^{p^n} \equiv$$
$$a_1 + 2a_2 + \cdots + ma_m \equiv 0 \pmod{p}$$

于是

$$p \mid (a_1 \times 1^{p^n} + a_2 \times 2^{p^n} + \cdots + a_m \times m^{p^n})$$

即 $a_1 \times 1^{p^n} + a_2 \times 2^{p^n} + \cdots + a_m \times m^{p^n}$ 是合数.

45 设奇数 m, n 均大于 1,证明:$2^m - 1$ 不能整除 $3^n - 1$.

(罗马尼亚国家队选拔考试,2008 年)

证 设 $M = 2^m - 1$.

若 $M \mid (3^n - 1)$,则

$$(3^{\frac{n+1}{2}})^2 \equiv 3 \pmod{M}$$

即 3 是 $\mod M$ 的二次剩余.

第 5 章 欧拉定理和孙子定理
Chapter 5 Euler Theorem and Chinese Remainder Theorem

因为 m 为奇数,所以 $M \equiv 1 \pmod{3}$. 于是 $\left(\dfrac{M}{3}\right) = 1$.

又 M 是奇数,且 $(M, 3) = 1$,由二次互反律有

$$\left(\dfrac{3}{M}\right) = \left(\dfrac{3}{M}\right)\left(\dfrac{M}{3}\right) = (-1)^{\frac{M-1}{2} \cdot \frac{3-1}{2}} = (-1)^{2m-1} = -1$$

即 3 不是 $\bmod M$ 的二次剩余,矛盾.

即

$$M \nmid (3^n - 1)$$

46 求所有奇质数 p,使得 $p \mid \sum_{n=1}^{103} n^{p-1}$.

(新加坡国家队选拔考试,2008 年)

解 对质数 p 及 $p \nmid n$,由费马小定理,有

$$n^{p-1} \equiv 1 \pmod{p} \qquad ①$$

如果 $p > 103$,则对 $1 \leqslant n \leqslant 103$,都有式 ① 成立. 故

$$\sum_{n=1}^{103} n^{p-1} \equiv 103 \pmod{p}$$

则在 $p > 103$ 时,不可能有 $103 \equiv 0 \pmod{p}$,故 $p \leqslant 103$.

当 $p \leqslant 103$ 时,设 $103 = pq + r, q \in \mathbf{N}^*, r \in \mathbf{N}, 0 \leqslant r < p$.

于是在 $1, 2, \cdots, 103$ 这 103 个数中,只有 $q = \dfrac{103 - r}{p}$ 个数是 p 的倍数. 因此,有

$$\sum_{n=1}^{103} n^{p-1} \equiv 103 - q \equiv pq + r - q \equiv (r - q) \pmod{p}$$

若

$$\sum_{n=1}^{103} n^{p-1} \equiv 0 \pmod{p}$$

则

$$r \equiv q \pmod{p} \qquad ②$$

(1) 若 $p > q$,则由 ② 知 $r = q$,于是

$$103 = pq + r = (p+1)r$$

由 103 是质数,则 $p = 102, r = 1$,这与 p 是奇质数矛盾.

(2) 若 $p \leqslant q$,则

$$103 = pq + r \geqslant p^2$$

于是 p 只能是 $3, 5, 7$ 中的数.

逐一检验知,仅有 $p = 3$ 满足 $3 \mid \sum_{n=1}^{103} n^2$. 所以 $p = 3$.

47 设 $m = 2007^{2008}$. 问:有多少个正整数 n,使得 $n < m$,且 $n(2n+1)(5n+2)$ 可以被 m 整除?

(越南数学奥林匹克,2008 年)

解 $m = 2007^{2008} = 3^{4016} \times 223^{2008}$.

记 $m_1 = 3^{4016}, m_2 = 223^{2008}$.

则 $m_1, m_2, 2$ 两两互质.

又 $(n, 2n+1) = (2n+1, 5n+2) = 1$ 及 $(n, 5n+2) = 1$ 或 2.

于是,若
$$m = m_1 m_2 \mid 2(2n+1)(5n+2)$$

则
$$\begin{cases} a_1 n + b_1 \equiv 0 \pmod{m_1} \\ a_2 n + b_2 \equiv 0 \pmod{m_2} \end{cases} \quad ①$$

其中, $(a_1, b_1), (a_2, b_2) \in \{(1,0), (2,1), (5,2)\}$.

无论 a_1, a_2 如何取值,都与 m_1, m_2 互质,故方程组 ① 等价于
$$\begin{cases} n \equiv c_1 \pmod{m_1} \\ n \equiv c_2 \pmod{m_2} \end{cases} \quad ②$$

其中 c_1, c_2 的取法分别由 (a_1, b_1, m_1) 与 (a_2, b_2, m_2) 唯一确定.

由中国剩余定理知,方程 ② 有唯一解
$$n \equiv m_2 \alpha_1 c_1 + m_1 \alpha_2 c_2 \pmod{m_1 m_2}$$

其中, α_1, α_2 是使
$$\begin{cases} m_2 \alpha_1 \equiv 1 \pmod{m_1} \\ m_1 \alpha_2 \equiv 1 \pmod{m_2} \end{cases}$$

成立的正整数. 故
$$n \equiv m_2 \alpha_1 c_1 + m_1 \alpha_2 c_2 \pmod{m}$$

因此,对每一组 (a_1, b_1) 与 (a_2, b_2) 唯一确定 (c_1, c_2),也唯一确定了 $n < m$.

注意到 $(a_1, b_1), (a_2, b_2)$ 这样的一组有序对有 $3 \times 3 = 9$ 组,但 $(a_1, b_1) = (a_2, b_2) = (1, 0)$ 时, $n \equiv 0 \pmod m$, $n = 0$ 不是整数解,故确定了共 8 个正整数解.

即有 8 个符合题目条件的正整数 n.

48 已知合数 n,满足 $\varphi(n)$ 整除 $n - 1$,其中 $\varphi(n)$ 为欧拉函数.

证明: n 至少有 4 个不同的质因数.

(印度国家队选拔考试,2008 年)

证 若 n 只有一个质因数,设 $n = p^\alpha (\alpha > 1, p$ 是质数),则
$$\varphi(n) = p^{\alpha-1}(p-1) \mid (p^\alpha - 1)$$

第 5 章　欧拉定理和孙子定理
Chapter 5　Euler Theorem and Chinese Remainder Theorem

这是不可能的.

因此, n 至少有两个不同的质因数.

若 $n = p^\alpha q^\beta$ (p, q 为质数, $p \neq q, \alpha \geq 1, \beta \geq 1$), 则
$$\varphi(n) = p^{\alpha-1} q^{\beta-1}(p-1)(q-1)$$
$$n - 1 = p^\alpha q^\beta - 1$$

由 $\varphi(n) \mid (n-1)$ 知 $\alpha = \beta = 1$.

于是 $(p-1)(q-1)$ 整除 $pq - 1$. 这表明 $(p-1) \mid (q-1), (q-1) \mid (p-1)$, 即 $p = q$, 矛盾.

因此, n 至少有三个不同的质因数.

若 $n = p^\alpha q^\beta r^\gamma$ ($p \neq q \neq r, p, q, r$ 为质数, $\alpha \geq 1, \beta \geq 1, \gamma \geq 1$), 同前面的证法类似得
$$(p-1)(q-1)(r-1) \mid (pqr - 1)$$

设 $p - 1 = x, q - 1 = y, r - 1 = z$, 则
$$t = \frac{pqr - 1}{(p-1)(q-1)(r-1)} = \frac{(x+1)(y+1)(z+1) - 1}{xyz} = 1 + \frac{1}{x} + \frac{1}{y} + \frac{1}{z} + \frac{1}{xy} + \frac{1}{yz} + \frac{1}{zx}$$

是一个整数.

由于 $p-1, q-1, r-1$ 至少有一个偶数, 则 $pqr - 1$ 为偶数.

从而 p, q, r 均为奇数.

不妨设 $3 \leq p < q < r$, 于是 $x \geq 2, y \geq 4, z \geq 6$.
$$1 < t \leq 1 + \frac{1}{2} + \frac{1}{4} + \frac{1}{6} + \frac{1}{8} + \frac{1}{12} + \frac{1}{24} < 3$$

则 $t = 2$.

于是
$$\frac{1}{x} + \frac{1}{y} + \frac{1}{z} + \frac{1}{xy} + \frac{1}{yz} + \frac{1}{zx} = 1$$

若 $p \geq 5$, 则 $x \geq 4, y \geq 6, z \geq 10$, 于是
$$1 = \frac{1}{x} + \frac{1}{y} + \frac{1}{z} + \frac{1}{xy} + \frac{1}{yz} + \frac{1}{zx} \leq$$
$$\frac{1}{4} + \frac{1}{6} + \frac{1}{10} + \frac{1}{24} + \frac{1}{40} + \frac{1}{60} < 1$$

矛盾.

因此 $p = 3, x = 2$, 从而
$$\frac{1}{y} + \frac{1}{z} + \frac{1}{2}\left(\frac{1}{y} + \frac{1}{z}\right) + \frac{1}{yz} = \frac{1}{2}$$

即

$$(y-3)(z-3)=11$$
解得
$$y=4, z=14$$
从而 $q=5, r=15$,与 r 是质数矛盾.

所以 n 至少有 4 个不同的质因数.

49 试确定所有同时满足
$$q^{n+2} \equiv 3^{n+2} \pmod{p^n}$$
$$p^{n+2} \equiv 3^{n+2} \pmod{q^n}$$
的三元数组 (p, q, n),其中 p, q 为奇质数,n 为大于 1 的整数.

(中国数学奥林匹克,2008 年)

解 易见 $(3, 3, n)(n=2, 3, \cdots)$ 为满足要求的数组.

假设 (p, q, n) 为满足要求的另一数组,则 $p \neq q, p \neq 3, q \neq 3$,不妨设 $q > p \geqslant 5$.

如果 $n=2$,则
$$p^4 \equiv 3^4 \pmod{q^2}$$
即 $q^2 \mid (p^4 - 3^4)$,即
$$q^2 \mid (p^2 - 3^2)(p^2 + 3^2)$$
于是 $q^2 \mid (p^2 - 3^2)$ 或 $q^2 \mid (p^2 + 3^2)$.

由 $q > p$,则 $0 < p^2 - 3^2 < q^2$,$\frac{1}{2}(p^2 + 3^2) < p^2 < q^2$.

与 $q^2 \mid p^2 - 3^2$ 和 $q^2 \mid (p^2 + 3^2)$ 矛盾.

因此 $n \geqslant 3$.

由 $p^n \mid (q^{n+2} - 3^{n+2}), q^n \mid (p^{n+2} - 3^{n+2})$.

得 $p^n \mid (p^{n+2} + q^{n+2} - 3^{n+2}), q^n \mid (p^{n+2} + q^{n+2} - 3^{n+2})$.

因为 $p < q$ 及 p, q 是质数,则
$$p^n q^n \mid (p^{n+2} + q^{n+2} - 3^{n+2}) \qquad ①$$
所以
$$p^n q^n \leqslant p^{n+2} + q^{n+2} - 3^{n+2} < 2q^{n+2}$$
从而
$$p^n < 2q^2$$
由 $q^n \mid (p^{n+2} - 3^{n+2})$ 及 $p > 3$ 得
$$q^n \leqslant p^{n+2} - 3^{n+2} < p^{n+2}$$
从而 $q < p^{1+\frac{2}{n}}$.

结合 $p^n < 2q^2$,有 $p^n < 2p^{2+\frac{4}{n}} < p^{3+\frac{4}{n}}$,因此

第 5 章 欧拉定理和孙子定理
Chapter 5 Euler Theorem and Chinese Remainder Theorem

$$n < 3 + \frac{4}{n}$$

所以
$$n = 3$$
这时有
$$p^3 \mid (q^5 - 3^5), \quad q^3 \mid (p^5 - 3^5)$$
由 $5^3 - 3^5 = 2 \times 11 \times 13^5$,可知 $p > 5$.

由 $p^3 \mid (q^5 - 3^5)$ 知 $p \mid (q^5 - 3^5)$.

又由费马小定理,$p \mid (q^{p-1} - 3^{p-1})$.

因此 $p \mid (q^{(5, p-1)} - 3^{(5, p-1)})$,如果 $(5, p-1) = 1$,则 $p \mid (q-3)$,由
$$\frac{q^5 - 3^5}{q - 3} = q^4 + 3q^3 + 3^2 q^2 + 3^3 q + 3^4 \equiv 5 \times 3^4 \pmod{p}$$
及 $p > 5$,可得
$$p \nmid \frac{q^5 - 3^5}{q - 3}$$
因此,$p^3 \mid (q - 3)$,由 $q^3 \mid (p^5 - 3^5)$ 知
$$q^3 \leqslant p^5 - 3^5 < p^5 = (p^3)^{\frac{5}{3}} < q^{\frac{5}{3}}$$
矛盾.

所以 $(5, p-1) \neq 1$,即 $5 \mid (p-1)$.

类似可得 $5 \mid (q-1)$.

由 $q \nmid (p-3)$(因为 $q > p \geqslant 7$) 及 $q^3 \mid (p^5 - 3^5)$ 得
$$q^3 \mid \frac{p^5 - 3^5}{p - 3}$$
所以
$$q^3 \leqslant \frac{p^5 - 3^5}{p - 3} = p^4 + 3p^3 + 3^2 p^2 + 3^3 p + 3^4$$
由 $5 \mid (p-1), 5 \mid (q-1)$ 得 $p \geqslant 11, q \geqslant 31$. 则
$$q^3 \leqslant p^4 \left[1 + \frac{3}{p} + \left(\frac{3}{p}\right)^2 + \left(\frac{3}{p}\right)^3 + \left(\frac{3}{p}\right)^4 \right] <$$
$$p^4 \cdot \frac{1}{1 - \frac{3}{p}} \leqslant \frac{11}{8} p^4$$

从而
$$p > \left(\frac{8}{11}\right)^{\frac{1}{4}} q^{\frac{3}{4}}$$
于是
$$\frac{p^5 + q^5 - 3^5}{p^3 q^3} < \frac{p^2}{q^3} + \frac{q^2}{p^3} < \frac{1}{q} + \left(\frac{11}{8}\right)^{\frac{3}{4}} \cdot \frac{1}{31^{\frac{1}{4}}} < 1$$

最新世界各国数学奥林匹克中的初等数论试题(下)
The Lastest Elementary Number Theory in Mathematical Olympiads in The World

与 $p^3q^3 \mid (p^5+q^5-3^5)$ 矛盾.

由以上,只有 $(3,3,n)(n=2,3,\cdots)$ 为所有满足题设条件的三元数组.

50 设 A 是正整数集的无限子集,$n(n>1)$ 是给定的整数,已知对任意一个不整除 n 的质数中,集合 A 中均有无穷多个元素不被 p 整除.

证明:对任意整数 $m(m>1),(m,n)=1$,集合 A 中均存在有限个互不相同的元素,其和 S 满足

$$S \equiv 1 \pmod{m} \quad \text{且} \quad S \equiv 0 \pmod{n}$$

(中国数学奥林匹克,2008 年)

证 设 $p^a \parallel m$,则集合 A 中有一个无穷子集 A_1,其中的元素都不被 p 整除.

由抽屉原理,集合 A_1 有一个无穷子集 A_2,其中的元素对于 $\bmod\ mn$ 余 a,a 是一个不被 p 整除的数.

因为 $(m,n)=1$,所以 $(p^a, \dfrac{mn}{p^a})=1$.

由中国剩余定理,同余方程组

$$\begin{cases} x \equiv a^{-1} \pmod{p^a} \\ x \equiv 0 \pmod{\dfrac{mn}{p^a}} \end{cases} \quad \text{①}$$

有无穷多个整数解.

任取其中一个正整数解 x,并记 B_p 是 A_2 中前 x 项的集合,则 B_p 中的元素之和

$$S_p \equiv ax \pmod{mn}$$

再由方程组 ① 可知

$$S_p \equiv ax \equiv 1 \pmod{p^a}$$

$$S_p \equiv 0 \pmod{\dfrac{mn}{p^a}}$$

设 $m = p_1^{a_1}\cdots p_k^{a_k}$,并设对每个 $p_i(1 \leqslant i \leqslant k-1)$ 已选出了 A 的有限子集 B_i,其中 $B_i \subset A/B_1 \cup B_2 \cup \cdots \cup_{i-1}$,使 B_i 中的元素之和 S_{p_i} 满足

$$S_{p_i} \equiv 1 \pmod{p_i^{a_i}}$$

$$S_{p_i} \equiv 0 \pmod{\dfrac{mn}{p_i^{a_i}}} \quad \text{②}$$

考虑集合 $B = \bigcup\limits_{i=1}^{k} B_i$.

则 B 的元素之和为 $S = \sum\limits_{i=1}^{k} S_i$.

第 5 章 欧拉定理和孙子定理
Chapter 5 Euler Theorem and Chinese Remainder Theorem

由式②,有
$$S \equiv 1 \pmod{p_i^{a_i}} \quad (1 \leqslant i \leqslant k)$$
$$S \equiv 0 \pmod{n}$$
所以集合 B 满足题目要求.

51 找出所有满足如下条件的整数 $n(n>1)$:
存在不全相等的正整数 $b_1,b_2,\cdots,b_n$,使得对任意给定的正整数 k,都存在正整数 $a,b(a,b>1)$,满足 $\prod\limits_{i=1}^{n}(b_i+k)=a^b$.

(俄罗斯数学奥林匹克,2008 年)

解 当 n 是合数时,令 $n=rs(r>1,s>1)$,且令
$$b_1=b_2=\cdots=b_r=1$$
$$b_{r+1}=r_{r+2}=\cdots=b_n=2$$
则对任意正整数 k
$$(b_1+k)(b_2+k)\cdots(b_n+k)=(k+1)^r(k+2)^{n-r}=$$
$$(k+1)^r(k+2)^{(s-1)r}=[(k+1)(k+2)^{s-1}]^r$$
取 $a=(k+1)(k+2)^{s-1},b=r$,满足题设要求.

当 n 为一个质数时,假设满足题设要求,即存在不全相等的正整数 $b_1,b_2,\cdots,b_n$,使得对任意给定的正整数 k,都存在正整数 $a,b(a,b>1)$,满足
$$(b_1+k)(b_2+k)\cdots(b_n+k)=a^b$$
不妨设 $b_1,b_2,\cdots,b_l(l>1)$ 两两不同,而 $b_{l+1},b_{l+2},\cdots,b_n$ 中的每一个都等于 $b_1,b_2,\cdots,b_l$ 中的一个.

设 $b_1,b_2,\cdots,b_n$ 中,有 s_i 个等于 $b_i(1\leqslant i\leqslant l),s_1+s_2+\cdots+s_l=n$.
令 $p_1,p_2,\cdots,p_l > \max\{b_1,b_2,\cdots,b_l\}$ 是 l 个不同的质数,对
$$a_i=p_i^2, \quad r_i=p_i-b_i \quad (1\leqslant i\leqslant l)$$
由中国剩余定理,同余方程组
$$b_1+m \equiv p_1 \pmod{p_1^2}$$
$$b_2+m \equiv p_2 \pmod{p_2^2}$$
$$\vdots$$
$$b_l+m \equiv p_l \pmod{p_l^2}$$
有正整数解 m,从而 $m+b_i$ 是 p_i 的倍数,但不是 p_i^2 的倍数.

另外,对 $j\neq i(1\leqslant j\leqslant l)$,由于 $|b_i-b_j|<p_i,b_j+m$ 不是 p_i 的倍数,因此
$$a^b=(b_1+m)(b_2+m)\cdots(b_n+m)$$
是 $p_i^{s_i}$ 的倍数,而不是 $p_i^{s_i+1}$ 的倍数.

最新世界各国数学奥林匹克中的初等数论试题(下)
The Lastest Elementary Number Theory in Mathematical Olympiads in The World

故 $b \mid s_i (1 \leqslant i \leqslant l)$.

注意到 $n = s_1 + s_2 + \cdots + s_l$, 有 $b \mid n$.

由于 $l > 1$, 则 $b < n$, 又 n 为质数, 则 $b = 1$, 与 $b > 1$ 矛盾.

所以, n 为质数时, 不能满足题设要求.

由以上, 满足题目条件的整数 n 是合数.

52 数列 $\{x_n\}$ 定义为
$$x_1 = 2, \quad x_2 = 12$$
$$x_{n+2} = 6x_{n+1} - x_n \quad (n = 1, 2, \cdots)$$

设 p 是一个奇质数, q 是 x_p 的一个质因数, 证明: 若 $q \neq 2, 3$, 则 $q \geqslant 2p - 1$.

(中国国家集训队选拔考试, 2008 年)

证 数列 $\{x_n\}$ 的特征方程是
$$\lambda^2 - 6\lambda + 1 = 0$$

特征根为
$$\lambda_1 = 3 - 2\sqrt{2}, \quad \lambda_2 = 3 + 2\sqrt{2}$$

再由 $x_1 = 2, x_2 = 12$ 得
$$x_n = \frac{1}{2\sqrt{2}} [(3 + 2\sqrt{2})^n - (3 - 2\sqrt{2})^n] \quad (n \in \mathbf{N}^*)$$

设 $a_n, b_n \in \mathbf{N}^*$, 定义
$$(3 + 2\sqrt{2})^n = a_n + b_n \sqrt{2}$$
$$(3 - 2\sqrt{2})^n = a_n - b_n \sqrt{2}$$

于是
$$x_n = b_n, \quad a_n^2 - 2b_n^2 = 1 \quad (n \in \mathbf{N}^*)$$

设 $q \neq 2, 3$.

由于 $q \mid x_p$, 即 $q \mid b_p$, 从而数列 $\{b_n\}$ 中有被 q 整除的项. 设 d 是 q 整除数列 $\{b_n\}$ 项的最小下标, 即 $q \mid b_d$.

首先证明: 对正整数 n, 当且仅当 $d \mid n$ 时, 有 $q \mid b_n$.

对整数 a, b, c, d, 用记号
$$a + b\sqrt{2} \equiv c + d\sqrt{2} \pmod{q}$$

表示
$$a \equiv c \pmod{q}, \quad b \equiv d \pmod{q}$$

若 $d \mid n$, 设 $n = ud$, 则
$$a_n + b_n \sqrt{2} = (3 + 2\sqrt{2})^n = (3 + 2\sqrt{2})^{du} \equiv a_d^u \pmod{q}$$

于是 $b_n \equiv 0 \pmod{q}$, 即 $q \mid b_n$.

第 5 章 欧拉定理和孙子定理
Chapter 5 Euler Theorem and Chinese Remainder Theorem

反之,若 $q \mid b_n$,设 $n = du + r (0 \leqslant r < d)$.

若 $r \geqslant 1$,则由

$$a_n \equiv (3+2\sqrt{2})^n = (3+2\sqrt{2})^{du}(3+2\sqrt{2})^r \equiv a_d^u(a_r + b_r\sqrt{2}) \pmod{q} \quad \text{①}$$

但 $a_d^2 - 2b_d^2 = 1, q \mid b_d$,所以 $q \nmid a_d^2$.

因为 q 是质数,所以 $q \nmid a_d$,进而 $(q, a_d^u) = 1$. 于是由式①有 $q \mid b_r$,与 d 的最小性矛盾.

因此 $r = 0$,即 $d \mid n$.

下面证明本题.

因为 q 是质数,所以 $C_q^i (1 \leqslant i \leqslant q-1)$ 都是 q 的倍数.

又 $q \neq 2, 3$,由费马小定理

$$3^q \equiv 3 \pmod{q}, \quad 2^q \equiv 2 \pmod{q}$$

进而

$$2^{\frac{q-1}{2}} \equiv \pm 1 \pmod{q}$$

由二项式定理

$$(3+2\sqrt{2})^q = \sum_{i=0}^{q} C_q^i 3^{q-i}(2\sqrt{2})^i \equiv 3^q + (2\sqrt{2})^q =$$
$$3^q + 2^q \cdot 2^{\frac{q-1}{2}} \cdot \sqrt{2} \equiv 3 \pm 2\sqrt{2} \pmod{q} \quad \text{②}$$

仿上面的推导有

$$(3+2\sqrt{2})^{q^2} \equiv (3 \pm 2\sqrt{2})^q \equiv 3 + 2\sqrt{2} \pmod{q} \quad \text{③}$$

由③得

$$(a_{q^2-1} + b_{q^2-1}\sqrt{2})(3+2\sqrt{2}) \equiv 3+2\sqrt{2} \pmod{q}$$

所以

$$\begin{cases} 3a_{q^2-1} + 4b_{q^2-1} \equiv 3 \pmod{q} \\ 2a_{q^2-1} + 3b_{q^2-1} \equiv 2 \pmod{q} \end{cases}$$

进而有

$$q \mid b_{q^2-1}$$

又 $q \mid b_p$,则 $d \mid p$.

因为 p 是质数,所以 $d = 1$ 或 p.

若 $d = 1$,则 $q \neq b_1 = 2$ 与 $q \neq 2$ 不符,所以 $d = p$,但 $q \mid b_{q^2-1}$,所以 $d \mid (q^2-1)$. 即 $p \mid (q^2-1)$,从而 $p \mid (q-1)$ 或 $p \mid (q+1)$. 由于 $q-1, q+1$ 都是偶数,于是 $q \geqslant 2p-1$.

53 对任意的正整数 n,用 $S(n)$ 表示集合 $\{1, 2, \cdots, n\}$ 中所有与 n 互质的元素的和,证明:

最新世界各国数学奥林匹克中的初等数论试题（下）
The Lastest Elementary Number Theory in Mathematical Olympiads in The World

(1) $2S(n)$ 不是完全平方数；

(2) 对给定的两个正整数 m,n（n 为奇数），方程 $2S(x) = y^n$ 至少有一个正整数解 (x,y)，其中 $m \mid x$．

（哥伦比亚数学奥林匹克，2008 年）

证 首先计算 $2S(n)$ 的表达式．

当 $n = 1$ 时，$S(n) = 1$．

当 $n \geq 2$ 时，若 $(a,n) = 1$，则 $(n-a, n) = 1$．因此，$2S(n)$ 中的数能够以两者之和为 n 的形式配对．

用 $\varphi(n)$ 表示欧拉函数，则总对数为 $\varphi(n)$，因此

$$2S(n) = \begin{cases} 2, & n = 1 \\ n\varphi(n) & n \geq 2 \end{cases}$$

(1) 当 $n = 1$ 时，$2S(n) = 2$ 不是完全平方数；

当 $n \geq 2$ 时，设 p 为 n 的最大质因数，α 为将 n 按标准分解式分解后的 p 的指数，即 $n = p^\alpha q, (p,q) = 1$，故

$$\varphi(n^2) = \varphi(p^{2\alpha})\varphi(q^2) = p^{2\alpha-1}(p-1)\varphi(q^2)$$

从而 $p^{2\alpha-1} \mid \varphi(n^2), p^{2\alpha} \nmid \varphi(n^2)$．

又 $2S(n) = n\varphi(n) = \varphi(n^2)$，则 $2S(n)$ 不是完全平方数．

(2) 显然，方程

$$\varphi(x^2) = x\varphi(x) = 2S(x) = y^n$$

有整数解

$$\begin{cases} x = 2^{\frac{n+1}{2}} \\ y = 2 \end{cases}$$

但这个解对于 $2 \nmid m$ 的 m 来说，不满足第(2)问的要求．

为完全解决第(2)问，先依如下方式定义 $p(m)$：

将全体质数从小到大按顺序排列，即

$$p_1 = 2, p_2 = 3, p_3 = 5, p_4 = 7, \cdots$$

设 $p(m) = p_1^{\alpha_1} p_2^{\alpha_2} \cdots p_k^{\alpha_k} \cdots$，其中

$$\alpha_i = \begin{cases} 0, & \forall j \geq i, p_j \nmid m \\ 1 & p_i \nmid M, \text{且 } \exists j > i, p_j \mid m \\ t & p_i \mid m, p_i^t \mid m, p_i^{t+1} \nmid m \end{cases}$$

即 $p(m)$ 是将 m 与那些不整除 m 但比 m 的最大质因数小的质数相乘．

在这种定义下，若 q 为 $\varphi(p(m))$ 的一个质因子，则 $q \mid p(m)$．

设 m 的最大质因数为 p_t，则 $p_t \mid p(m)$．

考虑 $p(m)\varphi(p(m)) = p_1^{\beta_1} p_2^{\beta_2} \cdots p_t^{\beta_t}$．对这些 β_i 定义非负整数 γ_i，满足

$$n \mid (\beta_i + 2\gamma_i) \quad (i = 1, 2, \cdots, t)$$

162

第5章 欧拉定理和孙子定理
Chapter 5 Euler Theorem and Chinese Remainder Theorem

设 $x = p(m)(p_1^{\gamma_1} p_2^{\gamma_2} \cdots p_t^{\gamma_t})$，则

$2S(x) = \varphi(x^2) = \varphi(p_1^{2\alpha_1 + 2\gamma_1} p_2^{2\alpha_2 + 2\gamma_2} \cdots p_t^{2\alpha_t + 2\gamma_t}) =$

$p_1^{2\alpha_1 - 1} p_2^{2\alpha_2 - 1} \cdots p_t^{2\alpha_t - 1} (p_1 - 1)(p_2 - 1) \cdots (p_t - 1) \cdot p_1^{2\gamma_1} p_2^{2\gamma_2} \cdots p_t^{2\gamma_t} =$

$p(m)\varphi(p(m)) p_1^{2\gamma_1} p_2^{2\gamma_2} \cdots p_t^{2\gamma_t} =$

$p_1^{\beta_1 + 2\gamma_1} p_2^{\beta_2 + 2\gamma_2} \cdots p_t^{\beta_t + 2\gamma_t}$

由 γ_i 的定义可知，$2S(x)$ 为某个整数的 n 次幂，此外由 $m \mid p(m), p(m) \mid x$，可得 $m \mid x$.

所以 x 满足题目要求.

54 求所有的质数对 (p, q)，使得 $pq \mid 5^p + 5^q$.

（中国数学奥林匹克，2009 年）

解 若 $2 \mid pq$，不妨设 $p = 2$，则 $2q \mid 5^2 + 5^q$，故 $q \mid 5^q + 25$.

由费马小定理，$q \mid 5^q - 5$，得 $q \mid 30$，即 $q = 2, 3, 5$. 易验证质数对 $(2, 2)$ 不合要求，$(2, 3), (2, 5)$ 合乎要求.

若 pq 为奇数且 $5 \mid pq$，不妨设 $p = 5$，则 $5q \mid 5^5 + 5^q$，故 $q \mid 5^{q-1} + 625$.

当 $q = 5$ 时质数对 $(5, 5)$ 合乎要求；

当 $q \neq 5$ 时，由费马小定理有 $q \mid 5^{q-1} - 1$，故 $q \mid 626$. 由于 q 为奇质数，而 626 的奇质因子只有 313，所以 $q = 313$，经检验质数对 $(5, 313)$ 合乎要求.

若 p, q 都不等于 2 和 5，则有 $pq \mid 5^{p-1} + 5^{q-1}$，故

$$5^{p-1} + 5^{q-1} \equiv 0 \pmod{p} \qquad ①$$

由费马小定理，得

$$5^{p-1} \equiv 1 \pmod{p} \qquad ②$$

故由 ①，② 得

$$5^{q-1} \equiv -1 \pmod{p} \qquad ③$$

设 $p - 1 = 2^k(2r - 1), q - 1 = 2^l(2s - 1)$，其中 k, l, r, s 为正整数.

若 $k \leq l$，则由 ②，③ 易知

$1 = 1^{2^{l-k}(2s-1)} \equiv (5^{p-1})^{2^{l-k}(2s-1)} = 5^{2^l(2r-1)(2s-1)} =$

$(5^{q-1})^{2r-1} \equiv (-1)^{2r-1} \equiv -1 \pmod{p}$

这与 $p \neq 2$ 矛盾！所以 $k > l$.

同理有 $k < l$，矛盾！即此时不存在合乎要求的 (p, q).

综上所述，所有满足题目要求的质数对 (p, q) 为

$(2, 3), (3, 2), (2, 5), (5, 2), (5, 5), (5, 313)$ 及 $(313, 5)$

55 设 x, y 是区间 $[2, 100]$ 中的整数，证明：存在正整数 n，使得 $x^{2^n} +$

最新世界各国数学奥林匹克中的初等数论试题（下）

The Lastest Elementary Number Theory in Mathematical Olympiads in The World

y^{2^n} 为合数.

（俄罗斯数学奥林匹克，2009 年）

证 如果 $x=y$，令 $n=1$，则 $x^2+y^2=2n^2$ 是大于 2 的偶数，因而是合数.

如果 $x \neq y$，我们证明存在正整数 n，使得 $x^{2^n}+y^{2^n}$ 是 257 的倍数，且不等于 257.

设 $x^{2^n}+y^{2^n}=257$，令 $a=x^{2^{n-1}}$，$b=y^{2^{n-1}}$，则 $a^2+b^2=257$.

如果 $a \geqslant b$，则 $a=16$，$b=1$，与条件 $x, y > 1$ 矛盾，所以
$$x^{2^n}+y^{2^n} \neq 257$$

由于 x, y 与 257 互质，故存在正整数 q，使得 $x \equiv qy \pmod{257}$.

因为 $x \neq y$，$0 < x+y < 257$，所以 $q \not\equiv 0, \pm 1 \pmod{257}$.

又 257 是质数，则由费马小定理得
$$257 \mid (q^{256}-1)$$

而
$$q^{256}-1=(q-1)(q+1)(q^2+1)\cdots(q^{2^7}+1)$$

$q-1, q+1$ 都不是 257 的倍数，所以存在 $n \in \{1, 2, \cdots, 7\}$，使 $q^{2^n}+1$ 是 257 的倍数. 于是
$$x^{2^n}+y^{2^n} \equiv y^{2^n}(q^{2^n}+1) \pmod{257}$$

是 257 的倍数，因而是合数.

56 求证：对任意给定的正整数 k，总存在无穷多个正整数 n，使得
$$2^n+3^n-1, 2^n+3^n-2, \cdots, 2^n+3^n-k$$

均为合数.

（中国西部数学奥林匹克，2009 年）

证 对任意给定的正整数 k，取足够大的正整数 m，使得
$$2^m+3^m-k > 1$$

考查 $2^m+3^m-1, 2^m+3^m-2, \cdots, 2^m+3^m-k$ 这 k 个大于 1 的正整数，依次取每个数的一个质因子 $p_1, p_2, \cdots, p_k$，记
$$n_t = m + t\prod_{i=1}^{k}(p_i-1) \quad (t \in \mathbf{N}^*)$$

下面证明：对任意的 $1 \leqslant i \leqslant k$，有
$$2^{n_t} \equiv 2^m \pmod{p_i} \quad\quad ①$$

若 $p_i=2$，式 ① 成立.

若 $p_i \neq 2$，由费马小定理
$$2^{n_t}=2^m \times 2^{t(p_1-1)(p_2-1)\cdots(p_k-1)} \equiv$$
$$2^m \times 1 \equiv 2^m \pmod{p_i}$$

第 5 章 欧拉定理和孙子定理
Chapter 5 Euler Theorem and Chinese Remainder Theorem

所以式 ① 成立.

同理 $3^{n_t} \equiv 3^m \pmod{p_i}$.

故
$$2^{n_t} + 3^{n_t} - i \equiv 2^m + 3^m - i \equiv 0 \pmod{p_i}$$

且
$$2^{n_t} + 3^{n_t} - i > 2^m + 3^m - i$$

于是 $2^{n_t} + 3^{n_t} - i$ 是合数.

因此,n_t 使得 $2^n + 3^n - 1, 2^n + 3^n - 2, \cdots, 2^n + 3^n - k$ 均是合数.

由 t 的任意性,n_t 有无穷多个.

57 设 $a > b > 1$,b 为奇数,n 为正整数,若 $b^n \mid (a^n - 1)$,求证:$a^b > \dfrac{3^n}{n}$.

(中国国家集训队测试,2009 年)

证 首先证明一个引理.

引理 设 p 是奇质数,$a \in \mathbf{N}^*$,$(p, a) = 1$,设 a 模 p^m 的阶为 d_m,并设
$$p^\lambda \parallel a^{d_1} - 1$$
则
$$d_m = d_1 (m \leqslant \lambda), \quad d_m = d_1 p^{m-\lambda} (m \geqslant \lambda)$$

引理的证明:易证 $d_1 = d_\lambda$,由此及 d_m 的定义易知.

当 $m \leqslant \lambda$ 时,有 $d_m = d_1$,而当 $m \geqslant \lambda$ 时,我们用数学归纳法证明 $d_m = d_1 p^{m-\lambda}$ 且 $p^m \parallel a^{d_m} - 1$.

当 $m = \lambda$ 时,$d_m = d_1 p^{\lambda-\lambda} = d_1$ 成立.

假设 $m = k$ 时结论成立,则
$$a^{d_k} = p^k M + 1 \quad (p \nmid M)$$

于是
$$a^{pd_k} = (p_M^k + 1)^p = 1 + p^{k+1} M (1 + PN) \quad (N \in \mathbf{N}^*)$$

所以
$$p^{k+1} \parallel a^{pd_k} - 1$$

从而
$$d_k + 1 \mid pd_k$$

又 $d_k \neq d_{k+1}$(因为 $p^k \parallel a^{d_n} - 1$),所以
$$d_{n+1} = pd_k = p^{n+1-\lambda}$$

即 $m = k + 1$ 时成立.

引理得证.

回到原题.

由于奇数 $b > 1$,故 b 有一个质因子 $p \geq 3$,由条件得
$$a^n \equiv 1 \pmod{p^n} \qquad ①$$

设 d_m 与 λ 的意义与引理意义相同,由 d_1 的定义有 $d_1 < p$,由 $p \mid b$ 知 $p \leq b$,则
$$p^\lambda \leq a^{d_1} - 1 < a^{d_1} < a^p \leq a^b \qquad ②$$

故当 $n \leq \lambda$ 时,由 ② 知
$$a^b > p^\lambda \geq 3^n > \frac{3^n}{n}$$

则结论成立;

当 $n \geq \lambda$ 时,由式 ① 及阶的性质,$d_n \mid n$,故 $d_n \leq n$,结合引理 $d_1 p^{n-\lambda} \leq n$,再由式 ②,有
$$a^b > p^\lambda \geq \frac{p^\lambda}{d_1} \geq \frac{p^n}{n} \geq \frac{3^n}{n}$$

由以上
$$a^b > \frac{3^n}{n}$$

58 求证:对于任意的奇质数 p,满足 $p \mid (n! + 1)$ 的正整数 n 的个数不超过 $cp^{\frac{2}{3}}$,这里,c 是一个与 p 无关的常数.

(中国国家队选拔考试,2009 年)

证 显然,符合要求的 n 应满足 $1 \leq n \leq p - 1$.

设这样的 n 的全体是
$$n_1 < n_2 < \cdots < n_k$$

只须证明 $k \leq 12 p^{\frac{2}{3}}$.

$k \leq 12$ 时,结论显然成立.

下设 $k > 12$.

将 $n_{i+1} - n_i (1 \leq i \leq k-1)$ 重排成不减的数列
$$1 \leq \mu_1 \leq \mu_2 \leq \cdots \leq \mu_{k-1}$$

则
$$\sum_{i=1}^{k-1} \mu_i = \sum_{i=1}^{k-1}(u_{i+1} - u_i) = n_k - n_1 < p \qquad ①$$

首先证明:对 $s \geq 1$,有
$$|\{1 \leq i \leq k-1 : \mu_i = s\}| \leq S \qquad ②$$

即等于给定的 S 的 μ_i 至多有 s 个.

事实上,设 $n_{i+1} - n_i = s$,则

第 5 章 欧拉定理和孙子定理
Chapter 5 Euler Theorem and Chinese Remainder Theorem

$$n_i! + 1 \equiv n_{i+1}! + 1 \equiv 0 \pmod{p}$$

由此
$$(p, n_i!) = 1$$

故
$$(n_i + s)(n_i + s - 1)\cdots(n_i + 1) \equiv 1 \pmod{p}$$

从而,n_i 是 s 次同余方程

$$(x + s)(x + s - 1)\cdots(x + 1) \equiv 1 \pmod{p}$$

的一个解.

又 p 是质数,由拉格朗日定理,上述同余方程至多有 s 个解.

故满足 $n_{i+1} - n_i = s$ 的 n_i 至多有 s 个值,从而式 ② 得证.

再证明:对任意的正整数 l,只要 $\frac{l(l+1)}{2} + 1 \leqslant k - 1$,就有 $\mu_{\frac{l(l+1)}{2}+1} \geqslant l+1$,假设结论不成立,即 $\mu_{\frac{l(l+1)}{2}+1} \leqslant l$,则

$$\mu_1, \mu_2, \cdots, \mu_{\frac{l(l+1)}{2}+1}$$

是 1 到 l 的正整数.

由 ② 知,1 至多出现 1 次,2 至多出现 2 次,$\cdots$,l 至多出现 l 次,即从 1 到 l 的正整数总共至多出现 $\frac{l(l+1)}{2}$ 次,这与 $\frac{l(l+1)}{2} + 1$ 个数 $\mu_1, \mu_2, \cdots, \mu_{\frac{l(l+1)}{2}+1}$ 都是不超过 l 的正整数矛盾.

设 m 是满足 $\frac{m(m+1)}{2} + 1 \leqslant k - 1$ 的最大正整数,则

$$\frac{m(m+1)}{2} + 1 \leqslant k - 1 < \frac{(m+1)(m+2)}{2} + 1 \quad \text{③}$$

所以
$$\sum_{i=1}^{k-1} \mu_i \geqslant \sum_{i=0}^{m-1} \left[\mu_{\frac{i(i+1)}{2}+1} + \mu_{\frac{i(i+1)}{2}+2} + \cdots + \mu_{\frac{(i+1)(i+2)}{2}}\right] \geqslant$$
$$\sum_{i=0}^{m-1} (i+1)_{\frac{i(i+1)}{2}+1} \geqslant \sum_{i=0}^{m-1} (i+1)^2 =$$
$$\frac{m(m+1)(2m+1)}{6} > \frac{m^3}{3}$$

由于 $k > 12$,所以 $m \geqslant 4$.

因此,结合式 ①,③ 得

$$k < 2 + \frac{(m+1)(m+2)}{2} < 4m^2 < 4\left(3\sum_{i=1}^{k-1} \mu_i\right)^{\frac{2}{3}} < 4(3p)^{\frac{2}{3}}$$

从而命题得证.

59 设正整数数列 $\{a_n\}$,$n \geqslant 1$ 满足 $(a_m, a_n) = a_{(m,n)}$(对 $\forall m, n \in \mathbf{N}^*$).

最新世界各国数学奥林匹克中的初等数论试题(下)
The Lastest Elementary Number Theory in Mathematical Olympiads in The World

求证:对任意的 $n \in \mathbf{N}^*$,$\prod_{d\mid n} a_d^{\mu(\frac{n}{d})}$ 是一个整数,这里 $d \mid n$ 表示 d 遍历 n 的所有正约数. 而函数 $\mu(n)$ 定义为: $\mu(1) = 1$; $\mu(n) = 0$,若 n 能被某个质数的平方整除; $\mu(n) = (-1)^n$,若 n 为 k 个不同质数之积.

(中国国家集训队测试,2009 年)

证 首先证明一个引理.

引理 设 $p_1, p_2, \cdots, p_k$ 是互不相同的质数,$M = p_1 \cdots p_k$,正整数数列 $\{b_n\}$ $(n \mid M)$ 满足:对任意 $r \mid M$,$s \mid M$,有 $(b_r, b_s) = b_{(r,s)}$,则 $\prod_{d \mid M} b_d^{\mu(\frac{M}{d})}$ 是一个正整数.

引理的证明:首先注意,当 $n \mid \dfrac{M}{p_k}$ 时,有 $np_k \mid M$,$n \mid M$.

故 $(b_{np_k}, b_n) = b_n$.

从而对任意 $n \mid \dfrac{M}{p_k}$,数 $f_n = \dfrac{b_{np_k}}{b_n}$ 是一个正整数.

先证明:
$$(f_r, f_s) = f_{(r,s)}, \text{对任意 } r \mid \frac{M}{p_k}, s \mid \frac{M}{p_k} \quad ①$$

由条件知,$b_r \mid b_{rp_k}$ 及 $b_{(r,s)p_k} \mid b_{rp_k}$,从而
$$[b_r, b_{(r,s)p_k}] \mid b_{rp_k}$$

但 $p_k \nmid r$,故
$$(b_r, b_{(r,s)p_k}) = (b_r, b_{(r,(r,s))p_k}) = b_{(r,s)}$$

于是利用 $[u, v] \cdot (u, v) = uv (u, v \in \mathbf{N}^*)$ 可得
$$b_{(r,s)p_k} b_r \mid b_{(r,s)} b_{rp_k}$$

所以,由 f_n 的定义可得 $f_{(r,s)} \mid f_r$,同理 $f_{(r,s)} \mid f_s$,于是
$$f_{(r,s)} \mid (f_r, f_s) \quad ②$$

另一方面,由 $b_{(r,s)} \mid b_r$ 知
$$\frac{b_{rp_k}}{b_r} \Bigm| \frac{b_{rp_k}}{b_{(r,s)}}, \frac{b_{sp_k}}{b_s} \Bigm| \frac{b_{sp_k}}{b_{(r,s)}}$$

由此
$$\left(\frac{b_{rp_k}}{b_r}, \frac{b_{sp_k}}{b_s}\right) \Bigm| \left(\frac{b_{rp_k}}{b_{(r,s)}}, \frac{b_{sp_k}}{b_{(r,s)}}\right)$$

而
$$\left(\frac{b_{rp_k}}{b_r}, \frac{b_{sp_k}}{b_s}\right) = (f_r, f_s)$$

$$\left(\frac{b_{rp_k}}{b_r}, \frac{b_{sp_k}}{b_s}\right) = \frac{(b_{rp_k}, b_{sp_k})}{b_{(r,s)}} = \frac{b_{(r,s)p_k}}{b_{(r,s)}} = f_{(r,s)}$$

所以

第 5 章 欧拉定理和孙子定理
Chapter 5 Euler Theorem and Chinese Remainder Theorem

$$(f_r, f_s) \mid f_{(r,s)} \qquad ③$$

由 ②,③ 得 ① 成立.

下面对 k 归纳证明引理.

当 $k=1$ 时,$M=p_1$,由条件知,$(b_1, b_{p_1}) = b_1$,故 $b_1 \mid b_{p_1}$,因此

$$\prod_{d \mid M} b_d^{\mu(d)} = \frac{b_{p_1}}{b_1}$$

是一个正整数.

假设命题对 $k-1$ 成立 $(k \geqslant 1)$,下面证明命题对 k 成立.

由 ① 及归纳假设,可知 $\prod_{d \mid \frac{M}{p_k}} f_{\frac{M}{dp_k}}^{\mu(d)}$ 是一个正整数,而

$$\prod_{d \mid M} b_{\frac{M}{d}}^{\mu(d)} = \prod_{\substack{d \mid M \\ p_k \nmid d}} b_{\frac{M}{d}}^{\mu(d)} \cdot \prod_{\substack{d \mid M \\ p_k \mid d}} b_{\frac{M}{d}}^{\mu(d)} = \prod_{d \mid \frac{M}{p_k}} b_{\frac{M}{d}}^{\mu(d)} \cdot b_{\frac{M}{dp_k}}^{\mu(dp_k)} = $$

$$\prod_{d \mid \frac{M}{p_k}} \left(\frac{b_{\frac{M}{d}}}{b_{\frac{M}{dp_k}}} \right)^{\mu(d)} = \prod_{d \mid \frac{M}{p_k}} f_{\frac{M}{dp_k}}^{\mu(d)}$$

因此,$\prod_{d \mid M} b_{\frac{M}{d}}^{\mu(d)}$ 是一个正整数,即命题对 k 成立(这里用到一个事实:当 $d \mid \frac{M}{p_k}$ 时,有 $\mu(dp_k) = -\mu(d)$. 这是因为若 d 是 l 个互不相同的质数之积,则 dp_k 是 $l+1$ 个互不相同的质数之积. 所以 $\mu(dp_k) = (-1)^{l+1} = (-1) \times (-1)^l = -\mu(d)$.)

因此引理得证.

最后,回到原题.

对给定的 $n \in \mathbf{N}^*$,若 $n = 1$,则

$$\prod_{d \mid n} a_d^{\mu(\frac{n}{d})} = a_1$$

是一个正整数.

若 $n > 1$,设 $n = p_1^{\alpha_1} p_2^{\alpha_2} \cdots p_k^{\alpha_k}$,$t = p_1^{\alpha_1 - 1} p_2^{\alpha_2 - 1} \cdots p_k^{\alpha_k - 1}$.

显然,t 是一个正整数.

考虑一个新数列 $\{h_r\}(r \mid p_1 \cdots p_k)$,其中 $h_r = a_{rt}$,对所有的 $r \mid p_1 \cdots p_k$.

显然,$\{h_r\}$ 为正整数数列,且对任意的 $r \mid p_1 \cdots p_k$,$s \mid p_1 \cdots p_k$,有

$$(h_r, h_s) = (a_{rt}, a_{st}) = a_{(rt, st)} = a_{(r,s)t} = h_{(r,s)}$$

由引理知

$$\prod_{d \mid p_1 \cdots p_k} h_d^{\mu(\frac{p_1 \cdots p_k}{d})}$$

是一个正整数,从而

$$\prod_{d\mid n} a_d^{\mu(\frac{n}{d})} = \prod_{d\mid n} a_{\frac{n}{d}}^{\mu(d)} = \prod_{d\mid \frac{n}{t}} a_{\frac{n}{d}}^{\mu(d)} = \prod_{d\mid \frac{n}{t}} h_{\frac{t}{d}}^{\mu(d)} = \prod_{d\mid p_1\cdots p_k} h^{\mu(d)\frac{p_1\cdots p_k}{d}}$$

是一个正整数.

60 考虑命题 $p(n)$：对于正整数 n，n^2+1 整除 $n!$.

证明：有无穷多个 n，使得命题 $p(n)$ 是真命题，有无穷多个 n，使得命题 $p(n)$ 是假命题.

(罗马尼亚数学奥林匹克，2008年)

证 (1) 证明有无穷多个 n，使得 $p(n)$ 是真命题.

设 $n = x^{105}$ ($x \in \mathbf{N}^*, x \geqslant 2$).

记 $A_k(x) = \dfrac{x^k+1}{x+1}$，当 k 为正奇数时，$A_k(x)$ 为关于 x 的 $k-1$ 次整系数多项式.

$n^2+1 = x^{210}+1 = (x^2)^{105}+1$，由于 105 有约数 3，5，7，15，21，35，则 n^2+1 必有因式

$$x^2+1, (x^2)^3+1, (x^2)^5+1, (x^2)^7+1, (x^2)^{15}+1, (x^2)^{21}+1, (x^2)^{35}+1$$

故

$$A_3(x^2) = \dfrac{(x^2)^3+1}{x^2+1} \;\Big|\; \dfrac{x^{210}+1}{x^2+1}$$

同理 $A_5(x^2), A_7(x^2)$ 有同样的结论.

$$\dfrac{A_{15}(x^2)}{A_3(x^2)A_5(x^2)} = \dfrac{[(x^2)^{15}+1](x^2+1)}{[(x^2)^3+1][(x^2)^5+1]} \;\Big|\; \dfrac{x^{210}+1}{(x^2+1)A_3(x^2)A_5(x^2)A_7(x^2)}$$

同样有

$$\dfrac{A_{21}(x^2)}{A_3(x^2)A_7(x^2)} \;\Big|\; \dfrac{x^{210}+1}{(x^2+1)A_3(x^2)A_5(x^2)A_7(x^2)}$$

$$\dfrac{A_{35}(x^2)}{A_5(x^2)A_7(x^2)} \;\Big|\; \dfrac{x^{210}+1}{(x^2+1)A_3(x^2)A_5(x^2)A_7(x^2)}$$

于是
$n^2+1 = x^{210}+1 =$

$$(x^2+1)A_3(x^2)A_5(x^2)A_7(x^2) \cdot \dfrac{A_{15}(x^2)}{A_3(x^2)A_5(x^2)} \cdot \dfrac{A_{21}(x^2)}{A_3(x^2)A_7(x^2)} \cdot$$

$$\dfrac{A_{35}(x)}{A_5(x^2)A_7(x^2)} \cdot B(x^2)$$

其中 $B(x^2)$ 为关于 x^2 的 48 次整系数多项式.

因为上面的分解式中，每个因式关于 x^2 的次数小于 $\dfrac{105}{2}$，即关于 x 的次数小于 105，且互不相同，于是当 x 充分大时，可以使所有的因式的值均小于 x^{105}，

第5章 欧拉定理和孙子定理
Chapter 5 Euler Theorem and Chinese Remainder Theorem

即均小于 n,且互不相同.

于是有无穷多个 n,满足 $n=x^{105}$,且
$$n^2+1=x^{210}+1=(n^2+1)\cdot n!$$

(2) 再证明有无穷多个 $n\in \mathbf{N}^*$,使 $p(n)$ 为假命题.

先证明两个引理.

引理 1 对质数 $p>2$,$p\equiv 1\pmod 4$ 的充要条件是存在 $x(1\leqslant x\leqslant p-1)$,使得
$$x^2\equiv -1\pmod p$$

引理 1 的证明:若 $x^2\equiv -1\pmod p$,由费马小定理得
$$x^{p-1}\equiv (x^2)^{\frac{p-1}{2}}\equiv 1\pmod p$$

故
$$(-1)^{\frac{p-1}{2}}\equiv 1\pmod p$$

因为 $p>2$,所以 $(-1)^{\frac{p-1}{2}}=1$,所以 $\frac{p-1}{2}$ 为偶数,即 $p\equiv 1\pmod 4$.

若 $p\equiv 1\pmod 4$,考虑一次同余方程
$$ax\equiv -1\pmod p$$

则当 $a=j\in\{1,2,\cdots,p-1\}$ 时,存在唯一的 x_j,使得上式成立.

若存在某个 $x_j=j$,则
$$j^2=x_j j\equiv -1\pmod p$$

满足条件.

若对任意的 j,都有 $x_i\neq x_j$,则将 x_i 与 x_j 两两配对,共 $\frac{p-1}{2}$ 对,于是
$$(-1)^{\frac{p-1}{2}}\equiv (p-1)!\equiv -1\pmod p$$

但这与 $p\equiv 1\pmod 4$ 矛盾.

所以必有 $x^2\equiv -1\pmod p$.

引理 2 存在无穷多个质数 p,使得 $p\equiv 1\pmod 4$.

否则,型如 $4k+1$ 的质数只有有限个,不妨记为 $p_1,p_2,\cdots,p_r$,且 $p_1<p_2<\cdots<p_r$,考虑数 $(2p_1 p_2\cdots p_r)^2+1$ 的质因子 q.

显然 $q\neq p_i(i=1,2,\cdots,r)$,且 $q\neq 2$.

由 $(2p_1 p_2\cdots p_r)^2\equiv -1\pmod q$,即存在 $x(1\leqslant x\leqslant q-1)$,有
$$x^2\equiv -1\pmod q$$

于是由引理 1,$q\equiv 1\pmod 4$,且 $q>p$,与假设矛盾.

所以型如 $4k+1$ 的质数有无穷多个.

由引理 1,2,存在无穷多个质数 p,使得存在 $x(1\leqslant x\leqslant p-1)$,有
$$x^2\equiv -1\pmod p$$

即
$$p \mid (x^2+1) \quad 且 \quad x < p$$
因为 $p > x$,所以 $p \nmid x!$.
所以
$$(x^2+1) \nmid x!$$
即对每个 p,总能找到一个 x,使得 $(x^2+1) \nmid x!$. 即存在无穷多个 $n \in \mathbf{N}^*$,使得 $(n^2+1) \nmid n!$.

61 已知正整数 $n(n > 4)$ 为一合数,且能整除 $\varphi(n)\sigma(n)+1$,其中,$\varphi(n)$ 表示 $1,2,\cdots,n$ 中与 n 互质的数的个数(欧拉函数),$\sigma(n)$ 表示 n 的所有正因子之和.

求证:n 至少有三个不同的质因子.

(香港数学奥林匹克,2008 年)

证 假设 n 至多有两个不同的质因子 p_1, p_2,设 $n = p_1 p_2$,则
$$\varphi(n) = (p_1-1)(p_1+1)$$
$$\sigma(n) = \frac{p_1^2-1}{p_1-1} \cdot \frac{p_2^2-1}{p_2-1} = (p_1+1)(p_2+1)$$
$$\varphi(n)\sigma(n)+1 = (p_1-1)(p_1+1)(p_2-1)(p_2+1)+1 =$$
$$(p_1^2-1)(p_2^2-1)+1 = p_1^2 p_2^2 - p_1^2 - p_2^2 + 2$$

若
$$n \mid (\varphi(n)\sigma(n)+1)$$
即
$$p_1 p_2 \mid (p_1^2 p_2^2 - p_1^2 - p_2^2 + 2)$$
则有
$$p_1 p_2 \mid (p_1^2 + p_2^2 - 2)$$

为此,只须证明:不存在 p_1, p_2,使 $p_1 p_2 \mid (p_1^2 + p_2^2 - 2)$.

事实上可以证明更为一般的命题.

不存在大于 1 的正整数 a, b,使得 $ab \mid (a^2+b^2-2)$.

若 a 为偶数,b 为偶数,则 $ab \equiv 0 \pmod 4$,$a^2+b^2-2 \equiv 2 \pmod 4$,于是 $ab \nmid (a^2+b^2-2)$.

若 $a \equiv 2 \pmod 4$,b 为奇数,则 ab 为偶数,$a^2+b^2-2 = 4+1-2 \equiv 3 \pmod 4$,于是 $ab \nmid (a^2+b^2-2)$.

若 $a \equiv 0 \pmod 4$,b 为奇数,则 $ab \equiv 0 \pmod 4$,$a^2+b^2-2 \equiv 3 \pmod 4$,于是 $ab \nmid (a^2+b^2-2)$.

于是 a 为偶数时,不存在 a, b,使 $ab \mid (a^2+b^2-2)$.

第 5 章 欧拉定理和孙子定理
Chapter 5 Euler Theorem and Chinese Remainder Theorem

若 a 为奇数时,对 b 用数学归纳法(可假设 $a \leqslant b$).

当 $b=1$ 时,显然 $a \nmid (a^2+1-2) = (a^2-1)$,命题成立;

假设 $b < k$ 时,存在整数 $a(2 \leqslant a \leqslant k)$ 使得
$$ak \mid (a^2+k^2-2)$$

则存在整数 c 满足
$$a^2+k^2-2=cak$$

设 $k=qa+r(0 \leqslant r \leqslant a)$,则
$$a^2+k^2-2=ca(qa+r)$$
$$c = \frac{a^2+(qa+r)^2-2}{a(qa+r)} = q + \frac{r(aq+r)+a^2-2}{a(qa+r)}$$
$$c-q = \frac{r(aq+r)+a^2-2}{a(qa+r)}$$

而
$$0 < \frac{r(aq+r)+a^2-2}{a(qa+r)} = \frac{r}{a} + \frac{a}{k} - \frac{2}{ak} < 2$$

于是
$$\frac{r(aq+r)+a^2-2}{a(qa+r)} = 1$$

从而
$$raq+r^2+a^2-2 = qa^2+ar \qquad ①$$

此时
$$c-q=1 \qquad ②$$

从 ①,② 中消去 q 得
$$ac(a-r) = a^2+(a-r)^2-2 \qquad ③$$

若 $r=0$,则 $a^2 c=2a^2-2, a^2 \mid 2$,与 $a>1$ 矛盾.

则 $r>0$,且 $a<k$.

由 ③ 及归纳假设可知 $a-r=1$,于是 $ac=a^2-1$,则 $a \mid 1$,与 $a>1$ 矛盾.

所以不存在 $a,b \in \mathbf{N}^*, a>1, b>1$,使 $ab \mid (a^2+b^2-2)$,由此原题得证.

62 设 m,n 是正整数,证明:
$$6m \mid [(2m+3)^n+1] \Leftrightarrow 4m \mid (3^n+1)$$

(越南国家队选拔考试,2008 年)

证 为证明本题,需要用到如下两个数论的定理:

定理 1 (欧拉判别法)设质数 $p(p>2), p \nmid d$,则

d 是 p 的平方剩余 $\Leftrightarrow d^{\frac{p-1}{2}} \equiv 1 \pmod{p}$

d 是 p 的非平方剩余 $\Leftrightarrow d^{\frac{p-1}{2}} \equiv -1 \pmod{p}$

最新世界各国数学奥林匹克中的初等数论试题(下)
The Lastest Elementary Number Theory in Mathematical Olympiads in The World

定理 2 (高斯二次互反律) 对奇质数 $p,q(p \neq q)$,有
$$\left(\frac{p}{q}\right)\left(\frac{q}{p}\right) = (-1)^{\frac{p-1}{2} \cdot \frac{q-1}{2}}$$

这里用到了 Legendre 符号:
$$\left(\frac{d}{p}\right) = \begin{cases} 1, & d \text{ 是模的平方剩余} \\ -1, & d \text{ 是模的平方非剩余} \\ 0, & p \mid d \end{cases}$$

首先证明一个引理.

引理 $3^n + 1$ (n 是奇数) 没有 $3k+2$ 型的奇质因子.

引理的证明:设 p 是 $3^n + 1$ 的任意一个奇质因子,则
$$3^n + 1 \equiv 0 \pmod{p}$$

故
$$(3^{\frac{p+1}{2}})^2 \equiv -3 \pmod{p}$$

从而
$$\left(\frac{-3}{p}\right) = 1$$

由定理 1 知
$$\left(\frac{-1}{p}\right) = (-1)^{\frac{p-1}{2}}$$

由定理 2 知,对奇质数 $p,3$,有
$$\left(\frac{3}{p}\right)\left(\frac{p}{3}\right) = (-1)^{\frac{p-1}{2}}$$

所以有
$$\left(\frac{p}{3}\right) = \left(\frac{p}{3}\right)\left(\frac{-3}{p}\right) = \left(\frac{p}{3}\right)\left(\frac{3}{p}\right)\left(\frac{-1}{p}\right) = (-1)^{\frac{p-1}{2}} \cdot (-1)^{\frac{p-1}{2}} = 1$$

又
$$\left(\frac{2}{3}\right) = -1, \quad \left(\frac{1}{3}\right) = 1$$

因此,p 不是 $3k+2$ 型的质数.

下面证明本题.
$$6m \mid [(2m+3)^n + 1] \Leftrightarrow 6m \mid [(2m)^n + 3^n + 1]$$
$$\Leftrightarrow \begin{cases} (2m)^n \equiv 2 \pmod{3} & \text{①} \\ 3^n + 1 \equiv 0 \pmod{2m} & \text{②} \end{cases}$$

(1) 若 $6m \mid [(2m+3)^n + 1]$,则 ①,② 同时成立.

由式 ①,$m \equiv 1 \pmod{3}$,且 n 为奇数.

如果 m 是偶数,则由 n 是奇数,有

174

第 5 章　欧拉定理和孙子定理
Chapter 5　Euler Theorem and Chinese Remainder Theorem

$$3^n + 1 \equiv 0 \pmod{4}$$
$$3^n + 1 \equiv 4 \pmod{8}$$

从而
$$2^2 \| (3^n + 1)$$

于是
$$2^2 \| 2m, \text{即 } 2 \mid m$$

由 $m \equiv 1 \pmod 3$ 知,存在 $k_0 \in \mathbf{Z}$,使
$$m = 6k_0 + 4$$

所以
$$12k_0 + 8 = 2m \mid (3^n + 1)$$

由引理知,$3^n + 1$ 的奇质因子全部是 $3k + 1$ 型的,因而 $3^n + 1$ 的所有奇约数也是 $3k + 1$ 型的.

而对约数 $3k_0 + 2 = \dfrac{3^n + 1}{4}$ 是 $3n + 1$ 的奇约数,矛盾.

所以 m 不是偶数.

由 $2m \mid (3^n + 1)$ 与 $2^2 \| (3^n + 1)$ 得
$$4m \mid (3^n + 1)$$

(2) 若 $4m \mid (3^n + 1)$,则 m, n 是奇数,且 m 是 $3k + 1$ 型的数,故
$$3^n + 1 \equiv 0 \pmod{2m}$$
$$(2m)^n \equiv 2^n \equiv 2 \pmod 3$$

故
$$6m \mid [(2m + 3)^n + 1]$$

于是
$$6m \mid [(2m + 3)^n + 1] \Leftrightarrow 4m \mid (3^n + 1)$$

63　求最小的正整数 m,使得 $2\,009 \mid m$,且 m 在十进制表示中数字和等于 $2\,009$.

(塞尔维亚数学奥林匹克,2009 年)

解　因为 $2\,009 = 223 \times 9 + 2$,所以,所求的数 m 至少有 224 位.
考虑 224 位数
$$x = \overline{c_{223} c_{222} c_{221} \cdots c_1 c_0}$$

显然 $c_{223} \geqslant 2$.

(1) 如果 $c_{223} = 2$,则
$$c_{223} = c_{222} = c_{221} = \cdots = c_1 = c_0 = 9$$
从而 $x = 3 \times 10^{223} - 1$,因为 $2\,009 = 7^2 \times 41$,而

最新世界各国数学奥林匹克中的初等数论试题(下)
The Lastest Elementary Number Theory in Mathematical Olympiads in The World

$$x = 3 \times 10^{223} - 1 = 3 \times 10 \times (10^3)^{74} - 1 \equiv$$
$$3 \times 10 \times (-1)^{74} - 1 = 29 \equiv 1 \pmod 7$$

因此 $2009 \nmid x$.

(2) 如果 $c_{223} = 3$, 则有且仅有一个 $c_i = 8$, 其他数位均为 9, 故

$$x = 3\underbrace{99\cdots98}_{222-i}\underbrace{99\cdots9}_{i} = 4 \times 10^{223} - 10^i - 1$$

由于 10 关于 41 的阶为 5, 即 5 是使 $10^\lambda \equiv 1 \pmod{41}$ 成立的最小的 λ, 于是 $10^5 \equiv 1 \pmod{41}$, 从而

$$10^{5k} \equiv 1 \pmod{41}$$
$$10^{5k+1} \equiv 10 \pmod{41}$$
$$10^{5k+2} \equiv 18 \pmod{41}$$
$$10^{5k+3} \equiv 16 \pmod{41}$$
$$10^{5k+4} \equiv 37 \pmod{41}$$

所以
$$x = 4 \times 10^{223} - 10^i - 1 \equiv 22 - 10^i \pmod{41}$$

从而, $41 \nmid x$, 进而 $2009 \nmid x$.

(3) 如果 $c_{223} = 4$, 则在 $c_{223}, c_{222}, c_{221}, \cdots, c_1, c_0$ 中, 或者有两个是 8, 或者有一个是 7, 其余的都是 9, 则

$$x = 5 \times 10^{223} - 10^i - 10^j - 1 \equiv 38 - (10^i + 10^j) \pmod{41}$$

其中 i, j 可以不等也可以相等.

为了使 $10^i + 10^j \equiv 38 \pmod{41}$, 必须

$$(i, j) \equiv (0, 4) \text{ 或 } (4, 0) \pmod 5$$

特别地, $i \neq j$, 且 $i, j \leqslant 220$.

为使所求的值最小, 可假设 $j = 220$ 且 $i \equiv 4 \pmod 5$.

下面只须选择 i, 使 $7^2 \mid x$.

由欧拉定理得

$$1 \equiv 10^{\varphi(49)} \equiv 10^{42} \pmod{49}$$

当 $k = 1, 2, 3, 6, 7, 14, 21$ 时

$$10^k \equiv 10, 2, 20, 8, 31, 30, 48 \pmod{49}$$

所以不存在正整数 $k(k \leqslant 41)$, 使得

$$10^k \equiv 1 \pmod{49}$$

因为 $x = 5 \times 10^{223} - 10^{220} - 10^i - 1 \equiv 5 \times 10^{13} - 10^{10} - 10^i - 1 \equiv 31 - 10^i \pmod{49}$, 所以, 当且仅当 $10^i \equiv 31 \equiv 10^7 \pmod{49}$ 时, 有 $7^2 \mid x$.

于是 $i \equiv 7 \pmod{42}$, 且 $i \equiv 4 \pmod 5$, 所以 $i \equiv 49 \pmod{210}$.

因此唯一可能的值是 $i = 49$.

第 5 章 欧拉定理和孙子定理
Chapter 5 Euler Theorem and Chinese Remainder Theorem

所以,所求的最小值是 $4998\underbrace{99\cdots98}_{170}\underbrace{99\cdots9}_{49}$.

64 数列 $\{a_n\}$ 定义为
$$a_0 = a \quad (a \in \mathbf{N}^*)$$
$$a_n = a_{n-1} + 40^{n!} \quad (n > 0)$$

证明:数列 $\{a_n\}$ 中含有无数个可被 2 009 整除的整数.

(奥地利数学奥林匹克,2009 年)

证 因为 $(40, 2\,009) = 1$,所以由欧拉定理
$$40^{k\varphi(2\,009)} \equiv 1 \pmod{2\,009}$$

其中 $\varphi(n)$ 表示 n 的欧拉函数.

当 $n > \varphi(2\,009)$ 时,$\varphi(2\,009) \mid n!$,则
$$a_{n+1} \equiv a_n + 1 \pmod{2\,009}$$

于是数列 $\{a_n (\bmod 2\,009)\}$ 遍历模 2 009 的完全剩余系,且为周期数列.

于是数列 $\{a_n\}$ 中有无数多个可被 2 009 整除的数.

65 试求出所有的质数 p,使得存在正奇数 n 及整系数多项式 $Q(x)$,满足多项式
$$1 + pn^2 + \prod_{i=1}^{2p-2} Q(x^i)$$
至少有一个根.

(土耳其国家队选拔考试,2009 年)

解 设 $p(x) = 1 + pn^2 + \prod_{i=1}^{2p-2} Q(x^i)$.

若 $p = 2$,令 $n = 1$,$Q(x^i) = 2x^i + 1$,则
$$p(x) = 1 + 2 + (2x+1)(2x^2+1)$$
$$p(-1) = 1 + 2 + (-1) \times 3 = 0$$

于是多项式有一根为 0.

对于奇质数 p,由于当 $1 \leqslant i \leqslant 2p-2$,$a \in \mathbf{N}^*$ 时,$Q(a^i)$ 有相同的奇偶性.

所以,若 $p(a) = 0$,则
$$p \equiv 3 \pmod{4}$$

当 $1 \leqslant i \leqslant p-1$ 时,由费马小定理
$$a^i \equiv a^{i+p-1} \pmod{p}$$

所以
$$\prod_{i=1}^{2p-1} q(a^i) \equiv \left(\prod_{i=1}^{p-1} Q(a^i)\right)^2 \pmod{p}$$

最新世界各国数学奥林匹克中的初等数论试题（下）
The Lastest Elementary Number Theory in Mathematical Olympiads in The World

当 $p \equiv 3 \pmod{4}$ 时

$$p(a) \equiv 1 + \left(\prod_{i=1}^{p-1} Q(a^i)^2\right) \not\equiv 0 \pmod{p}$$

所以对于奇质数，没有满足条件的 n 和 $Q(x)$ 存在，因而所求的质数 $p=2$.

66 证明对任意的正整数 k，存在一个有理数的等差数列

$$\frac{a_1}{b_1}, \frac{a_2}{b_2}, \cdots, \frac{a_k}{b_k}$$

其中 $a_i, b_i (i=1,2,\cdots,k)$ 是互质的正整数，且 $a_1, b_1, a_2, b_2, \cdots, a_k, b_k$ 互不相同.

（亚太地区数学奥林匹克，2009 年）

证法 1 当 $k=1$ 时结论显然成立；

当 $k \geqslant 2$ 时，设 $p_1, p_2, \cdots, p_k$ 是满足

$$p_1 > p_2 > \cdots > p_k > k$$

的 k 个不同的质数，记 $N = p_1 p_2 \cdots p_k$.

根据孙子定理：

存在正整数 $x > N^2$，使得对 $i=1,2,\cdots,k$，有

$$x \equiv -i \pmod{p_i}$$

考虑如下的数列

$$\frac{x+1}{N}, \frac{x+2}{N}, \cdots, \frac{x+k}{N}$$

该数列显然是 k 项的正有理数的等差数列.

且对于任意的 $i(i=1,2,\cdots,k)$，分子 $x+i$ 能被 p_i 整除.

下面证明 $x+i$ 不能被 $p_j (i \neq j)$ 整除.

否则由 $p_j \mid (x+j)$，又 $p_j \mid (x+i)$，则 $p_j \mid |i-j|$，这是不可能的. 因而 $p_j \nmid (x+i)$.

令 $a_i = \frac{x+i}{p_i}, b_i = \frac{N}{p_i}$，则对所有的 $i(i=1,2,\cdots,k)$，有 $\frac{x+i}{N} = \frac{a_i}{b_i}$，且 $(a_i, b_i) = 1$，所有的 $b_i (i=1,2,\cdots,k)$ 两两不同.

此外由 $x > N^2$，对所有的 $i, j \in \{1,2,\cdots,k\}$，有

$$a_i = \frac{x+i}{p_i} > \frac{N^2}{p_i} > N > \frac{N}{p_j} = b_j$$

即所有的 a_i, b_j 也两两不同.

下面再证明所有的 a_i 两两不同.

事实上，由 $p_1, p_2, \cdots, p_k$ 的选取可知，对 $i < j$ 有

$$a_j = \frac{x+j}{p_j} > \frac{x+i}{p_j} > \frac{x+i}{p_i} = a_i$$

第 5 章　欧拉定理和孙子定理

Chapter 5　Euler Theorem and Chinese Remainder Theorem

因而所有的 a_i 两两不同.

因此,按上面构造的正有理数的等差数列
$$\frac{a_1}{b_1}, \frac{a_2}{b_2}, \cdots, \frac{a_k}{b_k}$$
满足题设条件.

证法 2　对任意的正整数 k,构造数列
$$\frac{(k!)^2+1}{k!}, \frac{(k!)^2+2}{k!}, \cdots, \frac{(k!)^2+k}{k!}$$
注意到,对于任意的 $i(i=1,2,\cdots,k),(k!,(k!)^2+i)=i$,取
$$a_i = \frac{(k!)^2+i}{k!}, \quad b_i = \frac{k!}{i}$$
则 $a_i, b_i (i=1,2,\cdots,k)$ 是互质的正整数,且对所有的 $i,j(1 \leqslant i < j \leqslant k)$ 有
$$a_i = \frac{(k!)^2+i}{k!} > a_j = \frac{(k!)^2+j}{k!} > b_i = \frac{k!}{i} > b_j = \frac{k!}{j}$$
如此构造的数列 $\frac{a_1}{b_1}, \frac{a_2}{b_2}, \cdots, \frac{a_k}{b_k}$ 满足题设条件.

67.　拉里和罗布是由阿尔高开往齐利斯的一辆汽车上的两个机器人,两个机器人按如下规则操纵汽车的方向:

从起点开始,拉里在每行驶 l km 后使汽车左转 $90°$,而罗布在每行驶 r km 后使汽车右转 $90°(l,r$ 是互质的正整数),若两个方向的转向同时进行,则汽车沿原方向行驶.

假定地面是平的,且汽车可以任意转向.

开始时,汽车由阿尔高正对齐利斯开出.

试问:对于怎样的 (l,r),无论两地之间有多远,总可以使得汽车到达齐利斯?

（第 21 届亚太地区数学奥林匹克,2009 年）

解　设阿尔高与齐利斯之间的距离为 s km(s 为正实数).

为方便计,设阿尔高位于 $(0,0)$,齐利斯位于 $(s,0)$,由题设,开始时,汽车向东行驶.

考虑汽车在开出后,每 lr km 的行驶情形,将每个所行驶的这样的 lr km 路程成为一个路段. 显然,在每个路段中,除开始的方向之外,汽车均有相同的行驶状况.

汽车行驶有下列 4 种情形:

第 1 种情形:$l-r \equiv 2 \pmod 4$.

在第一个路段上,汽车进行了 $l-1$ 次右转和 $r-1$ 次左转,总效果是 $2(\equiv$

最新世界各国数学奥林匹克中的初等数论试题(下)
The Lastest Elementary Number Theory in Mathematical Olympiads in The World

$l-r \pmod 4$) 次右转.

设第一个路段的位移向量是 (x,y),由汽车转了 $180°$ 知,第二个路段的位移向量应为 $(-x,-y)$,这使得该汽车回到了 $(0,0)$,并向东行驶,即回到了初始状态.

显然,在此情形中.汽车从阿尔高驶出的距离不会超过 lr km.若 $s > lr$,汽车将无法从阿尔高到达齐利斯.

第 2 种情形:$l-r \equiv 1 \pmod 4$.

在第一个路段转弯的效果是 1 次右转.

设第一个路段的位移向量是 (x,y),则由汽车按顺时针转了 $90°$ 知,第二,第三和第四路段的位移向量是 $(y,-x),(-x,-y)$ 和 $(-y,x)$.

从而,在四个路段后,该汽车回到了 $(0,0)$,并向东行驶,即回到了初始状态.

显然,在此情形中,汽车从阿尔高驶出的距离不会超过 lr km,若 $s > 2lr$,汽车将无法从阿尔高到达齐利斯.

第 3 种情形:$l-r \equiv 3 \pmod 4$.

进行类似于第 2 种情形的讨论(只要将左转与右转互换即可)知,若 $s > 2lr$,汽车将无法从阿尔高到达齐利斯.

第 4 中情形:$l-r \equiv 0 \pmod 4$.

在每个路段中,都相当于汽车没有转弯,即一直向东行驶,汽车能够从阿尔高到达齐利斯.

接下来证明:在行驶过第一个路段后,汽车将位于 $(1,0)$.

引入复平面,将 (x,y) 对应于 $x+yi$.

记第 k km 次汽车的运动为 $\{1,i,-1,-i\}$ 中的值.

于是只要证明 $\sum_{k=0}^{lr-1} m_k = 1$.

(1) $l \equiv r \equiv 1 \pmod 4$.

对 $k=0,1,2,\cdots,lr-1$,$\left[\dfrac{k}{l}\right]$ 和 $\left[\dfrac{k}{r}\right]$ 分别是在第 $k+1$ km 之前左转弯和右转弯的次数.于是

$$m_k = i^{\left[\frac{k}{l}\right]} (-i)^{\left[\frac{k}{r}\right]}$$

设 $a_k \equiv k \pmod l, b_k \equiv k \pmod r$,则由

$$a_k = k - \left[\dfrac{k}{l}\right]l \equiv k - \left[\dfrac{k}{l}\right] \pmod 4$$

$$b_k = k - \left[\dfrac{k}{r}\right]l \equiv k - \left[\dfrac{k}{r}\right] \pmod 4$$

第 5 章 欧拉定理和孙子定理
Chapter 5 Euler Theorem and Chinese Remainder Theorem

即 $\left[\dfrac{k}{l}\right] \equiv k - a_k \pmod{4}$, $\left[\dfrac{k}{r}\right] \equiv k - b_k \pmod{4}$.

于是

$$m_k = \mathrm{i}^{\left[\frac{k}{l}\right]}(-\mathrm{i})^{\left[\frac{k}{r}\right]} = \mathrm{i}^{k-a_k}(-\mathrm{i})^{k-b_k} = (-\mathrm{i}^2)^k \mathrm{i}^{-a_k}(-\mathrm{i})^{-b_k} = (-\mathrm{i})^{a_k} \cdot \mathrm{i}^{b_k}$$

由 $(l, r) = 1$，根据孙子定理，对每个 $k = 1, 2, \cdots, lr-1$，存在

$$a_k \equiv k \pmod{l}, \quad b_k \equiv k \pmod{r}$$

结合 $l \equiv r \equiv 1 \pmod{4}$，有

$$\sum_{k=0}^{lr-1} m_k = \sum_{k=0}^{lr-1}(-\mathrm{i})^{a_k} \cdot \mathrm{i}^{b_k} = \Big(\sum_{k=0}^{l-1}(-\mathrm{i})^{a_k}\Big)\Big(\sum_{k=0}^{r-1}\mathrm{i}^{b_k}\Big) = 1 \times 1 = 1$$

(2) $l \equiv r \equiv 3 \pmod{4}$.

此时，$m_k = \mathrm{i}^{a_k}(-\mathrm{i})^{b_k}$，其中 $a_k \equiv k \pmod{l}$, $b_k \equiv k \pmod{r}$, $k = 0, 1, 2, \cdots, lr-1$.

类似(1)的讨论，并由 $l \equiv r \equiv 3 \pmod{4}$ 得

$$\sum_{k=0}^{lr-1} m_k = \sum_{k=0}^{lr-1} \mathrm{i}^{a_k}(-\mathrm{i})^{b_k} = \Big(\sum_{k=0}^{l-1}\mathrm{i}^{a_k}\Big)\Big(\sum_{k=0}^{r-1}(-\mathrm{i})^{b_k}\Big) = (-\mathrm{i}) \times \mathrm{i} = 1$$

显然，在第一个路段上，汽车可遍历从 $(0,0)$ 到 $(1,0)$ 连线上的所有的点.

进而，在第 n 个路段中，汽车也可遍历从 $(n-1,0)$ 到 $(n,0)$ 连线上的所有的点.

因此，对任意正实数 s，汽车均可到达 $(s,0)$.

综合以上，所求的 (l,r) 满足条件 $l \equiv r \equiv 1 \pmod{4}$ 或 $l \equiv r \equiv 3 \pmod{4}$ 地互质的正整数对.

68 (1) 求所有的质数 p，使得 $\dfrac{7^{p-1}-1}{p}$ 为完全平方数；

(2) 求所有的质数 p，使得 $\dfrac{11^{p-1}-1}{p}$ 为完全平方数.

（土耳其数学奥林匹克，2009 年）

解 对任意正奇数 q 满足

$$(q^{\frac{p-1}{2}} - 1, q^{\frac{p-1}{2}} + 1) = 2$$

若存在整数 x 和质数 p，满足

$$px^2 = q^{p-1} - 1$$

则总存在 y, z 满足下列两种情形之一.

① $q^{\frac{p-1}{2}} - 1 = 2py^2$ 和 $q^{\frac{p-1}{2}} + 1 = 2z^2$；

② $q^{\frac{p-1}{2}} - 1 = 2y^2$ 和 $q^{\frac{p-1}{2}} + 1 = 2pz^2$.

(1) 设 $q = 7$.

最新世界各国数学奥林匹克中的初等数论试题（下）
The Lastest Elementary Number Theory in Mathematical Olympiads in The World

因为 2 为模 7 的二次剩余，-1 不是模 7 的二次剩余，则不满足情形 ②，在情形 ① 中

$$6 \mid (7^{\frac{p-1}{2}} - 1) = 2py^2$$

于是 $3 \mid py^2$，当 $p = 3$ 时，有 $\dfrac{7^2 - 1}{3} = 4^2$，当 $p \neq 3$ 时

$$3 \mid y^2, 则 q \mid (7^{\frac{p-1}{2}} - 1)$$

即 $3 \mid \dfrac{p-1}{2}$，设 $k = \dfrac{p-1}{6}$，则

$$2z^2 = 7^{3k} + 1 = (7^k + 1)(7^{2k} - 7^k + 1)$$

其中 $7^{2k} - 7^k + 1$ 应为完全平方数，但是

$$(7^k - 1)^2 < 7^{2k} - 7^k + 1 < (7^k)^2$$

所以 $7^{2k} - 7^k + 1$ 不能是完全平方数.

于是，只有解 $p = 3$，满足 $\dfrac{7^{p-1} - 1}{p}$ 为完全平方数.

(2) 设 $q = 11$.

此时，2 不为模 11 的二次剩余，为此，只须考虑情形 ②.

由

$$11^{\frac{p-1}{2}} + 1 = 2pz^2$$

得

$$11^{\frac{p-1}{2}} \equiv -1 \pmod{p}$$

又有

$$2y^2 \equiv 11^{\frac{p-1}{2}} - 1 \equiv -2 \pmod{p}$$

从而

$$y^2 \equiv -1 \pmod{p}$$

则

$$p \equiv 1 \pmod{4}$$

因此

$$11^{\frac{p-1}{2}} - 1 = 2y^2$$

又有

$$(11^{\frac{p-1}{4}} + 1)(11^{\frac{p-1}{4}} - 1) = 2y^2$$

则 $11^{\frac{p-1}{4}} + 1 = u^2$ 或 $11^{\frac{p-1}{4}} + 1 = 2u^2$.

即 $(u+1)(u-1) = 11^{\frac{p-1}{4}}$ 或 $11^{\frac{p-1}{4}} + 1 = 2u^2$.

然而 $u+1$ 与 $u-1$ 不能同时是 11 的幂，2 又不可能为模 11 的二次剩余，所以上面两式都不可能成立.

第 5 章 欧拉定理和孙子定理
Chapter 5　Euler Theorem and Chinese Remainder Theorem

因此,不存在质数 p,使 $\dfrac{11^{p-1}-1}{p}$ 为完全平方数.

69 如果将一个数各个位上的数码颠倒后仍得到原数,则称这个数为"回文数",证明:等差数列 $18,37,\cdots$ 中包含无穷多个回文数.

(新加坡数学奥林匹克公开赛,2009 年)

证 等差数列 $18,37,\cdots$ 的通项公式是
$$a_i = 18 + 19i \quad (i \in \mathbf{N})$$
我们证明:存在无穷多个 i,使得 a_i 的各个位上的数字均为 1,即
$$a_i = 18 + 19i = \dfrac{10^k - 1}{9}$$
$$9 \times 19i + 163 = 10^k$$
所以
$$10^k \equiv 11 \pmod{19}$$
于是满足 $\dfrac{10^k - 1}{9}$ 且 $10^k \equiv 11 \pmod{19}$ 的任一正整数,都是等差数列 $18,37,\cdots$ 中的回文数.

由于 $10^6 \equiv 11 \pmod{19}$,$10^{18} \equiv 1 \pmod{19}$(欧拉定理),则对任意的自然数 t,有
$$10^{18t+6} \equiv 11 \pmod{19}$$
所以数列中有无穷多个回文数.

70 已知 n 元正整数组 $\{a_n\}$ 满足以下条件:

(1) $1 \leqslant a_1 < a_2 < \cdots < a_n \leqslant 50$.

(2) 对于任意 n 元正整数组 $\{b_n\}$,存在一个正整数 m 及一个 n 元正整数组 $\{c_n\}$ 使得
$$mb_i = c_i^{a_i} \quad (i=1,2,\cdots,n)$$
证明:$n \leqslant 16$,并求出 $n = 16$ 时,不同的 n 元正整数 $\{a_n\}$ 的个数.

(捷克-波兰-斯洛伐克数学奥林匹克,2009 年)

证 首先证明:$\{a_n\}$ 中的元素两两互质.

否则,若对于某些 $i \neq j$,有
$$(a_i, a_j) = d > 1$$
不妨设 $a_i = ud, a_j = vd, b_i = 1, b_j = 2$,则由条件(2),存在 m, c_i, c_j,使得
$$mb_i = c_i^{a_i}, \quad mb_j = c_j^{a_j}$$
即

$$mb_i = (c_i^u)^d, \quad mb_j = 2m = (c_j^v)^d$$

于是

$$2(c_i^u)^d = (c_j^u)^d$$

此式不可能成立.

所以 $\{a_n\}$ 中元素两两互质.

下面证明:当 $\{a_n\}$ 中元素两两互质时,条件(2)可以满足.

记 $\{b_n\}$ 为任意 n 元正整数组,$p_1, p_2, \cdots, p_k$ 为 $\{b_n\}$ 元素的所有质因子.

考虑 $m = p_1^{\alpha_1} p_2^{\alpha_2} \cdots p_k^{\alpha_k}$.

记 $\beta_{i,j}(i=1,2,\cdots,n)$ 为 b_i 的质因数分解中 p_j 的次数.

要使 mb_i 为某个正整数的 a_i 次幂,需使 $\alpha_j + \beta_{i,j}$ 为 a_i 的倍数,其中 $j=1, 2, \cdots, k$.

从而 α_j 需满足同余方程组

$$\begin{cases} \alpha_j \equiv -\beta_{1,j} \pmod{a_1} \\ \alpha_j \equiv -\beta_{2,j} \pmod{a_2} \\ \vdots \\ \alpha_j \equiv -\beta_{i,j} \pmod{a_n} \end{cases}$$

由 $\{a_n\}$ 中的元素两两互质及孙子定理知,这样的 $\alpha_j(j=1,2,\cdots,k)$ 存在.

因而条件(2)可被满足.

在区间 $[1,50]$ 中恰好有 15 个质数.

若 $n \geqslant 17$,则在

$$2 \leqslant a_2 < a_3 < \cdots < a_n \leqslant 50$$

中必然至少有两个数有共同的质因数,这样 $\{a_n\}$ 的元素不能两两互质.

因此 $n \leqslant 16$.

若 $n = 16$,则 $a_1 = 1$,且 $a_2, a_3, \cdots, a_{16}$ 必须是不同质数的方幂.

$p = 2$,有 $2, 4, 8, 16, 32$;

$p = 3$,有 $3, 9, 27$;

$p = 5$,有 $5, 25$;

$p = 7$,有 $7, 49$;

$p \geqslant 11$,只有 p.

故满足条件的 16 元正整数组共有

$$5 \times 3 \times 2 \times 2 \times 1 = 60(\text{组})$$

第6章

不定方程

第6章 不定方程
Chapter 6 Diophantine Equation

1 找出所有整数对(x,y)，使得
$$x^3 = y^3 + 2y^2 + 1$$

（保加利亚数学奥林匹克，1999年）

解 显然$x^3 > y^3$，则$x > y$，即$x \geqslant y+1$.
于是
$$y^3 + 2y^2 + 1 = x^3 \geqslant (y+1)^3 = y^3 + 3y^2 + 3y + 1$$
即
$$y^2 + 3y \leqslant 0$$
$$-3 \leqslant y \leqslant 0$$
于是
$$y = -3, -2, -1, 0$$
当$y = -3$时，
$$x^3 = -27 + 18 + 1 = -8, x = -2$$
当$y = -2$时，
$$x^3 = -8 + 8 + 1 = 1, x = 1$$
当$y = -1$时，
$$x^3 = -1 + 2 + 1 = 2, 无解$$
当$y = 0$时，
$$x^3 = 1, x = 1$$
所以解为
$$(x,y) = (-2,-3),(1,-2),(1,0)$$

2 求方程$x(x+1) = y^7$的正整数解.

（拉脱维亚数学奥林匹克，1999年）

解 我们证明更一般情形.
$n > 1, n \in \mathbf{N}$时，方程
$$x(x+1) = y^n$$
无整数解.
显然，$y \neq 1$，设p是y的质因数，则
$$p^n \mid x(x+1)$$
因为$(x, x+1) = 1$，则
$$p^n \mid x \quad 或 \quad p^n \mid (x+1)$$
设$x = a^n, x+1 = b^n$，则
$$b^n - a^n = 1$$
$$(b-a)(b^{n-1} + b^{n-2}a + \cdots + a^{n-1}) = 1$$

而 $b-a \geq 1, b^{n-1}+b^{n-2}a+\cdots+a^{n-1}>1$，与上式矛盾．
所以方程 $x(x+1)=y^7$ 无正整数解．

3 证明：方程 $x^3+y^3+z^3+t^3=1999$ 有无穷多组正整数解．

（保加利亚数学奥林匹克，1999年）

证明 注意到 $10^3+10^3+0^3+(-1)^3=1999$．
我们寻找是有如下形式的解．
$$x=10-k, y=10+k, z=m, t=-1-m. \quad k,m \in \mathbf{Z}$$
代入原方程有
$$(10-k)^3+(10+k)^3+m^3+(-1-m)^3=1999$$
$$m(m+1)=20k^2$$
即
$$(2m+1)^2-80k^2=1$$

这是一个佩尔方程，$m=4, k=1$ 就是其一组解，因而该方程的所有正整数解 (m_n, k_n) 满足
$$2m_n+1+k_n\sqrt{80}=(9+\sqrt{80})^n$$

这样的 (m_n, k_n) 有无穷多时，因而原方程有无穷多组解．

4 求使方程
$$(x+1)^{y+1}+1=(x+2)^{z+1}$$
成立的所有正整数解 (x, y, z)．

（台湾数学奥林匹克，1999年）

解 设 $x+1=a, y+1=b, z+1=c$．
则 $a, b, c \geq 2$，且 $a, b, c \in \mathbf{N}$．原方程化为
$$a^b+1=(a+1)^c \qquad ①$$
对式 ① 两边取 $\bmod (a+1)$，则有
$$(-1)^b+1 \equiv 0 \pmod{a+1}$$
于是 b 必为奇数．（若 b 为偶数，则 $a=1$，矛盾）．
式 ① 化为
$$(a+1)(\underbrace{a^{b-1}-a^{b-2}+\cdots-a+1}_{b\text{项}})=(a+1)^c \qquad ②$$
对式 ② 两边取 $\bmod (a+1)$，则有
$$1-(-1)+\cdots-(-1)+1=b \equiv 0 \pmod{a+1}$$
于是
$$a+1 \mid b$$

第 6 章 不定方程
Chapter 6 Diophantine Equation

因为 b 是奇数,所以 a 是偶数.
式 ① 再化为
$$a^b = (a+1)^c - 1 = (a+1-1)[(a+1)^{c-1} + (a+1)^{c-2} + \cdots + (a+1)]$$
即
$$a^{b-1} = (a+1)^{c-1} + (a+1)^{c-2} + \cdots + (a+1) + 1 \qquad ③$$
对式 ③ 两边取 $\bmod a$,则有
$$0 \equiv 1 + 1 + \cdots + 1 = c \pmod{a}$$
于是 $a \mid c$,因为 a 是偶数,所以 c 是偶数.
设 $a = 2^k t (t \in \mathbf{N}, t$ 为奇数$), c = 2d (d \in \mathbf{N})$,则式 ① 化为
$$2^{kb} t^b = (2^k t)^b = (2^k t + 1)^{2d} - 1 = [(2^k t + 1)^d + 1][(2^k t + 1)^d - 1]$$
因为
$$((2^k t + 1)^d + 1, (2^k t + 1)^d - 1) = 2$$
于是只有下面两种可能.
第一种可能: $(2^k t + 1)^d + 1 = 2u^b, (2^k t + 1)^d - 1 = 2^{kb-1} v^b$.
其中 $2 \nmid u, 2 \nmid v, (u, v) = 1, uv = t$.
此时有
$$2^{kb-1} t^d + C_d^1 2^{k(d-1)} t^{d-1} + \cdots + C_d^{d-1} 2^{k-1} t + 1 = u^b$$
因为 $u \mid t$,则 $u \mid 1$,即 $u = 1$.
于是 $(2^k t + 1)^d = 1$,这不可能成立.
第二种可能: $(2^k t + 1)^d + 1 = 2^{kb-1} v^b, (2^k t + 1)^d - 1 = 2u^b$,其中 $2 \nmid u, 2 \nmid v$, $(u, v) = 1, uv = t$.
此时有 $2^k t \mid 2u^b$,即 $2^k uv \mid 2u^b$,由于 u, v 是奇数 $(u, v) = 1$,所以 $k = 1, v = 1$.
从而有
$$2 = 2^{b-1} - 2u^b$$
即
$$u^b + 1 = 2^{b-2}$$
所以 $u = 1, b = 3, c = 2$.
综上所述,原方程有唯一解: $x = 1, y = 2, z = 1$.

5 求所有的正整数对 (x, y, z),使得 y 是质数,y 和 3 均不被 z 整除,且 $x^3 - y^3 = z^2$.

(保加利亚数学奥林匹克,1999 年)

解 由题设等式有

最新世界各国数学奥林匹克中的初等数论试题(下)
The Lastest Elementary Number Theory in Mathematical Olympiads in The World

$$(x-y)[(x-y)^2+3xy]=z^2 \qquad ①$$

因为 y 是质数,且 y 和 3 不被 z 整除,则

$$(x,y)=1, \quad (x-y,3)=1$$

所以

$$(x^2+y^2+xy,x-y)=(3xy,x-y)=1 \qquad ②$$

由 ①,② 得

$$x-y=m^2, x^2+xy+y^2=n^2, z=mn \quad (m,n\in \mathbf{N}^*)$$

所以

$$3y^2=4n^2-(2x+y)^2=(2n+2x+y)(2n-2x-y) \qquad ③$$

又 y 为质数,且 $2n-2x-y<2n+2x+y$,则由式 ③ 有

(1) $\begin{cases} 2n-2x-y=y \\ 2n+2x+y=3y \end{cases}$,解得 $x=0$,舍去.

(2) $\begin{cases} 2n-2x-y=3 \\ 2n+2x+y=y^2 \end{cases}$

则

$$y^2-3=4x+2y=4m^2+6y$$
$$(y-3)^2-4m^2=12$$

解得 $y=7, m=1$,进而 $x=8, z=13$.

(3) $\begin{cases} 2n-2x-y=1 \\ 2n+2x+y=3y^2 \end{cases}$

则

$$3y^2-1=4x+2y=2(2m^2+3y)$$
$$3y^2-6y-4m^2-1=0$$

于是

$$m^2+1\equiv 0 \pmod 3$$

这是不可能的.

所以符合题目要求的正整数对为 $(x,y,z)=(8,7,13)$.

6 求最小正整数 m,使得对所有的 $n \geqslant m$ 都存在非负整数 a,b,使得

$$n=5a+11b$$

(西班牙数学奥林匹克,2000 年)

解 我们证明更一般的结论:

如果 $p,q \in \mathbf{N}$ 且 $(p,q)=1$,则使得对所有 $n \geqslant m, n$ 都可以写成 p 和 q 的非负整线性组合的最小整数 m 为 $m=pq-p-q+1$.

第 6 章 不定方程
Chapter 6 Diophantine Equation

对于本题，$\{p,q\}=\{5,11\}$，因此 $m=5\times 11-5-11+1=40$.

为方便起见，我们称 n 是"可表示的"如果对某非负整数 a,b 有 $n=ap+bq$，有下面的定理：

定理 使得对所有 $n\geqslant m, n$ 都"可表示的"的最小自然数 m 为
$$m=pq-p-q+1$$

定理的证明：首先证明 $m-1$ 是不可表示的.

否则，假定 $m-1=pq-p-q=ap+bq, a,b\in \mathbf{N}$，则有
$$pq=(1+a)p+(1+b)q$$
因此，$p\mid(1+b)$，及 $q\mid(1+a)$.

令 $1+a=a'q, 1+b=b'p$，这里 $a'\geqslant 1, b'\geqslant 1$，就有
$$pq=(a'+b')pq$$
$$a'+b'=1$$
与 $a'\geqslant 1, b'\geqslant 1$ 矛盾.

下面证明 m 是"可表示的".

由于 $(p,q)=1$，所以存在整数 x,y，使得
$$xp+yq=1$$
因而对所有整数 k，有
$$(x-kq)p+(y+kp)q=1$$
由于 $p\nmid y$，我们可取一个合适的 k 使 $-p<y+kp<0$，于是有 $x-kq>0$.

令 $x_0=x-kq, y_0=y+kp$，则有 $-p<y_0<0<x_0$
$$x_0p+y_0q=1$$
从而，有
$$m=pq-p-q-(x_0p+y_0q)=(x_0-1)p+(p+y_0-1)q$$
这就证明了，m 是"可表示的"

下面我们归纳地证明对所有 $n\geqslant m, n$ 都是"可表示的".

假定，对某个 $n_0\geqslant m, n_0$ 是"可表示的"，则对某非负整数 α 和 β，有
$$n_0=\alpha p+\beta q$$
因此
$$n_0+1=(\alpha+x_0)p+(\beta+y_0)q$$
如果 $\beta+y_0\geqslant 0$，则证明完成.

如果 $\beta+y_0<0$，则有
$$n_0+1=(\alpha+x_0-q)p+(p+\beta+y_0)q$$
由于 $\beta+y_0+p>0$，所以只要证明 $\alpha+x_0-q\geqslant 0$ 即可.

如果 $\alpha+x_0-q<0$，则 $\alpha+x_0-q\leqslant -1$，从而
$$\alpha+x-kq-q+1\leqslant 0$$

①

最新世界各国数学奥林匹克中的初等数论试题(下)
The Lastest Elementary Number Theory in Mathematical Olympiads in The World

另一方面,由于 $\beta+y_0<0$,有 $\beta+y_0\leqslant-1$,进而
$$\beta+y+kp+1<0 \qquad ②$$
$p\times①+q\times②$ 得
$$\alpha p+\beta q+xp+yq-pq+p+q\leqslant 0$$
$n_0+1\leqslant pq-p-q=m-1$,矛盾.
因此,$\alpha+x_0-1\geqslant 0$,所以 n_0+1 是"可表示的".
从而完成了定理的证明.

7 证明:存在无穷多个正整数 n,使得 $p=nr$,其中 p 和 r 分别是由整数为边长所构成的三角形的半周长和内切圆半径.

(第 41 届国际数学奥林匹克预选题,2000 年)

证 设 a,b,c 和 S 分别是满足条件的三角形的边长和面积.
由 $S=pr$,$S^2=p(p-a)(p-b)(p-c)$,$p=nr$,得
$$p^2=npr=nS, \qquad p^4=n^2S^2$$
于是
$$p^4=n^2p(p-a)(p-b)(p-c)$$
$$(2p)^3=n^2(2p-2a)(2p-2b)(2p-2c)$$
即
$$(a+b+c)^3=n^2(b+c-a)(c+a-b)(a+b-c)$$
设 $b+c-a=x,c+a-b=y,a+b-c=z$,由三角形任两边之和大于第三边知 x,y,z 都是正整数.
所以 $p=nr$ 等价于
$$(x+y+z)^3=n^2xyz \qquad ①$$

如果对于一个正整数 n,存在正整数 x_0,y_0,z_0 满足方程①,则 $2x_0,2y_0,2z_0$ 也满足方程①.
因此,以 $a=y_0+z_0,b=z_0+x_0,c=x_0+y_0$ 为边长所定义的三角形满足条件的要求.

于是问题转化为
证明存在无穷多个正整数 n,使得方程① 有正整数解 (x,y,z).
设 $z=k(x+y)$,其中 k 是正整数,则方程① 化为
$$(k+1)^3(x+y)^2=n^2kxy \qquad ②$$
如果方程② 对于某个 n 和 k 有正整数解,则方程① 也有解.
设 $n=3k+3$,则方程② 化为
$$(k+1)(x+y)^2=9kxy \qquad ③$$
因此,只要证明方程③ 对于无穷多个 k 有正整数解即可.

第 6 章 不定方程
Chapter 6 Diophantine Equation

设 $t = \dfrac{x}{y}$，则 ③ 化为
$$(k+1)(t+1)^2 = 9kt$$
即
$$(k+1)t^2 - (7k-2)t + (k+1) = 0 \qquad ④$$
于是，可以等价地证明方程 ④ 对于无穷多个 k 有整数解．
④ 是一个关于 t 的二次方程，其判别式为
$$\Delta = (7k-2)^2 - 4(k+1)^2 = 9k(5k-4) \qquad ⑤$$
为使 ④ 有正整数解，必须 ⑤ 是一个完全平方数．
设 $k = u^2$，则式 ⑤ 化为
$$\Delta = 9u^2(5u^2 - 4)$$
因此，又化为不定方程
$$5u^2 - 4 = v^2 \qquad ⑥$$
存在无穷多组正整数解 (u, v)．
由于 $(u, v) = (1, 1)$ 是 ⑥ 的一组解．
且 $u' = \dfrac{3u+v}{2}, v' = \dfrac{5u+3v}{2}$，由 ⑥ 知 u, v 有相同的奇偶性，则 u', v' 是整数．
$$5u'^2 - v'^2 = 5\dfrac{(3u+v)^2}{4} - \dfrac{(5u+3v)^2}{4} =$$
$$\dfrac{20u^2 - 4v^2}{4} = 5u^2 - v^2 = 4$$
于是 (u', v') 也是 ⑥ 的一组解，然而 $u' > u, v' > v$．
这样由 $(1, 1)$ 开始，可以得到无穷多组 ⑥ 的正整数解．
从而本题得证．

8 试求所有满足等式 $p + q = (p-q)^3$ 的质数 p 与 q．

（俄罗斯数学奥林匹克，2001 年）

解
$$q = (p-q)^3 - p =$$
$$p^3 - p - 3p^2q + 3pq^2 =$$
$$(p-1)p(p+1) - 3pq(p-q) \equiv$$
$$0 \pmod{3}$$
因为 q 是质数，则 $q = 3$．
此时方程化为
$$p + 3 = (p-3)^3$$
$$p^3 - 9p^2 + 26p - 30 = 0$$

$$(p-5)(p^2-4p+6)=0$$

由于 $p^2-4p+6=(p-2)^2+2\neq 0$,则 $p=5$.

于是所求质数 $p=5, q=3$.

9 考虑方程组

$$\begin{cases} x+y=z+u & ① \\ 2xy=zu & ② \end{cases}$$

求实常数 m 的最大值,使得对于方程组的任意正整数解 (x,y,z,u),当 $x\geqslant y$ 时,有 $m\leqslant \dfrac{x}{y}$.

(第42届国际数学奥林匹克预选题,2001年)

解1 由 $①^2-4\times ②$ 得

$$x^2-6xy+y^2=(z-u)^2$$

$$\left(\frac{x}{y}\right)^2-6\left(\frac{x}{y}\right)+1=\left(\frac{z-u}{y}\right)^2 \quad ③$$

设 $\dfrac{x}{y}=\omega, f(\omega)=\omega^2-6\omega+1$.

当 $\omega=3\pm 2\sqrt{2}$ 时,$f(\omega)=0$.

当 $\omega>3+2\sqrt{2}$ 时,$f(\omega)>0$.

由于 $\left(\dfrac{z-u}{y}\right)^2\geqslant 0$,则 $f(\omega)\geqslant 0$,且 $\omega>0$. 于是

$$\omega \geqslant 3+2\sqrt{2}$$

即

$$\frac{x}{y} \geqslant 3+2\sqrt{2}$$

我们证明 $\dfrac{x}{y}$ 可以无限趋近于 $3+2\sqrt{2}$,从而可得 $m=3+2\sqrt{2}$.

为此,只须证明 $\left(\dfrac{z-u}{y}\right)^2$ 可以任意地小,即无限趋近于零.

设 p 是 z 和 u 的公共质因数,由 ①,②,p 也是 x 和 y 的公共质因数,因此,可以假设 $(z,u)=1$.

$①^2-2\times ②$ 得

$$(x-y)^2=z^2+u^2$$

不妨假设 u 是偶数,由 $z,u,x-y$ 是一组勾股数得

存在互质的正整数 a 和 b,有

$$z=a^2-b^2, \quad u=2ab, \quad x-y=a^2+b^2$$

第6章 不定方程
Chapter 6 Diophantine Equation

又
$$x+y = z+u = a^2+2ab-b^2$$

于是
$$x = a^2+ab$$
$$y = ab-b^2$$
$$z-u = a^2-b^2-2ab = (a-b)^2-2b^2$$

当 $z-u=1$ 时,可得佩尔方程
$$(a-b)^2-2b^2 = 1$$

其中 $a-b=3, b=2$ 即为其一组解,于是这个方程有无穷多组正整数解.且其解 $a-b$ 和 b 的值可以任意地大.

因此 $y = ab-b^2 = b(a-b)$ 也可以任意地大.

于是式③右端可以任意地小,即无限趋近于零.

从而 $\dfrac{x}{y}$ 无限趋近于 $3+2\sqrt{2}$,即 $m = 3+2\sqrt{2}$.

解2 由解法1得到
$$(x-y)^2 = u^2+z^2$$

于是可以构造 $\triangle ABC$,满足 $BC=a=u, CA=b=z, AB=c=x-y$.

设 I 为 $\triangle ABC$ 的内心,Z 为 $\triangle ABC$ 的内切圆与 AB 边的切点,连 CI 交 AB 于 T,CH 为 $\triangle ABC$ 斜边 AB 上的高. C' 为 AB 的中点,r 为内切圆半径(见图1).

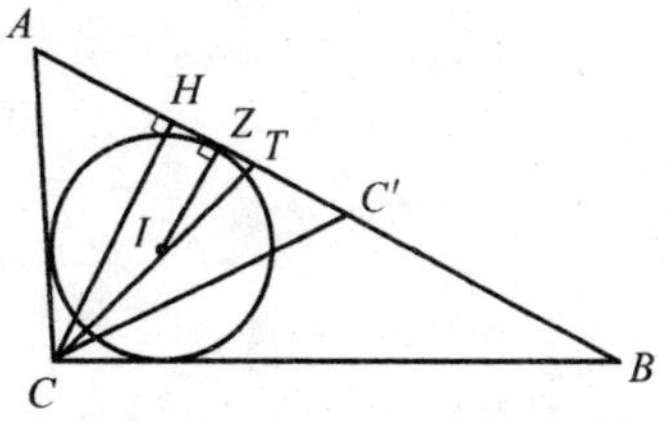

因为 $\triangle ABC$ 为直角三角形,则
$$r = IZ = p-c$$

其中 $p = \dfrac{1}{2}(a+b+c)$,于是由 $2r = a+b-c$ 得
$$a+b = 2r+c = 2r+x-y$$

由
$$a+b = u+z = x+y$$

可得
$$x+y = 2r+x-y$$
$$y = r$$

进而,$x = c+y = c+r = c+p-c = p$.

图1

下面证明:对于任意 a,b
$$\frac{x}{y} = \frac{p}{r} \geqslant (\sqrt{2}+1)^2 = 3+2\sqrt{2}$$

事实上,由 $CC' \geqslant CT \geqslant CI+IZ$,有

$$\frac{p-r}{2} = \frac{c}{2} \geqslant (\sqrt{2}+1)r$$

$$p \geqslant (3+2\sqrt{2})r$$

$$\frac{p}{r} \geqslant 3+2\sqrt{2}$$

等号当且仅当 $\triangle ABC$ 为等腰直角三角形时成立,但此时 $\triangle ABC$ 的三条边的边长不能都是整数,于是有

$$\frac{p}{r} > 3+2\sqrt{2}$$

另一方面,

$$CH \leqslant CI + IZ = (\sqrt{2}+1)r$$

由

$$CH \cdot c = uz = 2xy = 2pr$$

得

$$CH = \frac{2pr}{c} \leqslant (\sqrt{2}+1)r$$

从而

$$\frac{x}{y} = \frac{p}{r} \leqslant (\sqrt{2}+1)^2 \cdot \frac{c^2}{4pr}$$

又因为

$$\frac{c^2}{4pr} = \frac{a^2+b^2}{2ab} = 1 + \frac{(a-b)^2}{2ab}$$

且对于方程 $a^2+b^2=c^2$,有无穷多组正整数解 a,b 满足 $a-b=1$,因此 $\frac{c^2}{4pr}$ 可以无限趋近于 1.

于是 m 的最大值为 $3+2\sqrt{2}$.

10 求(并予以证明)所有的正整数 a,b,c,n,使得

$$2^n = a! + b! + c!$$

(爱尔兰数学奥林匹克第一试,2001 年)

解 假设正整数 a,b,c 满足

$$2^n = a! + b! + c!$$

且 $a \geqslant b \geqslant c$.

若 $c \geqslant 3$,则 $3 \mid (a!+b!+c!)$,但 $3 \nmid 2^n$,所以 $c \leqslant 2$.

(1) 当 $c=1$ 时,此时 $b \geqslant 2$,则 $a!+b!+c!$ 为奇数,2^n 为偶数,矛盾.

(2) 当 $c=2$ 时,则

第6章 不定方程
Chapter 6 Diophantine Equation

$$2^n - 2 = a! + b! \geq 4$$

则 $n \geq 3$

若 $b \geq 4$,则 $8 \mid (a! + b!)$,但 $8 \nmid (2^n - 2)$,矛盾;则 $b \leq 3$.

当 $b = 2$ 时,有
$$2^n = a! + 2 + 2$$
$$a! = 4(2^{n-2} - 1)$$

若 $a \geq 4, 8 \mid a!$ 而 $8 \nmid 4(2^{n-2} - 1)$,

若 $a \leq 3, 4 \nmid a!$,而 $4 \mid 4(2^{n-2} - 1)$,

所以 $b = 2$ 时无解.

当 $b = 3$ 时,有
$$a! = 8(2^{n-3} - 1)$$

若 $a \geq 6$,则 $16 \mid a!$ 而 $16 \nmid 8(2^{n-3} - 1)$. 所以 $a \leq 5$

当 $a = 5$ 时,
$$120 = 8(2^{n-3} - 1)$$

则 $n - 3 = 4, n = 7, c = 2, b = 3$.

当 $a = 4$ 时,
$$24 = 8(2^{n-3} - 1)$$

则 $n - 3 = 2, n = 5, c = 2, b = 3$.

当 $a \leq 3$ 时,$8 \nmid a!$ 而 $8 \mid (2^{n-3} - 1)$,无解.

当 $b = 1$ 时,$c = 1, a! = 2^n - 2$,则 $n = 2, a = 2, n = 3, a = 3$.

于是满足条件的解 $(a, b, c, n) = (2, 1, 1, 2), (3, 1, 1, 3), (4, 3, 2, 5), (5, 3, 2, 7)$ 及各组解中 a, b, c 的其他排列,共 18 组解.

11 求所有正整数 n,使得
$$n^4 - 4n^3 + 22n^2 - 36n + 18$$
是一个完全平方数.

(中国西部数学奥林匹克,2002 年)

解 当 $n = 1$ 时,$n^4 - 4n^3 + 22n^2 - 36n + 18 = 1 = 1^2$,所以 $n = 1$ 是所求解中的一个.

假设 $n^4 - 4n^3 + 22n^2 - 36n + 18$ 是一个完全平方数 $m^2 (m \in \mathbf{N}^*)$,即
$$n^4 - 4n^3 + 22n^2 - 36n + 18 = m^2$$
$$(n^2 - 2n + 9)^2 - 63 = m^2$$
$$(n^2 - 2n + 9)^2 - m^2 = 63$$
$$(n - 2n + 9 - m)(n - 2n + 9 + m) = 63$$

所以有

$$\begin{cases} n^2-2n+9-m=1 \\ n^2-2n+9+m=63 \end{cases}$$

$$\begin{cases} n^2-2n+9-m=3 \\ n^2-2n+9+m=21 \end{cases}$$

$$\begin{cases} n^2-2n+9-m=7 \\ n^2-2n+9+m=9 \end{cases}$$

由此得

$$n^2-2n+9=32$$
$$n^2-2n+9=12$$
$$n^2-2n+9=8$$

其中的正整数解为 $n=1$ 或 $n=3$.

12 求所有正整数 x,y 满足方程

$$x^2-3xy=2\ 002$$

（瑞典数学奥林匹克，2002 年）

解 已知方程化为

$$x(x-3y)=2\ 002=2\times 7\times 11\times 13$$

又 $x,y\in \mathbf{N}^*, x>x-3y>0$.
所以可以得到 8 个方程组

x	$2\times 7\times 11\times 13$	$7\times 11\times 13$	$2\times 11\times 13$	$2\times 7\times 13$
$x-3y$	1	2	7	11

x	$2\times 7\times 11$	11×13	7×13	7×11
$x-3y$	13	2×7	2×11	2×13

由此可得到方程的正整数解为

x	2 002	1 001	286	182	154	143	91	77
y	667	333	93	57	47	43	23	17

13 解方程 $(x_5)^2+(y^4)_5=2xy^2+51$.
其中 n_5 表示最接近整数 n 的 5 的倍数，x,y 为整数.

（捷克和斯洛伐克数学奥林匹克，2002 年）

解 因为 $(x_5)^2+(y^4)_5$ 可以被 5 整除，$2xy^2$ 除以 5 的余数为 4，则

$$5\mid (2xy^2-4)$$

则 $y=5k\pm 1$ 或 $y=5k\pm 2$，此时 $y_5=5k$.

第 6 章 不定方程
Chapter 6 Diophantine Equation

(1) 若 $y=5k\pm 1$,由 $5\mid(y^2-1)$,则 $5\mid(2x-4)$,即 $5\mid(x-2)$.

设 $x=5n+2$,得 $x_5=5n$. 由于 $5\mid(y^2-1)$,则 $5\mid(y^4-1)$,所以
$$(y^4)_5=y^4-1$$

于是原方程化为
$$(5n)^2+(y^4-1)=2(5n+2)y^2+51$$
$$(y^2-5n)^2-4y^2=52$$
$$(y^2-5n-2y)(y^2-5n+2y)=52$$

由于
$$(y^2-5n+2y)-(y^2-5n-2y)=4y$$

则 52 只能分解成 2×26 或 $(-2)\times(-26)$.

若 $4y=26-2=24$ 或 $4y=(-26)-(-2)=-24$,即 $y=\pm 6$.

若 $y^2-5n-12=6^2-5n-12=2$,则无解.

若 $y^2-5n-12=6^2-5n-12=-26$,则 $n=10$,此时 $x=52,y=\pm 6$.

(2) 若 $y=5k\pm 2$,由 $5\mid(y^2+1)$,得 $5\mid(-2x-4)$,即 $5\mid(x+2)$.

设 $x=5n-2$,得 $x_5=5n$,由于 $5\mid(y^2+1)$,所以 $5\mid(y^4-1)$,即 $(y^4)_5=y^4-1$,于是原方程化为
$$(5n)^2+(y^4-1)=2(5n-2)y^2+51$$
$$(y^2-5n)^2+4y^2=52$$

由于 $4y^2\leqslant 52$,则 $y=\pm 2$ 或 ± 3.

若 $y=\pm 2$,则 $n=2,x=8$,若 $y=\pm 3$,则 $n=1,x=3$.

综上,共有 6 组解 $(x,y)=(52,6),(52,-6),(8,2)(8,-2),(3,3),(3,-3)$.

14 试确定一切有理数 r,使得关于 x 的方程
$$rx^2+(r+2)x+3r-2=0$$
有根,且只有整数根.

(中国初中数学联赛(A)卷,2002 年)

解 (1) 若 $r=0$,则方程化为 $2x-2=0,x=1$ 是整数根.

(2) 若 $r\neq 0$.方程有实数根的必要条件是
$$\Delta=(r+2)^2-4r(3r-2)\geqslant 0$$
$$11r^2-12r-4\leqslant 0$$
$$\frac{6-5\sqrt{3}}{11}\leqslant r\leqslant\frac{6+5\sqrt{3}}{11}$$

设方程的两根为 $x_1,x_2(x_1\leqslant x_2)$,则
$$x_1+x_2=\frac{-(r+2)}{r}$$

$$x_1 x_2 = \frac{3r-2}{r}$$

$$x_1 x_2 - (x_1 + x_2) = \frac{3r-2+r+2}{r} = 4$$

则
$$(x_1 - 1)(x_2 - 1) = 5$$

因为 x_1, x_2 为整数,则

$$\begin{cases} x_1 - 1 = 1 \\ x_2 - 1 = 5 \end{cases}$$

或

$$\begin{cases} x_1 - 1 = -5 \\ x_2 - 1 = -1 \end{cases}$$

即

$$\begin{cases} x_1 = 2 \\ x_2 = 6 \end{cases}$$

或

$$\begin{cases} x_1 = -4 \\ x_2 = 0 \end{cases}$$

从而可解得 $r = -\frac{2}{9}$,或 $r = \frac{2}{3}$. 而 $-\frac{2}{9} \in \left[\frac{6-5\sqrt{3}}{11}, \frac{6+5\sqrt{3}}{11}\right]$,$\frac{2}{3} \in \left[\frac{6-5\sqrt{3}}{11}, \frac{6+5\sqrt{3}}{11}\right]$.

所以所求的有理数 $r = 0, -\frac{2}{9}, \frac{2}{3}$.

15 求最小正整数 n,使得

$$x_1^3 + x_2^3 + \cdots + x_n^3 = 2002^{2002}$$

有整数解.

(第 43 届国际数学奥林匹克预选题,2002 年)

解 因为
$$2002 \equiv 4 \pmod 9$$
$$4^3 \equiv 1 \pmod 9$$
$$2002 = 667 \times 3 + 1$$

所以
$$2002^{2002} \equiv 4^{2002} \equiv 4 \pmod 9$$

又对整数 x

第6章 不定方程
Chapter 6 Diophantine Equation

由于
$$x^3 \equiv 0, \pm 1 \pmod 9$$

而
$$2\,002 = 10^3 + 10^3 + 1^3 + 1^3$$

$$x_1^3 \not\equiv 4 \pmod 9$$
$$x_1^3 + x_2^3 \not\equiv 4 \pmod 9$$
$$x_1^3 + x_2^3 + x_3^3 \not\equiv 4 \pmod 9$$

则
$$\begin{aligned}2\,002^{2\,002} &= 2\,002 \times (2\,002^{667})^3 = \\ &(10^3 + 10^3 + 1^3 + 1^3) \times (2\,002^{667})^3 = \\ &(10 \times 2\,002^{667})^3 + (10 \times 2\,002^{667})^3 + \\ &(2\,002^{667})^3 + (2\,002^{667})^3\end{aligned}$$

所以 $n=4$.

16 考虑 $\{1, 2, \cdots, n\}$ 的一个排列 $\{a_1, a_2, \cdots, a_n\}$. 若
$$a_1, a_1 + a_2, a_1 + a_2 + a_3, \cdots, a_1 + a_2 + \cdots + a_n$$
之中至少有一个是完全平方数, 则称之为"二次排列".

求所有正整数 n, 对于 $\{1, 2, \cdots, n\}$ 的每一个排列都是"二次排列".

(伊朗数学奥林匹克, 2002年)

解 设 $a_i = i, 1 \leqslant i \leqslant n, b_k = \sum_{i=1}^{k} a_i$.

若 $b_k = m^2$, 即 $\dfrac{k(k+1)}{2} = m^2$, 则 $\dfrac{k}{2} < m$, 且
$$\dfrac{(k+1)(k+2)}{2} = m^2 + k + 1 < (m+1)^2$$

所以 b_{k+1} 不是完全平方数.

将 a_k 与 a_{k+1} 互换, 这时, 由前所证, 前 $k+1$ 项之和不是完全平方数, 而前 k 项之和为 $m^2 + 1$ 也不是完全平方数.

因此, 重复上述过程, 即对数列
$$b_1, b_2, \cdots, b_n$$

若某一项为平方数, 则将该项与它相邻的后一项对换, 这时就可以得到一个非二次排列, 除非 $k = n$.

若 $\dfrac{n(n+1)}{2} = \sum_{i=1}^{n} i = m^2$, 则
$$(2n+1)^2 - 2(2m)^2 = 1$$

设 $x = 2n+1, y = 2m$, 得到佩尔方程

· 201 ·

$$x^2 - 2y^2 = 1$$

由观察,$x_0 = 3, y_0 = 2$ 是佩尔方程的一组解

若佩尔方程的解为 (x, y),则

$$x + \sqrt{2}y = (3 + 2\sqrt{2})^k$$
$$x - \sqrt{2}y = (3 - 2\sqrt{2})^k \quad (k = 1, 2, \cdots)$$

于是

$$x = 2n + 1 = \frac{1}{2}[(3 + 2\sqrt{2})^k + (3 - 2\sqrt{2})^k]$$

解得

$$n = \frac{1}{4}[(3 + 2\sqrt{2})^k + (3 - 2\sqrt{2})^k - 2] \quad (k = 1, 2, \cdots, n)$$

17 设 k 和 n 是正整数,且 $n > 2$. 证明:方程

$$x^n - y^n = 2^k$$

无整数解.

(罗马尼亚数学奥林匹克决赛,2002 年)

证 假设已知方程有整数解. 设 $n_0 > 2$ 是满足

$$x^{n_0} - y^{n_0} = 2^m \quad (m > 0)$$

中最小的一个 n.

若 n_0 是偶数,设 $n_0 = 2l, l \in \mathbf{N}^*$,则

$$x^{n_0} - y^{n_0} = x^{2l} - y^{2l} = (x^l - y^l)(x^l + y^l)$$

于是 $x^l - y^l$ 是 2 的正整数次幂,而 $l < n_0$,与 n_0 的最小性矛盾.

若 n_0 是奇数,定义集合

$$A = \{p \mid x^{n_0} - y^{n_0} = 2^p, p, x, y \in \mathbf{N}^*\}$$

设 p_0 是 A 中最小的一个元素,则

$$x^{n_0} - y^{n_0} = 2^{p_0}$$

所以 x 和 y 的奇偶性相同,又因为

$$x^{n_0} - y^{n_0} = (x - y)(x^{n_0 - 1} + x^{n_0 - 2}y + \cdots + xy^{n_0 - 2} + y^{n_0 - 1}) = 2^{p_0}$$

则 x 和 y 均为偶数.

设 $x = 2x_1, y = 2y_1$,则有

$$x_1^{n_0} - y_1^{n_0} = 2^{p_0 - n_0}$$

若 $p_0 - n_0 \geq 1$,则与 p_0 最小矛盾.

若 $p_0 - n_0 = 0$,则 $x_1^{n_0} - y_1^{n_0} = 1$,而对于 $n_0 > 2$,此方程无整数解.

由以上,方程 $x^n - y^n = 2^k$ 对 $n > 2, k \in \mathbf{N}^*$ 无整数解.

第6章 不定方程
Chapter 6 Diophantine Equation

18 求所有的正整数对(x,y),满足$x^y=y^{x-y}$.

(中国女子数学奥林匹克,2002年)

解 若$x=1$,则$y^{1-y}=1$,于是$y=1$.
若$y=1$,则$x=1$.
因此$x=y=1$是一组解.
只须讨论$x>y\geqslant 2$的情形.由已知方程得
$$1<(\frac{x}{y})^y=y^{x-2y}$$
故$x>2y, y\mid x$.
设$x=ky$则$k\geqslant 3, k\in \mathbf{N}$.
方程化为
$$k^y=y^{(k-2)y}$$
即
$$k=y^{k-2}$$
当$y\geqslant 2$时,
$$y^{k-2}\geqslant 2^{k-2}$$
当$k=3$时,
$$y=3, \quad x=9$$
当$k=4$时,
$$y=2, \quad x=8$$
当$k\geqslant 5$时,由于$2^k>4k$(可用数学归纳法证明).
于是$k=y^{k-2}\geqslant 2^{k-2}=\frac{2^k}{4}>k$.矛盾.
所以全部解为$(1,1),(9,3),(8,2)$.

19 在世界杯足球赛前,F国教练为了考查$A_1,A_2,\cdots,A_7$这七名队员,准备让他们在三场训练比赛(每场90分钟)都上场,假设在比赛的任何时候,这些队员中有且仅有一人在场上,并且A_1,A_2,A_3,A_4每人上场的总时间(以分钟为单位)均被7整除,A_5,A_6,A_7每人上场的总时间(以分钟为单位)均被13整除,如果每场换人次数不限,那么按每名队员上场的总时间计算,共有多少种不同的情况?

(全国高中数学联合竞赛,2002年)

解 设第i名队员上场的时间为$x_i(i=1,2,\cdots,7)$分钟.问题化为求不定方程

最新世界各国数学奥林匹克中的初等数论试题(下)

The Lastest Elementary Number Theory in Mathematical Olympiads in The World

$$x_1 + x_2 + \cdots + x_7 = 270 \qquad ①$$

满足条件 $7 \mid x_i (i=1,2,3,4)$ 且 $13 \mid x_j (j=5,6,7)$ 时的正整数解的组数.

若 $(x_1, x_2, \cdots, x_7)$ 是满足条件 ① 的一组正整数解,则应有

$$\sum_{i=1}^{4} x_i = 7m, \quad \sum_{k=5}^{7} x_i = 13n \quad (m,n \in \mathbf{N})$$

于是,m,n 是不定方程

$$7m + 13n = 270 \qquad ②$$

在条件 $m \geqslant 4$ 且 $n \geqslant 3$ 下的一组正整数解.

由于

$$7(m-4) + 13(n-3) = 203$$

令 $m' = m - 4, n' = n - 3$,有

$$7m' + 13n' = 203 \qquad ③$$

于是,求 ② 满足条件 $m \geqslant 4, n \geqslant 3$ 的正整数解等价于求 ③ 的非负整数解.

容易观察到,$m' = 2, n' = -1$ 时有

$$7 \times 2 + 13 \times (-1) = 1$$

于是

$$7 \times 406 + 13 \times (-203) = 203$$

即 $m_0 = 406, n_0 = -203$ 为 ③ 的一组特解.

从而 ③ 的通解为

$$\begin{cases} m' = 406 - 13k \\ n' = -203 + 7k \end{cases} (k \in \mathbf{Z})$$

令 $m' \geqslant 0, n' \geqslant 0$,解得 $29 \leqslant k \leqslant 31$.

取 $k = 29, 30, 31$ 得到 ③ 的三组非负整数解:

$$\begin{cases} m' = 29 \\ n' = 0 \end{cases}$$

$$\begin{cases} m' = 16 \\ n' = 7 \end{cases}$$

$$\begin{cases} m' = 3 \\ n' = 14 \end{cases}$$

从而得到 ② 的三组正整数解:

$$\begin{cases} m = 33 \\ n = 3 \end{cases}$$

$$\begin{cases} m = 20 \\ n = 10 \end{cases}$$

$$\begin{cases} m = 7 \\ n = 17 \end{cases}$$

第6章 不定方程
Chapter 6 Diophantine Equation

(1) 当 $m=33, n=3$ 时,即
$$x_1+x_2+x_3+x_4=7\times 33$$
$$x_5+x_6+x_7=13\times 3$$
显然 $x_5=x_6=x_7=13$,仅有一种可能.
设 $x_i=7y_i(i=1,2,3,4)$,则
$$y_1+y_2+y_3+y_4=33$$
有 $C_{33-1}^{4-1}=C_{32}^3=4\,960$ 组正整数解 (y_1,y_2,y_3,y_4).
此时可知方程 ① 有 4 960 组正整数解.
(2) 当 $m=20, n=10$ 时,
设 $x_i=7y_i(i=1,2,3,4), x_j=13y_j(j=5,6,7)$,则
$$y_1+y_2+y_3+y_4=20$$
$$y_5+y_6+y_7=10$$
因为 $y_1+y_2+y_3+y_4=20$ 有 C_{19}^3 组正整数解, $y_5+y_6+y_7=10$ 有 C_9^2 组正整数解,则方程 ① 有 $C_{19}^3 \cdot C_9^2 = 34\,884$ 组正整数解.
(3) 当 $m=7, n=17$ 时,设法如(2),则
$$y_1+y_2+y_3+y_4=7$$
有 C_6^3 组正整数解
$$y_5+y_6+y_7=17$$
有 C_{16}^2 组正整数解
于是方程 ① 有 $C_6^3 \cdot C_{16}^2 = 2\,400$ 组正整数解.
由以上,满足条件的方程 ① 的正整数解的组数为
$$4\,960+34\,884+2\,400=42\,244$$

20 已知数列 $\{x_n\}, \{y_n\}$ 定义如下: $x_1=3, y_1=4$
$$x_{n+1}=3x_n+2y_n$$
$$y_{n+1}=4x_n+3y_n \quad n\geqslant 1$$
证明: x_n, y_n 均不能表示为整数的 3 次幂.

(保加利亚冬季数学奥林匹克,2002 年)

证 由题设等式,有
$$2x_{n+1}^2-y_{n+1}^2=2(3x_n+2y_n)^2-(4x_n+3y_n)^2=2x_n^2-y_n^2$$
重复上述过程有
$$2x_1^2-y_1^2=2\times 3^2-4^2=2$$
于是问题转为方程
$$2x^6-y^2=2$$
和

$$2x^2 - y^6 = 2$$

均无整数解.

假设 $2x^6 - y^2 = 2$ 有整数解,则 y 是偶数,令 $y = 2z$,

则原方程化为

$$x^6 - 2z^2 = 1$$

即

$$(x^3 - 1)(x^3 + 1) = 2z^2$$

其中 $x \geqslant 3$,且 x 为奇数.

由于

$$(x^3 + 1) - (x^3 - 1) = 2$$

则 $x^3 + 1$ 与 $x^3 - 1$ 一定有一项不是 3 的倍数,不妨假设 $x^3 - 1$ 不是 3 的倍数,可得

$$x^3 - 1 = at^2, a = 1 \text{ 或 } a = 2$$

由于

$$(x - 1)(x^2 + x + 1) = at^2$$

且

$$(x - 1, x^2 + x + 1) = (x - 1, (x + 2)(x - 1) + 3) =$$
$$(x - 1, 3) = 1$$

又 $x - 1$ 是偶数

所以无论 $a = 1$ 还是 $a = 2$,均存在 t 的约数 t_1,使得

$$x^2 + x + 1 = t_1^2$$

但是

$$x^2 < x^2 + x + 1 < (x + 1)^2$$

所以 $x^2 + x + 1 = t_1^2$ 是不可能的.

假设 $x^3 + 1$ 不能被 3 整除,同理可得 $x^2 - x + 1 = t_2^2$,当 $x \geqslant 3$ 时

$$(x - 1)^2 < x^2 - x + 1 < x^2$$

所以 $x^2 - x + 1 = t_2^2$ 也是不可能的.

因此 $2x^6 - y^2 = 2$ 没有整数解.

假设 $2x^2 - y^6 = 2$ 有整数解,则 y 是偶数,令 $y = 2z$,则方程化为

$$\frac{x-1}{2} \cdot \frac{x+1}{2} = (2z^2)^3$$

因为 $(\frac{x-1}{2}, \frac{x+1}{2}) = 1$,所以有

$$\begin{cases} \dfrac{x-1}{2} = z_1^3 \\ \dfrac{x+1}{2} = z_2^3 \end{cases}$$

第6章 不定方程
Chapter 6 Diophantine Equation

$z_2^3 - z_1^3 = 1$，这是不可能的.

因此 $2x^2 - y^6 = 2$ 没有整数解.

命题得证.

21 求出所有的质数 p，使得满足 $0 \leqslant x, y \leqslant p$，且
$$y^2 \equiv x^3 - x \pmod{p}$$
的整数对 (x, y) 恰有 p 对.

(土耳其数学奥林匹克,2002 年)

解 首先引入 Legendre 记号 $(\dfrac{a}{p})$：

p 为奇质数，$(a, p) = 1$
$$\left(\dfrac{a}{p}\right) = \begin{cases} 1, \text{当 } x^2 \equiv a \pmod{p} \text{ 有解时} \\ -1, \text{当 } x^2 \equiv a \pmod{p} \text{ 无解时} \end{cases}$$

Legendre 记号有如下性质：

(1) $\left(\dfrac{a}{p}\right) \cdot \left(\dfrac{b}{p}\right) = \left(\dfrac{ab}{p}\right)$

(2) $\left(\dfrac{-1}{p}\right) = \begin{cases} 1, p \equiv 1 \pmod{4} \\ -1, p \equiv -1 \pmod{4} \end{cases}$

首先证明一个引理.

引理 若 $(a, p) = 1$，p 为奇质数，$x^2 \equiv a \pmod{p}$ 有解，则它有且仅有两解.

引理的证明：设 $x \equiv x_0$ 是一解，则 $x \equiv -x_0$ 也是一解.

因为 p 是奇数，所以 $x_0 \not\equiv -x_0 \pmod{p}$，因而至少有两解.

若另有一解 x_1，且 $x_1 \not\equiv x_0$，$x_1 \not\equiv -x_0 \pmod{p}$，则有
$$x_0^2 \equiv x_1^2 \pmod{p}$$
$$(x_0 - x_1)(x_0 + x_1) \equiv 0 \pmod{p}$$

所以 $p \mid (x_0 - x_1)$ 或 $p \mid (x_0 + x_1)$. 矛盾.

因此 $x^2 \equiv a \pmod{p}$ 有且仅有两解.

下面证明原题.

记 $f(x) = x^3 - x$，则 $f(x)$ 是奇函数.

(1) 当 $p = 2$ 时，$y^2 \equiv f(x) \pmod{2}$ 恰有两解 $(0, 0)$ 和 $(1, 0)$.

(2) 当 $p \equiv 3 \pmod{4}$ 时，因为
$$\left(\dfrac{-a}{p}\right) = \left(\dfrac{-1}{p}\right)\left(\dfrac{a}{p}\right) = -\left(\dfrac{a}{p}\right)$$

所以，$y^2 \equiv f(x) \pmod{p}$ 与 $y^2 \equiv -f(x) \equiv f(-x) \pmod{p}$ 一个有解，一个无解.

最新世界各国数学奥林匹克中的初等数论试题(下)
The Lastest Elementary Number Theory in Mathematical Olympiads in The World

设 $n = 2, 3, \cdots, \dfrac{p-1}{2}$ 中,$y^2 \equiv f(x)$ 有 k 个有解.

则 $x = \dfrac{p+1}{2}, \dfrac{p+3}{2}, \cdots, p-2$ 中,$y^2 \equiv f(x) \pmod{p}$ 有 $\dfrac{p-3}{2} - k$ 个有解.

所以,$x = 2, 3, \cdots, p-2$ 中,$y^2 \equiv f(x) \pmod{p}$ 有 $\dfrac{p-3}{2}$ 个有解.

又由引理,它们有两个解,则 $x = 2, 3, \cdots, p-2$ 中有 $p - 3$ 组解.

当 $x = 0, 1, p-1$ 时,$y^2 \equiv f(x) \equiv 0 \pmod{p}$ 各有一组解.

所以 $x = 1, 2, 3, \cdots, p-2, p-1$ 时,$y^2 \equiv f(x)$ 共有 p 组解.

(3) 当 $p \equiv 1 \pmod 4$ 时,因为

$$\left(\dfrac{-a}{p}\right) = \left(\dfrac{-1}{p}\right)\left(\dfrac{a}{p}\right) = \left(\dfrac{a}{p}\right)$$

所以 $y^2 \equiv f(x)$ 与 $y^2 \equiv f(-x) \pmod{p}$ 或同有两个解,或同无解.

设 $x = 2, 3, \cdots, \dfrac{p-1}{2}$ 中,$y^2 \equiv f(x)$ 有 k 个有解.

所以 $x = \dfrac{p+1}{2}, \dfrac{p+3}{2}, \cdots, p-2$ 中,$y^2 \equiv f(x)$ 有 k 个有解.

所以 $x = 2, 3, \cdots, p-2$ 中,$y^2 \equiv f(x) \pmod{p}$ 有 $4k$ 组解.

当 $x = 0, 1, p-1$ 时,$y^2 \equiv f(x) \equiv 0 \pmod{p}$ 各有一组解.

因此共有 $4k + 3$ 组解,但是 $p \neq 4k + 3$.

所以 $p \equiv 1 \pmod 4$ 不满足条件.

综上所述,$p = 2$ 或 $p \equiv 1 \pmod 4$ 时,恰有 p 组解.

22 求所有正整数 a, b, c 使得 a, b, c 满足
$$(a!)(b!) = a! + b! + c!$$

(英国数学奥林匹克,2002 年)

解 不失一般性,假设 $a \geqslant b$,原方程化为

$$a! = \dfrac{a!}{b!} + 1 + \dfrac{c!}{b!}$$

上式右边的三项都是整数,则 $c \geqslant b$. 且

$$a! = \dfrac{a!}{b!} + 1 + \dfrac{c!}{b!} \geqslant 3$$

于是 $a!$ 为偶数.

因而 $\dfrac{a!}{b!}$ 与 $\dfrac{c!}{b!}$ 中有且仅有一项是奇数.

(1) 假设 $\dfrac{a!}{b!}$ 是奇数,这时或者有 $a = b$,或者 $\dfrac{a!}{b!} = b+1$,且 $b+1$ 为奇数,则 $a = b + 1$.

第 6 章 不定方程
Chapter 6   Diophantine Equation

（ⅰ）若 $a=b$，则有
$$a! = 1+1+\frac{c!}{a!} \quad \text{①}$$

当 $a=3$ 时，$b=3, c=4$.

当 $a>3$ 时，由于 $3\nmid(a!-2)$，则 $c=a+1$ 或 $c=a+2$.

当 $a=4$ 时，有 $4!=1+1+(4+1)$ 或 $4!=1+1+(4+2)$，此时无解.

当 $a\geqslant 6$ 时，式 ① 左边大于右边.

（ⅱ）若 $a=b+1$，则方程化为
$$(b+1)! = (b+1)+1+\frac{c!}{b!} \quad \text{②}$$

此时 b 为偶数，$\dfrac{c!}{b!}$ 为偶数，故 $c>b$.

这样就有 $\dfrac{c!}{b!}$ 能被 $b+1$ 整除.

则式 ② 有
$$左边 = (b+1)! \equiv 0 \pmod{b+1}$$
$$右边 = b+2+\frac{c!}{b!} \equiv 1 \pmod{b+1}$$

引出矛盾.

(2) 假设 $\dfrac{a!}{b!}$ 是偶数，$\dfrac{c!}{b!}$ 为奇数，则 $c=b$ 或 $c=b+1$（b 为偶数）.

（ⅰ）若 $c=b$，则方程化为
$$(a!)(b!) = (a!)+2\times(b!)$$

所以
$$\frac{a!}{b!}(b!-1) = 2$$

故 $\dfrac{a!}{b!}=2, b!-1=1$，于是 $b=2, a!=4$ 不可能.

（ⅱ）若 $c=b+1$，则方程化为
$$(a!)(b!)=(a!)+(b+2)(b!)$$
$$a!(b!-1)=(b+2)(b!)$$

所以由 $(b!, b!-1)=1$ 得
$$(b!-1) \mid (b+2)$$

由 b 是偶数，则 $b=2, a!=8$，也不可能.

由以上，原方程有唯一解 $a=3, b=3, c=4$.

23   是否存在正整数 m，使得方程

最新世界各国数学奥林匹克中的初等数论试题(下)
The Lastest Elementary Number Theory in Mathematical Olympiads in The World

$$\frac{1}{a}+\frac{1}{b}+\frac{1}{c}+\frac{1}{abc}=\frac{m}{a+b+c}$$

有无穷多组解 (a,b,c)？

(第 43 届 IMO 预选题,2002 年)

解 存在.

令 $a=b=c=1$,则 $m=12$.

我们证明 $m=12$ 符合题目要求. 当 $m=12$ 时,方程化为

$$\frac{1}{a}+\frac{1}{b}+\frac{1}{c}+\frac{1}{abc}-\frac{12}{a+b+c}=0$$

$$\frac{a^2(b+c)+b^2(c+a)+c^2(a+b)+a+b+c-9abc}{abc(a+b+c)}=0$$

考虑分子

$$P(a,b,c)=(a+b)c^2+(a^2+b^2+1-9ab)c+a^2b+ab^2+a+b=0$$

固定 a,b,并看做关于 c 的方程,以 c 为未知数 x,得到方程 $P(x,a,b)=0$：

$$(a+b)x^2+(a^2+b^2+1-9ab)x+(a+b)(ab+1)=0 \qquad ①$$

设 $(x,a,b)(x\leqslant a\leqslant b)$ 是方程 ① 的一组解,则由韦达定理,(y,a,b) 也是方程 ① 的一组解,其中

$$xy=ab+1$$

$$y=\frac{ab+1}{x}>b$$

设 $(a_0,a_1,a_2)=(1,1,1)$ 是方程 ① 的一组解. 则可生成下一组解

$$(a_1,a_2,\frac{1\times 1+1}{1})=(a_1,a_2,2)=(1,1,2)$$

也是方程 ① 的一组解. 设此解为 (a_1,a_2,a_3).

进而又生成第 3 组解 $(1,2,\frac{1\times 2+1}{2})=(a_2,a_3,a_4)=(1,2,3)$.

继续下去：

$(a_3,a_4,a_5)=(2,3,7)$

$(a_4,a_5,a_6)=(3,7,11)$

$(a_5,a_6,a_7)=(7,11,26)$

$(a_6,a_7,a_8)=(11,26,41)$

$(a_7,a_8,a_9)=(26,41,97)$

$(a_8,a_9,a_{10})=(41,97,153)$

$(a_9,a_{10},a_{11})=(97,153,362)$

都是 ① 的解.

一般地,$(a_0,a_1,a_2)=(1,1,1)$,且 (a_{n-1},a_n,a_{n+1}) 是 ① 的解,则 $(a_n,a_{n+1},$

第6章 不定方程
Chapter 6 Diophantine Equation

a_{n+2})也是 ① 的解.其中
$$a_{n+2} = \frac{a_n a_{n+1} + 1}{a_{n-1}} \quad (n \geqslant 1) \qquad ②$$
但是,是否对 $\forall n \in \mathbf{N}^*, a_{n+2}$ 都是整数？需要证明
$$a_{n-1} \mid (a_n a_{n+1} + 1) \qquad ③$$
我们用数学归纳法.

当 $n=1$ 时,$a_3 = \frac{a_1 a_2 + 1}{a_0} = 2 \in \mathbf{Z}$. 即 $a_0 \mid (a_1 a_2 + 1)$;

假设当 $n=k$ 时,有 $a_{k-1} \mid (a_k a_{k+1} + 1)$

显然,$(a_{k-1}, a_k) = 1$,则
$$a_{k-1} \mid ((a_k a_{k+1} + 1) a_{k+1} + a_{k-1})$$
即
$$a_{k-1} \mid (a_k a_{k+1}^2 + a_{k+1} + a_{k-1}) \qquad ④$$

当 $n=k+1$ 时,需证
$$a_k \mid (a_{k+1} a_{k+2} + 1) \qquad ⑤$$

由 ②,需证
$$a_k \Big| (a_{k+1} \frac{a_k a_{k+1} + 1}{a_{k-1}} + 1)$$
$$a_k \Big| (\frac{a_k a_{k+1}^2 + a_{k+1} + a_{k-1}}{a_{k-1}})$$
即
$$a_k a_{k-1} \mid (a_k a_{k+1}^2 + a_{k+1} + a_{k-1})$$
因为 $(a_{k-1}, a_k) = 1$,由 ④,只须证明
$$a_k \mid (a_k a_{k+1}^2 + a_{k+1} + a_{k-1})$$
即证
$$a_k \mid (a_{k+1} + a_{k-1}) \qquad ⑥$$
因此只要证明 ⑥ 成立就能证明 ⑤ 成立.

为了证明 ⑥ 成立,又需用数学归纳法.

假设 $a_k \mid (a_{k+1} + a_{k-1})$ 成立,证明
$$a_{k+1} \mid (a_{k+2} + a_k) \qquad ⑦$$
即
$$a_{k+1} \Big| (a_k + \frac{a_k a_{k+1} + 1}{a_{k-1}})$$
$$a_{k+1} \Big| (\frac{a_k a_{k-1} + a_k a_{k+1} + 1}{a_{k-1}})$$
$$a_{k-1} a_{k+1} \mid (a_k (a_{k-1} + a_{k+1}) + 1) \qquad ⑧$$

最新世界各国数学奥林匹克中的初等数论试题(下)

The Lastest Elementary Number Theory in Mathematical Olympiads in The World

由于
$$a_{k-1} \mid (a_k a_{k-1} + a_k a_{k+1} + 1)$$
所以,为证明⑧,需证
$$a_{k+1} \mid (a_k a_{k-1} + a_k a_{k+1} + 1)$$
即证
$$a_{k+1} \mid (a_k a_{k-1} + 1) \qquad ⑨$$

对⑨同样要用数学归纳法.

需证
$$a_{k+2} \mid (a_k a_{k+1} + 1)$$
即证
$$a_{k+2} a_{k-1} \mid a_{k-1}(a_k a_{k+1} + 1) \qquad ⑩$$

由 a_{k+2} 的定义
$$a_{k+2} = \frac{a_k a_{k+1} + 1}{a_{k-1}}$$
于是,证明⑩,又需证
$$(a_k a_{k+1} + 1) \mid a_{k-1}(a_k a_{k+1} + 1)$$
而这是显然的.

由以上,下面的三个结论,即③、⑥、⑨:
$$a_{n-1} \mid (a_n a_{n+1} + 1)$$
$$a_n \mid (a_{n+1} + a_{n-1})$$
$$a_{n+1} \mid (a_n a_{n-1} + 1)$$

从而可用(a_{n-1}, a_n, a_{n+1})生成(a_n, a_{n+1}, a_{n+2}). 且 $a_{n-1} < a_n < a_{n+1} < a_{n+2}$.
于是可以得到一个严格递增的数列$\{a_n\}$:
$$\{a_n\} = \{1, 1, 1, 2, 3, 7, 11, 26, 41, 97, 153, 362, \cdots\}$$

这一数列的生成规律就是 $a_{n+2} = \frac{a_n a_{n+1} + 1}{a_{n-1}}$,且$(a_{n-1}, a_n, a_{n+1})$是方程的解.

从而,当$m = 12$时,方程有无穷多组解.

24 求所有的三元整数组(x, y, z),使得
$$x^3 + y^3 + z^3 - 3xyz = 2\,003$$

(北欧数学奥林匹克,2003年)

解 由题设
$$2(x^3 + y^3 + z^3 - 3xyz) = (x + y + z)[(x - y)^2 + (y - z)^2 + (z - x)^2] = 4\,006$$

又 $x^3 + y^3 + z^3 - 3xyz$ 为奇数,则 x, y, z 中一定是有两个偶数,一个奇数,于是 $x + y + z$ 是奇数,所以有

第6章 不定方程
Chapter 6 Diophantine Equation

$$(x-y)^2+(y-z)^2+(z-x)^2 \equiv 0 \pmod 2$$

即有

$$\begin{cases} x+y+z=1 \\ (x-y)^2+(y-z)^2+(z-x)^2=4\,006 \end{cases} \quad ①$$

$$\begin{cases} x+y+z=2\,003 \\ (x-y)^2+(y-z)^2+(z-x)^2=2 \end{cases} \quad ②$$

对于①,消去 z 得

$$(x-y)^2+(x+2y-1)^2+(2x+y-1)^2=4\,006$$

$$6x^2+6y^2+6xy-6x-6y+2=4\,006$$

由于

$$6x^2+6y^2+6xy-6x-6y+2 \equiv 2 \pmod 6$$

$$4\,006 \equiv 4 \pmod 6$$

所以方程组①无解.

对于②,则 $|x-y|,|y-z|,|z-x|$ 中有两个为 1,一个为 0.

不妨设 $x \geqslant y \geqslant z$,则当 $x-1=y=z$ 时

$$3y+1=2\,003$$

由

$$3y+1 \equiv 1 \pmod 3$$

$$2\,003 \equiv 2 \pmod 3$$

无解.

当 $x=y=z+1$ 时,$3x-1=2\,003$,$x=668$

此时 $y=668,z=667$.

由对称性,方程的解为

$(x,y,z)=(668,668,667),(668,667,668),(667,668,668)$

25 求满足 $(n+1)^k-1=n!$ 的所有正整数对 (n,k).

(芬兰高中数学奥林匹克,2003 年)

解 $(n+1)^k=n!+1$.

如果 p 是 $n+1$ 的质因子,则 p 也是 $n!+1$ 的质因子.

因为 $n!+1$ 不可能被 $\leqslant n$ 的质数整除,所以 $p=n+1$.

如果 $n+1=2$,则 $n=1$,方程化为 $2^n-1=1$,则 $k=1$,于是 $(n,k)=(1,1)$ 是一组解;

如果 $n+1=3$,则方程化为 $3^k-1=2$,则 $k=1$,于是 $(n,k)=(2,1)$ 是一组解;

如果 $n+1=5$,则方程化为 $5^k-1=24$,则 $k=2$,于是 $(n,k)=(4,2)$ 是一

最新世界各国数学奥林匹克中的初等数论试题(下)

The Lastest Elementary Number Theory in Mathematical Olympiads in The World

组解.

下面证明当 $n+1 \geqslant 7$ 且为质数时,方程没有正整数解.

假设 (n,k) 是方程的一组解,$n+1$ 是一个 $\geqslant 7$ 的质数,则
$$n=2m, \quad n>2$$

因为 $2 \leqslant n-1, m \leqslant n-1$,则 $n=2m$ 是 $(n-1)!$ 的一个约数.

于是 $n^2 \mid n!$,这样就有

$$(n+1)^k - 1 = n^k + k \cdot n^{k-1} + \cdots + \frac{k(k-1)}{2}n^2 + nk = n!$$

能被 n^2 整除.

于是 k 能被 n 整除,且 $k \geqslant n$,从而有
$$n! = (n+1)^k - 1 > n^k \geqslant n^n > n!$$

引出矛盾.

所以当 $n+1 \geqslant 7$ 且为质数时,方程没有正整数解.

由以上,方程的解为 $(1,1),(2,1),(4,2)$ 三组.

26 方程 $\sqrt{x} + \sqrt{y} = \sqrt{200\ 300}$ 有多少对整数解 (x,y).

(新加坡数学奥林匹克,2003 年)

解 由已知方程得
$$\sqrt{x} = \sqrt{200\ 300} - \sqrt{y}$$

平方得
$$x = 200\ 300 + y - 20\sqrt{2\ 003y}$$

因为 2 003 是质数,故可设 $y = 2\ 003a^2 (0 \leqslant a \leqslant 10)$.

则
$$x = 2\ 003(10-a)^2 \quad (a=0,1,2,\cdots,10)$$

因此共有 11 对整数解.

27 证明:不存在整数 x,y,z,满足
$$2x^4 + 2x^2y^2 + y^4 = z^2 \quad (x \neq 0) \qquad ①$$

(韩国数学奥林匹克,2003 年)

证 因为 $x \neq 0$,显然有 $y \neq 0$.

设 x,y 是题设方程的整数解,且满足 $x>0, y>0, (x,y)=1$.

进一步,假定 x 是满足上述条件的最小整数解.

由于 $z^2 \equiv 0,1,4 \pmod{8}$,可知 x 是偶数,y 是奇数.

① 可化为
$$x^4 + (x^2+y^2)^2 = z^2 \qquad ②$$

· 214 ·

且
$$(x^2, x^2+y^2)=1$$
故存在一个奇整数 p 和偶整数 q,使得
$$x^2=2pq, x^2+y^2=p^2-q^2, \quad (p,q)=1$$
由此,存在一个整数 a 和奇数 b,使得
$$p=b^2, \quad q=2a^2$$
于是
$$x=2ab$$
$$y^2=b^4-4a^4-4a^2b^2$$
由于
$$(\frac{2a^2+b^2-y}{2})^2+(\frac{2a^2+b^2+y}{2})^2=b^4$$
及
$$(\frac{2a^2+b^2-y}{2},\frac{2a^2+b^2+y}{2})=1$$
所以存在整数 s,t,其中 $s>t,(s,t)=1$,使得
$$\frac{2a^2+b^2+y}{2}=2st$$
$$\frac{2a^2+b^2-y}{2}=s^2-t^2$$
或
$$\frac{2a^2+b^2+y}{2}=s^2-t^2$$
$$\frac{2a^2+b^2-y}{2}=2st$$
及
$$b^2=s^2+t^2$$
易知
$$a^2=(s-t)t$$
由于 $(a,b)=1,(s,t)=1$,故存在正整数 $m,n,(m,n)=1$,使得
$$s-t=m^2, \quad t=n^2$$
因此
$$b^2=n^4+(n^2+m^2)^2$$
从而回到了式 ②,取 $x_1=n, x_1^2+y_1^2=n^2+m^2, b=z_1$ 有
$$x_1^4+(x_1^2+y_1^2)^2=z_1^2$$
于是 x_1,y_1,z_1 是方程 ① 的解.
但是 $x=2ab>t=n^2\geqslant n$,与 x 的最小性矛盾.

所以方程 ① 没有整数解.

28 求最大的正整数 n,使得方程组
$$(x+1)^2 + y_1^2 = (x+2)^2 + y_2^2 = \cdots =$$
$$(x+k)^2 + y_k^2 = \cdots =$$
$$(x+n)^2 + y_n^2$$
有整数解 $(x, y_1, y_2, \cdots, y_n)$.

(越南数学奥林匹克,2003 年)

解 先证一个引理.

引理 对任意整数 a, b,有
$$a^2 + b^2 = \begin{cases} 2,1,5 \ (\bmod 8), \text{当 } a \equiv \pm 1 \ (\bmod 4) \\ 1,0,4 \ (\bmod 8), \text{当 } a \equiv 0 \ (\bmod 4) \\ 5,4,0 \ (\bmod 8), \text{当 } a \equiv 2 \ (\bmod 4) \end{cases}$$

引理的证明:因为 $b^2 \equiv 1,0,4 \ (\bmod 8)$

当 $a \equiv \pm 1 \ (\bmod 4)$ 时
$$a^2 = (4k \pm 1)^2 = 16k^2 \pm 8k + 1 \equiv 1 \ (\bmod 8)$$

所以
$$a^2 + b^2 \equiv 2,1,5 \ (\bmod 8)$$

当 $a \equiv 0 \ (\bmod 4)$ 时
$$a^2 \equiv 0 \ (\bmod 8)$$

所以
$$a^2 + b^2 \equiv 1,0,4 \ (\bmod 8)$$

当 $a \equiv 2 \ (\bmod 4)$ 时
$$a^2 = (4h+2)^2 = 16h^2 + 16h + 4 \equiv 4 \ (\bmod 8)$$

所以
$$a^2 + b^2 \equiv 5,4,0 \ (\bmod 8)$$

下面证明原题.

当 $n=3$ 时,易知 $x=-2, y_1=0, y_2=1, y_3=0$ 是一组解.

当 $n=4$ 时,假设有整数解 $(x_1, y_1, y_2, y_3, y_4)$,则 $x+1, x+2, x+3, x+4$ 构成了一个 mod 4 的完全剩余系,由引理,应存在一个整数 m 满足
$$m \in \{2,1,5\} \cap \{1,0,4\} \cap \{5,4,0\} = \emptyset$$

引出矛盾,所以 $n=4$ 时,没有整数解.

由此,$n \geq 4$ 时,也没有整数解.故只能 $n=3$ 时有整数解.

29 对于给定的质数 p,判断方程

第6章 不定方程
Chapter 6 Diophantine Equation

$$x^2 + y^2 + pz = 2\,003$$

是否总有整数解 x, y, z? 并证明你的结论.

(新加坡数学奥林匹克,2003 年)

解 先证下面的引理.

引理 每个对 mod 4 余 1 的质数均可写成两个平方数之和.

引理的证明:首先引入 Legendre 记号 $(\frac{a}{p})$.其中 p 为奇质数,且 $(a,p)=1$,则

(ⅰ) 当 $x^2 \equiv a \pmod{p}$ 有解时, $(\frac{a}{p}) = 1$;

(ⅱ) 当 $x^2 \equiv a \pmod{p}$ 无解时, $(\frac{a}{p}) = -1$.

Legendre 记号有如下性质.

$(1) (\frac{a}{p}) \cdot (\frac{b}{p}) = (\frac{ab}{p})$;

$(2) (\frac{-1}{p}) = \begin{cases} 1, p \equiv 1 \pmod{4} \\ -1, p \equiv -1 \pmod{4} \end{cases}$

由于质数 p 对 mod 4 余 1,则 $(\frac{-1}{p}) = 1$.

所以存在 $u \in \mathbf{Z}$,使得

$$u^2 + 1 \equiv 0 \pmod{p}$$

故存在某个整数 k,使

$$u^2 + 1 = kp$$

即存在 $k(k \geqslant 1)$,有

$$kp = x^2 + y^2 \quad (x, y \in \mathbf{Z})$$

令

$$r \equiv n \pmod{k}, \quad s \equiv y \pmod{k}$$

其中 $-\frac{k}{2} < r, s \leqslant \frac{k}{2}$,则

$$r^2 + n^2 \equiv x^2 + y^2 \equiv 0 \pmod{k}$$

即存在 $k_1 \in \mathbf{N}$,使得

$$r^2 + s^2 = k_1 k$$

从而

$$(r^2 + s^2)(x^2 + y^2) = k_1 k \cdot kp = k_1 k^2 p$$

又

$$(r^2 + s^2)(x^2 + y^2) = (rx + sy)^2 + (ry - sx)^2$$

所以

最新世界各国数学奥林匹克中的初等数论试题(下)

The Lastest Elementary Number Theory in Mathematical Olympiads in The World

$$\left(\frac{rx+sy}{h}\right)^2 + \left(\frac{ry-sx}{k}\right)^2 = h_1 p$$

由于

$$rx + sy \equiv x^2 + y^2 \equiv 0 \pmod{k}$$
$$ry - sx \equiv xy - yx \equiv 0 \pmod{k}$$

所以 $\frac{rx+sy}{k}, \frac{ry-sx}{k}$ 都是整数,从而 $k_1 p$ 可表示为两个整数的平方和的形式.

因为 $k_1 k = r^2 + s^2 \leqslant \left(\frac{k}{2}\right)^2 + \left(\frac{k}{2}\right)^2 = \frac{k^2}{2}$,则

$$k_1 \leqslant \frac{k}{2} < k$$

故只要 $k \neq 1$,总存在一个 $k_1 < k$,使得 $k_1 p$ 也可表示为两个整数的平方和的形式.

因此,p 可表示为两个整数的平方和.

引理得证.下面证明原题.

若 $p \neq 2\ 003$,且 $p \neq 2$,则

$$(2\ 003, 2p) = 1$$
$$(2\ 003 + 2p, 4p) = 1$$

由狄利克雷定理(若 $(a,b)=1$,则数列 $\{an+b\}$ 包含有无限多个质数),数列 $\{2\ 003+2p+4pm\}$ 包含无限多个质数.

取其中任一个 $q = 2\ 003 + 2p + 4pm_0$.

由于

$$2\ 003 + 2p + 4pm_0 \equiv 1 \pmod{4}$$

则由引理,q 可写成 $x^2 + y^2$ 的形式.

所以有

$$x^2 + y^2 + p(-4m_0 - 2) = 2\ 003$$

取 $z = -4m_0 - 2$,即有

$$x^2 + y^2 + pz = 2\ 003$$

若 $p = 2\ 003$,取 $x = 0, y = 0, z = 1$.
若 $p = 2$,取 $x = 1, y = 0, z = 1\ 001$.
因此,对给定的质数 p,方程 $x^2 + y^2 + pz = 2\ 003$ 总有整数解.

30 找出满足

$$\frac{1}{2}(a+b)(b+c)(c+a) + (a+b+c)^3 = 1 - abc$$

第 6 章 不定方程
Chapter 6 Diophantine Equation

的全部整数 a,b,c,并做必要的证明.

(香港数学奥林匹克,2003 年)

解 设 $s=a+b+c$
$$p(x)=(x-a)(x-b)(x-c)=$$
$$x^3-sx^2+(ab+bc+ca)x-abc$$

则
$$(a+b)(b+c)(c+a)=p(s)=$$
$$(ab+bc+ca)s-abc$$

于是,题设等式可整理为
$$(ab+bc+ca)s-abc=-2s^3+2-2abc$$

即
$$p(-s)+2=0$$

这表明
$$(2a+b+c)(a+2b+c)(a+b+2c)=2$$

于是上式左边有一个因式是 2,两个因式是 1,1 或 −1,−1,或者有一个因式是 −2,另两个因式是 1,−1 或 −1,1.

当某个因式是 2 时,有
$$\begin{cases} 2a+b+c=2 \\ a+2b+c=1 \\ a+b+2c=1 \end{cases}$$

或
$$\begin{cases} 2a+b+c=2 \\ a+2b+c=-1 \\ a+b+2c=-1 \end{cases}$$

分别解得
$$\begin{cases} a=1 \\ b=0 \\ c=0 \end{cases}$$

或
$$\begin{cases} a=2 \\ b=-1 \\ c=-1 \end{cases}$$

当某个因式是 −2 时有
$$\begin{cases} 2a+b+c=-2 \\ a+2b+c=1 \\ a+b+2c=-1 \end{cases}$$

219

或
$$\begin{cases} 2a+b+c=-2 \\ a+2b+c=-1 \\ a+b+2c=-1 \end{cases}$$

将方程组的三个方程左右两边分别相加时,有
$$4(a+b+c)=-2$$

此时无整数解.

由于方程 a,b,c 是对称的,于是 (a,b,c) 的全部解为
$$(1,0,0),(0,1,0),(0,0,1)$$
$$(2,-1,-1),(-1,2,-1),(-1,-1,2)$$

31 求方程 $x^m = 2^{2n+1} + 2^n + 1$ 的三元正整数解 (x,m,n).

(土耳其数学奥林匹克,2003 年)

解 显然 x 为奇数,用记号 $V_2(t)$ 表示 t 中 2 的幂次.

(1) 若 m 是奇数,设 $y = x-1$,则
$$x^m - 1 = (y+1)^m - 1 =$$
$$y^m + C_m^1 y^{m-1} + C_m^2 y^{m-2} + \cdots + C_m^{m-1} y$$

其中 $C_m^{m-1} y$ 中 2 的幂次为 y 中 2 的幂次.

其余各项均满足
$$V_2(C_m^i y^i) = iV_2(y) + V_2(C_m^i) > V_2(y)$$

所以
$$V_2(x^m - 1) = V_2(y) = V_2(x-1)$$

又
$$V_2(x^m - 1) = V_2(2^{2n+1} + 2^n) = n$$

有
$$V_2(x-1) = n$$

则
$$2^n \mid (x-1)$$

所以
$$x - 1 \geqslant 2^n, \quad x \geqslant 2^n + 1$$

当 $m \geqslant 3$ 时,由于
$$x^3 + 1 \geqslant (2^n+1)^3 = 2^{3n} + 3 \times 2^{2n} + 3 \times 2^n + 1 >$$
$$2^{2n+1} + 2^n + 1 = x^m$$

所以
$$m < 3$$

第6章 不定方程
Chapter 6   Diophantine Equation

即 $m=1$, 此时 $x=2^{2n+1}+2^n+1$

即有三元正整数解 $(x,m,n)=(2^{2n+1}+2^n+1,1,n)$.

(2) 若 m 为偶数, 设 $m=2m_0$, 则
$$x^m=(x^{m_0})^2=2^{2n+1}+2^n+1=$$
$$7\times 2^{2n-2}+2^{2n-2}+2\times 2^{n-1}+1=$$
$$7\times 2^{2n-2}+(2^{n-1}+1)^2$$

即
$$(x^{m_0}-2^{n-1}-1)(x^{m_0}+2^{n-1}+1)=7\times 2^{2n-2} \quad ①$$

若 $n=1$, 则 $x^m=2^3+2^1+1=11$ 不是完全平方数, 不可能.

因此, $n\geqslant 2$.

所以
$$x^{m_0}-2^{n-1}-1\not\equiv x^{m_0}+2^{n-1}+1\pmod 4$$

又因为它们都是偶数, 则式①有下面四种情形.

$$\begin{cases} x^{m_0}+2^{n-1}+1=2^{2n-3} \\ x^{m_0}-2^{n-1}-1=14 \end{cases} \quad ①$$

$$\begin{cases} x^{m_0}+2^{n-1}+1=14 \\ x^{m_0}-2^{n-1}-1=2^{2n-3} \end{cases} \quad ②$$

$$\begin{cases} x^{m_0}+2^{n-1}+1=2 \\ x^{m_0}-2^{n-1}-1=7\times 2^{2n-3} \end{cases} \quad ③$$

$$\begin{cases} x^{m_0}+2^{n-1}+1=7\times 2^{2n-3} \\ x^{m_0}-2^{n-1}-1=2 \end{cases} \quad ④$$

由①有 $2^{n-1}+1=2^{2n-4}-7$, 即 $2^{n-4}+1=2^{2n-7}$.

解得 $n=4, x^{m_0}=23, x=23, m_0=1$.

由②有 $2^{n-1}+1=7-2^{2n-4}$, 即 $2^{n-1}+2^{2n-4}=6$, 无解;

由③有 $2^{n-1}+1=1-7^{2n-4}$, 无解;

由④有 $2^{n-1}+1=7\times 2^{2n-4}-1$, 即 $2^{n-2}+1=7\times 2^{2n-5}$, 无解.

所以此时有解 $(x,m,n)=(23,2,4)$.

由以上, 方程的正整数解为
$$(x,m,n)=(2^{2n+1}+2^n+1,1,n) \text{ 和 } (23,2,4)$$

32 设 $x_0+\sqrt{2\,003}\,y_0$ 为方程 $x^2-2\,003y^2=1$ 的基本解. 求该方程的解 (x,y), 使得 $x,y>0$, 且 x 的所有质因数整除 x_0.

(中国国家测试题, 2003年)

解 先证明一个引理.

引理 佩尔方程的最小正解(基本解)的方幂产生所有解.

最新世界各国数学奥林匹克中的初等数论试题(下)
The Lastest Elementary Number Theory in Mathematical Olympiads in The World

即方程 $x^2 - 2003y^2 = 1$ 的任意解 $\bar{x}$,均可表示为
$$\bar{x} + \sqrt{2003}\,\bar{y} = (x_0 + \sqrt{2003}\,y_0)^n \quad (n \geqslant 1)$$

引理的证明:假设解 $x + \sqrt{2003}\,y(x, y > 0)$ 不能表示成 $(x_0 + \sqrt{2003}\,y_0)^n$ $(n \geqslant 1)$ 的形式.

由基本解 $x_0 + \sqrt{2003}\,y_0$ 的最小性可知
$$x + \sqrt{2003}\,y \geqslant x_0 + \sqrt{2003}\,y_0$$

故存在正整数 n,使得
$$(x_0 + \sqrt{2003}\,y_0)^n < x + \sqrt{2003}\,y < (x_0 + \sqrt{2003}\,y_0)^{n+1}$$

于是
$$(x_0^2 - 2003y_0^2)^n < (x + \sqrt{2003}\,y)(x_0 - \sqrt{2003}\,y_0)^n <$$
$$(x_0 + \sqrt{2003}\,y_0)(x_0^2 - 2003y_0^2)^n$$

即
$$1 < (x + \sqrt{2003}\,y)(x_0 - \sqrt{2003}\,y_0)^n < x_0 + \sqrt{2003}\,y_0$$

不妨设
$$(x + \sqrt{2003}\,y)(x_0 - \sqrt{2003}\,y_0)^n = x' + y'\sqrt{2003} \qquad ①$$

其中 $x', y' \in \mathbf{Z}$,则
$$1 < x' + y'\sqrt{2003} < x_0 + \sqrt{2003}\,y_0 \qquad ②$$

① 的对偶式为
$$(x - \sqrt{2003}\,y)(x_0 + \sqrt{2003}\,y_0)^n = x' - y'\sqrt{2003} \qquad ③$$

①×③ 得
$$(x')^2 - (y')^2 2003 = (x^2 - 2003y^2)(x_0^2 - 2003y_0^2)^n = 1$$

因而 (x', y') 也是 $x^2 - 2003y^2 = 1$ 的整数解.

又由 $x' + y'\sqrt{2003} > 1$ 和 $(x' + y'\sqrt{2003})(x' - y'\sqrt{2003}) = 1$ 知
$$x' + y'\sqrt{2003} > 1 > x' - y'\sqrt{2003} > 0 \qquad ④$$

从而 $x' > 0, y' > 0$,故 (x', y') 是 $x^2 - 2003y^2 = 1$ 的正整数解.

但由 ② 知
$$x' + y'\sqrt{2003} < x_0 + \sqrt{2003}\,y_0$$

这与基本解 $x_0 + \sqrt{2003}\,y_0$ 的最小性矛盾.

因而引理得证.

下面证明原题.

原题的解答是:正整数对 $(x, y) = (x_0, y_0)$ 是满足要求的解.

我们证明无其他解.

设 $x, y > 0$ 是 $x^2 - 2003y^2 = 1$ 的解,那么由引理,存在 $n \in \mathbf{N}^*$,使得

第6章 不定方程
Chapter 6 Diophantine Equation

$$x + \sqrt{2\,003}\, y = (x_0 + \sqrt{2\,003}\, y_0)^n \qquad ⑤$$

(1) 若 n 为偶数，则由式 ⑤，利用二项式定理得

$$x = \sum_{m=1}^{\frac{n}{2}} x_0^{2m} 2\,003^{\frac{n-2m}{2}} y_0^{n-2m} \cdot C_n^{2m} + 2\,003^{\frac{n}{2}} y_0^n \qquad ⑥$$

设 p 是 x 大于 1 的质因数，则 $p \mid x_0$（这是由题意，x 的所有质因数都整除 x_0）.

由 $x_0^2 - 2\,003 y_0^2 = 1$ 知

$$(x_0, 2\,003) = (x_0, y_0) = 1$$

从而由式 ⑥

$$(p, x) = (p, x_0 \cdot A + 2\,003^{\frac{n}{2}} y_0^n) = (p, 2\,003^{\frac{n}{2}} y_0^n) = 1$$

与 $p > 1$ 是 x 的质因数矛盾.

(2) 若 n 为奇数，设 $n = 2k + 1$.

当 $k = 0$ 时，由式 ⑤ 知 $x = x_0, y = y_0$ 即方程的基本解.

当 $k \geqslant 1$ 时，若方程有解，即 x 的所有质因数整除 x_0，且

$$x + \sqrt{2\,003}\, y = (x_0 + \sqrt{2\,003}\, y_0)^{2k+1}$$

由二项式定理

$$x = \sum_{0 \leqslant m \leqslant h} x_0^{2m+1} \cdot 2\,003^{k-m} \cdot y_0^{2k-2m} C_{2k+1}^{2m+1} =$$

$$\sum_{m=1}^{n} x_0^{2m+1} \cdot 2\,003^{k-m} y_0^{2k-2m} C_{2k+1}^{2m+1} + x_0 \cdot 2\,003^k \cdot y_0^{2k} (2k+1) \qquad ⑦$$

设 $x_0 = p_1^{a_1} p_2^{a_2} \cdots p_t^{a_t}$，由 $x_0^2 - 2\,003 y_0^2 = 1$ 知

$$(p_j, y_0) = (p_j, 2\,003) = 1 \quad (1 \leqslant j \leqslant t)$$

下面估计 x 中含有每个质数 p_j 的最高方幂.

若 $p_j = 2$，则式 ⑦ 右端和式中的每一项 $x_0^{2m+1} \cdot 2\,003^{k-m} y_0^{2n-2m} C_{2k+1}^{2m+1} (m \geqslant 1)$ 中含 2 的方幂 $\geqslant (2m+1)\alpha_j > \alpha_j =$ 最后一项含 2 的方幂.

所以 x 中含 2 的方幂 $= x_0 \cdot 2\,003^k y_0^{2k} (2k+1)$ 中含 2 的方幂.

若 $p_j \geqslant 3$. 设 $2k+1$ 中含 p_j 的方幂为 β_j，则最后一项

$$x_0 \cdot 2\,003^k \cdot y_0^{2k} (2k+1)$$

中含 p_j 的方幂为 $\alpha_j + \beta_j$.

而对于和式的每一项 $x_0^{2m+1} \cdot 2\,000^{k-m} \cdot y_0^{2k-2m} C_{2k+1}^{2m+1} (m \geqslant 1)$

注意到

$$C_{2n+1}^{2m+1} = \frac{(2k+1) \cdot 2k \cdot \cdots \cdot (2k-2m+1)}{(2m+1)!}$$

而 $(2m+1)!$ 中含 p_j 的方幂为

$$\left[\frac{2m+1}{p_j}\right] + \left[\frac{2m+1}{p_j^2}\right] + \cdots \leqslant \frac{2m+1}{p_j} + \frac{2m+1}{p_j^2} + \cdots =$$

$$\frac{2m+1}{p_j-1} \leqslant \frac{2m+1}{2}$$

所以 $x_0^{2m+1} \cdot 2003^{k-m} \cdot y_0^{2k-2m} \cdot C_{2k+1}^{2m+1}$ 中含 p_j 方幂 $\geqslant (2m+1)\alpha_j + \beta_j - \frac{2m+1}{2} \geqslant (2m+1)\alpha_j + \beta_j - \frac{2m+1}{2}\alpha_j = \frac{2m+1}{2}\alpha_j + \beta_j \geqslant \frac{3}{2}\alpha_j + \beta_j > \alpha_i + \beta_j$ ($m \geqslant 1$)

即和式中的每一项含 p_j 的方幂都严格大于最后一项.

所以 x 中含 p_j 的方幂 $= x_0 \cdot 2003^k \cdot y_0^{2k}(2k+1)$ 中含 p_j 的方幂.

综合以上两种情况($p_j = 2$ 和 $p_j \geqslant 3$)的讨论,我们知道,对于 $1 \leqslant j \leqslant t$

x 中含 p_j 的方幂 $= n_0 \cdot 2003^k \cdot y_0^{2k}(2k+1)$ 中含 p_j 的方幂.

而 x 的每个质因数均整除 x_0,即 x 仅有 $p_1, p_2, \cdots, p_t$ 这 t 个质因子,所含每个质因数的方幂又与 $x_0 \cdot 2003^k \cdot y_0^{2k}(2k+1)$ 相同.

这表明 $x \mid x_0 \cdot 2003^k \cdot y_0^{2k}(2k+1)$.

但由式 ⑦ 及 $k \geqslant 1$ 知

$$n > x_0 \cdot 2003^k \cdot y_0^{2k}(2k+1) > 0$$

矛盾.

因而 n 为奇数时,也无其他解.

综合(1),(2),题目的解仅有 $(x, y) = (x_0, y_0)$.

33 求所有的正整数对 (a, b),使得 $\dfrac{a^2}{2ab^2 - b^3 + 1}$ 为正整数.

(第 44 届国际数学奥林匹克,2003 年)

解 设 (a, b) 是满足条件的解.

因为

$$k = \frac{a^2}{2ab^2 - b^3 + 1} > 0$$

所以

$$2ab^2 - b^3 + 1 > 0$$

$$a > \frac{b}{2} - \frac{1}{2b^2}$$

因此

$$a \geqslant \frac{b}{2}$$

由 $k \geqslant 1$ 知

$$a^2 \geqslant 2ab^2 - b^3 + 1 = b^2(2a - b) + 1$$

则

$$a^2 > b^2(2a - b)$$

第 6 章 不定方程
Chapter 6 Diophantine Equation

于是
$$a > b \quad 或 \quad 2a = b \quad ①$$

假设 a_1, a_2 为方程
$$a^2 - 2kb^2 a + k(b^3 - 1) = 0$$
的两个解,对固定的正整数 k 和 b,由
$$a_1 + a_2 = 2kb^2$$
则 a_1 和 a_2 都是整数,不妨设 $a_1 \geqslant a_2$,则
$$a_1 \geqslant kb^2 > 0$$
又 $a_1 a_2 = k(b^3 - 1)$,则
$$0 \leqslant a_2 = \frac{k(b^3 - 1)}{a_1} \leqslant \frac{k(b^3 - 1)}{kb^2} < b$$

结合 ① 得到 $a_2 = 0$ 或 $a_2 = \frac{b}{2}$ (b 为偶数).

如果 $a_2 = 0$,则 $b^3 - 1 = 0$. 因此,$a_1 = 2k, b = 1$.

如果 $a_2 = \frac{b}{2}$,则 $k = \frac{b^2}{4}, a_1 = \frac{b^4}{2} - \frac{b}{2}$. 设 $b = 2l$,则 $a_1 = 8l^4 - l$.

从而,所有可能的解为
$$(a, b) = (2l, 1) \text{ 或 } (l, 2l) \text{ 或 } (8l^4 - l, 2l)$$
其中 l 为某个正整数.

验证可知,所有这些数对都满足条件.

34 求所有质数 p,使得 $p^x = y^3 + 1$ 成立,其中 $x, y \in \mathbf{N}^*$.

(俄罗斯数学奥林匹克,2003 年)

解 因为 $p^x = (y + 1)(y^2 - y + 1), y > 0$
所以
$$y + 1 \geqslant 2$$
令 $y + 1 = p^t (t \in \mathbf{N}^*, 1 \leqslant t \leqslant x)$.
则
$$y = p^t - 1$$
从而
$$p^{2t} - 2p^t + 1 - p^t + 1 + 1 = p^{x-t}$$
即
$$p^{2t} - 3p^t + 3 = p^{x-t}$$
于是
$$p^{2t} - p^{x-t} = 3p^t - 3$$
$$p^{x-t}(p^{3t-x} - 1) = 3(p^t - 1)$$

225

最新世界各国数学奥林匹克中的初等数论试题(下)
The Lastest Elementary Number Theory in Mathematical Olympiads in The World

(1) 当 $p=2$ 时,$p^{3t-x}-1$,p^t-1 为奇数,则 p^{x-t} 为奇数.
于是 $x=t$,$y^2-y+1=1$,$y=1$,$p=2$,$x=1$.
(2) 当 $p \neq 2$ 时,则 $p^{3t-x}-1$,p^t-1 为偶数,p^{x-t} 为奇数.
从而有 $3 \mid p^{x-t}$
当 $3 \mid p^{x-t}$ 时,$p=3$,$x=t+1$,则 $y^2-y+1=3$
解得 $y=2$,$x=2$.
当 $3 \mid (p^{3t-x}-1)$ 时,有 $p^{x-t} \mid (p^t-1)$,从而 $x=t$
此时有 $p=2$ 与 $p \neq 2$ 矛盾.
综合以上,有两个质数 p 满足要求:
$p=2$,$x=1$,$y=1$ 和 $p=3$,$x=2$,$y=2$.

35 已知 a 为正整数,且 $a^2+2004a$ 是一个正整数的平方,求 a 的最大值.

(中国北京市初中二年级数学竞赛,2004 年)

解 设 $a^2+2004a$ 是一个完全平方数,且
$$a^2+2004a=m^2 \quad (m \in \mathbf{N}^*)$$
则
$$(a+1002)^2-m^2=1002^2=2^2 \times 3^2 \times 167^2$$
于是有
$$(a+1002+m)(a+1002-m)=2^2 \times 3^2 \times 167^2$$
因为 $a+1002+m$ 与 $a+1002-m$ 具有相同的奇偶性,则它们都是偶数.
又
$$a+1002+m > a+1002-m > 0$$
要求 a 的最大值,必须 $a+1002+m$ 与 $a+1002-m$ 的和最大
所以有
$$\begin{cases} a+1002+m=2 \times 3^2 \times 167^2 \\ a+1002-m=2 \end{cases}$$
$$a+1002=3^2 \times 167^2+1$$
$$a=250\ 000$$
$$m=251\ 000$$
即 a 的最大值为 250 000.

36 求使 $(a^3+b)(a+b^3)=(a+b)^4$ 成立的所有整数对 (a,b).

(澳大利亚数学奥林匹克资格赛,2004 年)

解 已知方程可化为

第6章 不定方程
Chapter 6 Diophantine Equation

$$ab[(ab+1)^2 - 4(a+b)^2] = 0$$

于是 $a=0$, 或 $b=0$, 或 $(ab+1)^2 = 4(a+b)^2$

若 $a=0$, 则 $(a,b)=(0,b), b \in \mathbf{Z}$ 为已知方程的解.

若 $b=0$, 则 $(a,b)=(a,0), a \in \mathbf{Z}$ 为已知方程的解.

若

$$(ab+1)^2 = 4(a+b)^2$$

则

$$ab+1 = \pm 2(a+b)$$

当 $ab+1 = 2(a+b)$ 时, 有

$$(a-2)(b-2) = 3$$

即

$$\begin{cases} a-2=3 \\ b-2=1 \end{cases}$$

或

$$\begin{cases} a-2=1 \\ b-2=3 \end{cases}$$

或

$$\begin{cases} a-2=-3 \\ b-2=-1 \end{cases}$$

或

$$\begin{cases} a-2=-1 \\ b-2=-3 \end{cases}$$

分别解得

$$\begin{cases} a=5 \\ b=3 \end{cases}, \begin{cases} a=3 \\ b=5 \end{cases}, \begin{cases} a=-1 \\ b=1 \end{cases}, \begin{cases} a=1 \\ b=-1 \end{cases}$$

当 $ab+1 = -2(a+b)$ 时, 有

$$(a+2)(b+2) = 3$$

类似地解得

$$\begin{cases} a=1 \\ b=-1 \end{cases}, \begin{cases} a=-1 \\ b=1 \end{cases}, \begin{cases} a=-5 \\ b=-3 \end{cases}, \begin{cases} a=-3 \\ b=-5 \end{cases}$$

综上, 已知方程的所有可能的解为

$(a,0), (0,b), (-5,-3), (-3,-5), (-1,1), (1,-1), (3,5), (5,3)$

其中 $a, b \in \mathbf{Z}$.

37 正整数 a, b, c 满足等式

$$c(ac+1)^2 = (5c+2b)(2c+b) \qquad ①$$

(1) 证明: 若 c 为奇数, 则 c 为完全平方数;

(2) 对某个 a, b 是否存在偶数 c 满足式 ①;

最新世界各国数学奥林匹克中的初等数论试题(下)
The Lastest Elementary Number Theory in Mathematical Olympiads in The World

(3) 证明:式 ① 有无穷多组正整数解 (a,b,c).

(白俄罗斯数学奥林匹克,2004 年)

解 (1) 设 $(b,c)=d, b=db_0, c=dc_0$,则 $(b_0,c_0)=1$.
式 ① 改写为
$$c_0(adc_0+1)^2 = d(5c_0+2b_0)(2c_0+b_0)$$
由 $(b_0,c_0)=1$,则
$$(c_0, 5c_0+2b_0) = (c_0, 2c_0+b_0) = (d, (adc_0+1)^2) = 1$$
因此 $c_0 = d$,即 $c = dc_0 = d^2$.

所以,若 c 为奇数,c 为完全平方数(事实上,c 不可能为偶数,见(2)).

(2) 假设 c 为偶数,记 $c=2c_1$,则式 ① 化为
$$c_1(2ac_1+1)^2 = (5c_1+b)(4c_1+b)$$
设 $d=(c_1,b)$,则 $c_1=dc_0, b=db_0, (c_0,b_0)=1$.
于是有
$$c_0(2adc_0+1)^2 = d(5c_0+b_0)(4c_0+b_0)$$
由 $(b_0,c_0)=1$,有
$$(c_0, 5c_0+b_0) = (c_0, 4c_0+b_0) = (d, (2adc_0+1)^2) = 1$$
因此,$c_0 = d$.
从而
$$(2ad^2+1)^2 = (5d+b_0)(4d+b_0) \qquad ②$$
由于
$$(5c_0+b_0, 4c_0+b_0) = (5c_0+b_0-4c_0-b_0, 4c_0-b_0) =$$
$$(c_0, 4c_0+b_0) = (c_0, 4c_0+b_0-4c_0) = (c_0, b_0) = 1$$
所以,由式 ②
$$5d+b_0 = m^2$$
$$4d+b_0 = n^2$$
$$2ad^2+1 = mn \quad (m,n \in \mathbf{N}^*)$$
从而
$$d = m^2 - n^2 (显然 m > n)$$
则有
$$mn = 2ad^2+1 = 1+2a(m-n)^2(m+n)^2 \geqslant$$
$$1+2a(m+n)^2 \geqslant$$
$$1+8amn \geqslant$$
$$1+8mn$$
即 $1+7mn \leqslant 0$,引出矛盾.

所以 c 是奇数.

第6章 不定方程
Chapter 6 Diophantine Equation

(3) 令 $c=1$,只须证明方程
$$(a+1)^2=(5+2b)(2+b)$$
有无穷多组解 (a,b) 即可.

事实上,由(2),设 $5+2b=m^2,2+b=n^2$,则
$$a=mn-1$$
于是,只须证明,存在无穷多组解 $(m,n),m,n\in \mathbf{N}^*$,满足
$$\begin{cases} 5+2b=m^2 \\ 2+b=n^2 \end{cases}$$
即
$$m^2-2n^2=1 \qquad\qquad ③$$
显然 $(3,2)$ 是方程 ③ 的解,进而若 m,n 是 ③ 的解,则 $(3m+4n,3n+2m)$ 也是 ③ 的解.

因此,方程 ① 有无穷多组正整数解 (a,b,c).

38 求方程 $a^b=ab+2$ 的全部整数解.

(斯洛文尼亚数学奥林匹克决赛,2004年)

解 如果 $b<0$,则对于 $|a|>1, a^b$ 不是整数,所以只能 $|a|=1$.
当 $a=1$ 时,$1=b+2,b=-1$,所以有解 $(1,-1)$.
当 $a=-1$ 时,$(-1)^b=-b+2$,此时方程无解.
如果 $b=0, a^0=2$ 无解.
如果 $b>0$,则 $a\mid a^b$,则 $a\mid (ab+2),a\mid 2$.
于是 $a=-2,-1,1,2$.
下面分情况讨论.
当 $a=-2$ 时,$(-2)^b=-2b+2$,即 $(-2)^{b-1}=b-1$,无解;
当 $a=-1$ 时,$(-1)^b=-b+2$,$|-b+2|=1$.
所以 $b=1$ 或 $b=3$
若 $b=1,(-1)^1=-1+2$ 无解
若 $b=3,(-1)^3=-3+2$,满足条件.所以有解 $(-1,3)$.
当 $a=2$ 时,$2^b=(b+1)\times 2$,即 $2^{b-1}=b+1$,只有解 $b=3$,即有解 $(2,3)$.
若 $a=2,b>3$,易证 $2^{b-1}>b+1$.无解.
由以上,全部整数解为
$$(a,b)=(2,3),(1,-1),(-1,3)$$

39 已知 x,y 是质数,求不定方程
$$x^y-y^x=xy^2-19$$

最新世界各国数学奥林匹克中的初等数论试题(下)
The Lastest Elementary Number Theory in Mathematical Olympiads in The World

的解.

(巴尔干数学奥林匹克,2004 年)

解 若 $x=y$,则有 $x^3-19=0$,此时无质数解,则 $x\neq y$.
由已知方程
$$x^y \equiv -19 \pmod{y}$$
由于 x,y 都是质数,且 $x\neq y$,所以 $(x,y)=1$.
由费马小定理,有
$$x^{y-1} \equiv 1 \pmod{y}$$
于是有
$$x^y \equiv x \pmod{y}$$
即有
$$x+19 \equiv 0 \pmod{y}$$
同理有
$$19-y \equiv 0 \pmod{x}$$
由已知方程
$$x-y+19 \equiv 0 \pmod{x}$$
$$x-y+19 \equiv 0 \pmod{y}$$
所以
$$x-y+19 \equiv 0 \pmod{xy}$$
易知
$$x-y+19 \neq 0$$
于是有
$$x+y+19 > |x-y+19| \geqslant xy$$
即
$$(x-1)(y-1) < 20$$
因此
$$|x-y| < 19$$
$$x-y+19 \geqslant xy$$
即
$$(x+1)(y-1) \leqslant 18$$
所以 $x\geqslant 5$ 时,$y=2$ 或 $y=3$.
但是 $x^2-2^x<0$,$x^3-3^x<0$,而 $xy^2-19>0$,不符合已知方程.
因此 $x\leqslant 4$,对 $x=2,3$ 验算.
容易验证:不定方程的解为 $(x,y)=(2,3)$ 和 $(2,7)$.

第6章 不定方程
Chapter 6 Diophantine Equation

40 求满足方程
$$y^2(x^2+y^2-2xy-x-y)=(x+y)^2(x-y)$$
的所有整数解.

(白俄罗斯数学奥林匹克,2004年)

解 若 $y=0$,则 $x=0$,所以 $(x,y)=(0,0)$ 是一组整数解.

设 $y\neq 0$,已知方程化为
$$y^2[(x-y)^2-(x+y)]=(x+y)^2(x-y)$$
$$y^2(x-y)^2-y^2(x+y)=(x+y)^2(x-y)$$
$$y^2(x-y)^2=(x+y)[y(x+y)+(x+y)(x-y)]$$
$$y^2(x-y)^2=(x+y)x^2$$

记 $d=(x,y)>0$,则 $x=ad,y=bd,(a,b)=1$.

于是
$$db^2(a-b)^2=(a+b)a^2 \qquad ①$$

显然有
$$(a^2,b^2)=1$$
$$(a+b,b^2)=1$$

且
$$b^2\mid(a+b)a^2$$

因为 $a+b\neq 0$(否则由 ①,$a-b=0$,即 $a=0,b=0$,从而 $y=0$,矛盾).

所以 $b^2=1,b=\pm 1$.

(1) 若 $b=1$,则由式 ① 有
$$d(a-1)^2=(a+1)a^2 \qquad ②$$

显然 $a-1\neq 0$,又
$$(a-1)^2\mid(a+1)a^2$$
$$(a-1,a)=1$$

于是
$$(a-1)^2\mid(a+1)$$
$$(a-1)\mid(a+1)$$

因为
$$(a+1)-(a-1)=2$$

所以
$$(a-1)\mid(a+1)-(a-1)=2$$

于是
$$a-1=\pm 1,\pm 2,a=2,0,3,-1$$

代入式 ②,只有 $a=2,a=3$ 满足.

最新世界各国数学奥林匹克中的初等数论试题(下)
The Lastest Elementary Number Theory in Mathematical Olympiads in The World

当 $a=2$ 时,由②
$$d = 3 \times 4 = 12$$
此时,$x = ad = 2 \times 12 = 24$,$y = bd = 12$. 即 $(x,y) = (24,12)$.
当 $a=3$ 时,$d=9$,于是有 $(x,y) = (27,9)$.
(2) 若 $b = -1$,由式 ① 有
$$d(a+1)^2 = (a-1)a^2 \qquad ③$$
则
$$(a+1)^2 \mid (a-1)a^2$$
因为
$$(a, a+1) = 1$$
则
$$(a+1)^2 \mid (a-1)$$
$$(a+1) \mid (a-1)$$
于是
$$(a+1) \mid (a-1) - (a+1) = -2$$
所以
$$a+1 = \pm 1, \pm 2, a = 0, -2, 1, -3$$
把 $a = 0, -2, 1, -3$ 代入 ③,均不满足条件.
所以方程的整数解为
$$(x,y) = (0,0), (24,12), (27,9)$$

41 证明:不存在一对正整数 x, y,满足
$$3y^2 = x^4 + x$$

(韩国数学奥林匹克,2004 年)

证 假设方程 $3y^2 = x^4 + x = x(x^3 + 1)$ 有一组正整数解 x, y.
因为 $(x, x^3 + 1) = 1$,则存在正整数 u, v,使 $y = uv$,则
$$3u^2v^2 = x(x^3 + 1)$$
于是有
$$\begin{cases} 3u^2 = x^3 + 1 \\ v^2 = x \end{cases} \qquad ①$$
$$\begin{cases} u^2 = x^3 + 1 \\ 3v^2 = x \end{cases} \qquad ②$$
对于①,由于 $v^2 = x \equiv 0, 1 \pmod{4}$
则
$$x^3 + 1 \equiv 1, 2 \pmod{4}$$

第 6 章 不定方程
Chapter 6 Diophantine Equation

而
$$3u^2 \equiv 0,3 \pmod 4$$
所以 ① 无正整数解.

对于 ②,$u^2 = (x+1)(x^2-x+1)$

因为 $3v^2 = x$,则 $x \equiv 0 \pmod 3$
$$x^2 - x + 1 = (x+1)(x-2) + 3$$
又
$$(x+1, x^2-x+1) = 1$$
则
$$x^2 - x + 1 = t^2$$
此时 $x^2 - x + 1 = t^2$ 只有正整数解 $x = 1$ 与 $x \equiv 0 \pmod 3$ 矛盾.
所以 ② 也没有正整数解.

由以上,$3y^2 = x^4 + x$ 无整数解.

42 设 u 为任一给定的正整数,证明方程
$$n! = u^a - u^b$$
至多有有限多个正整数解 (n, a, b).

(中国国家集训队选拔考试,2004 年)

解 先证明一个引理.

引理 设 p 是一个给定的奇质数,$p \nmid u$,d 是 u 对模 p 的阶,并设 $u^d - 1 = p^v k$,这里 $v \geqslant 1$,$p \nmid k$. 又 m 是正整数,$p \nmid m$,对任意整数 $t(t \geqslant 0)$,有
$$u^{dmp^t} = 1 + p^{t+v} k_t$$
其中 $p \nmid k_t$.

引理的证明:对 t 归纳.

当 $t = 0$ 时,由
$$u^d = 1 + p^v k \quad (p \nmid k)$$
及二项式定理可得
$$u^{md} = (1 + p^v k)^m = 1 + p^v km + C_m^2 p^{2v} k^2 + \cdots =$$
$$1 + p^v (km + C_m^2 p^v k^2 + \cdots) = 1 + p^v k_1$$
其中 $p \nmid k_1$,结论成立;

假设结论对 t 已成立,则由二项式定理可知
$$u^{dmp^{t+1}} = (1 + p^{t+v} k_t)^p =$$
$$1 + p^{t+v+1}(k_t + C_p^2 p^{v+t-1} k_t^2 + \cdots) =$$
$$1 + p^{t+v+1} k_{t+1}$$
其中 $p \nmid k_{t+1}$

从而对 $t+1$ 结论成立,引理得证.

下面证明原题.

首先,方程可化为
$$n! = u^r(u^s-1) \quad (r,s \text{ 为正整数}) \quad ①$$

由引理中取定的奇质数中,可设 $n > p$(否则结论已成立).

设 $p^\alpha \| n!$,则 $\alpha \geq 1$,由 $p \nmid u$ 及式 ① 知
$$p^\alpha \| (u^s-1)$$

特别地
$$p \mid (u^s-1)$$

由于 d 是 u 对 $\mod p$ 的阶,所以 $d \mid s$.

设 $s = dmp^t$,其中 $t \geq 0, p \nmid m$

由 $u^s - 1 = p^\alpha m, p \nmid m$ 及引理知 $\alpha = t+v$,即 $t = \alpha - v$,所以有
$$u^s - 1 = u^{dmp^{\alpha-v}} - 1 \quad ②$$

因为
$$\alpha = \sum_{i=1}^{\infty}\left[\frac{n}{p^i}\right] \geq \left[\frac{n}{p}\right] > an \quad ③$$

其中 a 是一个仅与 p 有关的正数.

记 $b = u^{dp^{-v}}$,由于 d, p, u, v 是正整数,则 b 是大于 1 的正常数.

于是由式 ② 得
$$u^s - 1 \geq u^{dp^{\alpha-v}} - 1 > b^{p^{an}} - 1 \quad ④$$

但当 n 充分大时,易知
$$b^{p^{an}} - 1 > n^n - 1 \quad ⑤$$

(即 $p^{an} > n\log_b n$ 时, $b^{p^{an}} \geq n^n$).

因此,由 ②,③,④,⑤ 可知,当 n 充分大时,有 $u^s - 1 > n!$,更有 $u^r(a^s - 1) > n!$.

所以 n 充分大时,方程 ① 无解,即原方程至多有有限多组正整数解.

43 已知 p, q 都是质数,且使得关于 x 的一元二次方程
$$x^2 - (8p - 10q)x + 5pq = 0$$
至少有一个正整数根.

求所有的质数对 (p, q).

((卡西欧杯)全国初中数学竞赛,2005 年)

解 设方程的一个正整数根为 x_1,一根为 x_2,则
$$x_1 + x_2 = 8p - 10q \quad ①$$
$$x_1 x_2 = 5pq \quad ②$$

第6章 不定方程
Chapter 6 Diophantine Equation

由 $8p-10q$ 为整数及 $5pq$ 为正整数可知 x_2 也是正整数.
由式 ②,x_1,x_2 有如下几种可能的情形:(设 $x_1 \leqslant x_2$)

x_1	1	5	p	q	$5p$	$5q$
x_2	$5pq$	pq	$5q$	$5p$	q	p
x_1+x_2	$1+5pq$	$5+pq$	$p+5q$	$q+5p$	$5p+q$	$p+5q$

对 x_1+x_2 有 4 种情形:由 ① 有
(1) 当 $1+5pq=8p-10q$ 时,由于
$$1+5pq > 10p > 8p-10q$$
此时无解.
(2) 当 $5+pq=8p-10q$ 时
$$(p+10)(q-8)=-85$$
因为 p,q 是质数,只有
$$\begin{cases} q-8=-5 \\ p+10=17 \end{cases}$$
或
$$\begin{cases} q-8=-1 \\ p+10=85 \end{cases}$$
即 $(p,q)=(7,3)$
(3) 当 $p+5q=8p-10q$ 时,有 $7p=15q$,此时无质数解.
(4) 当 $q+5p=8p-10q$ 时,有 $3p=11q$,则 $p=11,q=3$.
由以上,所求质数对 $(p,q)=(7,3),(11,3)$.

44 求方程
$$(x+y^2)(x^2+y)=(x+y)^3$$
的所有整数解.

(瑞典数学奥林匹克,2005 年)

解 原方程化为
$$x^3+x^2y^2+xy+y^3=x^3+3x^2y+3xy^2+y^3$$
$$x^2y^2+xy=3xy(x+y)$$
即
$$xy(xy-3x-3y+1)=0$$
当 $xy=0$ 时有 $x=0$ 或 $y=0$,则原方程的解为 $\begin{cases} x=0 \\ y=k \end{cases}$ 或 $\begin{cases} x=k \\ y=0 \end{cases}$,$k \in \mathbf{Z}$.
当 $xy-3(x+y)+1=0$ 时,有

最新世界各国数学奥林匹克中的初等数论试题(下)

The Lastest Elementary Number Theory in Mathematical Olympiads in The World

$$(x-3)(y-3)=8$$

则有方程组

$$\begin{cases}x-3=1\\y-3=8\end{cases}, \begin{cases}x-3=2\\y-3=4\end{cases}, \begin{cases}x-3=4\\y-3=2\end{cases}, \begin{cases}x-3=8\\y-3=1\end{cases}$$

$$\begin{cases}x-3=-1\\y-3=-8\end{cases}, \begin{cases}x-3=-2\\y-3=-4\end{cases}, \begin{cases}x-3=-4\\y-3=-2\end{cases}, \begin{cases}x-3=-8\\y-3=-1\end{cases}$$

相应的解为

$(x,y)=(4,11),(5,7),(7,5),(11,4),(2,-5),(1,-1),(-1,1),(-5,2)$

于是方程的整数解为 $(0,k),(k,0)(k\in \mathbf{Z})$ 和上述 8 组解.

45 试求出能够对某些正整数 a,n,m 满足等式

$$x+y=a^n$$
$$x^2+y^2=a^m$$

的所有正整数对 (x,y).

(俄罗斯数学奥林匹克,2005 年)

解 由题设等式得

$$a^{2n}=(x+y)^2=x^2+y^2+2xy=a^m+2xy$$

所以

$$a^{2n}>a^m$$

因此 $a^m\mid a^{2n}$. 于是 $2xy$ 也可被 $a^m=x^2+y^2$ 整除.

因为

$$x^2+y^2\geqslant 2xy$$

而 $a^m\mid 2xy$,又表明 $2xy\geqslant x^2+y^2$.

于是

$$x^2+y^2=2xy, \quad x=y$$

所以有

$$\begin{cases}2x=a^n\\2x^2=a^m\end{cases}$$

则

$$4x^2=a^{2n}$$

即

$$a^{2n-m}=2$$

于是 $a=2,2n-m=1,x+y=2^n,x^2+y^2=2^m$.

所以 $x=y=2^k,k$ 为非负整数.

· 236 ·

第6章 不定方程
Chapter 6　Diophantine Equation

所求正整数对为 $(2^k, 2^k), k \in \mathbf{N}^*$.

46 设 a 是整数,且 $|a| \leqslant 2\,005$,求使得方程组
$$\begin{cases} x^2 = y + a \\ y^2 = x + a \end{cases}$$
有整数解的 a 的个数.

(奥地利数学奥林匹克,2005 年)

证 如果 (x, y) 是给定方程组的一组整数解,将两个式子相减,得到
$$x^2 - y^2 = y - x \Leftrightarrow (x-y)(x+y+1) = 0$$

(1) 当 $x - y = 0$ 时,将 $x = y = m$ 代入方程组得到
$$a = m^2 - m = m(m-1)$$

于是,a 是两个连续整数的乘积,且是非负的. 即 $0 \leqslant a \leqslant 2\,005$. 由
$$45 \times 44 = 1\,980 < 2\,005 < 46 \times 45 = 2\,070$$
可知,m 可以取 $1 \leqslant m \leqslant 45$ 中的所有整数,这样就有 45 个 a 满足条件.

(2) 当 $x + y + 1 = 0$ 时,将 $x = m, y = -(m+1)$ 代入方程组得到
$$a = m^2 + m + 1 = m(m+1) + 1$$

于是,a 比两个连续整数的乘积大 1,且是非负的,由第一种情况得到的 a 再加上 1,就得到第二种情况的 a,因此,也有 45 个 a 满足条件.

综合以上,共有 90 个 a 满足条件.

47 证明:方程组
$$\begin{cases} x^6 + x^3 + x^3 y + y = 147^{157} \\ x^3 + x^3 y + y^2 + y + z^9 = 157^{147} \end{cases}$$
没有整数解 x, y, z.

(美国数学奥林匹克,2005 年)

证 将所给出的方程组的方程两端相加,并同时加 1,得
$$(x^3 + y + 1)^2 + z^9 = 147^{157} + 157^{147} + 1 \qquad ①$$

下面证明,式 ① 的两边对 mod 19 不同余.
选择 19 是因为 2 和 9 的最小公倍数是 18,
当 a 不是 19 的倍数时,由费马小定理,有 $a^{18} \equiv 1 \pmod{19}$.
又 $(z^9)^2 \equiv 0, 1 \pmod{19}$,于是,$z^9 \equiv -1, 0, 1 \pmod{19}$.
设 $n = x^3 + y + 1$,经过直接计算可得
$$n^2 \equiv -8, -3, -2, 0, 1, 4, 5, 6, 7, 9 \pmod{19}$$

由费马小定理
$$147^{157} + 157^{147} + 1 \equiv 147^{18 \times 8 + 13} + 157^{18 \times 18 + 3} + 1 \equiv$$

最新世界各国数学奥林匹克中的初等数论试题(下)
The Lastest Elementary Number Theory in Mathematical Olympiads in The World

$$147^{13} + 157^3 + 1 \equiv (19 \times 8 - 5)^{13} + (19 \times 8 + 5)^3 + 1 \equiv$$
$$-5^{13} + 5^3 + 1 \equiv -5(5^4)^3 + 11 + 1 \equiv -5(-2)^3 + 12 \equiv$$
$$40 + 12 = 52 \equiv 14 \pmod{19}$$

又

$$n^2 + z^9 \equiv -9, -8, -7, -4, -3, -2, -1, 0, 1, 3, 4, 5, 6, 7, 8, 9, 10 \pmod{19}$$

所以,方程组无整数解.

48 (1) 试求所有正整数 k,使得方程
$$a^2 + b^2 + c^2 = kabc \qquad ①$$
有正整数解 (a, b, c);

(2) 证明:对上述每个 k,方程 ① 都有无穷多个这样的正整数解 (a_n, b_n, c_n),使得 a_n, b_n, c_n 三数中,任两数之积皆可表为两个正整数的平方和.

(中国国家集训队培训试题,2005 年)

解 (1) 先证一个引理.

引理 不存在不全为零的整数 a, b, c,使得
$$a^2 + b^2 + c^2 = kabc$$

其中 k 为某个偶数.

证明:假设不然,设 (a, b, c) 是使 $|a| + |b| + |c|$ 达到最小的不全为零的整数组.

注意到 k 为偶数,则 a, b, c 中必有偶数(否则 $a^2 + b^2 + c^2 \equiv 3 \pmod{4}$,与 k 为偶数矛盾).从而
$$a^2 + b^2 + c^2 \equiv 0 \pmod{4}$$

由于整数的平方模 4 的余数为 0 或 1,故 a, b, c 都为偶数.设 $a = 2a_1, b = 2b_1, c = 2c_1, a_1, b_1, c_1 \in \mathbf{Z}$,代入 ① 得
$$a_1^2 + b_1^2 + c_1^2 = 2ka_1b_1c_1$$

但
$$0 < |a_1| + |b_1| + |c_1| =$$
$$\frac{1}{2}(|a| + |b| + |c|) <$$
$$|a| + |b| + |c|$$

与 $|a| + |b| + |c|$ 最小矛盾.

现回到原题.

固定 k,设 (a, b, c) 是使得 $a + b + c$ 达到"最小"的正整数解,不妨设 $a \leqslant b \leqslant c$.

将式 ① 改写为

第 6 章 不定方程
Chapter 6 Diophantine Equation

$$c^2 - kabc + (a^2 + b^2) = 0$$

设另一根为 c',则

$$\begin{cases} c + c' = kab \\ c \cdot c' = a^2 + b^2 \end{cases}$$

易知 $c' \in \mathbf{N}^*$,由

$$a + b + c' \geqslant a + b + c$$

得

则

$$c' \geqslant c$$

$$c^2 \leqslant cc' = a^2 + b^2 < (a+b)^2$$

即

$$c < a + b$$

从而

$$k = \frac{a^2 + b^2 + c^2}{abc} = \frac{a}{bc} + \frac{b}{ca} + \frac{c}{ab} \leqslant$$

$$\frac{1}{c} + \frac{1}{a} + \frac{c}{ab} <$$

$$\frac{1}{c} + \frac{1}{a} + \frac{a+b}{ab} =$$

$$\frac{2}{a} + \frac{1}{b} + \frac{1}{c} \leqslant 4$$

由引理,k 为奇数,则 $k = 1$ 或 3,且 $(a,b,c) = (1,1,1)$ 时,$k = 3$,$(a,b,c) = (3,3,3)$ 时,$k = 1$.

(2) 先考虑 $k = 3$.

定义数列 $\{F_n\}$:

$$F_0 = 0, F_1 = 1, F_{n+2} = F_{n+1} + F_n$$

这是斐波那契数列,可以证明

(ⅰ) $F_{n+1}F_{n-1} - F_n^2 = (-1)^n (n \in \mathbf{N}^*)$,特别地 $F_{2n+1}F_{2n-1} = F_{2n}^2 + 1$.

(ⅱ) $F_{n+m} = F_n F_{m-1} + F_m F_{n+1} (n \in \mathbf{N}, m \in \mathbf{N}^*)$,特别地 $F_{2n+1} = F_n^2 + F_{n+1}^2$.

(ⅲ) $1 + F_{2n-1}^2 + F_{2n+1}^2 = 3F_{2n-1}F_{2n+1}. (n \in \mathbf{N}^*)$.

由 (ⅲ) 知 $(a,b,c) = (1, F_{2n-1}, F_{2n+1})(n \geqslant 2)$ 是方程 ① 的一组正整数解,且有

$$1 \cdot F_{2n-1} = F_{n-1}^2 + F_n^2$$

$$1 \cdot F_{2n+1} = F_n^2 + F_{n+1}^2$$

$$F_{2n-1} F_{2n+1} = F_{2n}^2 + 1^2$$

当 $k = 1$ 时,上面已讨论,存在无穷多组解 (a_n, b_n, c_n) 满足

最新世界各国数学奥林匹克中的初等数论试题(下)
The Lastest Elementary Number Theory in Mathematical Olympiads in The World

$$a_n^2 + b_n^2 + c_n^2 = 3a_n b_n c_n$$

且 a_n, b_n, c_n 中任两数之积都可表为两个整数的平方和.

则易知 $3a_n, 3b_n, 3c_n$ 中任两数之积也可表为两个正整数的平方和,且满足
$$(3a_n)^2 + (3b_n)^2 + (3c_n)^2 = (3a_n)(3b_n)(3c_n)$$

49 试求所有互质的正整数对 (x, y),使满足
$$x \mid (y^2 + 210), \quad y \mid (x^2 + 210)$$
(中国国家集训队培训试题,2005 年)

解 对 $x, y \in \mathbf{N}^*$,有
$$x \mid (y^2 + 210), y \mid (x^2 + 210), (x, y) = 1 \Leftrightarrow$$
$$xy \mid (x^2 + y^2 + 210), (x, y) = 1 \Leftrightarrow$$
$$x^2 + y^2 + 210 = kxy, (x, y) = 1, k \in \mathbf{N}^* \qquad ①$$

易知,$(x, y) = 1, (x, 210) = 1, (y, 210) = 1$ 中由任一个出发可导出另两个,且 $k \geqslant 3$.

若 $x = y$,易知 $x = y = 1, k = 212$.

若 $x = 1$,则 $k = y + \dfrac{211}{y}$,注意到 211 是质数,故 $y = 1$ 或 211, $k = 212$.

若 $1 < x < y$,先证 $x \geqslant 15$.

假设 $x \leqslant 14$,由于 $(x, 210) = 1$,故 $x = 11$ 或 13.

如果 $x = 11$,则 $y^2 + 331 = k \cdot y \cdot 11$. 注意到 331 是质数,故 $y = 331$,从而 $11 \mid 332$,矛盾.

如果 $x = 13$,则 $y^2 + 379 = k \cdot y \cdot 13$,注意到 379 是质数,故 $y = 379$,从而 $13 \mid 380$,矛盾.

所以 $x \geqslant 15$.

当 $x \geqslant 15$ 时,将方程 ① 变形为
$$y^2 - kxy + (x^2 + 210) < 0$$

设方程的另一根为 y',则有
$$y + y' = kx \qquad ②$$
$$yy' = x^2 + 210$$

则 $y' \in \mathbf{N}^*$.

由于 $x^2 > 210$,故
$$(y - x)^2 + x^2 > (y - x)^2 + 210 = (k - 2)xy \geqslant xy$$
$$(y - x)^2 > x(y - x)$$

由于 $y - x > 0$,故 $y - x > x, y > 2x$.

从而

第6章 不定方程
Chapter 6 Diophantine Equation

$$y' = \frac{x^2+210}{y} < \frac{x^2+210}{2x} < \frac{x^2+x^2}{2x} = x$$

所以(y',x)是一组"更小"的解,且k值不变.

这表明,每一组$(x,y)(1<x<y)$都可以由$(1,1)$或$(1,211)$导出,且$k=212$.

由于$(1,211)$也可由$(1,1)$导出,所以由 ② 可构造数列$\{a_n\}$如下:
$$a_1 = a_2 = 1$$
$$a_{n+2} = 212a_{n+1} - a_n$$

则原方程的所有正整数解为
$$(a_n, a_{n+1}) \text{和} (a_{n+1}, a_n) \quad n \in \mathbf{N}^*$$

50 求所有的质数p,q,r,使得等式$p^3 = p^2+q^2+r^2$成立.

(伊朗数学奥林匹克,2004—2005年)

解 若$p=2$,则
$$8 = 4+q^2+r^2$$
$$q^2+r^2 = 4$$

此方程没有质数解.

所以方程若有解,则p是奇质数.

由题设等式得
$$q^2+r^2 \equiv 0 \pmod{p}$$

则
$$p \mid q, p \mid r \text{ 或 } p = 4k+1$$

若$p \mid q, p \mid r$,由p,q,r为质数,有$p=q=r$,则
$$p^3 = p^2+p^2+p^2, \quad p=3$$

于是
$$(p,q,r) = (3,3,3)$$

若$p = 4k+1$,由$q^2+r^2 = p^3-p^2 = p^2(p-1)$,则
$$q^2+r^2 \equiv 0 \pmod{4}$$

于是,$2 \mid q, 2 \mid r$,由q,r是质数,则$q=r=2$,于是
$$p^3 - p^2 = 8$$

此方程无质数解.

所以满足题设等式的质数p,q,r只有$(3,3,3)$.

51 求所有正整数x,y,z,使得
$$xy \pmod{z} = yz \pmod{x} = zx \pmod{y} = 2$$

最新世界各国数学奥林匹克中的初等数论试题(下)
The Lastest Elementary Number Theory in Mathematical Olympiads in The World

其中 $a \pmod b$ 表示 $a - b\left[\dfrac{a}{b}\right]$，即 a 除以 b 的剩余.

(台湾数学奥林匹克选拔考试,2005 年)

解 由条件知
$$z \mid (xy-2), \quad x \mid (yz-2), \quad y \mid (zx-2)$$

相乘得
$$xyz \mid (xy-2)(yz-2)(zx-2)$$
$$(xy-2)(yz-2)(zx-2) =$$
$$x^2 y^2 z^2 - 2(x^2 yz + xy^2 z + xyz^2) +$$
$$4(xy + yz + zx) - 8$$

所以
$$xyz \mid (4(xy + yz + zx) - 8)$$

故
$$4(xy + yz + zx) - 8 = kxyz$$

则
$$4\left(\dfrac{1}{x} + \dfrac{1}{y} + \dfrac{1}{z}\right) = k + \dfrac{8}{xyz} \qquad ①$$

由已知条件,$x, y, z > 2$.

若 x, y, z 中有两个相等,不妨设 $x = y$,则
$$yz \equiv 0 \pmod{x}$$

与已知
$$yz \equiv 2 \pmod{x}$$

矛盾. 所以 x, y, z 两两不等.

不妨设 $x < y < z$,则
$$4\left(\dfrac{1}{x} + \dfrac{1}{y} + \dfrac{1}{z}\right) \leqslant 4\left(\dfrac{1}{3} + \dfrac{1}{4} + \dfrac{1}{5}\right) < 4$$

故 $k \leqslant 3$,即 $k = 1, 2, 3$.

(1) 若 $k = 3$,如果 $x \geqslant 4$,则
$$4\left(\dfrac{1}{x} + \dfrac{1}{y} + \dfrac{1}{z}\right) \leqslant 4\left(\dfrac{1}{4} + \dfrac{1}{5} + \dfrac{1}{6}\right) < 3$$

矛盾.

所以 $x = 3$.

如果 $y \geqslant 5$,则
$$4\left(\dfrac{1}{x} + \dfrac{1}{y} + \dfrac{1}{z}\right) \leqslant 4\left(\dfrac{1}{3} + \dfrac{1}{5} + \dfrac{1}{6}\right) < 3$$

矛盾.

第6章 不定方程
Chapter 6 Diophantine Equation

所以 $y = 4$.

把 $x = 3, y = 4, k = 3$ 代入 ①,得 $z = 5$. 但 $xz = 15 \not\equiv 2 \pmod{4}$.

所以 $k = 3$ 时无解.

(2) 若 $k = 2$,则

$$2\left(\frac{1}{x} + \frac{1}{y} + \frac{1}{z}\right) = 1 + \frac{4}{xyz} \qquad ②$$

即

$$(x-2)yz - zx(y+z) + 4 = 0 \qquad ③$$

如果 $x \geqslant 6$,则

$$2\left(\frac{1}{x} + \frac{1}{y} + \frac{1}{z}\right) \leqslant 2\left(\frac{1}{6} + \frac{1}{7} + \frac{1}{8}\right) < 1$$

矛盾.

所以 $3 \leqslant x \leqslant 5$.

当 $x = 3$ 时,由式 ③ 得

$$yz - 6y - 6z + 4 = 0$$
$$(y-6)(z-6) = 32$$

解

$$\begin{cases} y - 6 = 1 \\ z - 6 = 32 \end{cases}, \begin{cases} y - 6 = 2 \\ z - 6 = 16 \end{cases}, \begin{cases} y - 6 = 4 \\ z - 6 = 8 \end{cases}$$

得

$$(x, y, z) = (3, 7, 38), (3, 8, 22), (3, 10, 14)$$

经检验,$(x, y, z) = (3, 8, 22), (3, 10, 14)$ 满足题设要求.

当 $x = 4$ 时,由式 ③ 得

$$yz - 4y - 4z + 2 = 0$$
$$(y-4)(z-4) = 14$$

解

$$\begin{cases} y - 4 = 1 \\ z - 4 = 14 \end{cases}, \begin{cases} y - 4 = 2 \\ z - 4 = 7 \end{cases}$$

得 $(x, y, z) = (4, 5, 18), (4, 6, 11)$,均满足题设要求.

当 $x = 5$ 时,由式 ③ 得

$$3yz - 10(y+z) + 4 = 0$$
$$(3y - 10)(3z - 10) = 88$$

因为 $y > x$,则 $y \geqslant 6, 3y - 10 \geqslant 8$.

于是只有

$$\begin{cases} 3y - 10 = 8 \\ 3z - 10 = 11 \end{cases}$$

最新世界各国数学奥林匹克中的初等数论试题(下)

The Lastest Elementary Number Theory in Mathematical Olympiads in The World

所以 $(x, y, z) = (5, 6, 7)$. 经检验,不满足题目要求.

(3) 若 $k = 1$, 则

$$4\left(\frac{1}{x} + \frac{1}{y} + \frac{1}{z}\right) = 1 + \frac{8}{xyz} \qquad ④$$

$$(x - 4)yz - 4x(y + z) + 8 = 0 \qquad ⑤$$

若 $x \leqslant 4$, 则

$$\frac{4}{x} \geqslant 1, \quad \frac{4}{y} \geqslant \frac{4}{xyz}, \quad \frac{4}{z} \geqslant \frac{4}{xyz}$$

即 $\frac{4}{x} + \frac{4}{y} + \frac{4}{z} > 1 + \frac{8}{xyz}$ 与式 ④ 矛盾.

若 $x \geqslant 12$, 则

$$4\left(\frac{1}{x} + \frac{1}{y} + \frac{1}{z}\right) \leqslant 4\left(\frac{1}{12} + \frac{1}{13} + \frac{1}{14}\right) < 1$$

矛盾.

所以 $5 \leqslant x \leqslant 11$.

当 $x = 5$ 时, 由式 ⑤ 得

$$(y - 20)(z - 20) = 392$$

解 $(y - 20, z - 20) = (1, 392), (2, 196), (4, 98), (8, 49), (7, 56), (14, 28)$

得 $(x, y, z) = (5, 21, 412), (5, 22, 216), (5, 24, 118),$

$(5, 28, 69), (5, 27, 76), (5, 34, 48)$

经检验,均不满足题设要求.

当 $x = 6$ 时, 由式 ⑤

$$(y - 12)(z - 12) = 140$$

解 $(y - 12, z - 12) = (1, 140), (2, 70), (4, 35), (5, 28), (7, 20), (10, 14)$.

得 $(x, y, z) = (6, 13, 152), (6, 14, 82), (6, 16, 47),$

$(6, 17, 40), (6, 19, 32), (6, 22, 26)$

经检验, $(6, 14, 82)$ 和 $(6, 22, 26)$ 满足题设要求.

当 $x = 7$ 时, 由式 ⑤

$$(3y - 28)(3z - 28) = 760$$

解 $(3y - 28, 3z - 28) = (1, 760), (2, 380), (4, 190), (5, 152), (8, 95), (10, 76),$

$(19, 40), (20, 38)$.

舍去 y 或 z 不是整数的情况, 所以

$(x, y, z) = (7, 10, 136), (7, 11, 60), (7, 12, 41), (7, 16, 22)$

经检验,均不满足题设要求.

当 $x = 8$ 时, 由式 ⑤

$$(y - 8)(z - 8) = 62$$

第 6 章　不定方程
Chapter 6　Diophantine Equation

解 $(y-8, z-8) = (1, 62), (2, 31)$
所以
$$(x, y, z) = (8, 9, 70), (8, 10, 39)$$
经检验均不满足题设要求.

当 $x = 9$ 时,由式 ⑤
$$(5y - 36)(5z - 36) = 1\ 256$$
由于
$$5y - 36 < \sqrt{1\ 256} < 36$$
因为 $y > x$,则 $y \geqslant 10$,于是 $5y - 36 \geqslant 14$.
即
$$14 \leqslant 5y - 36 < 36$$
而在 $[14, 36)$ 中没有 $1\ 256$ 的约数,此时无解.

当 $x = 10$ 时,由式 ⑤
$$(3y - 20)(3z - 20) = 388 = 4 \times 97$$
注意到
$$3y - 20 < \sqrt{388} < 20$$
因为 $y > x$,则 $y \geqslant 11$,故 $3y - 20 \geqslant 13$.
而在 $[13, 20)$ 中没有 388 的约数.此时无解.

当 $x = 11$ 时,由式 ⑤ 得
$$(7y - 44)(7z - 44) = 1\ 880$$
由于
$$7y - 44 \leqslant \sqrt{1\ 880}, \quad y \leqslant 12$$
又因为 $y > x$,则 $y = 12, z = 13$.
经检验 $(11, 12, 13)$ 不满足题目要求.

由以上,可得 $(x, y, z)(x < y < z)$ 的解是
$$(3, 8, 22), (3, 10, 14), (4, 5, 18)$$
$$(4, 6, 11), (6, 14, 82), (6, 22, 26)$$
它们的对称数组得到相应的解.

52　求所有满足关系式
$$\frac{x! + y!}{n!} = 3^n$$
的自然数组 (x, y, n)(约定 $0! = 1$).

(越南数学奥林匹克,2005 年)

解　假设 (x, y, n) 是满足

最新世界各国数学奥林匹克中的初等数论试题(下)
The Lastest Elementary Number Theory in Mathematical Olympiads in The World

$$\frac{x! + y!}{n!} = 3^n \qquad ①$$

的自然数组,易知 $n \geqslant 1$.

假设 $x \leqslant y$,考虑下面两种情况:

(1) $x \leqslant n$. 式 ① 化为

$$1 + \frac{y!}{x!} = 3^n \cdot \frac{n!}{x!} \qquad ②$$

由式 ② 推出

$$1 + \frac{y!}{x!} \equiv 0 \pmod{3}$$

因为三个连续整数的乘积能被 3 整除,且 $n \geqslant 1$,则有

$$x < y \leqslant x + 2$$

如果 $y = x + 2$,由式 ② 得

$$1 + (x+1)(x+2) = 3^n \cdot \frac{n!}{x!} \qquad ③$$

因为两个连续整数的乘积能被 2 整除,由式 ③ 知 $n \leqslant x + 1$.

若 $n = x$,则式 ③ 化为

$$1 + (x+1)(x+2) = 3^x \qquad ④$$

因为 $x \geqslant 1$,由式 ④ 知

$$x \equiv 0 \pmod{3}$$

所以 $x \geqslant 3$. 即

$$x^2 + 3x + 3 = 3^x$$
$$-3 = x^2 + 3x - 3^x \equiv 0 \pmod{9}$$

矛盾.

所以 $n \neq x$.

故 $n = x + 1$.

于是,式 ③ 化为

$$1 + (x+1)(x+2) = 3^n(x+1)$$

所以,$(x+1) \mid 1$,于是 $x = 0$.

因而,$x = 0, y = 2, n = 1$.

如果 $y = x + 1$,由式 ② 得

$$x + 2 = 3^n \cdot \frac{n!}{x!} \qquad ⑤$$

因为 $n \geqslant 1$,由 ⑤ 知 $x \geqslant 1$,则 $x = n$,且

$$x + 2 = 3^n \qquad ⑥$$

此时,$x = 1$ 是满足式 ⑥ 的唯一自然数.

第6章 不定方程
Chapter 6 Diophantine Equation

从而 $x=1, y=2, n=1$.

于是,在 $x \leqslant n$ 的情形下,满足①的自然数组 $(x,y,n)=(0,2,1)$ 和 $(1,2,1)$.

(2) $x > n$. 则式①化为
$$\frac{x!}{n!}(1+\frac{y!}{x!}) = 3^n \qquad ⑦$$

因为 $n+1$ 和 $n+2$ 不能同时是 3 的幂,由式⑦可推出 $x=n+1$.

于是,式⑦化为
$$n+1+\frac{y!}{n!} = 3^n \qquad ⑧$$

因为 $y \geqslant x$,则 $y \geqslant n+1$.

令 $A = \frac{y!}{(n+1)!}$ 代入式⑧得
$$(n+1)(1+A) = 3^n \qquad ⑨$$

如果 $y \geqslant n+4$,则 $A \equiv 0 \pmod{3}$.

故 $A+1$ 不能为 3 的幂,因而式⑨不可能成立.

于是,由式⑨得 $y \leqslant n+3$.

所以有
$$n+1 \leqslant y \leqslant n+3$$

若 $y = n+3$,则
$$A = (n+2)(n+3)$$

由式⑨得
$$(n+1)[1+(n+2)(n+3)] = 3^n$$

即
$$(n+2)^3 - 1 = 3^n \qquad ⑩$$

于是有 $n > 2$,且 $n+2 \equiv 1 \pmod{3}$.

令 $n+2 = 3k+1, k \geqslant 2$,由式⑩有
$$9k(3k^2+3k+1) = 3^{3k-1}$$

与
$$(3k^2+3k+1, 3) = 1$$

矛盾!所以 $y \neq n+3$.

若 $y = n+2$,则 $A = n+2$.

由式⑨得
$$(n+1)(n+3) = 3^n$$

当 $n \geqslant 1$ 时,$(n+1)$ 和 $(n+3)$ 不能同时被 3 整除,所以 $y \neq n+2$.

若 $y = n+1$,则 $A = 1$.

最新世界各国数学奥林匹克中的初等数论试题(下)
The Lastest Elementary Number Theory in Mathematical Olympiads in The World

由式 ⑨ 得
$$2(n+1) = 3^n$$
此式无解. 所以 $y \neq n+1$.

因此在 $x > n$ 的情况下,无解.

于是,由 x 和 y 的对称性,式 ① 的全部自然数解为
$$(x, y, n) = (0, 2, 1), (2, 0, 1), (1, 2, 1), (2, 1, 1)$$

53 设正整数 $x, y, z (x > 2, y > 1)$ 满足等式
$$x^y + 1 = z^2$$
以 p 表示 x 的不同质约数的个数,以 q 表示 y 的不同质约数的个数.

证明: $p \geqslant q + 2$.

(俄罗斯数学奥林匹克,2005 年)

证 已知方程化为
$$(z-1)(z+1) = x^y \qquad ①$$

首先证明 x 必为偶数.

若 x 为奇数,则有 $(z-1, z+1) = 1$,于是由式 ① 有
$$\begin{cases} z-1 = u^y \\ z+1 = v^y \end{cases}$$
u, v 为正奇数.

于是
$$v^y - u^y = 2 \qquad ②$$
由于
$$v^y - u^y = (v-u)(v^{y-1} + uv^{y-2} + \cdots + u^{y-1}) \geqslant 3 \qquad ③$$
② 与 ③ 矛盾,所以 x 不能为奇数.

因为 x 为偶数,则由式 ①,$z-1$ 与 $z+1$ 中有一个是 2 的倍数,且 $(z-1, z+1) = 2$,因而是 2 的倍数的数不是 4 的倍数,另一个是 2^{y-1} 的倍数,却不是 2^y 的倍数,于是有
$$\begin{cases} z-1 = 2u^y = A \\ z+1 = 2^{y-1}v^y = B \end{cases}$$
u, v 为正奇数.

显然
$$AB = (z-1)(z+1) = x^y$$
$$|A - B| = |2u^y - 2^{y-1}v^y| = |(z-1) - (z+1)| = 2$$
因而
$$|u^y - 2^{y-2}v^y| = 1$$

第 6 章 不定方程
Chapter 6 Diophantine Equation

于是
$$2^{y-2}v^y = u^y + 1 \text{ 或 } 2^{y-2}v^y = u^y - 1 \qquad ④$$

若 $u=1$，则 $A=2, A=z-1=2, z=3$ 即
$$x^y = 3^2 - 1 = 8 = 2^3$$

则 $x=2$，与题设 $x>2$ 矛盾. 所以 $u>1$.

若 y 为偶数，设 $y=2n$，则 $z^2 - x^{2n} = 1$，这是不可能的，所以 y 为奇数.

因而 x 为偶数，y 为奇数.

下面证明两个引理.

引理 1   如果 a 为不小于 2 的整数，p 为奇质数，则 $a^p - 1$ 至少有一个质约数不能整除 $a-1$.

引理 1 的证明：$a^p - 1 = (a-1)(a^{p-1} + a^{p-2} + \cdots + a + 1) = (a-1)b$.

首先证明，$a-1$ 与 b 不可能有不同于 1 和 p 的公共质约数 q.

事实上，如果 $q \mid (a-1)$，则对任何正整数 m，都有 $q \mid (a^n - 1)$. 因此
$$b = a^{p-1} + a^{p-2} + \cdots + 1 =$$
$$\sum_{m=1}^{p-1}(a^m - 1) + p = lq + p$$

其中 l 是某个整数.

故只有在 $q=1$ 或 $q=p$ 时，b 才能被 q 整除.

我们证明 b 只能被 p 整除，而不能被 p^2 整除.

如果 $a = p^\alpha k + 1$，其中 k 不能被 p 整除，则有
$$a^p = (p^\alpha k + 1)^p = 1 + p^{\alpha+1}k + p \cdot \frac{p-1}{2}p^{2\alpha}k^2 + \cdots =$$
$$1 + p^{\alpha+1}k + p^{\alpha+2}d$$

其中 d 为整数.

于是
$$(a-1)b = a^p - 1 = p^{\alpha+1}(k + pd)$$

由于 k 不能被 p 整除，所以 b 只能被 p 整除，而不能被 p^2 整除.

引理 2   设 a 为不小于 2 的整数，p 为奇质数，如果 $a \neq 2$ 或 $p \neq 3$，则 $a^p + 1$ 至少有一个质约数不能整除 $a+1$.

引理 2 的证明：
$$a^p + 1 = (a+1)(a^{p-1} - a^{p-2} + \cdots + a^2 - a + 1) =$$
$$(a+1)b$$

首先证明，$a+1$ 与 b 不可能有不同于 1 和 p 的公共质约数 r.

事实上，如果 $r \mid (a+1)$，当 k 为奇数时，有 $r \mid (a^k + 1)$.

当 k 为偶数时，设 $k=2m$，有 $(a^2-1) \mid (a^{2m}-1)$，而 $r \mid (a^2-1)$，所以有 $r \mid (a^2-1)$，所以 $r \mid (a^{2m}-1)$.

因此，$b = lr + p$，其中 l 是某个整数.

故只有 $r = 1$，或 $r = p$ 时，b 才能被 r 整除.

下面证明不可能有 $b = p^n$ 且 $p \mid (a+1)$.

先证 $b > p$.

事实上，有 $b \geqslant a^2 - a + 1 \geqslant a + 1 \geqslant p$，这一连串等号，不可能都成立，因此有 $b > p$.

由引理 1，b 不能被 p^2 整除，从而得出矛盾.

现在证明题目本身.

考查等式 ④$u^y \pm 1 = 2^{y-2} v^y$.

由所证引理可知，该式右端有不少于 $q+1$ 个不同的质约数，既然 $(u, 2v) = 1, u > 1$. 所以题目的结论成立，即如果 y 有 n 个大于 1 的质数的乘积，则 x 至少有 $n+2$ 个不同的质约数.

54 求方程

$$2^x \cdot 3^y - 5^z \cdot 7^w = 1$$

的所有非负整数解 (x, y, z, w).

（中国数学奥林匹克，2005 年）

解 $2^x \cdot 3^y = 5^z \cdot 7^w + 1$

所以 $5^z \cdot 7^w + 1$ 为偶数，于是 $x \geqslant 1$.

(1) 若 $y = 0$，此时

$$2^x - 5^z \cdot 7^w = 1$$

若 $z \neq 0$，则 $2^x \equiv 1 \pmod 5$，此时 $4 \mid x$.

于是 $3 \mid 2^x - 1$，即 $3 \mid 5^z \cdot 7^w$，这是不可能的.

若 $z = 0$，则

$$2^x - 7^w = 1$$

当 $x \geqslant 4$ 时

$$7^w \equiv -1 \pmod{16} \quad ①$$

然而当 $w = 2k$ 时

$$7^w = 49^k \equiv 1 \pmod{16}$$

当 $w = 2k+1$ 时

$$7^w = 7 \cdot 49^k \equiv 7 \pmod{16}$$

所以式 ① 不可能成立.

所以 $x \leqslant 3$，当 $x = 1, 2, 3$ 时，直接计算可得 $(x, w) = (1, 0), (3, 1)$.

于是 $(x, y, z, w) = (1, 0, 0, 0), (3, 0, 0, 1)$.

(2) 当 $y > 0, x = 1$ 时，则

第6章 不定方程
Chapter 6 Diophantine Equation

$$2 \cdot 3^y - 5^z \cdot 7^w = 1$$

于是
$$-5^z \cdot 7^w \equiv 1 \pmod{3}$$
即
$$(-1)^z \equiv -1 \pmod{3}$$

于是 z 为奇数. 则
$$2 \cdot 3^y \equiv 1 \pmod{5}$$

于是
$$y \equiv 1 \pmod{4}$$

当 $w \neq 0$ 时
$$2 \cdot 3^y \equiv 1 \pmod{7}$$

由
$$3^6 \equiv 1 \pmod{7}$$

则
$$y \equiv 4 \pmod{6}$$

与
$$y \equiv 1 \pmod{4}$$

矛盾.

所以 $w = 0$.

于是
$$2 \cdot 3^y - 5^z = 1$$

当 $y = 1$ 时, $z = 1$ 为一解

当 $y \geqslant 2$ 时, 有 $5^z \equiv -1 \pmod{9}$, 又 $2 \cdot 3^y \equiv 0 \pmod{6}$.

又 $5^3 \equiv -1 \pmod{6}$, 则有 $(5^3 + 1) \mid (5^z + 1)$. 而 $7 \mid (5^3 + 1)$, 则
$$7 \mid (5^z + 1)$$

与
$$5^z + 1 = 2 \cdot 3^y$$

矛盾.

所以此时有解 $(x, y, z, w) = (1, 1, 1, 0)$.

(3) 若 $y > 0, x \geqslant 2$, 此时由 $5^z \cdot 7^w = 2^x \cdot 3^y - 1$ 知
$$5^z \cdot 7^w \equiv -1 \pmod{4}$$
$$5^z \cdot 7^w \equiv -1 \pmod{3}$$

于是
$$(-1)^w \equiv -1 \pmod{4}$$
$$(-1)^z \equiv -1 \pmod{3}$$

最新世界各国数学奥林匹克中的初等数论试题(下)
The Lastest Elementary Number Theory in Mathematical Olympiads in The World

因此，w 和 z 都是奇数，从而有
$$2^x \cdot 3^y = 5^z \cdot 7^w + 1 \equiv 5 \times 7 + 1 \equiv 4 \pmod{8}$$
所以 $x=2$.

原方程化为
$$4 \cdot 3^y - 5^z \cdot 7^w = 1$$
其中 z,w 均为奇数.

由此知
$$4 \cdot 3^y \equiv 1 \pmod{5}$$
$$4 \cdot 3^y \equiv 1 \pmod{7}$$
于是
$$y \equiv 2 \pmod{12}$$
设 $y = 12m+2, m \geqslant 0$，于是
$$5^z \cdot 7^w = 4 \cdot 3^y - 1 = 4 \cdot 3^{12m+2} - 1 =$$
$$(2 \cdot 3^{6m+1} - 1)(2 \cdot 3^{6m+1} + 1)$$
因为
$$2 \cdot 3^{6m+1} + 1 \equiv 6 \cdot 2^{3m} + 1 \equiv 6 \cdot (7+1)^m + 1 \equiv$$
$$6 + 1 \equiv 0 \pmod{7}$$
且
$$(2 \cdot 3^{6m+1} - 1, 2 \cdot 3^{6m+1} + 1) = 1$$
所以
$$5 \mid (2 \cdot 3^{6m+1} - 1)$$
于是
$$\begin{cases} 2 \cdot 3^{6m+1} - 1 = 5^z \\ 2 \cdot 3^{6m+1} + 1 = 7^w \end{cases} \quad ②$$

若 $m \geqslant 1$，则由 ② 有 $5^z \equiv -1 \pmod{9}$. 由(2)，这不可能.

若 $m=0$，则由 ② 得 $z=1, w=1, y=2$.

于是有解 $(x,y,z,w) = (2,2,1,1)$.

综合以上，所求的非负整数解为
$$(x,y,z,w) = (1,0,0,0),(3,0,0,1),(1,1,1,0),(2,2,1,1)$$

55 已知奇数 m,n 满足 $m^2 - n^2 + 1$ 整除 $n^2 - 1$，证明：$m^2 - n^2 + 1$ 是一个完全平方数.

(爱尔兰数学奥林匹克，2005 年)

证 先证明两个引理.

引理 1 设 p,k 是给定的正整数，$p \geqslant k, k$ 不是一个完全平方数. 则关于 $a,$

第6章 不定方程
Chapter 6 Diophantine Equation

b 的不定方程
$$a^2 - pab + b^2 - k = 0 \qquad ①$$
无正整数解.

引理 1 的证明：假设 ① 有正整数解. 设 (a_0, b_0) 是使 $a+b$ 最小的一组正整数解，且 $a_0 \geqslant b_0$.

又设 $a'_0 = pb_0 - a_0$，则 a_0, a'_0 是关于 t 的二次方程
$$t^2 - pb_0 t + b_0^2 - k = 0 \qquad ②$$
的两根.

所以
$$a'^2_0 - pa'_0 b_0 + b_0^2 - k = 0$$
若 $0 < a'_0 < a_0$，则 (b_0, a'_0) 也是方程 ① 的一组正整数解，且有
$$b_0 + a'_0 < b_0 + a_0$$
与 (a_0, b_0) 是使 $a+b$ 最小的一组正整数解的假设矛盾，所以，$a'_0 \leqslant 0$ 或 $a'_0 \geqslant a_0$.

(1) 若 $a'_0 = 0$，则 $pb_0 = a_0$，代入方程 ① 得 $b_0^2 - k = 0$，但是 k 不是一个完全平方数，矛盾.

(2) 若 $a'_0 < 0$，则 $pb_0 < a_0$，从而 $a_0 \geqslant pb_0 + 1$，故
$$a_0^2 - pa_0 b_0 + b_0^2 - k = a_0(a - pb_0) + b_0^2 - k \geqslant$$
$$a_0 + b_0^2 - k \geqslant$$
$$pb_0 + 1 + b_0^2 - k >$$
$$p - k \geqslant 0$$
与 ① 矛盾.

(3) 若 $a'_0 \geqslant a_0$，因为 a_0, a'_0 是方程 ② 的两根，由韦达定理得 $a_0 a'_0 = b_0^2 - k$，但是 $a_0 a'_0 \geqslant a_0^2 \geqslant b_0^2 > b_0^2 - k$，矛盾.

综上，方程 ① 无正整数解.

引理 2 设 p, k 是给定的正整数，$p \geqslant 4k$，则关于 a, b 的不定方程
$$a^2 - pab + b^2 + k = 0 \qquad ③$$
无正整数解.

引理 2 的证明：假设 ③ 有正整数解. 设 (a_0, b_0) 是使 $a+b$ 最小的一组正整数解，且 $a_0 \geqslant b_0$.

又设 $a'_0 = pb_0 - a_0$，则 a_0, a'_0 是关于 t 的二次方程
$$t^2 - pb_0 t + b_0^2 + k = 0 \qquad ④$$
的两根.

所以
$$a'^2_0 - pa'_0 b_0 + b_0^2 + k = 0$$
若 $0 < a'_0 < a_0$，则 (b_0, a'_0) 也是方程 ③ 的一组正整数解，且有

253

最新世界各国数学奥林匹克中的初等数论试题(下)
The Lastest Elementary Number Theory in Mathematical Olympiads in The World

$$b_0 + a'_0 < b_0 + a_0$$

与 (a_0, b_0) 是使 $a+b$ 最小的一组正整数解的假设矛盾,所以,$a'_0 \leqslant 0$ 或 $a'_0 \geqslant a_0$.

(1) 若 $a'_0 \leqslant 0$,则 $pb_0 \leqslant a_0$,故

$$a_0^2 - pa_0 b_0 + b_0^2 + k = a_0(a - pb_0) + b_0^2 + k \geqslant b_0^2 + k > 0$$

与 ③ 矛盾.

(2) 若 $a'_0 \geqslant a_0$,则 $a_0 \leqslant \dfrac{pb_0}{2}$,因为 ④ 的两个根是

$$\frac{pb_0 \pm \sqrt{(pb_0)^2 - 4(b_0^2 + k)}}{2}$$

则

$$a_0 = \frac{pb_0 - \sqrt{(pb_0)^2 - 4(b_0^2 + k)}}{2}$$

又因为 $a_0 \geqslant b_0$,则

$$b_0 \leqslant \frac{pb_0 - \sqrt{(pb_0)^2 - 4(b_0^2 + k)}}{2} \Rightarrow$$

$$(p-2)b_0 \geqslant \sqrt{(pb_0)^2 - 4(b_0^2 + k)} \Rightarrow$$

$$(p-2)^2 b_0^2 \geqslant (pb_0)^2 - 4b_0^2 - 4k \Rightarrow$$

$$(4p-8)b_0^2 \leqslant 4k$$

而 $p \geqslant 4k \geqslant 4$,则 $(4p-8)b_0^2 \geqslant 4p-8 \geqslant 2p > 4k$. 与上式矛盾.

综上,方程 ③ 无正整数解.

下面证明原题.

不妨设 $m, n > 0$. 由 $(m^2 - n^2 + 1) \mid (n^2 - 1)$,则

$$(m^2 - n^2 + 1) \mid [(n^2 - 1) + (m^2 - n^2 + 1)] = m^2$$

(1) 若 $m = n$,则 $m^2 - n^2 + 1 = 1$ 是完全平方数.

(2) 若 $m > n$,因为 m, n 都是奇数,则可设 $m + n = 2a, m - n = 2b$,其中 $a, b \in \mathbf{N}^*$.

因为 $m^2 - n^2 + 1 = 4ab + 1, m^2 = (a+b)^2$,则 $(4ab+1) \mid (a+b)^2$.

设 $(a+b)^2 = k(4ab+1)$,其中 $k \in \mathbf{N}^*$. 则有

$$a^2 - (4k-2)ab + b^2 - k = 0$$

若 k 不是一个完全平方数,由引理 1,矛盾. 因此 k 是一个完全平方数.

故

$$m^2 - n^2 + 1 = 4ab + 1 = \frac{(a+b)^2}{k} = \left(\frac{a+b}{\sqrt{k}}\right)^2$$

也是一个完全平方数.

(3) 若 $m < n$,因为 m, n 都是奇数,则可设 $m + n = 2a, n - m = 2b$,其中 a,

第6章 不定方程
Chapter 6　Diophantine Equation

$b \in \mathbf{N}^*$.

因为 $m^2 - n^2 + 1 = -4ab + 1, m^2 = (a-b)^2$，则 $(4ab - 1) \mid (a-b)^2$.

设 $(a-b)^2 = k(4ab - 1)$，其中 $k \in \mathbf{N}^*$. 则有
$$a^2 - (4k+2)ab + b^2 + k = 0$$
若 k 不是一个完全平方数，由引理 2，矛盾. 因此 k 是一个完全平方数.

故
$$m^2 - n^2 + 1 = 4ab - 1 = \frac{(a-b)^2}{k} = \left(\frac{a-b}{\sqrt{k}}\right)^2$$
也是一个完全平方数.

综上，$m^2 - n^2 + 1$ 是一个完全平方数.

56 求满足方程
$$y(x+y) = x^3 - 7x^2 + 11x - 3$$
的所有整数对 (x, y).

（捷克－波兰－斯洛伐克数学奥林匹克，2005 年）

解 方程化为
$$4y^2 + 4xy = 4x^3 - 28x^2 + 44x - 12$$
$$(2y + x)^2 = 4x^3 - 27x^2 + 44x - 12 =$$
$$(x-2)(4x^2 - 19x + 6) =$$
$$(x-2)[(x-2)(4x-11) - 16]$$

当 $x = 2$ 时，$(2y+2)^2 = 0, y = -1$. 所以 $(x, y) = (2, -1)$ 是方程的解.

当 $x \neq 2$ 时，由于 $(2y+x)^2$ 是完全平方数.

若存在质数 p 和非负整数 m，使得 $p^{2m+1} \mid (x-2), p^{2m+2} \nmid (x-2)$

则
$$p \mid ((x-2)(4x-11) - 16)$$

于是 $p \mid 16$，即 $p = 2$.

因此可设 $x - 2 = ks^2, k \in \{-2, -1, 1, 2\}$.

若 $k = \pm 2$，则 $4x^2 - 19x + 6 = \pm 2n^2, n \in \mathbf{N}^*$，即
$$(8x - 19)^2 - 265 = \pm 32n^2$$

由于
$$\pm 32n^2 \equiv 0, \pm 2 \pmod{5}$$
$$(8x - 19)^2 \equiv 0, \pm 1 \pmod{5}$$

且 $25 \nmid 265$，矛盾.

若 $k = 1$，则 $4x^2 - 19x + 6 = n^2, n \in \mathbf{N}^*$，即
$$265 = (8x - 19)^2 - 16n^2 =$$

$$(8x-19-4n)(8x-19+4n)$$

又
$$265 = 1 \times 265 = 5 \times 53 = (-265) \times (-1) = (-53) \times (-5)$$

$$\begin{cases} 8x-19-4n=1 \\ 8x-19+4n=265 \end{cases}$$

$$\begin{cases} 8x-19-4n=5 \\ 8x-19+4n=53 \end{cases}$$

$$\begin{cases} 8x-19-4n=-265 \\ 8x-19+4n=-1 \end{cases}$$

$$\begin{cases} 8x-19-4n=-53 \\ 8x-19+4n=-5 \end{cases}$$

只有第二组方程组 $x=6, n=6$ 能使 $x-2=s^2$ 为平方数.

所以有一组解 $x=6, y=3$ 或 $y=-9$.

若 $k=-1$, 则 $4x^2-19x+6=-n^2, n \in \mathbf{N}^*$, 即
$$265 = (8x-19)^2 + 16n^2$$

由 $265 \geqslant 16n^2$ 得 $n \leqslant 4$.

当 $n=1,2$ 时, $4x^2-19x+6=-n^2$ 无整数解；

当 $n=3$ 时, 有 $4x^2-19x+15=0$, 有整数解 $x=1$, 于是 $y=1$ 或 $y=-2$.

当 $n=4$ 时, 有 $4x^2-19x+22=0$, 有解 $x=2$, 与 $x \neq 2$ 矛盾.

综上所述, 满足方程的解 (x,y) 有
$$(2,-1),(6,3),(6,-9),(1,1),(1,-2)$$

57 求所有满足等式 $k^2+l^2+m^2=2^n$ 的整数解 (k,l,m,n).

（新西兰数学奥林匹克, 2005 年）

解 当 k,l,m 都是 2 的倍数时, 在等式两边同除以 2 的幂, 可以使得 k,l,m 不全是偶数.

因此, 可以假设 k,l,m 不全是偶数.

因为完全平方数对模 4 余 0 或 1, 则
$$k^2+l^2+m^2 \equiv 1,2,3 \pmod{4}$$

于是
$$4 \nmid 2^n$$

n 只能为 0 或 1.

当 $n=0$ 时, $k^2+l^2+m^2=1$, 此时解为 $(k,l,m)=(0,0,1)$ 或 $(0,1,0)$ 或 $(1,0,0)$.

第 6 章 不定方程
Chapter 6 Diophantine Equation

当 $n=1$ 时,$k^2+l^2+m^2=2$,此时解为 $(k,l,m)=(0,1,1)$ 或 $(1,0,1)$ 或 $(1,1,0)$.

所以方程的解为
$$(k,l,m,n) = (0,0,\pm 2^k,2t),(0,\pm 2^k,0,2t),(\pm 2^k,0,0,2t)$$
或
$$(k,l,m,n) = (0,\pm 2^k,\pm 2^k,2t+1),(\pm 2^k,0,\pm 2^k,2t+1),(\pm 2^k,\pm 2^k,0,2t+1)$$
其中 $k,t \in \mathbf{N}$.

58 求方程 $3^x=2^xy+1$ 的正整数解.

(罗马尼亚参加国际数学奥林匹克和巴尔干数学奥林匹克选拔赛,2005 年)

解 方程化为
$$3^x-1=2^xy \qquad ①$$

式 ① 表明 3^x-1 的标准分解式中,x 不能超过其 2 的幂指数.

记 $x=2^m(2n+1)$. $m,n \in \mathbf{N}$. 于是有
$$3^x-1=3^{2^m(2n+1)}-1=(3^{2n+1})^{2^m}-1=$$
$$(3^{2n+1}-1)\prod_{k=0}^{m-1}[(3^{2n+1})^{2^k}+1] \qquad ②$$

由于
$$3^{2n+1}=(1+2)^{2n+1} \equiv [1+2(2n+1)+4n(2n+1)] \equiv$$
$$16n^2+8n+3 \equiv 3 \pmod{8}$$

则
$$(3^{2n+1})^{2^k} \equiv \begin{cases} 3,\text{当 } k=0 \text{ 时} \\ 1,\text{当 } k=1,2,\cdots \text{ 时} \end{cases} \pmod{8}$$

于是,式 ② 右端可表为
$$(8t+2)(8t+4)(8r_1+2)(8r_2+2)\cdots(8r_{m-1}+2)=$$
$$2^{m+2}(4t+1)(2t+1)(4r_1+1)(4r_2+1)\cdots$$
$$(4r_{m-1}+1)=2^xy$$

因此
$$2^m \leqslant 2^m(2n+1)=x \leqslant m+2$$

于是 $m \in \{0,1,2\}$,且 $n=0$.

因而所给方程的正整数解为
$$(x,y)=(1,1),(2,2),(4,5)$$

59 在正整数集中,求方程

最新世界各国数学奥林匹克中的初等数论试题(下)

The Lastest Elementary Number Theory in Mathematical Olympiads in The World

$$k!\ l! = k! + l! + m!$$

的所有解.

(克罗地亚国家数学奥林匹克,2005 年)

解 不失一般性,设 $k \geqslant l$,则

$$k! = \frac{k!}{l!} + 1 + \frac{m!}{l!} \qquad ①$$

因为 $k!, \frac{k!}{l!}, 1$ 都是整数,则 $\frac{m!}{l!}$ 是整数. 于是 $m \geqslant l$.

又 $\frac{k!}{l!} + 1 + \frac{m!}{l!} \geqslant 3$,则 $k \geqslant 3$,且 $k!$ 为偶数.

因而 $\frac{k!}{l!}, \frac{m!}{l!}$ 中恰有一个为奇数.

(1) 若 $\frac{k!}{l!}$ 为奇数,则 $\frac{m!}{l!}$ 为偶数. 于是 $k = l+1$,且 l 为偶数,或者 $k = l$,且 $m \geqslant l+1$.

若 $k = l$,则 ① 化为

$$k! = 2 + \frac{m!}{l!} = 2 + \frac{m!}{k!}$$

若 $k = 3$,则 $k = l = 3, m = 4$.

若 $k > 3$,则 $3 \mid k!, k! - 2$ 不能被 3 整除.

于是 $\frac{m!}{k!}$ 不能被 3 整除,则 $m < k+3$,即 $m = k+1$ 或 $k+2$.

若 $m = k+1$,则 $k! = 2 + k + 1 = k + 3$

当 $k = 4$ 时,$4! = 4 + 3 = 7$,无解.

当 $k = 5$ 时,$5! = 5 + 3 = 8$,无解.

当 $k > 5$ 时,$k! > k + 3$,无解.

若 $m = k+2$,则 $k! = 2 + (k+1)(k+2)$

同样可得出无解的结论.

若 $k = l+1, l$ 为偶数,于是由 ① 得

$$(l+1)! = l + 2 + \frac{m!}{l!}$$

由于 $(l+1) \mid (l+1)!, (l+1) \mid \frac{m!}{l!}$,则 $(l+1) \mid (l+2)$,这是不可能的.

(2) $\frac{k!}{l!}$ 为偶数,$\frac{m!}{l!}$ 为奇数. 于是 $m = l+1$ 且 l 为偶数,或者 $m = l$,且 $k \geqslant l+1$.

若 $m = l$,则已知方程化为

$$k!\ l! = k! + 2l!$$

第6章 不定方程
Chapter 6 Diophantine Equation

$$\frac{k!}{l!}(l!-1)=2$$

因为 $\frac{k!}{l!}$ 为偶数，则 $l!-1=1, l=2, k!=4$，这是不可能的；

若 $m=l+1, l$ 为偶数，则 ① 化为

$$k!=\frac{k!}{l!}+l+2$$

即

$$(l!-1)k!=(l+2)l!$$

因为 $(l!, l!-1)=1$，则 $(l!-1)\mid(l+2)$

这时只有 $l=2, m=3, k!=8$，此时无解.

由以上，已知方程仅有一组解 $k=l=3, m=4$.

60 已知 x, y 是正整数，且满足

$$xy-(x+y)=2p+q$$

其中 p, q 分别是 x 与 y 的最大公约数和最小公倍数，求所有这样的数对 (x, y) $(x \geqslant y)$.

（中国江苏省初中数学竞赛，2006年）

解 由题意，设 $x=ap, y=bp, (a,b)=1, a, b \in \mathbf{N}^*, a \geqslant b$.

于是 $q=abp$.

则题设的等式化为

$$ap \cdot bp - (ap+bp) = 2p + abp$$

由 $p>0$，上式化为

$$(p-1)ab = a+b+2 \qquad ①$$

$$p-1 = \frac{1}{a} + \frac{1}{b} + \frac{2}{ab}$$

于是

$$0 < p-1 = \frac{1}{a} + \frac{1}{b} + \frac{2}{ab} \leqslant 4$$

所以

$$p = 2, 3, 4, 5$$

(1) 当 $p=2$ 时，式 ① 化为

$$ab = a+b+2$$

即

$$(a-1)(b-1) = 3 = 3 \times 1$$

由 $a \geqslant b$ 得

259

最新世界各国数学奥林匹克中的初等数论试题(下)
The Lastest Elementary Number Theory in Mathematical Olympiads in The World

$$\begin{cases} a-1=3 \\ b-1=1 \end{cases}$$

即

$$\begin{cases} a=4 \\ b=2 \end{cases}$$

此时 $(a,b)=2$,与 $(a,b)=1$ 矛盾.

(2) 当 $p=3$ 时,式 ① 化为

$$2ab-a-b=2$$
$$(2a-1)(2b-1)=5\times1$$
$$\begin{cases} 2a-1=5 \\ 2b-1=1 \end{cases}$$

即

$$\begin{cases} a=3 \\ b=1 \end{cases}$$

此时,$x=ap=9, y=bp=3$. 有解 $(x,y)=(9,3)$.

(3) 当 $p=4$ 时,式 ① 化为

$$3ab-a-b=2$$
$$(3a-1)(3b-1)=7=7\times1$$

所以

$$\begin{cases} 3a-1=1 \\ 3b-1=1 \end{cases}$$

无整数解.

(4) 当 $p=5$ 时,式 ① 化为

$$4ab-a-b=2$$
$$(4a-1)(4b-1)=9=9\times1=3\times3$$

所以

$$\begin{cases} 4a-1=9 \\ 4b-1=1 \end{cases}$$

无整数解.

$$\begin{cases} 4a-1=3 \\ 4b-1=3 \end{cases}$$

$$\begin{cases} a=1 \\ b=1 \end{cases}$$

于是 $x=ap=5, y=bp=5$.

由以上,$(x,y)=(9,3),(5,5)$.

第 6 章 不定方程
Chapter 6 Diophantine Equation

61 证明:方程
$$x^3 + y^3 = 4(x^2y + xy^2 + 1)$$
没有整数解.

(德国数学奥林匹克第一试,2006 年)

证 已知方程化为
$$(x+y)^3 = 7xy(x+y) + 4$$
于是
$$(x+y)^3 \equiv 4 \pmod 7$$
由于一个完全立方数对 mod 7,有
$$(7k)^3 \equiv 0 \pmod 7$$
$$(7k \pm 1)^3 \equiv \pm 1 \pmod 7$$
$$(7k \pm 2)^3 \equiv \pm 1 \pmod 7$$
$$(7k \pm 3)^3 \equiv \mp 1 \pmod 7 \quad k \in \mathbf{Z}$$
因此,$a^3 \not\equiv 4 \pmod 7$.

所以方程没有整数解.

62 (1) 求不定方程 $mn + nr + mr = 2(m+n+r)$ 的正整数解 (m, n, r) 的组数.

(2) 对于给定的整数 $k > 1$,证明:不定方程
$$mn + nr + mr = k(m+n+r)$$
至少有 $3k+1$ 组正整数解 (m, n, r).

(中国东南地区数学奥林匹克,2006 年)

证 (1) 若 $m, n, r \geqslant 2$,由
$$mn \geqslant 2m, \quad nr \geqslant 2n, \quad mr \geqslant 2r$$
得
$$mn + nr + mr \geqslant 2(m+n+r)$$
所以以上不等式均取等号,故 $m = n = r = 2$.

若 $1 \in \{m, n, r\}$,不妨设 $m = 1$,则方程化为 $nr + n + r = 2(1+n+r)$,即
$$(n-1)(r-1) = 3$$
于是,$\{n-1, r-1\} = \{1, 3\}$,$\{n, r\} = \{2, 4\}$,$\{m, n, r\} = \{1, 2, 4\}$,共有 $3! = 6$ 组解.

所以,不定方程 $mn + nr + mr = 2(m+n+r)$ 的正整数解 (m, n, r) 的组数为 7.

(2) 将 $mn+nr+mr=k(m+n+r)$ 化为
$$[n-(k-m)][r-(k-m)]=k^2-km+m^2$$
其中,$n=k-m+1, r=k^2-km+m^2+k-m$ 满足上式,且
$$m=1,2,\cdots,\left[\frac{k}{2}\right] 时,0<m<n<r \qquad ①$$

在 ① 中,取 $m=l$

k 为偶数时,$\{m,n,r\}=\{l,k-l+1,k^2-kl+l^2+k-l\}, l=1,2,\cdots,\frac{k}{2}$,

共给出了 $\frac{k}{2} \cdot 3!=3k$ 组正整数解.

k 为奇数时,$\{m,n,r\}=\{l,k-l+1,k^2-kl+l^2+k-l\}, l=1,2,\cdots,\frac{k-1}{2}$

共给出了 $\frac{k-1}{2} \cdot 3!=3(k-1)$ 组正整数解. 此外,m,n,r 中,有两个为 $\frac{k+1}{2}$,一个为 $k^2-k\cdot\frac{k+1}{2}+\left(\frac{k+1}{2}\right)^2+k-\frac{k+1}{2}=\frac{(k+1)(3k-1)}{4}$ 又给出了方程的 3 组解,共有 $3k$ 组解.

而 $m=n=r=k$ 也是方程的一组正整数解.

故不定方程 $mn+nr+mr=k(m+n+r)$ 至少有 $3k+1$ 组正整数解.

63 求所有的三元数组 (m,n,p) 满足
$$p^n+144=m^2$$
其中 $m,n \in \mathbf{N}^*, p$ 是质数.

(意大利数学奥林匹克,2006 年)

解 原式等价于
$$p^n=(m+12)(m-12)$$
设 $m+12=p^a, m-12=p^b$,其中 $a>b, a+b=n$.
则
$$24=p^a-p^b=p^b(p^{a-b}-1) \qquad ①$$
若 $p^b=1$,则 $b=0, m=13$,且
$$p^a=25, p=5, n=2$$
即
$$(m,n,p)=(13,2,5)$$
若 $p=2$,则
$$24=2^b(2^{a-b}-1)=2^3 \times 3$$
所以 $b=3, a=5, n=8, m=20$.
即

第6章 不定方程
Chapter 6 Diophantine Equation

$$(m,n,p) = (20,8,2)$$

若 $p=3$，则

$$24 = 3^b(3^{a-b} - 1) = 3 \times 2^3$$

所以 $b=1, a=3, n=4, m=15$.

即

$$(m,n,p) = (15,4,3)$$

若 $p \geqslant 5$，则式 ① 不可能成立.

因此，所有的三元数组为

$$(m,n,p) = (13,2,5), (20,8,2), (15,4,3)$$

64 设正整数 m, n 满足方程

$$(x+m)(x+n) = x+m+n$$

至少有一个整数解. 证明：

$$\frac{1}{2} < \frac{m}{n} < 2$$

（捷克和斯洛伐克数学奥林匹克，2006 年）

证 方程化为

$$x^2 + (m+n-1)x + mn - m - n = 0$$

$$\Delta = (m+n-1)^2 - 4(mn-m-n) =$$
$$m^2 + n^2 - 2mn + 2m + 2n + 1 =$$
$$(m-n+1)^2 + 4n =$$
$$(m-n+3)^2 - 4m + 8n - 8$$

用反证法，假设 $m > n, \frac{m}{n} \geqslant 2$.

由于 $m \geqslant 2n$ 时，有

$$(m-n+1)^2 < \Delta < (m-n+3)^2$$

若方程有整数解，则 Δ 为完全平方数，即

$$\Delta = (m-n+2)^2$$

$$\Delta = m^2 + n^2 - 2mn + 2m + 2n + 1 = (m-n+2)^2$$

整理得

$$2m - 6n + 3 = 0$$

即

$$m = 3n - \frac{3}{2}$$

这样，m 和 n 不能同时为整数，因此，$\frac{m}{n} \geqslant 2$ 不成立. 因而有

$$\frac{1}{2}<\frac{m}{n}<2$$

65 求方程 $\frac{x^7-1}{x-1}=y^5-1$ 的所有整数解.

(第 47 届国际数学奥林匹克预选题,2006 年)

解 我们证明该方程没有整数解.

先证明一个引理.

引理 若 x 是整数,p 是 $\frac{x^7-1}{x-1}$ 的质因数,则 $p=7$ 或者 $p\equiv 1 \pmod 7$.

引理的证明:由于 $p \mid \frac{x^7-1}{x-1}$,则 $p \mid (x^7-1)$.

于是 $(p,x)=1$.

由费马小定理有
$$x^{p-1}\equiv 1 \pmod p$$

假设 $7 \nmid p-1$,则 $(p-1,7)=1$.

由裴蜀定理,存在整数 k,m,使得
$$7k+(p-1)m=1$$

所以
$$x\equiv x^{7k+(p-1)m}\equiv (x^7)^k \cdot (x^{p-1})^m \equiv 1 \pmod p$$

所以
$$\frac{x^7-1}{x-1}=x^6+x^5+\cdots+x+1\equiv 7 \pmod p$$

因此,$p \mid 7$,从而 $p=7$.

回到原题:

由引理可知,$\frac{x^7-1}{x-1}$ 的每一个正因数 d 只有两种可能:
$$d\equiv 0 \pmod 7 \quad 或 \quad d\equiv 1 \pmod 7$$

假设 x,y 是方程的一组整数解.

因为对于所有的 $x\neq 1$,都有 $\frac{x^7-1}{x-1}>0$,所以 $y-1>0$.

又
$$(y-1) \mid \frac{x^7-1}{x-1}=y^5-1$$

于是
$$y\equiv 1 \pmod 7 \quad 或 \quad y\equiv 2 \pmod 7$$

若 $y\equiv 1 \pmod 7$,则

第 6 章 不定方程
Chapter 6 Diophantine Equation

$$y^4 + y^3 + y^2 + y + 1 \equiv 5 \pmod{7}$$

若 $y \equiv 2 \pmod{7}$,则

$$y^4 + y^3 + y^2 + y + 1 \equiv 3 \pmod{7}$$

由于 $y^4 + y^3 + y^2 + y + 1$ 也是 $\dfrac{x^7 - 1}{x - 1}$ 的因数,对 mod 7,只能为 0 或 1,引出矛盾.

因此方程无整数解.

66 正整数 m, n, k 满足: $mn = k^2 + k + 3$,证明不定方程 $x^2 + 11y^2 = 4m$ 和 $x^2 + 11y^2 = 4n$ 中至少有一个有奇数解 (x, y).

(中国数学奥林匹克,2006 年)

证 首先我们证明如下一个引理.

引理 不定方程

$$x^2 + 11y^2 = 4m \qquad ①$$

或有奇数解 (x_0, y_0),或有满足

$$x_0 \equiv (2k+1) y_0 \pmod{m} \qquad ②$$

的偶数解 (x_0, y_0),其中 k 是整数.

引理的证明:考虑如下表示

$$x + (2k+1) y$$

x, y 为整数,且 $0 \leqslant x \leqslant 2\sqrt{m}$, $0 \leqslant y \leqslant \dfrac{\sqrt{m}}{2}$,

则共有 $([2\sqrt{m}] + 1)([\dfrac{\sqrt{m}}{2}] + 1) > m$ 个表示.

因此存在整数 $x_1, x_2 \in [0, 2\sqrt{m}]$, $y_1, y_2 \in [0, \dfrac{\sqrt{m}}{2}]$,满足 $(x_1, y_1) \neq (x_2, y_2)$,且

$$x_1 + (2k+1) y_1 \equiv x_2 + (2k+1) y_2 \pmod{m}$$

这表明

$$x \equiv (2k+1) y \pmod{m} \qquad ③$$

这里 $x = x_1 - x_2$, $y = y_2 - y_1$. 由此可得

$$x^2 \equiv (2k+1)^2 y^2 \equiv -11 y^2 \pmod{m}$$

故 $x^2 + 11y^2 = km$,因为 $|x| \leqslant 2\sqrt{m}$, $|y| \leqslant \dfrac{\sqrt{m}}{2}$,所以

$$x^2 + 11y^2 < 4m + \dfrac{11}{4} m < 7m$$

于是 $1 \leqslant k \leqslant 6$. 因为 m 为奇数,$x^2 + 11y^2 = 2m$, $x^2 + 11y^2 = 6m$ 显然没有

265

最新世界各国数学奥林匹克中的初等数论试题(下)

The Lastest Elementary Number Theory in Mathematical Olympiads in The World

整数解.

(1) 若 $x^2+11y^2=m$,则 $x_0=2x, y_0=2y$ 是方程 ① 满足 ② 的解.

(2) 若 $x^2+11y^2=4m$,则 $x_0=x, y_0=y$ 是方程 ① 满足 ② 的解.

(3) 若 $x^2+11y^2=3m$,则 $(x\pm 11y)^2+11(x\mp y)^2=3^2\cdot 4m$.

首先假设 $3\nmid m$,若 $x\not\equiv 0\pmod 3, y\not\equiv 0\pmod 3$,且 $x\not\equiv y\pmod 3$,则

$$x_0=\frac{x-11y}{3},\quad y_0=\frac{x+y}{3} \qquad ④$$

是方程 ① 满足 ② 的解. 若 $x\equiv y\not\equiv 0\pmod 3$,则

$$x_0=\frac{x+11y}{3},\quad y_0=\frac{y-x}{3} \qquad ⑤$$

是方程 ① 满足 ② 的解.

现在假设 $3\mid m$,则公式 ④ 和 ⑤ 仍然给出方程 ① 的整数解. 若方程 ① 有偶数解 $x_0=2x_1, y_0=2y_1$,则

$$x_1^2+11y_1^2=m\Leftrightarrow 36m=(5x_1\pm 11y_1)^2+11(5y_1\mp x_1)^2$$

因为 x_1, y_1 的奇偶性不同,所以 $5x_1\pm 11y_1, 5y_1\mp x_1$ 都为奇数.

若 $x_1\equiv y_1\pmod 3$,则 $x_0=\dfrac{5x_1-11y_1}{3}, y_0=\dfrac{5y_1+x_1}{3}$ 是方程 ① 的一奇数解.

若 $x_1\not\equiv y_1\pmod 3$,则 $x_0=\dfrac{5x_1+11y_1}{3}, y_0=\dfrac{5y_1-x_1}{3}$ 是方程 ① 的一奇数解.

(4) $x^2+11y^2=5m$,则 $5^2\cdot 4m=(3x\mp 11y)^2+11(3y\pm x)^2$.

当 $5\nmid m$ 时,若 $x\equiv\pm 1\pmod 5, y\equiv\mp 2\pmod 5$,或 $x\equiv\pm 2\pmod 5, y\equiv\pm 1\pmod 5$,则

$$x_0=\frac{3x-11y}{5},\quad y_0=\frac{3y+x}{5} \qquad ⑥$$

是方程 ① 满足 ② 的解.

若 $x\equiv\pm 1\pmod 5, y\equiv\pm 2\pmod 5$,或 $x\equiv\pm 2\pmod 5, y\equiv\mp 1\pmod 5$,则

$$x_0=\frac{3x+11y}{5},\quad y_0=\frac{3y-x}{5} \qquad ⑦$$

是方程 ① 满足 ② 的解.

当 $5\mid m$ 时,则公式 ⑥ 和 ⑦ 仍然给出方程 ① 的整数解. 若方程 ① 有偶数解 $x_0=2x_1, y_0=2y_1$,则

$$x_1^2+11y_1^2=m,\quad x_1\not\equiv y_1\pmod 2$$

可得

$$100m=(x_1\mp 33y_1)^2+11(y_1\pm 3x_1)^2$$

第6章 不定方程
Chapter 6 Diophantine Equation

若 $x_1 \equiv y_1 \equiv 0 \pmod 5$,或者 $x_1 \equiv \pm 1 \pmod 5$, $y_1 \equiv \pm 2 \pmod 5$,或者 $x_1 \equiv \pm 2 \pmod 5$, $y_1 \equiv \mp 1 \pmod 5$,

则 $x_0 = \dfrac{x_1 - 33y_1}{5}, y_0 = \dfrac{y_1 + 3x_1}{5}$ 是方程 ① 的一奇数解.

若 $x_1 \equiv \pm 1 \pmod 5$, $y_1 \equiv \mp 2 \pmod 5$,或 $x_1 \equiv \pm 2 \pmod 5$, $y_1 \equiv \pm 1 \pmod 5$,则

$$x_0 = \dfrac{x_1 + 33y_1}{5}, \quad y_0 = \dfrac{y_1 - 33x_1}{5}$$

是方程 ① 的一奇数解.

引理证毕.

由引理,若方程 ① 没有奇数解,则它有一个满足 ② 的偶数解 (x_0, y_0).令 $l = 2k+1$,考虑二次方程

$$mx^2 + ly_0 x + ny_0^2 - 1 = 0 \qquad ⑧$$

则

$$x = \dfrac{-ly_0 \pm \sqrt{l^2 y_0^2 - 4mny_0^2 + 4m}}{2m} = \dfrac{-ly_0 \pm x_0}{2m}$$

这表明方程 ⑧ 至少有一个整数根 x_1,即

$$mx_1^2 + ly_0 x_1 + ny_0^2 - 1 = 0 \qquad ⑨$$

上式表明 x_1 必为奇数.将 ⑨ 乘以 $4n$ 后配方得

$$(2ny_0 + lx_1)^2 + 11x_1^2 = 4n$$

这表明方程 $x^2 + 11y^2 = 4n$ 有奇数解 $x = 2ny_0 + lx_1, y = x_1$.

67 求所有的三元整数组 (a,b,c),使得 $a^2 + b^2 = c^2$ 且 $(a,b,c) = 1$, $2\,000 < a, b, c < 3\,000$.

(印度国家队选拔考试,2006 年)

解 由勾股数组 (a,b,c) 可知
$$a = 2pq, \quad b = p^2 - q^2, \quad c = p^2 + q^2$$
其中 $p, q (q < p)$ 是互质的正整数,且有一数为偶数.

由条件知
$$c^2 = a^2 + b^2 > 2 \times 2\,000^2$$

所以
$$2\,000\sqrt{2} < c = p^2 + q^2 < 3\,000$$

即
$$2\,828 < p^2 + q^2 < 3\,000 \qquad ①$$

又

最新世界各国数学奥林匹克中的初等数论试题(下)
The Lastest Elementary Number Theory in Mathematical Olympiads in The World

$$2\,000 < b = p^2 - q^2 \qquad ②$$

①＋② 得

$$4\,828 < 2p^2$$

即

$$p^2 > 2\,414$$

于是

$$p \geqslant 50 \qquad ③$$

又由

$$2\,000 < a = 2pq \qquad ④$$

①－④ 得

$$(p-q)^2 < 1\,000$$

从而

$$p - q \leqslant 31 \qquad ⑤$$

由 ③,⑤ 知

$$q \geqslant 19$$

从而

$$p^2 + 19^2 \leqslant p^2 + q^2 \leqslant 3\,000$$

即

$$p^2 < 2\,639$$

于是

$$p \leqslant 51$$

于是

$$2q = \frac{2pq}{p} > \frac{2\,000}{51}$$

即

$$q \geqslant 20$$

从而

$$p^2 + 20^2 \leqslant p^2 + q^2 < 3\,000$$

即

$$p^2 < 2\,600$$

因而

$$p \leqslant 50$$

故

$$p = 50$$

于是

第6章 不定方程
Chapter 6 Diophantine Equation

即
$$50^2 + q^2 < 3000$$
因而
$$q^2 < 500$$
$$q \leqslant 22$$
又 $p=50$ 是偶数,则 q 是奇数
由
$$20 \leqslant q \leqslant 22$$
知
$$q = 21$$
于是
$$p=50, \quad q=21$$
从而
$$a = 2pq = 2\,100$$
$$b = p^2 - q^2 = 2\,059$$
$$c = p^2 + q^2 = 2\,941$$

68 求所有整数对 (x,y),使得
$$1 + 2^x + 2^{2x+1} = y^2$$
(第 47 届国际数学奥林匹克,2006 年)

解 如果 (x,y) 是方程的一组解,因为 $x > 0$,则 $(x,-y)$ 也是方程的一组解.

当 $x=0$ 时,方程为 $1+1+2=y^2$,$y=\pm 2$,即有解 $(0,2),(0,-2)$.

设 (x,y) 为方程的一组解,则 $x > 0$,设 $y > 0$.

于是原方程等价于
$$2^x(1+2^{x+1}) = (y-1)(y+1) \qquad ①$$

由于 $y-1$ 与 $y+1$ 有相同的奇偶性,则由①,$y-1$ 和 $y+1$ 都是偶数,且恰有一个是 4 的倍数.因此 $x \geqslant 3$.于是有一个因式能被 2^{x-1} 整除,但不能被 2^x 整除.

于是有 $y = 2^{x-1}m + 1$,m 为奇数.

当 $y = 2^{x-1}m + 1$ 时,代入式①得
$$2^x(1+2^{x+1}) = (2^{x-1}m+1)^2 - 1$$
即
$$2^x(1+2^{x+1}) = 2^{2x-2}m^2 + 2^x m$$
$$1 + 2^{x+1} = 2^{x-2}m^2 + m$$
$$1 - m = 2^{x-2}(m^2 - 8) \qquad ②$$

由左边为负数或零,则 $m^2-8 \leqslant 0, m^2 \leqslant 8$,由 m 是奇数,则 $m=1$,则式 ②
为 $0=2^{x-2} \cdot (1-8)$,不可能成立.

当 $y=2^{x-1}m-1$ 时

把 $y=2^{x-1}m-1$ 代入式 ①,有
$$2^x(1+2^{x+1})=(2^{x-1}m-1)^2-1$$
$$2^x(1+2^{x+1})=2^{2x-2}m^2-2^x m$$
$$1+m=2^{x-2}(m^2-8) \qquad ③$$

由 $1+m=2^{x-2}(m^2-8) \geqslant 2(m^2-8)$ 得
$$2m^2-m-17 \leqslant 0$$

于是 $m \leqslant 3$.

又因 m 是奇数,$m \neq 1$,则 $m=3$.

此时式 ③ 化为
$$4=2^{x-2} \cdot (9-8), x=4$$
$$y=2^3 \times 3-1=23$$

于是有解 $(4,23),(4,-23)$.

由以上,方程的解为 $(0,2),(0,-2),(4,23),(4,-23)$.

69 设 $a,b(a>b>1)$ 是两两互质的正整数,定义 c 的"重量"$w(c)$,对于所有满足 $ax+by=c$ 的整数对 (x,y),$w(c)$ 是 $|x|+|y|$ 的最小值.若
$$w(c) \geqslant w(c \pm a), \quad w(c) \geqslant w(c \pm b)$$
则称 c 是"本地冠军",求所有本地冠军及其数目.

(第 47 届国际数学奥林匹克预选题,2006 年)

解 若 $ax+by=c$,$|x|+|y|$ 是最小的,即 $|x|+|y|=w(c)$,则称 x,y 是 c 的一个代表.

先证明三个引理.

引理 1 若 x,y 是本地冠军 c 的一个代表,则 $xy<0$.

引理 1 的证明:若 $x \geqslant 0, y \geqslant 0$,考虑 $w(c)$ 和 $w(c+a)$ 的值.

由于 c 和 $c+a$ 代表具有 $au+bv$ 的形式,于是,对于任意整数 k,有
$$c=a(x-kb)+b(y+ka)$$
$$c+a=a(x+1-kb)+b(y+ka)$$

因此
$$x+y=|x|+|y| \leqslant |x-kb|+|y+ka| \qquad ①$$

由于 $w(c+a) \leqslant w(c)$,因此,存在一个整数 k,使得
$$|x+1-kb|+|y+kb| \leqslant |x|+|y|=x+y$$

则

第6章 不定方程
Chapter 6 Diophantine Equation

$$(x+1-kb)+(y+ka) \leqslant$$
$$|x+1-kb|+|y+ka| \leqslant$$
$$x+y \qquad \qquad ②$$

由式 ①,又有
$$(x+1-kb)+(y+ka) \leqslant x+y \leqslant |x-kb|+|y+ka| \qquad ③$$
由 ②$(x+1-kb)+(y+ka) \leqslant x+y$ 得
$$k(a-b)+1 \leqslant 0$$
于是 $k < 0$.

由 ②,③ 得
$$|x+1-kb|+|y+ka| \leqslant |x-kb|+|y+ka|$$
$$|x+1-kb| \leqslant |x-kb|$$

于是
$$kb > x$$

与 $k<0, b>0, x \geqslant 0$ 矛盾.

若 $x, y \leqslant 0$,对于 $-c, -x, -y$ 进行同样的讨论,仍可得到矛盾.

从而引理 1 得证.

由引理 1 可知,将 $c = ax+by$ 改写为 $c = ax-by$,其中 x, y 是非零的,且 x, y 同号.

引理 2 设 $c = ax - by$,其中 x, y 同号. 且满足 $|x|+|y|$ 是最小的,则当且仅当 $|x| < b, |x|+|y| = [\frac{a+b}{2}]$,$c$ 是本地冠军.

引理 2 的证明:不失一般性,假设 $x > 0, y > 0$. 则
$$c-a = a(x-1) - by, \quad c+b = ax - b(y-1)$$
于是
$$w(c-a) \leqslant (x-1)+y < w(c)$$
$$w(c+b) \leqslant x+(y-1) < w(c)$$

若 c 是本地冠军,因为 $w(c+a) \leqslant w(c)$,所以存在整数 k,使得
$$c+a = a(x+1-kb) - b(y-ka)$$
且
$$|x+1-kb|+|y-ka| \leqslant x+y$$

显然,当 $k \leqslant 0$ 时,上面的不等式不成立. 因此 $k > 0$.

设 $f(t) = |x+1-bt|+|y-at|-(x+y)$,则 $f(0) = 1, f(k) \leqslant 0$,且 $f(t)$ 是凸函数.

由琴生不等式有
$$f(1) = f((1-\frac{1}{k}) \times 0 + \frac{1}{k} \times k) \leqslant$$

最新世界各国数学奥林匹克中的初等数论试题(下)
The Lastest Elementary Number Theory in Mathematical Olympiads in The World

$$\left(1-\frac{1}{k}\right)f(0)+\frac{1}{k}f(k)<1$$

又因为 $f(1) \in \mathbf{Z}$,则 $f(1) \leqslant 0$,即

$$|x+1-b|+|y-a| \leqslant x+y \qquad ④$$

考虑到 $c=a(x-b)-b(y-a)$,则

$$x+y \leqslant |x-b|+|y-a| \qquad ⑤$$

比较 ④,⑤ 得

$$|x+1-b| \leqslant |x-b|$$

从而 $x<b$.

同理,考虑 $w(c-b)$,可得 $y<a$.

由于 $|x-b|=b-x$,$|x+1-b|=b-x-1$,$|y-a|=a-y$,则

$$(b-x-1)+(a-y) \leqslant x+y \leqslant (b-x)+(a-y)$$

即

$$\frac{a+b-1}{2} \leqslant x+y \leqslant \frac{a+b}{2}$$

从而

$$x+y=\left[\frac{a+b}{2}\right]$$

反之,假设 $0<x<b$,$x+y=\left[\frac{a+b}{2}\right]$,因为 $a>b$,所以 $0<y<a$

于是

$$w(c+a) \leqslant |x+1-b|+|y-a|=$$
$$a+b-1-(x+y) \leqslant$$
$$x+y=w(c)$$
$$w(c-b) \leqslant |x-b|+|y+1-a|=$$
$$a+b-1-(x+y) \leqslant$$
$$x+y=w(c)$$

于是有

$$w(c-a)<w(c)$$
$$w(c+b)<w(c)$$

所以 c 是本地冠军.

引理 3 设 $c=ax-by$,x,y 同号,$|x|<b$,$|y|<a$,$|x|+|y|=\left[\frac{a+b}{2}\right]$,则 $w(c)=|x|+|y|$.

引理 3 的证明:不妨设 $x,y>0$,由定义知

$$w(c)=\min\{|x-kb|+|y-ka| \mid k \in \mathbf{Z}\}$$

第6章 不定方程
Chapter 6 Diophantine Equation

若 $k \leqslant 0$,则显然有
$$|x-kb|+|y-ka| \geqslant x+y \qquad ⑥$$
若 $k \geqslant 1$,则有
$$|x-kb|+|y-ka|=(kb-x)+(ka-y)=$$
$$k(a+b)-(x+y) \geqslant$$
$$(2k-1)(x+y) \geqslant x+y \qquad ⑦$$
由⑥,⑦
$$w(c)=x+y$$
同理可证 $x,y<0$ 的情形.

回到原题.

由引理 1,2,3 可得,本地冠军的集合为
$$C=\{\pm(ax-by) \mid 0<x<b, x+y=[\frac{a+b}{2}]\}$$

设 C^+, C^- 分别表示形如 $+(ax-by), -(ax-by)$ 的集合,则这两个集合都是项数为 $b-1$,公差为 $a+b$ 的等差数列.

当 a,b 都是奇数时,有 $C^+=C^-$,这是因为
$$a(-x)-b(-y)=a(b-x)-b(a-y)$$
$$x+y=\frac{a+b}{2}$$
所以
$$(b-x)+(a-y)=\frac{a+b}{2}$$
因此有 $b-1$ 个本地冠军.

当 a,b 的奇偶性不同时,对于任意的 $c_1 \in C^+, c_2 \in C^-$,有
$$2c_1 \equiv -2c_2 \equiv 2(a \times \frac{a+b-1}{2}-b \times 0) \equiv -a \pmod{a+b}$$
$$2c_1-2c_2 \equiv -2a \pmod{(a+b)}$$

由于 $a+b$ 是奇数,且 $(a+b,a)=1$,因此 C^+ 和 C^- 中的元素对 $\mathrm{mod}(a+b)$,属于两个不同的剩余类. 于是,集合 c 是两个不相交的等差数列集合的并集,因此本地冠军有 $2(b-1)$ 个.

综上,当 a,b 为奇数时,有 $b-1$ 个本地冠军,其他情形有 $2(b-1)$ 个本地冠军.

70 对任意正整数 n,用 $S(n)$ 表示满足不定方程 $\frac{1}{x}+\frac{1}{y}=\frac{1}{n}$ 的正整数对 (x,y) 的个数(例如 $\frac{1}{x}+\frac{1}{y}=\frac{1}{2}$ 的正整数对有 $(6,3),(4,4),(3,6)$ 三个,则

$S(2) = 3$.

求出使得 $S(n) = 2\,007$ 的所有正整数 n.

(中国上海市高中数学竞赛，2007 年)

解 由 $\dfrac{1}{x} + \dfrac{1}{y} = \dfrac{1}{n}$ 得 $x > n, y > n$.

令 $x = n + a, y = n + b (a, b \in \mathbf{N}^*)$，则

$$\frac{1}{n+a} + \frac{1}{n+b} = \frac{1}{n}$$

$$n^2 + bn + n^2 + an = n^2 + an + bn + ab$$

即

$$n^2 = ab$$

因此，$S(n)$ 的正整数对 (a, b) 的个数就是 n^2 的正约数的个数.

设 $n = p_1^{\alpha_1} \cdots p_k^{\alpha_k}$，其中 $p_1, \cdots, p_k$ 为不同的质数，$\alpha_i \in \mathbf{N}^* (1 \leqslant i \leqslant k)$.

则

$$n^2 = p_1^{2\alpha_1} \cdots p_k^{2\alpha_k}$$

n^2 的正约数的个数为 $(1 + 2\alpha_1)(1 + 2\alpha_2) \cdots (1 + 2\alpha_k)$.

令

$$(1 + 2\alpha_1)(1 + 2\alpha_2) \cdots (1 + 2\alpha_k) = 2\,007 = 3^2 \times 223$$

则

$$\begin{cases} k = 1 \\ \alpha_1 = 2\,003 \end{cases}$$

$$\begin{cases} k = 2 \\ \alpha_1 = 1 \\ \alpha_2 = 334 \end{cases}$$

$$\begin{cases} k = 2 \\ \alpha_1 = 4 \\ \alpha_2 = 111 \end{cases}$$

$$\begin{cases} k = 3 \\ \alpha_1 = \alpha_2 = 1 \\ \alpha_3 = 111 \end{cases}$$

所以满足条件的 n 有

$$n = p_1^{2\,003} \text{ 或 } n = p_1 p_2^{334} \text{ 或 } n = p_1^4 p_2^{111} \text{ 或 } n = p_1 p_2 p_3^{111}$$

71 求所有的正整数 m, n，使得 $m^2 + 1$ 是一个质数，且

$$10(m^2 + 1) = n^2 + 1$$

第 6 章 不定方程
Chapter 6　Diophantine Equation

(数学国际城市邀请赛,2007 年)

解　已知方程化为
$$9(m^2+1)=(n-m)(n+m)$$
因为 m^2+1 是质数,则 $m^2+1\equiv 1$ 或 $2\ (\bmod\ 3)$
所以有
$$n-m=1,3,9,m^2+1$$
$$n+m=9(m^2+1),3(m^2+1),m^2+1,9$$
(1) $\begin{cases}n-m=1\\n+m=9(m^2+1)\end{cases}$

解得 $9m^2+8=2m$,无正整数解 m;

(2) $\begin{cases}n-m=3\\n+m=3(m^2+1)\end{cases}$

解得 $3m^2=2m$,无正整数解 m;

(3) $\begin{cases}n-m=9\\n+m=m^2+1\end{cases}$

解得 $m=4,n=13$;

(4) $\begin{cases}n-m=m^2+1\\n+m=9\end{cases}$

解得 $m=2,n=7$.
当 $m=4$ 时,$m^2+1=17$ 为质数
当 $m=2$ 时,$m^2+1=5$ 为质数.
所以有两组解 $(m,n)=(2,7),(4,13)$.

72　若 x 为整数,$3<x<200$,且 $x^2+(x+1)^2$ 是一个完全平方数,求整数 x 的值.

(我爱数学初中生夏令营数学竞赛,2007 年)

解　设 $x^2+(x+1)^2=v^2$
则
$$4x^2+4x+2=2v^2$$
$$(2x+1)^2=2v^2-1$$
设 $u=2x+1$,则
$$u^2-2v^2=-1$$
这是一个佩尔方程.
注意到 $(u_0,v_0)=(1,1)$ 是它的基本解.
由佩尔方程求解公式有

$$u_n + v_n\sqrt{2} = (u_0 + v_0\sqrt{2})^{2n+1}$$

于是可解得
$$(u_1, v_1) = (7, 5)$$
$$(u_2, v_2) = (41, 29)$$
$$(u_3, v_3) = (239, 169)$$
$$u_4 > 400$$

所以对应的 x 为 $3, 20, 119$,由于 $3 < x < 200$

因此所求的 x 值为 20 和 119.

73 已知 a 为正整数,如果关于 x 的方程
$$x^3 + (a+17)x^2 + (38-a)x - 56 = 0$$
的根都是整数,求 a 的值及方程的整数根.

(中国初中数学竞赛,2007 年)

解 观察易知,$x = 1$ 是方程的一个整数根

方程可化为
$$(x-1)[x^2 + (a+18)x + 56] = 0$$
因为 a 是正整数,所以方程
$$x^2 + (a+18)x + 56 = 0 \qquad ①$$
的判别式
$$\Delta = (a+18)^2 - 224 \geqslant 19^2 - 224 > 0$$
所以方程 ① 一定有两个不相等的实数根.

又
$$\Delta = (a+18)^2 - 224$$
必须为完全平方数.

设
$$(a+18)^2 - 224 = k^2 \quad (k \in \mathbf{N})$$
于是
$$(a+18+k)(a+18-k) = 224$$
由于 $a+18+k$ 与 $a+18-k$ 有相同的奇偶性,以及 $a+18+k > 18$
则 224 可分解为 $112 \times 2, 56 \times 4$ 或 28×8.
$$\begin{cases} a+18+k = 112 \\ a+18-k = 2 \end{cases}$$
$$\begin{cases} a+18+k = 56 \\ a+18-k = 4 \end{cases}$$

第 6 章 不定方程
Chapter 6 Diophantine Equation

$$\begin{cases} a+18+k=28 \\ a+18-k=8 \end{cases}$$

解得 $(a,k)=(39,55),(12,26),(0,10)$.

由 $a\in \mathbf{N}^*, a=0, b=10$ 舍掉.

当 $(a,k)=(39,55)$ 时,解得方程的根为 $1,-1,-56$.

当 $(a,k)=(12,26)$ 时,解得方程的根为 $1,-2,-28$.

74 求方程组

$$\begin{cases} 3a^4+2b^3=c^2 & \text{①} \\ 3a^6+b^5=d^2 & \text{②} \end{cases}$$

的整数解.

(保加利亚国家春季数学奥林匹克,2007 年)

解 (1) 首先证明:若 a,b,c,d 中有一个为 0,则其他也为 0.

(ⅰ) 若 $b=0, a\neq 0$,则 $\sqrt{3}=\pm\dfrac{c}{a^2}$,左边为无理数,右边为有理数,矛盾;

(ⅱ) 若 $a=0, b\neq 0$,则 $\sqrt{2}=\pm\dfrac{bc}{d}$,左边为无理数,右边为有理数,矛盾;

(ⅲ) 若 $c=0, b\neq 0$,则 $b<0$,设 $n=-b>0$,则

$$\begin{cases} 3a^4=2n^3 \\ 3c^6\geqslant n^5 \end{cases}$$

于是 $2a^2\geqslant n^2$.

因此 $2n^3=3a^4\geqslant \dfrac{3n^4}{4}$,即 $n\leqslant \dfrac{8}{3}$,于是 $n=1$ 或 2.

当 $n=1$ 时, $b=-1$. 则 $a^4=\dfrac{2}{3}$,当 $n=2$ 时,则 $a^4=\dfrac{16}{3}$,矛盾;

(ⅳ) 若 $d=0, b\neq 0$,则 $b<0$,设 $n=-b>0$,则

$$3a^6=n^5$$

设 $a=3^4 a_0, n=3^5 n_0$,代入上式得

$$a_0^6=n_0^5$$

设 $a_0=p^5$,则 $n_0=p^6$,即

$$a=3^4 p^5, \quad n=3^5 p^6$$

代入 $3a^4+2b^3=c^2$,得

$$3^{17}p^{20}+2\times 3^{15}p^{18}=c^2$$

于是可设 $c=3^7 p^9 c_0$,代入得

$$3^3 p^2+2\times 3=c_0^2$$

由于 $3\mid c_0$,则 $3^2\mid c_0^2$,进而 $3^2\mid 2\times 3$,矛盾.

最新世界各国数学奥林匹克中的初等数论试题(下)
The Lastest Elementary Number Theory in Mathematical Olympiads in The World

所以, a, b, c, d 中有一个为 0, 则其他也为 0.

(2) 若 $a, b, c, d \neq 0$, 由 ① + ② 得
$$3a^4 + 3a^6 + 2b^3 + b^5 = c^2 + d^2 \qquad ③$$

而
$$2b^3 + b^5 = b^3(b-1)(b+1) + 3b^3$$

因为 $3 \mid b^3(b-1)(b+1), 3 \mid 3b^3$, 则 $3 \mid (2b^3 + b^5)$.

又
$$3 \mid (3a^4 + 3a^6)$$

则
$$3 \mid (c^2 + d^2)$$

若 $3 \nmid c$, 则 $c^2 \equiv 1 \pmod{3}$, $3 \nmid d$, 则 $d^2 \equiv 1 \pmod{3}$

所以由 $3 \mid (c^2 + d^2)$, 必有 $3 \mid c, 3 \mid d$.

于是由 ③, $3 \mid b$, 进而由 ①, $3 \mid a$.

设 $a = 3^\alpha a_1, b = 3^\beta b_1, c = 3^\gamma c_1, d = 3^\delta d_1$, 其中 $\alpha, \beta, \gamma, \delta \in \mathbf{N}^*$, 且 $3 \nmid a_1, b_1, c_1, d_1$.

从而 ①,② 化为
$$\begin{cases} 3^{4\alpha+1} a_1^4 + 3^{3\beta} \times 2b_1^3 = 3^{2\gamma} c_1^2 & ④ \\ 3^{6\alpha+1} a_1^6 + 3^{5\beta} b_1^5 = 3^{2\delta} d_1^2 & ⑤ \end{cases}$$

对于等式 $3^k p + 3^l q = 3^m r, 3 \nmid p, q, r$ 时, 则 k, l, m 中至少有两个相等, 于是由式 ④,⑤
$$4\alpha + 1 = 3\beta \quad 或 \quad 3\beta = 2\gamma$$
$$6\alpha + 1 = 5\beta \quad 或 \quad 5\beta = 2\delta$$

如果 $4\alpha + 1 = 3\beta = 2\gamma$, 则由 ④
$$a_1^4 + 2b_1^3 = c_1^2$$

由于 $a_1^4 \equiv 1 \pmod{3}, c_1^2 \equiv 1 \pmod{3}$, 则 $3 \mid b_1$, 矛盾;

如果 $6\alpha + 1 = 5\beta = 2\delta$, 则由 ⑤
$$a_1^6 + b_1^5 = d_1^2$$

同样有 $a_1^6 \equiv 1 \pmod{3}, d_1^2 \equiv 1 \pmod{3}$, 则 $3 \mid b_1$, 矛盾.

因此, 在 $4\alpha + 1, 3\beta, 2\gamma$ 中有两项相等, 且这两项小于另一项, 同样, 在 $6\alpha + 1, 5\beta, 2\delta$ 中有两项相等, 且这两项小于另一项.

若 $4\alpha + 1 = 3\beta, 5\beta = 2\delta$, 则由 $4\alpha + 1$ 是奇数, 使 β 也是奇数, 而 2δ 是偶数, 矛盾.

若 $3\beta = 2\gamma, 6\alpha + 1 = 5\beta$, 由于 2γ 是偶数, 导致 β 也是偶数, 进而 5β 是偶数, 而 $6\alpha + 1$ 是奇数, 矛盾.

若 $4\alpha + 1 = 3\beta, 6\alpha + 1 = 5\beta$, 则原方程组化为

第6章 不定方程
Chapter 6 Diophantine Equation

$$\begin{cases} a_1^4 + 2b_1^3 = 3^{2\gamma-3\beta}c_1^2 \\ a_1^6 + b_1^5 = 3^{2\delta-5\beta}d_1^2 \end{cases} \quad \text{⑥} \\ \text{⑦}$$

⑥＋⑦ 得

$$a_1^4 + a_1^6 + 2b_1^3 + b_1^5 = 3^{2\gamma-3\beta}c_1^2 + 3^{2\delta-5\beta}d_1^2$$

由于 $3 \mid (2b_1^3 + b_1^5), 2\gamma - 3\beta > 0, 2\delta - 5\beta > 0$, 得

$$a_1^4 + a_1^6 \equiv 0 \pmod{3}$$

而 $a_1^4 \equiv 1 \pmod{3}, a_1^6 \equiv 1 \pmod{3}$, 矛盾.

若 $3\beta = 2\gamma, 5\beta = 2\delta$, 则原方程组化为

$$\begin{cases} 3^{4\alpha+1-2\gamma}a_1^4 + 2b_1^3 = c_1^2 \\ 3^{6\alpha+1-2\delta}a_1^6 + b_1^5 = d_1^2 \end{cases} \quad \text{⑧} \\ \text{⑨}$$

⑧＋⑨ 得

$$3^{4\alpha+1-2\gamma}a_1^4 + 3^{6\alpha+1-2\delta}a_1^6 + 2b_1^3 + b_1^5 = c_1^2 + d_1^2$$

由于 $3 \mid (2b_1^3 + b_1^5), 4\alpha + 1 - 2\gamma > 0, 6\alpha + 1 - 2\delta > 0$, 得

$$c_1^2 + d_1^2 \equiv 0 \pmod{3}$$

而 $c_1^2 \equiv d_1^2 \equiv 1 \pmod{3}$, 矛盾.

所以对 $a, b, c, d \neq 0$ 的各种情形都无解.

由以上可知, 方程组的整数解只有 $a = b = c = d = 0$.

75 求所有的正整数 x, y, 使得

$$(x^2 + y)(y^2 + x)$$

是一个质数的 5 次幂.

(保加利亚冬季数学奥林匹克, 2007 年)

解 设 $(x^2 + y)(y^2 + x) = p^5$, 其中, p 为质数, 则

$$\begin{cases} x^2 + y = p^s \\ y^2 + x = p^t \end{cases}$$

其中 $\{s, t\} = \{1, 4\}$ 或 $\{2, 3\}$.

不妨设 $x < y$.

(1) $\begin{cases} x^2 + y = p \\ y^2 + x = p^4 \end{cases}$

$p^2 = (x^2 + y)^2 > x + y^2 = p^4$, 矛盾. 此时无解;

(2) $\begin{cases} x^2 + y = p^2 \\ y^2 + x = p^3 \end{cases}$

由 $x < y$, 有 $x < p$.

$$p^2 \mid [(x^2 + y)(x^2 - y) + (y^2 + x)]$$

即

$$p^2 \mid (x^4+x) = x(x+1)(x^2-x+1)$$

若 $p \mid (x+1)$,则 $p=x+1$.

又由

$$(x+1)(x^2-x+1) = (x+1)(x-2)+3$$

$$p \mid (x+1)(x^2-x+1)$$

得 $p \mid 3$,所以 $p=3$,于是 $x=2, y=5$.

若 $p \nmid (x+1)$,即 $p^2 \mid (x^2-x+1)$.

因为

$$p^2 \mid (x^2+y) = (x^2-x+1)+(x+y-1)$$

所以 $p^2 \mid (x+y-1)$. 从而 $y \geqslant p^2-x+1 > p^2-p$.

$$p^3 = y^2+x > p^2(p-1)^2$$

矛盾.

所以,所求的正整数解为 $(2,5)$ 和 $(5,2)$.

76 求满足 $a^2 b^2 = 4a^5 + b^3$ 的整数对 (a,b).

(日本数学奥林匹克预赛,2007 年)

解 若 a,b 有一个为 0,则另一个为 0,则 $(0,0)$ 是一组解.

假定 a,b 均不为 0,设 $(a,b)=g$,则

$$a=ga', b=gb', (a',b')=1$$

代入原方程得

$$ga'^2(b'^2-4ga'^3) = b'^3$$

由 $(a',b')=1$,则由上式,$a'=\pm 1$,故 $a \mid b$.

设 $b=ac, c \in \mathbf{Z}$,代入原方程得

$$ac^2 = 4a^2+c^3 \qquad ①$$

设 $(a,c)=d(d>0)$,记 $a=dA, c=dC$,则 $(A,C)=1$.

代入 ① 得

$$dC^2(A-C) = 4A^2$$

由 $(A,C)=1$,则 $C^2 \mid 4$,则 $C=-2,-1,1,2$.

由

$$d = \frac{4A^2}{C^2(A-C)} = \frac{4}{C^2}(A+C+\frac{C^2}{A-C}) =$$

$$\frac{A}{C^2}(A+C) + \frac{4}{A-C} \qquad ②$$

则 $(A-C) \mid 4$. 又 $d>0$,则 $A-C>0$.

第 6 章 不定方程
Chapter 6　Diophantine Equation

可列举出 (A,C).
$(A,C)=(-1,-2),(3,-1),(1,-1),(5,1),(3,1),(2,1),(3,2)$
由式 ② 可求出相应的 d,进而求出 (a,c),再由 $b=ac$,求出 (a,b) 得
$(a,b)=(0,0),(-1,2),(2,-4),(27,-243),(27,486),(32,512),(54,972)$,
$(125,3\,125)$.

77 求方程 $x^3+11^3=y^3$ 的全部整数解.

（克罗地亚数学奥林匹克,2007 年）

解 显然,$y>x$,原方程等价于
$$11^3=y^3-x^3=(y-x)(y^2+xy+x^2)$$
由于 11 是质数,故 $y-x=1,11,11^2,11^3$.
若 $y-x=1$,则
$$x^2+xy+y^2=11^3=3x^2+3x+1$$
即
$$11^3-1=3x(x+1)$$
而
$$11^3-1\equiv 1\,(\bmod\,3)$$
$$3x(x+1)\equiv 0\,(\bmod\,3)$$
此时无解；
若 $y-x=11$,则
$$11^2=x^2+xy+y^2=3x^2+3\times 11x+11^2$$
解得 $x=0,y=11$,或 $x=-11,y=0$.
若 $y-x=11^2$,则
$$11=x^2+xy+y^2=3x^2+3\times 11^2 x+11^4$$
则必须 $3x^2$ 能被 11 整除,即必须有 $11\mid x$.
令 $x=11z$,则
$$1=3\times 11z^2+3\times 11^2 z+11^3$$
由
$$1\equiv 1\,(\bmod\,11)$$
$$3\times 11z^2+3\times 11^2 z+11^3\equiv 0\,(\bmod\,11)$$
此时无解.
若 $y-x=11^3$,则
$$1=x^2+xy+y^2=3x^2+3\times 11^3 x+11^6$$
此时无实数解.
由以上,方程的所有整数解为 $(x,y)=(0,11)$ 和 $(-11,0)$.

最新世界各国数学奥林匹克中的初等数论试题（下）

The Lastest Elementary Number Theory in Mathematical Olympiads in The World

78 求所有的正整数 n,m，满足
$$n^5 + n^4 = 7^m - 1$$
（白俄罗斯数学奥林匹克决赛，2007 年）

解 原方程等价于
$$(n^3 - n + 1)(n^2 + n + 1) = 7^m$$
显然，$n \neq 1$.

当 $n = 2$ 时，$m = 2$.

当 $n \geqslant 3$ 时
$$n^3 - n + 1 = n(n^2 - 1) + 1 > 1$$
$$n^2 + n + 1 > 1$$
所以设
$$\begin{cases} n^3 - n + 1 = 7^a \\ n^2 + n + 1 = 7^b \end{cases} a, b \in \mathbf{N}^*$$
$$(n-1)(7^b - 1) = 7^a - 1$$
即
$$(7^b - 1) \mid (7^a - 1)$$
设 $a = bq + r$，且 $q \in \mathbf{N}^*, 0 \leqslant r < b, r \in \mathbf{N}$.

若 $r \neq 0$，则
$$7^a - 1 = 7^{bq+r} - 1 = 7^r(7^{bq} - 1) + 7^r - 1 =$$
$$7^r(7^b - 1)[7^{b(q-1)} + 7^{b(q-2)} + \cdots + 7 + 1] + 7^r - 1$$
所以 $(7^b - 1) \mid (7^r - 1)$，矛盾.

所以 $r = 0$，设 $a = bk, k \in \mathbf{N}^*$，则
$$n^3 - n + 1 = 7^a = 7^{bk} = (n^2 + n + 1)^k$$
当 $k = 1$ 时，$(n^3 - n + 1) - (n^2 + n + 1) = n[n(n-1) - 2] > 0$，矛盾.

当 $k \geqslant 2$ 时，$(n^3 - n + 1) - (n^2 + n + 1)^k \leqslant (n^3 - n + 1) - (n^2 + n + 1)^2 = -n^4 - n^3 - 3n^2 - 3n < 0$，矛盾.

所以 $n \geqslant 3$ 时无解.

综合以上，方程的解 $(m, n) = (2, 2)$.

79 试求所有正整数组 (x, y, z)，使满足：$\begin{cases} x + y = z \\ x^2 y = z^2 + 1 \end{cases}$.

（中国国家集训队培训试题，2007 年）

解 由 $\begin{cases} x + y = z \\ x^2 y = z^2 + 1 \end{cases}$ 消去 y 得

第 6 章 不定方程
Chapter 6　Diophantine Equation

$$x^2(z-x) = z^2+1$$

即
$$z^2 - x^2 z + x^3 + 1 = 0 \qquad ①$$

这是一个关于 z 的二次方程.
$$\Delta = x^4 - 4x^3 - 4$$

当 $x = 1,2,3,4$ 时,$\Delta < 0$,① 无解.

当 $x \geqslant 5$ 时,如果 ① 有等根,则
$$z_1 = z_2 = \frac{x^2}{2}$$

则 x 为偶数.

① 化为
$$\frac{x^4}{4} = x^3 + 1$$

由于 x 为偶数,则 $\frac{x^4}{4} \equiv 0, x^3 + 1 \equiv 1 \pmod{4}$. 矛盾.

所以 $z_1 \neq z_2$,设 $z_1 > z_2$. 则
$$z_1 > \frac{x^2}{2}, \quad z_1 \geqslant \frac{x^2+1}{2}$$

故得
$$z_2 = \frac{x^3+1}{z_1} \leqslant \frac{2(x^3+1)}{x^2+1} < 2x$$
$$z_2 \leqslant 2x - 1$$

此时
$$z_1 = x^2 - z_2 \geqslant x^2 - 2x + 1 = (x-1)^2$$

再求 z_1 的上界.

如果 $z_1 \geqslant (x-1)^2 + 3$,则
$$x^3 + 1 = z_1 z_2 \geqslant [(x-1)^2 + 3] z_2 = (x^2 - 2x + 4) z_2$$

因为
$$(x+2)(x^2 - 2x + 4) = x^3 + 8 > x^3 + 1$$

则
$$z_2 \leqslant x + 1$$

而 $z_1 z_2 = (x^2 - z_2) z_2 = -z_2^2 + x^2 z_2$.

当 $n \geqslant 5$ 时,$x + 1 < \frac{x^2}{2}$,故在 $z_2 \leqslant x + 1$ 时,关于 z_2 的函数
$$-z_2^2 + x^2 z_2$$

严格单增,所以
$$z_1 z_2 = (x^2 - z_2) z_2 \leqslant (x^2 - x - 1)(x + 1) =$$

最新世界各国数学奥林匹克中的初等数论试题(下)

The Lastest Elementary Number Theory in Mathematical Olympiads in The World

$$x^3 - 2x - 1 < x^3 + 1$$

矛盾.

因此 $z_1 \leqslant (x-1)^2 + 2$. 即

$$(x-1)^2 \leqslant z_1 \leqslant (x-1)^2 + 2$$

所以 z_1 只能取 $(x-1)^2, (x-1)^2 + 1, (x-1)^2 + 2$

于是,$z_2 = x^2 - z_1$ 只能在 $2x-1, 2x-2, 2x-3$ 中取值.

将 z_1, z_2 的取值代入 ①,只有在 $z_2 = 2x-3$ 时,求得整数 $x = 5$.

于是 $x=5, z_2=7, z_1=x^2-z_2=18, y_1=z_1-x=2, y_2=z_2-x=13$.

从而满足 $\begin{cases} x+y=z \\ x^2 y = z^2 + 1 \end{cases}$ 的整数解为 $(x,y,z) = (5,2,7)$ 和 $(5,13,18)$.

80 对于正整数 $n(n>3)$,我们用"n?"表示所有小于 n 的质数的乘积. 试解方程

$$n? = 2n + 16$$

(俄罗斯数学奥林匹克,2007 年)

解 题设方程化为

$$n? - 32 = 2(n-8) \qquad ①$$

由于 $n?$ 不能被 4 整除,由式 ①,$n-8$ 为奇数.

设 $n > 9$,则 $n-8$ 具有奇质数 p.

又由于 $p < n$,则 p 能整除 $n?$,从而由式 ①,32 能被奇质数 p 整除,这是不可能的.

所以 $n \leqslant 9$,且 n 为奇数.

当 $n=9$ 时,$n? = 2 \times 3 \times 5 \times 7 = 210 > 2 \times 9 + 16$.

当 $n=7$ 时,$n? = 2 \times 3 \times 5 = 30$,而 $2n+16 = 2 \times 7 + 16 = 30$. 所以 $n=7$ 是方程的根.

当 $n=5$ 时,$n? = 2 \times 3 = 6$,而 $2n+16 > 6$

所以 $n=7$ 是方程的唯一的正整数根.

81 求所有正整数 n,使得存在非零整数 $x_1, x_2, \cdots, x_n, y$,满足

$$\begin{cases} x_1 + x_2 + \cdots + x_n = 0 \\ x_1^2 + x_2^2 + \cdots + x_n^2 = ny^2 \end{cases}$$

(中国西部数学奥林匹克,2007 年)

解 显然 $n \neq 1$.

当 $n = 2k$ 为偶数时,令

$$x_{2i-1} = 1, x_{2i} = -1 (i=1,2,\cdots,k), y=1$$

第6章 不定方程
Chapter 6 Diophantine Equation

则满足条件.

当 $n=3$ 时,若存在非零整数 x_1, x_2, x_3,使得
$$\begin{cases} x_1 + x_2 + x_3 = 0 \\ x_1^2 + x_2^2 + x_3^2 = 3y^2 \end{cases}$$

不妨令 $(x_1, x_2) = 1$,则 x_1, x_2 或者都是奇数,或者一为奇数,一为偶数.
从而
$$x_1^2 + x_2^2 + (x_1 + x_2)^2 = 2(x_1^2 + x_2^2 + x_1 x_2) = 3y^2$$
的左边为
$$2(x_1^2 + x_2^2 + x_1 x_2) \equiv 2 \pmod 4$$
而右边 $3y^2$ 为偶数,从而
$$3y^2 \equiv 0 \pmod 4$$
出现矛盾.

当 $n = 3 + 2k (k \in \mathbf{N}^*)$ 时,令
$x_1 = 4, x_2 = x_3 = x_4 = x_5 = -1, x_{2i} = 2, x_{2i+1} = -2 (i = 3, 4, \cdots, k+1), y = 2$
则满足条件.

于是满足条件的正整数 n 为除了 1 和 3 之外的所有正整数.

82 设 p 是质数,且满足 $p \equiv 3 \pmod 8$,求方程 $y^2 = x^3 - p^2 x$ 的全部整数解 (x, y).

(印度国家队选拔考试,2007年)

解 原方程等价于 $y^2 = (x-p)(x+p)x$.

分类讨论如下.

(1) $p \nmid y$.

因为 $(x-p, x) = (x+p, x) = 1$.

若 x 为偶数,则 $(x-p, x+p) = 1$. 此时 $x, x-p, x+p$ 均为完全平方数.
但
$$x + p \equiv 3 \text{ 或 } 7 \pmod 8$$
此时,$x+p$ 不为完全平方数,矛盾.

故 x 为奇数,则
$$(x-p, x+p) = 2$$
设 $x = r^2, x - p = 2s^2, x + p = 2t^2$
因为
$$(x+p) - (x-p) = 2p \equiv 2 \pmod 4$$
所以
$$s^2 - t^2 \equiv 1 \pmod 2$$

最新世界各国数学奥林匹克中的初等数论试题(下)
The Lastest Elementary Number Theory in Mathematical Olympiads in The World

从而,s^2, t^2 中有一个偶数.

进而,s, t 中有一个为偶数.则
$$r^2 = x = 2s^2 + p = 2t^2 - p \equiv 3 \text{ 或 } 5 \pmod 8$$

此时,r^2 不可能为完全平方数,矛盾.

因此,当 $p \nmid y$ 时,原方程无解.

(2) $p \mid y$.

若 $y = 0$,易知原方程有三组解
$$(x, y) = (0, 0), (p, 0), (-p, 0)$$

设 $y \neq 0$,由 $p \mid y$,有
$$(x - p, x, x + p) = p$$

可得 $p^2 \mid y$.

设 $x = pa, y = p^2 b$,则原方程化为
$$pb^2 = (a-1)a(a+1) = a(a^2-1) \quad ①$$

显然,$(a, a^2 - 1) = 1$.

下面证明方程 ① 无整数解.

(i) 若 $p \mid a$,则
$$a = pc^2, \quad a^2 - 1 = d^2$$

则
$$a^2 - d^2 = 1$$
$$(a+d)(a-d) = 1$$

于是 $a = 1, d = 0$,从而 $b = 0$.

此时 $y = 0$ 与 $y \neq 0$ 矛盾.

(ii) 若 $p \nmid a$,则
$$a = c^2, \quad a^2 - 1 = pd^2$$
$$pd^2 = c^4 - 1 = (c^2 + 1)(c + 1)(c - 1)$$

当 c 为偶数时,d 为奇数.

从而
$$(c^2 + 1, c^2 - 1) = 2$$
$$(c - 1, c + 1) = 2$$

由 $p \equiv 3 \pmod 4$,有
$$c^2 \not\equiv -1 \pmod p$$

于是
$$p \nmid (c^2 + 1)$$

又
$$c^2 \equiv 1 \pmod 8$$

第 6 章　不定方程
Chapter 6　Diophantine Equation

从而
$$c^2 + 1 \equiv 2 \pmod{8}$$
$$c^2 - 1 \equiv 0 \pmod{8}$$

于是
$$c^4 - 1 = pd^2$$
$$\begin{cases} c^2 + 1 = 2e^2 \\ c^2 - 1 = 8pf^2 \end{cases}$$

其中 e 为奇数，且设 c 为佩尔方程
$$x^2 - 8py^2 = 1 \qquad ②$$
的所有整数解 (x, y) 中最小的正整数 x.

由 $c^2 + 1 = 2e^2 \equiv 2 \pmod{16}$

从而
$$c^2 \equiv 1 \pmod{16}$$
$$c \equiv \pm 1 \pmod{8}$$

于是，$c^2 - 1 = (c+1)(c-1) = 8pf^2$ 有下列四种情况：

(A) $\begin{cases} c - 1 = 2pg^2 \\ c + 1 = 4h^2 \end{cases}$

(B) $\begin{cases} c - 1 = 2g^2 \\ c + 1 = 4ph^2 \end{cases}$

(C) $\begin{cases} c + 1 = 2pg^2 \\ c - 1 = 4h^2 \end{cases}$

(D) $\begin{cases} c + 1 = 2g^2 \\ c - 1 = 4ph^2 \end{cases}$

其中 g 为奇数.

对方程组(A)，
$$c = 4h^2 - 1 \equiv -1 \pmod{8}$$

于是 $4h^2 = c + 1 \equiv 0 \pmod{8}$，所以 h 为偶数.

故
$$c = 4h^2 - 1 \equiv -1 \pmod{16}$$
$$2pg^2 = c - 1 \equiv -2 \pmod{16}$$

从而
$$pg^2 \equiv -1 \pmod{8}$$

但
$$pg^2 \equiv 3 \times 1 \equiv 3 \pmod{8}$$

矛盾.

最新世界各国数学奥林匹克中的初等数论试题(下)
The Lastest Elementary Number Theory in Mathematical Olympiads in The World

对方程组(B)
$$c = 2g^2 + 1 \equiv 3 \pmod{8}$$
与
$$c \equiv \pm 1 \pmod{8}$$
矛盾.

对方程组(C)
$$c = 4h^2 + 1 \equiv 1 \pmod{8}$$
从而
$$2pg^2 = c + 1 \equiv 2 \pmod{8}$$
但
$$2pg^2 \equiv 2 \times 3 \times 1 \equiv 6 \pmod{8}$$
矛盾.

对方程组(D)
$$c = 2g^2 - 1 \equiv 2 - 1 \equiv 1 \pmod{16}$$
从而
$$4ph^2 = c - 1 \equiv 0 \pmod{16}$$
故 h 为偶数,设 $h = 2k$,则
$$g^2 - 1 = 2ph^2 = 8pk^2$$
因此,$g = \sqrt{\dfrac{c+1}{2}}$ 为 ② 的解,且 $\sqrt{\dfrac{c+1}{2}} \leqslant c$,由 c 的最小性,有 $\sqrt{\dfrac{c+1}{2}} = c$ 得 $c = 1, a = 1, b = 0$ 矛盾.

所以 $y \neq 0$ 时,无解.

因此,方程只有三组解 $(x, y) = (0, 0), (p, 0), (-p, 0)$.

83 试求所有的三元正整数组 (x, y, z),使得
$$1 + 4^x + 4^y = z^2$$

(韩国数学奥林匹克,2007 年)

解 不妨设 $x \leqslant y$.
若 $2x < y + 1$,则
$$(2^y)^2 < 1 + 4^x + 4^y = 1 + 2^{2x} + 4^y <$$
$$1 + 2^{y+1} + 4^y = (1 + 2^y)^2$$
则 $1 + 4^x + 4^y$ 不是完全平方数.
若 $2x = y + 1$,则
$$1 + 4^x + 4^y = 1 + 2^{y+1} + 4^y = (1 + 2^y)^2$$
取 $x = n$,则 $y = 2n - 1$. $z = 1 + 2^y = 1 + 2^{2n-1}$ 为满足条件的解,其中 $n \in \mathbf{N}^*$.

第6章 不定方程
Chapter 6 Diophantine Equation

若 $2x > y+1$，由于
$$4^x + 4^y = 4^x(1+4^{y-x}) = z^2 - 1 = (z-1)(z+1)$$
由 $(z-1, z+1) = 2$，可知 $z-1$ 或 $z+1$ 能被 2^{2x-1} 整除．
而对任意的正整数 $x > 1$
$$2(1+4^{y-x}) \leqslant 2(1+4^{x-2}) < 2^{2x-1} - 2$$
矛盾．

由 x, y 的对称性，满足方程的三元正整数组为
$$(x, y, z) = (n, 2n-1, 1+2^{2n-1})$$
或
$$(2n-1, n, 1+2^{2n-1}) \quad (n \in \mathbf{N}^*)$$

84 设 a, b, c, d 是非零整数，使得关于 x, y, z, t 的方程
$$ax^2 + by^2 + cz^2 + dt^2 = 0$$
有唯一的整数解 $x = y = z = t = 0$．

问：a, b, c, d 是否一定同号，为什么？

（波罗地海地区数学奥林匹克，2007 年）

解 不一定同号.

例如
$$x^2 + y^2 - 3z^2 - 3t^2 = 0$$
由于
$$x^2, y^2 \equiv 0 \text{ 或 } 1 \pmod{3}$$
则只可能有
$$x \equiv y \equiv 0 \pmod{3}$$
于是
$$x^2 + y^2 = 3(z^2 + t^2)$$
且
$$9 \mid (x^2 + y^2) = 3(z^2 + t^2)$$
因而
$$3 \mid (z^2 + t^2)$$
因此，若 x, y, z, t 是原方程的解，则 $\dfrac{x}{3}, \dfrac{y}{3}, \dfrac{z}{3}, \dfrac{t}{3}$ 也是原方程的解．
如此下去，必有 $x = y = z = t = 0$.

85 求所有的质数 p_1, p_2, p_3，使得

最新世界各国数学奥林匹克中的初等数论试题(下)
The Lastest Elementary Number Theory in Mathematical Olympiads in The World

$$\begin{cases} 2p_1 - p_2 + 7p_3 = 1\,826 \\ 3p_1 + 5p_2 + 7p_3 = 2\,007 \end{cases}$$

(白俄罗斯数学奥林匹克决赛,2007 年)

解 由 $1\,826 \equiv 6 \pmod 7$,$2\,007 \equiv 5 \pmod 7$.

则
$$2p_1 - p_2 \equiv 6 \pmod 7$$
$$3p_1 + 5p_2 \equiv 5 \pmod 7$$

则
$$2(2p_1 - p_2 - 6) - (3p_1 - 5p_2 - 5) =$$
$$p_1 - 7p_2 - 7 \equiv 0 \pmod 7$$

于是
$$p_1 \equiv 0 \pmod 7$$

则
$$p_1 = 7$$

于是方程组化为
$$\begin{cases} -p_2 + 7p_3 = 1\,812 \\ 5p_2 + 7p_3 = 1\,986 \end{cases}$$

解方程组得 $p_2 = 29, p_3 = 263$ 都是质数.

所以 $(p_1, p_2, p_3) = (7, 29, 263)$.

86 试求所有的正整数 a, b, c, d,使得
$$2^a = 3^b 5^c + 7^d \qquad ①$$

(台湾数学奥林匹克选拔考试,2007 年)

解 由 $3^b 5^c + 7^d \equiv 1 \pmod 3$

则
$$2^a \equiv 1 \pmod 3$$

于是 a 为偶数.

设 $a = 2a_1, a_1 \in \mathbf{N}^*$,代入式 ① 得
$$4^{a_1} = 3^b 5^c + 7^d \qquad ②$$

对式 ② 两边模 5

$$4^{a_1} \equiv 4, 1 \pmod 5$$
$$3^b 5^c + 7^d \equiv 7^d \equiv 2, 4, 3, 1 \pmod 5$$

故 d 为偶数.

设 $d = 2d_1, d_1 \in \mathbf{N}^*$,代入式 ② 得
$$4^{a_1} = 3^b 5^c + 49^{d_1}$$

第6章 不定方程
Chapter 6 Diophantine Equation

$$4^{a_1} - 49^{d_1} = 3^b 5^c$$
$$(2^{a_1} + 7^{d_1})(2^{a_1} - 7^{d_1}) = 3^b 5^c$$

于是

$$\begin{cases} 2^{a_1} + 7^{d_1} = 3^{b_1} 5^{c_1} & \text{③} \\ 2^{a_1} - 7^{d_1} = 3^{b_2} 5^{c_2} & \text{④} \end{cases}$$

其中 $b = b_1 + b_2, c = c_1 + c_2$, 且 $b_1, b_2, c_1, c_2 \in \mathbf{N}$.
显然

$$3^{b_1} 5^{c_1} > 3^{b_2} 5^{c_2}$$

故不可能有 $b_1 \leqslant b_2, c_1 \leqslant c_2$ 同时成立.

(1) 若 $b_1 > b_2, c_1 \leqslant c_2$.
由 ③ — ④ 得

$$2 \times 7^{d_1} = 5^{c_1} 3^{b_2} (3^{b_1 - b_2} - 5^{c_2 - c_1})$$

因为 $3 \nmid 2 \times 7^{d_1}, 5 \nmid 2 \times 7^{d_1}$, 所以 $b_2 = c_1 = 0$.
代入 ③,④ 得

$$\begin{cases} 2^{a_1} + 7^{d_1} = 3^{b_1} & \text{⑤} \\ 2^{a_1} - 7^{d_1} = 5^{c_2} & \text{⑥} \end{cases}$$

对式 ⑤ 模 3 得

$$0 \equiv 右端 = 左端 \equiv 2^{a_1} + 1 = 0, 2 \pmod{3}$$

所以 a_1 为奇数.
记 $a_1 = 2a_2 + 1$, 则

$$2^{a_1} = 2^{2a_2 + 1} = 2 \cdot 4^{a_2} \equiv 2, 3 \pmod{5}$$

由 ⑥, d_1 也是奇数.
记 $d_1 = 2d_2 + 1$.
将 $a_1 = 2a_2 + 1, d_1 = 2d_2 + 1$, 代入 ⑤,⑥ 得

$$\begin{cases} 2 \times 4^{a_2} - 7 \times 49^{d_2} = 5^{c_2} & \text{⑦} \\ 2 \times 4^{a_2} + 7 \times 49^{d_2} = 3^{b_1} & \text{⑧} \end{cases}$$

由 ⑦, 有 $a_2 \geqslant 2$.
对式 ⑧ 模 16 得

$$2 \times 4^{a_2} + 7 \times 49^{d_2} \equiv 0 + 7 = 7 \pmod{16}$$

而

$$3^{b_1} \equiv 3, 9, 11, 1 \pmod{16}$$

矛盾. 此时无解.

(2) 若 $b_1 \leqslant b_2, c_1 > c_2$.
类似地, 有 $b_1 = c_2 = 0$, 则 ③,④ 转化为

$$\begin{cases} 2^{a_1} + 7^{d_1} = 5^{c_1} & \text{⑨} \\ 2^{a_1} - 7^{d_1} = 3^{b_2} & \text{⑩} \end{cases}$$

对式 ⑩ 模 3 得
$$2^{a_1} \equiv 1 \pmod{3}$$
故 a_1 是偶数. 所以
$$2^{a_1} \equiv \pm 1 \pmod{5}$$
对式 ⑨ 模 5 有
$$7^{d_1} \equiv \mp 1 \pmod{5}$$
故 d_1 也是偶数.
记 $a_1 = 2a_2, d_1 = 2d_2$, 代入 ⑩ 得
$$2^{2a_2} - 7^{2d_2} = 3^{b_2}$$
$$(2^{a_2} + 7^{d_2})(2^{a_2} - 7^{d_2}) = 3^{b_2}$$
由
$$(2^{a_2} + 7^{d_2}) - (2^{a_2} - 7^{d_2}) = 2 \times 7^{d_2} \equiv 2 \pmod{3}$$
则 $2^{a_2} + 7^{d_2}$ 与 $2^{a_2} - 7^{d_2}$ 有且仅有一个是 3 的倍数.
又
$$2^{a_2} + 7^{d_2} > 2^{a_2} - 7^{d_2}$$
故
$$\begin{cases} 2^{a_2} + 7^{d_2} = 3^{b_2} \\ 2^{a_2} - 7^{d_2} = 1 \end{cases} \quad ⑪$$

若 $a_2 \geqslant 4$, 对式 ⑪ 两边模 16, 得
$$2^{a_2} - 7^{d_2} \equiv 0 - 7^{d_2} \equiv -7^{d_2} \pmod{16}$$
而
$$-7^{d_2} \equiv -7, -1 \pmod{16}$$
而 ⑪ 右端对模 16 余 1, 所以不可能成立.
故 $a_2 \leqslant 3$.
将 $a_2 = 1, 2, 3$ 代入 ⑪, ⑪ 检验, 均无正整数解.
(3) 若 $b_1 \geqslant b_2, c_1 \geqslant c_2$.
同理 $b_2 = c_2 = 0$, 故 $b = b_1, c = c_1$. 代入 ③, ④ 得
$$\begin{cases} 2^{a_1} + 7^{d_1} = 3^{b_1} 5^{c_1} \\ 2^{a_1} - 7^{d_1} = 1 \end{cases} \quad ⑫$$
对 ⑫ 应用对 ⑪ 讨论的结论, 有 $a_1 \leqslant 3$.
代入 $a_1 = 1, 2, 3$ 逐一检验, 知 $a_1 = 3, d_1 = 1$ 是唯一解.
此时 $b_1 = c_1 = 1$.
再由 $a = 2a_1 = 6, b = b_1 = 1, c = c_1 = 1, d = 2d_1 = 2$ 得
方程的解为 $(a, b, c, d) = (6, 1, 1, 2)$.

第6章 不定方程
Chapter 6　Diophantine Equation

87 (1) 是否存在正整数 m,n，使得
$$m(m+2)=n(n+1)$$
(2) 设 $k(k\geqslant 3)$ 是给定的正整数，是否存在正整数 m,n，使得
$$m(m+k)=n(n+1)$$

(中国初中数学竞赛(《数学周报》杯),2007年)

解 (1) 答案是否定的.

假设存在正整数 m,n，满足 $m(m+2)=n(n+1)$，则
$$m^2+2m=n^2+n$$
$$(m+1)^2=n^2+n+1$$
于是 n^2+n+1 是一个完全平方数.

然而
$$n^2<n^2+n+1<(n+1)^2$$
n^2+n+1 不可能是完全平方数.引出矛盾.

所以不存在满足题设等式的 m,n.

(2) 当 k 为偶数时，设 $k=2t(t\geqslant 2,t\in\mathbf{Z})$.

已知方程化为
$$m^2+km=m^2+2tm=n^2+n$$
配方得
$$(m+t)^2=n^2+n+t^2$$
于是,若方程有整数解,n^2+n+t^2 应是完全平方数,故可设
$$n^2+n+t^2=p^2\quad(p\in\mathbf{N}^*)$$
由此得出关于 n 的二次方程
$$n^2+n+t^2-p^2=0$$
使该方程有正整数解的必要条件是
$$\Delta_1=1-4t^2+4p^2$$
为完全平方式,且 p^2 也为完全平方式,此时,为凑成完全平方式,只须令 $p^2=t^4$ 即可.

于是
$$\Delta_1=1-4t^2+4p^2=$$
$$1-4t^2+4t^4=$$
$$(2t^2-1)^2$$
$n=\dfrac{-1\pm(2t^2-1)}{2}$,即 $n_1=t^2-1$,或 $n_1=-t^2$.

取 $n=t^2-1$,则有
$$(m+t)^2=n^2+n+t^2=(t^2-1)^2+t^2-1+t^2=t^4$$

最新世界各国数学奥林匹克中的初等数论试题（下）
The Lastest Elementary Number Theory in Mathematical Olympiads in The World

因此可取 $m = t^2 - t$.

不难验证：当 $k = 2t(t \geq 2, t \in \mathbf{Z})$ 时，$m = t^2 - t, n = t^2 - 1$ 满足方程
$$m(m+k) = n(n+1)$$

当 k 为奇数时，设 $k = 2t + 1 (t \geq 2, t \in \mathbf{Z})$

已知方程化为
$$m^2 + (2t+1)m = n^2 + n$$

即
$$m^2 + (2t+1)m - n^2 - n = 0$$

该方程有正整数解 m 的必要条件是
$$\Delta_2 = (2t+1)^2 + 4n^2 + 4n$$

为完全平方式.

令 $\Delta_2 = (2t+1)^2 + 4n^2 + 4n = q^2$，则有
$$4n^2 + 4n + (2t+1)^2 - q^2 = 0$$

该方程有正整数解 n 的必要条件是
$$\Delta_3 = 16 - 16[(2t+1)^2 - q^2] = 16(q^2 - 4t^2 - 4t)$$

为完全平方式.

下面把 Δ_3 凑成完全平方式. 由于
$$q^2 - 4t^2 - 4t = q^2 - 4(t^2 + t + 1) + 4$$

只须取 $q^2 = (t^2 + t + 1)^2$ 即可. 此时
$$\Delta_3 = 16(t^2 + t - 1)^2$$
$$n = \frac{-4 \pm 4(t^2+t-1)}{8} = \frac{-1 \pm (t^2+t-1)}{2}$$

取 $n = \dfrac{t^2+t-2}{2}$，由 $t^2+t-2 = t(t+1) - 2$ 可知 n 是偶数，因而 n 是整数.

此时
$$\Delta_2 = (t^2+t+1)^2 = q^2$$
$$m = \frac{-2t-1 \pm (t^2+t-1)}{2}$$

取 $m = \dfrac{t^2 - t}{2}$，由 $t^2 - t$ 是偶数，可知 m 是偶数.

不难验证，$k = 2t+1 (t \geq 2, t \in \mathbf{Z})$ 时，$m = \dfrac{t^2-t}{2}, n = \dfrac{t^2+t-2}{2}$，满足方程 $m(m+k) = n(n+1)$.

由以上，$k \geq 4$ 时答案是肯定的.

294

当 $k=3$ 时,$\Delta_3=16(q^2-8)$,若有正整数解,Δ_3 应为完全平方式,即有
$$q^2-8=u^2$$
$$q^2-u^2=8=4\times 2=8\times 1$$
因为 $q+u$ 与 $q-u$ 有相同的奇偶性,只能有
$$\begin{cases}q+u=4\\q-u=2\end{cases}$$
解得 $q=3,u=1$.

这时
$$\Delta_2=(2+1)^2+4n^2+4n=q^2=9$$
解得 $n=0$ 与题设要求 n 是正整数矛盾.

因此,$k=3$ 答案是否定的.

88 求证:当 $l\geqslant 2,4\leqslant k\leqslant n-4$,方程 $C_n^k=m^l$ 没有整数解.

(中国国家集训队培训试题,2007 年)

证 用反证法,假设方程有整数解 (n,k),不妨设 $n\geqslant 2k$.

由西尔维斯特(Sylvester)定理,存在质数 $p>k$,使 $p\mid C_n^k$.

因此,$p^l\mid C_n^k=\dfrac{\prod_{i=1}^{k}(n-i+1)}{k!}$,即 $p^l\mid \prod_{i=1}^{k}(n-i+1)$.

由 $p>k$,故 $n,n-1,\cdots,n-k+1$ 中,仅能有一个是 p 的倍数.

设 $p^l\mid(n-i_0),i_0\in\{0,1,2,\cdots,k-1\}$,则
$$n\geqslant n-i_0\geqslant p^l>k^l\geqslant k^2 \qquad ①$$
又设 $n-i=a_im_i^l$,其中 a_i 不含 l 次方因子,$m_i\in\mathbf{N}^*,i=0,1,2,\cdots,k-1$,则 a_i 的质因子不大于 k.

首先证明:对所有 $i\neq j$,均有 $a_i\neq a_j$.

假设存在 $i\neq j$,使 $a_i=a_j$,则由于 $n-i>n-j$,故
$$m_i>m_j,\quad m_i\geqslant m_j+1$$
$$k>i\geqslant j-i=(n-i)-(n-j)=a_j(m_i^l-m_j^l)\geqslant$$
$$a_j[(m_j+1)^l-m_j^l]>a_jlm_j^{l-1}\geqslant l\sqrt{a_jm_j^l}\geqslant$$
$$l\sqrt{n-k+1}\geqslant l\sqrt{\dfrac{n}{2}+1}>\sqrt{n}$$
从而
$$n<k^2$$
与①矛盾.

所以对所有 $i\neq j$,均有 $a_i\neq a_j$.

最新世界各国数学奥林匹克中的初等数论试题(下)

The Lastest Elementary Number Theory in Mathematical Olympiads in The World

进一步证明
$$\{a_0, a_1, \cdots, a_{k-1}\} = \{1, 2, \cdots, k\}$$

由于 $a_0, a_1, \cdots, a_{k-1}$ 互不相同,因而证明
$$\prod_{i=0}^{k-1} a_i \mid k!$$

将 $n - i = a_i m_i^l$ 代入原方程可得
$$(\prod_{i=0}^{k-1} a_i)(\prod_{i=0}^{k-1} m_i)^l = k! \, m^l$$

两边同时约去 $\prod_{i=0}^{k-1} m_i$ 与 m 的最大公约数 d,得
$$(\prod_{i=0}^{k-1} a_i) u^l = k! \, v^l \qquad ②$$

其中 $u = \dfrac{\prod_{i=0}^{k-1} m_i}{d}, v = \dfrac{m}{d}, (u, v) = 1.$

为证 $\prod_{i=0}^{k-1} a_i \mid k!$ 只须证 $v = 1$.

若 $v \neq 1$,则 v 有质因子 p_0,p_0 也是 $\prod_{i=0}^{k-1} a_i$ 的一个质因子,故 $p_0 \leqslant k$.

下面我们来估计 $\prod_{i=0}^{n-1} a_i$ 中含 p_0 的幂次.

对于 $i \in \mathbf{N}^*$,设 $b_1 < b_2 < \cdots < b_s$ 为 $n, n-1, \cdots, n-k+1$ 中 p_0^i 的倍数,则
$$b_s = b_1 + (s-1) p_0^i$$
$$(s-1) p_0^i = b_s - b_1 \leqslant n - (n-k+1) = k-1$$

故
$$s \leqslant \left[\frac{k-1}{p_0^i}\right] + 1 \leqslant \left[\frac{k}{p_0^i}\right] + 1$$

因此,对于 $i \in \mathbf{N}^*$,p_0^i 的倍数在 $n, n-1, \cdots, n-k+1$ 中至多出现 $\left[\dfrac{k}{p_0^2}\right] + 1$ 次,当然在 $a_0, a_1, \cdots, a_{k-1}$ 中也是如此.

故 $\prod_{i=0}^{k-1} a_i$ 中含 p_0 的幂次至多是 $\sum_{i=1}^{l-1} \left(\left[\dfrac{k}{p_0^i}\right] + 1\right)$(注意,$a_i$ 不含 l 次因子),而含 p_0 的幂次为 $\sum_{i=1}^{\infty} \left[\dfrac{k}{p_0^i}\right]$.

在 ② 中比较 p_0 的幂次,可知 v^l 中的 p_0 的幂次至多为

第6章 不定方程
Chapter 6 Diophantine Equation

$$\sum_{i=1}^{l-1}([\frac{k}{p_0^i}]+1) - \sum_{i=1}^{\infty}[\frac{k}{p_0^i}] \leqslant l-1$$

矛盾.

故 v 不含质因子,即 $v=1$.

所以 $\prod_{i=0}^{k-1} a_i \mid k!$,即有 $\{a_0, a_1, \cdots, a_{k-1}\} = \{1, 2, \cdots, k\}$.

最后我们将从假定有整数解导出矛盾.

由于 $k \geqslant 4$,利用刚得到的结论,存在 i_1, i_2, i_3,使得 $a_{i_j} = 2^{j-1} (j=1,2,3)$,故

$$n - i_1 = m_{i_1}^l$$
$$n - i_2 = 2m_{i_2}^l$$
$$n - i_3 = 4m_{i_3}^l$$

一定有 $(n-i_2)^2 \neq (n-i_1)(n-i_3)$,否则设

$$b = n - i_2, \quad x = b - (n - i_1)$$
$$y = -b + (n - i_3), \quad 0 < |x| < |y| < k$$

由 $(b-x)(b+y) = b^2$ 得 $b(y-x) = xy$,显然 $x \neq y$,则

$$|xy| = b|x-y| \geqslant b > n-k > (k-1)^2 \geqslant |xy|$$

矛盾.

因此,$(n-i_2)^2 \neq (n-i_1)(n-i_3)$,即 $m_{i_2}^2 \neq m_{i_1} m_{i_3}$.

不妨设 $m_{i_2}^2 > m_{i_1} m_{i_3}$,有

$$2(k-1)n > n^2 - (n-k+1)^2 >$$
$$(n-i_2)^2 - (n-i_1)(n-i_3) =$$
$$4(m_{i_2}^l)^2 - 4(m_{i_1} m_{i_3})^l \geqslant$$
$$4(m_{i_1} m_{i_3} + 1)^l - 4(m_{i_1} m_{i_3})^l \geqslant$$
$$4(m_{i_1} m_{i_3})^{l-1}$$

若 $l=2$,则 $a_{i_3} = 4$ 有平方因子,故 $l \geqslant 3$,此时有

$$2(k-1)nm_{i_1}m_{i_3} > 4l(m_{i_1}m_{i_3})^l = l(n-i_1)(n-i_2) >$$
$$l(n-k+1)^2 > 3(n-\frac{n}{6})^2 > 2n^2$$

而 $m_{i_j} \leqslant n^{\frac{1}{l}} \leqslant n^{\frac{1}{3}}, j=1,2,3$,得

$$kn^{\frac{2}{3}} \geqslant km_{i_1}m_{i_3} > (k-1)m_{i_1}m_{i_3} > n$$

于是 $k > n^{\frac{1}{3}}$ 与 ① 的 $k^2 \leqslant n$,即 $k \leqslant n^{\frac{1}{2}}$ 矛盾.

所以,假设有整数解是不成立的,即方程没有整数解.

89 设 a 为质数,b,c 为正整数,且满足

最新世界各国数学奥林匹克中的初等数论试题(下)

The Lastest Elementary Number Theory in Mathematical Olympiads in The World

$$\begin{cases} 9(2a+2b-c)^2 = 509(4a+1\,022b-511c) & ① \\ b-c=2 & ② \end{cases}$$

求 $a(b+c)$ 的值.

(全国初中数学联赛,2008 年)

解 式 ① 化为

$$\left(\frac{6a+6b-3c}{509}\right)^2 = \frac{4a+1\,022b-511c}{509}$$

设

$$m = \frac{6a+6b-3c}{509}$$

$$n = \frac{4a+1\,022b-511c}{509}$$

即

$$m = \frac{6a+3(2b-c)}{509}$$

$$n = \frac{4a+511(2b-c)}{509}$$

于是

$$2b-c = \frac{509m-6a}{3} = \frac{509n-4a}{511} \qquad ③$$

所以

$$3n - 511m + 6a = 0$$

又因为 $n=m^2$,所以

$$3m^2 - 511m + 6a = 0 \qquad ④$$

由式 ①,$(2a+2b-c)^2$ 能被 509 整除.

因为 509 是质数,则 $509 \mid (2a+2b-c)$.于是 m 是整数.

从而,方程 ④ 有整数根 m,其判别式 $\Delta = 511^2 - 72a$ 应为完全平方数.

设 $\Delta = 511^2 - 72a = t^2 (t \in \mathbf{N}^*)$,则

$$72a = (511-t)(511+t)$$

由于 $511+t$ 与 $511-t$ 具有相同的奇偶性,且 $511+t \geqslant 511$,所以只能有如下 6 种情形:

(1) $\begin{cases} 511+t=36a \\ 511-t=2 \end{cases}$

相加得 $36a + 2 = 1\,022, 36a = 1\,020$,无整数解.

(2) $\begin{cases} 511+t=18a \\ 511-t=4 \end{cases}$

相加得 $18a + 4 = 1\,022, 18a = 1\,018$,无整数解.

第6章 不定方程
Chapter 6 Diophantine Equation

(3) $\begin{cases} 511+t=12a \\ 511-t=6 \end{cases}$

相加得 $12a+6=1\,022$,无整数解.

(4) $\begin{cases} 511+t=6a \\ 511-t=12 \end{cases}$

相加得 $6a+12=1\,022$,无整数解.

(5) $\begin{cases} 511+t=4a \\ 511-t=18 \end{cases}$

相加得 $4a+18=1\,022$,解得 $a=251$ 是质数.

(6) $\begin{cases} 511+t=2a \\ 511-t=36 \end{cases}$

相加得 $2a+36=1\,022$,解得 $a=493=17\times 29$,不是质数.

由以上,$a=251$.

此时方程 ④ 的解为 $m=3$ 或 $m=\dfrac{502}{3}$(舍去)

把 $a=251, m=3$ 代入方程 ③ 得
$$2b-c=\frac{509\times 3-6\times 251}{3}=7$$
$$c=2b-7$$

代入方程 ② $\begin{cases} b-c=2 \\ c=2b-7 \end{cases}$ 得 $b=5, c=3$.

于是 $a=251, b=5, c=3$
$$a(b+c)=251\times(5+3)=2\,008$$

90 求方程 $x^3-y^3=91$ 的全部整数解.

(克罗地亚数学奥林匹克(州赛),2008 年)

解 显然,$x>y$,由
$$x^3-y^3=(x-y)(x^2+xy+y^2)=91=1\times 91=7\times 13$$

可有下面四种情况:

(1) $\begin{cases} x-y=1 \\ x^2+xy+y^2=91 \end{cases}$

有
$$x^2+x(x-1)+(x-1)^2=91$$
$$3x^2-3x-90=0$$
$$x^2-x-30=0$$

299

最新世界各国数学奥林匹克中的初等数论试题(下)

The Lastest Elementary Number Theory in Mathematical Olympiads in The World

$$x = 6 \text{ 或 } -5$$

于是有解 $(x,y) = (6,5), (-5,-6)$.

(2) $\begin{cases} x - y = 7 \\ x^2 + xy + y^2 = 13 \end{cases}$

解得 $(x,y) = (4,-3), (3,-4)$.

(3) $\begin{cases} x - y = 13 \\ x^2 + xy + y^2 = 7 \end{cases}$,无实数解.

(4) $\begin{cases} x - y = 91 \\ x^2 + xy + y^2 = 1 \end{cases}$,无实数解.

所以 $x^3 - y^3 = 91$ 有四组整数解 $(x,y) = (6,5), (-5,-6), (4,-3), (3,-4)$.

91 设 n 是正整数,整数 a 是方程
$$x^4 + 3ax^2 + 2ax - 2 \times 3^n = 0$$
的根,求所有满足条件的数对 (n,a).

(中国北方数学奥林匹克,2008 年)

解 由于 a 是方程的根,则
$$a^4 + 3a^3 + 2a^2 = 2 \times 3^n$$
即
$$a^2(a+2)(a+1) = 2 \times 3^n \qquad ①$$

由此,$a \neq 0, -1, -2$.

若 a 是偶数,则式 ① 左边是 4 的倍数,右边不是,矛盾.

所以 a 是奇数.

当 a 是奇数时,a 与 $a+2$ 只有一个是 3 的倍数.

若 a 是 3 的倍数,则 $|a+2| = 1$,即 $a = -1$(舍去),$a = -3$.

当 $a = -3$ 时,由 ① 有
$$2 \times 9 = 2 \times 3^n$$

于是 $n = 2$.

若 $a+2$ 是 3 的倍数,则 $a = 1$,此时 $n = 1$.

因此,满足条件的数对
$$(n,a) = (2,-3), (1,1)$$

92 求方程 $a^4 - 3a^2 + 4a - 3 = 7 \times 3^b$ 的全部整数解 (a,b).

(白俄罗斯数学奥林匹克,2008 年)

解 原方程化为

第 6 章　不定方程

Chapter 6　Diophantine Equation

$$(a^2+a-3)(a^2-a+1)=7\times 3^b \qquad ①$$

若 $b<0$，则 ① 的右边不是整数，而左边为整数，矛盾。故 $b\geqslant 0$。

又 $(7,3^b)=1$，所以 ① 的解只有两种可能

(1) $\begin{cases} a^2-a+1=3^x, x\geqslant 0 \\ a^2+a-3=7\times 3^y, y\geqslant 0 \\ x+y=b \end{cases}$

(2) $\begin{cases} a^2-a+1=7\times 3^m, m\geqslant 0 \\ a^2+a-3=3^n, n\geqslant 0 \\ m+n=b \end{cases}$

考虑 (1)，$a^2-a+1=3^x$。若该方程有整数解，则其判别式

$$\Delta_1=1-4+4\times 3^x=4\times 3^x-3$$

应为完全平方数，但当 $x\geqslant 2$ 时，$3\mid \Delta_1$，但 $9\nmid \Delta_1$，所以 Δ_1 不是完全平方数。

当 $x=0$ 时，$a=0$ 或 1，代入 $a^2+a-3=7\times 3^y$ 后，有

$$-3=7\times 3^y$$

或

$$-1=7\times 3^y$$

矛盾。

当 $x=1$ 时，则 $a=-1$ 或 2，代入 $a^2+a-3=7\times 3^y$ 后，有

$$-3=7\times 3^y$$

或

$$3=7\times 3^y$$

矛盾。

因此，方程组 (1) 无整数解。

考虑 (2)，$a^2-a+1=7\times 3^m$。

若该方程有整数解，则其判别式

$$\Delta_2=1-4+4\times 7\times 3^m=28\times 3^m-3$$

应为完全平方数。

同样的理由，$m\geqslant 2$ 时，Δ_2 不是完全平方数。

当 $m=0$ 时，$a^2-a+1=7$，$a=-2$ 或 3。代入 $a^2+a-3=3^n$ 有

$$-1=3^n$$

或

$$9=3^n$$

此时 $9=3^n$ 有解 $n=2$，$m+n=b=2$，即有解

$$a=3,\quad b=2$$

当 $m=1$ 时，$a^2-a+1=21$，$a=-4$ 或 5，代入 $a^2+a-3=3^n$ 有

· 301 ·

或
$$9 = 3^n$$
$$27 = 3^n$$
此时有解 $n=2$ 或 $n=3$,相应的 $b=1+2=3$ 和 $1+2=4$,即有解
$$a=-4, \quad b=3$$
和
$$a=5, \quad b=4$$
所以方程共有三组整数解
$$(a,b)=(3,2),(-4,3),(5,4)$$

93 求所有的质数对 (a,b),使得
$$a^b b^a = (2a+b+1)(2b+a+1)$$

(哥伦比亚数学奥林匹克,2008 年)

解 若 $a=b$,则原方程等价于
$$a^{2a} = (3a+1)^2$$
但是 $a \mid a^{2a}, a \nmid (3a+1)^2$,矛盾.
所以 $a \neq b$,不妨设 $a > b$.
由于方程右边两个因式之差
$$(2a+b+1)-(2b+a+1)=a-b$$
故 a 只能整除这两个因式中的一个,且 a^b 也能整除这个因式,因此有
$$a^2 \leqslant a^b \leqslant 2a+b+1 \leqslant 3a$$
即
$$a \leqslant 3$$
又 a,b 为质数,$a > b$,则 $a=3,b=2$.
将 $(a,b)=(3,2)$ 代入原方程
$$左边 = 3^2 \cdot 2^3 = 72$$
$$右边 = (2 \times 3 + 2 + 1)(2 \times 2 + 3 + 1) = 72$$
所以 $(a,b)=(3,2)$ 为方程的解.
由对称性 $(a,b)=(2,3)$ 也是方程的解.
所以方程只有两组解 $(2,3),(3,2)$.

94 求所有的三元正整数组 (a,b,c),使得
$$a^2 + 2^{b+1} = 3^c$$

(意大利数学奥林匹克,2008 年)

解 由题设方程可知,a 是奇数,设 $a=2a_1+1$,则

第6章 不定方程
Chapter 6 Diophantine Equation

$$2^{l+1} = 3^c - a^2 = 3^c - 1 - 4a_1(a_1+1)$$

因为 $4 \mid 2^{b+1}$，所以 $4 \mid (3^l - 1)$，即

$$4 \mid 2(3^{c-1} + 3^{c-2} + \cdots + 3 + 1)$$

要使 c 个奇数的和 $3^{c-1} + 3^{c-2} + \cdots + 3 + 1$ 为偶数，则 c 为偶数。
设 $c = 2c_1$. 于是

$$2^{b+1} = (3^{c_1} + a)(3^{c_1} - a)$$

因为 2 是质数，则有

$$\begin{cases} 3^{c_1} + a = 2^x \\ 3^{c_1} - a = 2^y \end{cases} x + y = b+1, 且 x > y$$

即 $3^{c_1} = 2^{x-1} + 2^{y-1}$，则 2^{y-1} 应为奇数，只能有 $y - 1 = 0, y = 1$. 此时 $x = b$，$3^{c_1} = 2^{b-1} + 1$.

当 $b = 1$ 时，$3^{c_1} = 2$ 无解；

当 $b = 2$ 时，$3^{c_1} = 2 + 1, c_1 = 1$，即 $c = 2, a = 1$.
此时 $(a, b, c) = (1, 2, 2)$ 满足条件.

当 $b \geqslant 3$ 时，$4 \mid (3^{c_1} - 1)$，可知 c_1 为偶数，设 $c_1 = 2c_2$，即

$$2^{b-1} = (3^{c_2} + 1)(3^{c_2} - 1)$$

只能有 $c_2 = 1$，此时 $c = 4, b = 4, a = 7$.
此时 $(a, b, c) = (7, 4, 4)$ 满足条件.
所以方程的解为 $(a, b, c) = (1, 2, 2)$ 和 $(7, 4, 4)$.

95 找出满足 $(n+1)^k - 1 = n!$ 的正整数对 (n, k).

(新加坡数学奥林匹克公开赛，2008 年)

解 设 p 是 $n+1$ 的一个质因子，则 p 也是 $n! + 1$ 的质因子
由于 $1, 2, \cdots, n$ 中任何一个都不是 $n! + 1$ 的因子，所以 $n+1$ 为质数.
当 $p = n + 1 = 2$ 时，$n = 1$，方程化为

$$2^k - 1 = 1$$

则 $k = 1, (n, k) = (1, 1)$.

当 $p = n + 1 = 3$ 时，$n = 2$，方程化为

$$3^k = 2! + 1 = 3$$

则 $k = 1, (n, k) = (2, 1)$.

当 $p = n + 1 = 5$ 时，$n = 4$，方程化为

$$5^k = 4! + 1 = 25$$

则 $k = 2, (n, k) = (4, 2)$.

若 $p = n + 1$ 是大于 5 的质数，则 n 为偶数，$n = 2m(m > 2)$.
由于 $2 < m < n$，且 $n^2 = 2n \mid n!$，因此

最新世界各国数学奥林匹克中的初等数论试题(下)
The Lastest Elementary Number Theory in Mathematical Olympiads in The World

$$n^2 \mid ((n+1)^k - 1)$$

由

$$(n+1)^k - 1 = n^k + kn^{k-1} + \cdots + \frac{k(k-1)}{2} \cdot n^2 + nk$$

故 $n \mid kn$,由此 $(n+1)^k - 1 > n^k \geqslant n^n \geqslant n!$

从而出现 $n! > n!$ 矛盾.

所以方程不存在 $n+1 > 5$ 的解.

因而方程的正整数解为 $(1,1),(2,1),(4,2)$.

96 求方程 $12^x + y^4 = 2008^z$ 的整数解.

(塞尔维亚数学奥林匹克,2008 年)

解 易知,对 $x \leqslant 0$ 或 $z \leqslant 0$ 有唯一的整数解 $x=0, y=0, z=0$.

假设 $z > 0$,由于 $2008 = 2^3 \times 251$,故

$$251 \mid (12^x + y^4) \quad \text{且} \quad 251 \mid 2008^z$$

假设 x 是偶数,设 $x = 2x_1$,则

$$(12^{x_1})^2 \equiv -(y^2)^2 \pmod{251} \qquad ①$$

由费马小定理知

$$12^{250} \equiv 1 \pmod{251} \qquad ②$$

由 ①

$$(12^{x_1})^{250} \equiv -(y^2)^{250} \pmod{251}$$

由 ②

$$(12^{x_1})^{250} \equiv 1 \pmod{251}$$

于是

$$-(y^2)^{250} \equiv 1 \pmod{251}$$

而

$$-(y^2)^{250} \equiv -1 \text{ 或 } 0 \pmod{251}$$

矛盾.

所以 x 必为奇数.

显然 y 为偶数,设 $y = 2^u y_1$(y_1 为奇数),则方程化为

$$2^{2x} \times 3^x + 2^{4u} y_1^4 = 2^{3z} \times 251^z \qquad ③$$

由 x 是奇数,则 $2x \neq 4u$.

故式 ③ 左边的 2 的最大次数为 $2x$ 或 $4u$,右边的 2 的最高次数为 $3z$,于是

$$3z = 2x$$

或

$$3z = 4u$$

第6章 不定方程
Chapter 6 Diophantine Equation

(1) 若 $3z = 2x < 4u$.

则 $2 \mid z$，从 ③ 两边约去 2^{2x}，有
$$3^x + 2^{4u-2x} y_1^4 = 251^z \qquad ④$$

因为
$$3^x + 2^{4u-2x} y_1^4 \equiv 3 \pmod{4}$$
$$251^z \equiv 1 \pmod{4}$$

所以 ④ 不可能成立.

(2) 若 $3z = 4u < 2x$.

则 $2 \mid z$，从式 ③ 两边约去 2^{4u}，有
$$2^{2x-4u} \times 3^x + y_1^4 \equiv 251^z \qquad ⑤$$

因为当 $5 \nmid y_1$ 时，$y_1^4 \equiv 1 \pmod{5}$，而 $251^z \equiv 1 \pmod{5}$，则
$$2^{2x-4u} \times 3^x \equiv 0 \pmod{5}$$

这不可能，当 $5 \mid y_1$ 时，由 $251^z \equiv 1 \pmod{5}$，有
$$2^{2x-4u} \times 3^x \equiv 1 \pmod{5}$$

由 x 是奇数
$$2^{2x-4u} \times 3^x \equiv \pm 3^x \equiv \pm 3 \pmod{5}$$

也出现矛盾.

所以 x 为奇数时，方程无整数解.

综上，方程有唯一整数解 $(0,0,0)$.

97 求证：方程 $abc = 2\,009(a+b+c)$ 只有有限组正整数解 (a,b,c).

（中国女子数学奥林匹克，2009 年）

证 只须证明：原方程满足 $a \leqslant b \leqslant c$ 的正整数解只有有限多组.

事实上，由 $a \leqslant b \leqslant c$，知
$$abc = 2\,009(a+b+c) \leqslant 6\,027c$$

从而
$$ab \leqslant 6\,027$$

因此，只有有限组正整数对 (a,b) 最多存在一个正整数 c，满足
$$a \leqslant b \leqslant c$$

及
$$abc = 2\,009(a+b+c)$$

所以，原方程满足 $a \leqslant b \leqslant c$ 的正整数解只有有限多组.

最新世界各国数学奥林匹克中的初等数论试题(下)

The Lastest Elementary Number Theory in Mathematical Olympiads in The World

98 试求满足方程 $x^2-2xy+126y^2=2\,009$ 的所有整数对 (x,y).

(中国东南地区数学奥林匹克,2009 年)

解 设整数对 (x,y) 满足方程
$$x^2-2xy+126y^2-2\,009=0 \qquad ①$$
把 ① 看做关于 x 的一元二次方程
$$\Delta=500(4^2-y^2)+36$$
Δ 应为一个完全平方数.

若 $y^2>4^2$,则 $\Delta<0$.

若 $y^2<4^2$,则 $y^2=0,1^2,2^2,3^2$.

相应的 Δ 值分别是 $8\,036,7\,536,6\,036,3\,536$,它们都不是完全平方数.

因此 $y^2=4^2,\Delta=36$ 为完全平方数.

此时式 ① 化为
$$x^2-8x+7=0$$
$$x^2+8x+7=0$$

解得 $x=1,7,-1,-7$.

所以满足方程的整数对为
$$(x,y)=(1,4),(7,4),(-1,-4),(-7,-4)$$

99 求方程 $3^x-5^y=z^2$ 的正整数解.

(巴尔干地区数学奥林匹克,2009 年)

解 模 2,得 $0\equiv z^2\pmod 2$.故 $2\mid z$.

模 4,得 $(-1)^x-1\equiv 0\pmod 4$.故 $2\mid x$.

设 $x=2x_1$,则
$$(3^{x_1}+z)(3^{x_1}-z)=5^y \qquad ①$$
因为 $3\nmid z,2\nmid 3^{x_1}-z$.

所以
$$\gcd(3^{x_1}+z,3^{x_1}-z)=\gcd(2z,3^{x_1}-z)=$$
$$\gcd(z,3^{x_1}-z)=(z,3^{x_1})=1$$

从而可设 $\begin{cases}3^{x_1}+z=5^y\\3^{x_1}-z=1\end{cases}$,两式求和,得
$$5^y+1=2\cdot 3^{x_1} \qquad ②$$

这里,对于式 ①,若设 $\begin{cases}3^{x_1}+z=5^\alpha\\3^{x_1}-z=5^\beta\end{cases}$,其中 $\alpha+\beta=y$,且 $\alpha>\beta$.

两式求和,得
$$2\cdot 3^{x_1}=5^\beta(5^{\alpha-\beta}+1)$$

第 6 章 不定方程
Chapter 6 Diophantine Equation

因此 $\beta=0$. 从而 $\alpha=y$, 从而也得式 ②.

情形 1: 若 $x_1=1$, 则
$$5^y+1=6$$
故 $y=1, x=2x_1, z=5^y-3^{x_1}=2$

从而 $(x,y,z)=(2,1,2)$.

情形 2: 若 $x_1 \geqslant 2$, 则模 9, 得 $5^y+1 \equiv 0 \pmod 9$. 即 $5^y \equiv -1 \pmod 9$.

但对 $\forall y \in \mathbf{N}^*$, 有
$$5^y \equiv 5, 7, -1, 4, 2, 1 \pmod 9$$
故
$$y \equiv 3 \pmod 6$$

设 $y=6y_1+3$, 则
$$5^{6y_1+3}+1=2 \cdot 3^{x_1}$$

而 $5^{6y_1+3}+1=(5^3)^{2y_1+1}+1$ 含因子 $5^3+1=2 \times 3^2 \times 7$.

但 $7 \nmid 2 \cdot 3^{x_1}$, 故此时无正整数解.

综上,原方程的正整数解为 $(x,y,z)=(2,1,2)$.

100 对正整数 $a_1, a_2, \cdots, a_k$, 记
$$n=\sum_{i=1}^k a_i$$
$$\binom{n}{a_1, \cdots, a_k} = \frac{n!}{\prod_{i=1}^k (a_i!)}$$

令 $d=\gcd(a_1, a_2, \cdots, a_k)$ 表示 $a_1, a_2, \cdots, a_k$ 的最大公约数.

证明: $\dfrac{d}{n}\binom{n}{a_1, \cdots, a_k}$ 是一个整数. (罗马尼亚数学大师杯数学竞赛, 2009 年)

证 设 $a_1=dx_1, a_2=dx_2, \cdots, a_k=dx_k$, 则
$$(x_1, x_2, \cdots, x_k)=1$$

由裴蜀定理,存在整数 $u_1, u_2, \cdots, u_k$, 使得
$$\sum_{i=1}^k u_i x_i = 1$$

所以
$$\sum_{i=1}^k u_i a_i = d$$

令
$$S_i = \frac{a_i}{n}\binom{n}{a_1, \cdots, a_k} =$$

$$\frac{(n-1)!}{(a_1!)\cdots(a_{i-1}!)(a_i-1)!(a_{i+1}!)\cdots(a_k!)}$$
$$(i=1,2,\cdots,k)$$

考虑由 a_1 个 $1, a_2$ 个 $2, \cdots, a_{i-1}$ 个 $i-1, a_i-1$ 个 i, a_{i+1} 个 $i+1, \cdots, a_k$ 个 k 这 $n-1$ 个数组成的排列,易知这样的排列共有 s_i 种.

所以 s_i 是整数. 从而

$$\frac{d}{n}\binom{n}{a_1,\cdots,a_k} = \sum_{i=1}^{k}\frac{u_i a_i}{n}\binom{n}{a_1,\cdots,a_k} = \sum_{i=1}^{k} u_i s_i$$

是整数.

101 求方程 $2^x + 2009 = 3^y 5^z$ 的所有非负整数解.

(中欧数学奥林匹克,2009 年)

解 显然 y, z 不同时为 0. 否则右边 $= 1 < 2009 + 2^x$. 矛盾.

若 $y > 0$,则
$$(-1)^x - 1 \equiv 0 \pmod{3}$$
因此 $2 \mid x$;若 $z > 0$,则
$$2^x - 1 \equiv 0 \pmod{5}$$
故 $4 \mid x$.

总之 x 是偶数.

若 $x = 0$,则
$$3^y 5^z = 2^x + 2009 = 2010 = 2 \times 3 \times 5 \times 67$$
这不可能.

若 $x = 2$,则
$$3^y 5^z = 2^x + 2009 = 2013 = 3 \times 11 \times 61$$
这不可能.

而当 $x \geq 4$ 时,
$$3^y 5^z \equiv 1 \pmod{8}$$
由于 $3^y \equiv 3, 1 \pmod{8}, 5^z \equiv 5, 1 \pmod{8}$

仅当 $3^y \equiv 1 \pmod{8}$ 且 $5^z \equiv 1 \pmod{8}$ 时有 $3^y 5^z \equiv 1 \pmod{8}$

故 y, z 都是偶数.

设 $x = 2x_1, y = 2y_1, z = 2z_1$,则
$$(3^{y_1} 5^{z_1} + 2^{x_1})(3^{y_1} 5^{z_1} - 2^{x_1}) = 7^2 \times 41$$

因为
$$3^{y_1} 5^{z_1} + 2^{x_1} > 3^{y_1} 5^{z_1} - 2^{x_1}$$

所以

第 6 章　不定方程
Chapter 6　Diophantine Equation

$$\begin{cases} 3^{y_1}5^{z_1} + 2^{x_1} = 49 \\ 3^{y_1}5^{z_1} - 2^{x_1} = 41 \end{cases}$$

$$\begin{cases} 3^{y_1}5^{z_1} + 2^{x_1} = 7 \times 41 \\ 3^{y_1}5^{z_1} - 2^{x_1} = 7 \end{cases}$$

或

$$\begin{cases} 3^{y_1}5^{z_1} + 2^{x_1} = 7^2 \times 41 \\ 3^{y_1}5^{z_1} - 2^{x_1} = 1 \end{cases}$$

两式相减,得

$$2^{x_1+1} = 8, 280, 2\,008$$

但仅有 $2^{x_1+1} = 8$ 有解 $x_1 = 2$. $x = 4$.

从而

$$3^{y_1}5^{z_1} = 45 = 3^2 \cdot 5$$

因此

$$y_1 = 2, z_1 = 1, y = 4, z = 2$$

综上

$$(x, y, z) = (4, 4, 2)$$

102 设 c 是一个正整数,数列 $a_1, a_2, \cdots, a_n, \cdots$ 按如下方式定义:
$$a_1 = c, \quad a_{n+1} = a_n^2 + a_n + c^2 \quad (n \in \mathbf{N}^*)$$
求 c 的一切可能值,使得存在 $k \geqslant 1, m \geqslant 2 (k, m \in \mathbf{N}^*)$,满足 $a_k^2 + c^3$ 是一个正整数的 m 次幂.

(巴尔干地区数学奥林匹克,2008 年)

解 由题设
$$a_{n+1}^2 + c^3 = (a_n^2 + a_n + c^2)^2 + c^3 = (a_n^2 + c^3)(a_n^2 + 2a_n + 1 + c^3)$$

先证明 $a_n^2 + c^3$ 与 $a_n^2 + 2a_n + 1 + c^3$ 互质.
$$(a_n^2 + c^3, a_n^2 + 2a_n + 1 + c^3) = (a_n^2 + c^3, 2a_n + 1)$$

假设 $a_n^2 + c^3$ 与 $a_n^2 + 2a_n + 1 + c^3$ 不互质,则存在质数 $p(p \geqslant 3)$,使得
$$p \mid (a_n^2 + c^3)$$
$$p \mid (2a_n + 1)$$

则

$$p \mid (4a_n^2 + 4c^3)$$

即

$$p \mid ((2a_n + 1)(2a_n - 1) + 4c^3 + 1)$$

于是

最新世界各国数学奥林匹克中的初等数论试题(下)
The Lastest Elementary Number Theory in Mathematical Olympiads in The World

$$p \mid (4c^3 + 1)$$

于是
$$p \mid (2a_n + 1)$$

而
$$4a_n + 2 = (2a_{n-1} + 1)^2 + 4c^3 + 1$$

则
$$p \mid (2a_{n-1} + 1)^2$$

即有
$$p \mid (2a_{n-1} + 1)$$

继续推下去
$$p \mid (2a_1 + 1)$$

于是
$$p \mid (2c + 1)$$

又
$$p \mid 2(4c^3 + 1) = (2c+1)(4c^2 - 2c + 1) + 1$$

从而 $p \mid 1$，矛盾.

所以 $a_n^2 + c^3$ 与 $a_n^2 + 2a_n + 1 + c^3$ 互质.

由于
$$S^m = a_k^2 + c^3 = (a_{k-1}^2 + c^3)(a_{k-1}^2 + 2a_{k-1} + 1 + c^3)$$

因为 $a_{k-1}^2 + c^3$ 与 $a_{k-1}^2 + 2a_{k-1} + 1 + c^3$ 互质，所以 $a_{k-1}^2 + c^3$ 也是一个数的 m 次幂.

不断递推下去，$a_1^2 + c^3 = c^2 + c^3$ 也是一个数的 m 次幂. 即
$$c^2(c+1) = t^m$$

且
$$(c, c+1) = 1$$

当 m 为奇数时，则
$$c = t_1^m$$
$$c + 1 = t_2^m$$

从而
$$t_2^m - t_1^m = 1$$

这不可能.

当 m 为偶数时，则可设 $m = 2m_0$
$$c^2(c+1) = t^{2m_0}$$

于是
$$c = t_1^{m_0}$$

第 6 章 不定方程
Chapter 6 Diophantine Equation

$$c+1=t_2^{2m_0}$$

从而
$$(t_2^2)^{m_0}-t_1^{m_0}=1$$

必有
$$m_0=1$$
$$t_1=t_2^2-1$$

则
$$c=r^2-1 \quad (r\geqslant 2, r\in \mathbf{N}^*)$$

当 $c=r^2-1$ 时
$$a_1^2+c^3=r^2(r^2-1)^2=[r(r^2-1)]^2$$

故存在 k,m,使数列中某一项为 m 次幂.

103 求方程 $3^x-5^y=z^2$ 的所有正整数解.

(巴尔干地区数学奥林匹克,2009 年)

解 对已知方程的两边取 mod 4
$$(-1)^x-1^y=z^2\equiv(-1)^x-1\ (\bmod\ 4)$$

若 x 为奇数,则 $z^2\equiv-2\ (\bmod\ 4)$,与 z^2 为平方数矛盾.
所以 x 为偶数,从而 z 是偶数.
设 $x=2u(u\in \mathbf{N}^*)$,则方程化为
$$3^{2u}-z^2=5^y$$
$$(3^u+z)(3^u-z)=5^y$$

因为 5 是质数,则
$$\begin{cases}3^u-z=5^k\\3^u+z=5^{y-k}\end{cases} k\in \mathbf{N}^*$$

二式相加得
$$2\times 3^u=5^k+5^{y-k}$$

若 $k\neq 0$,则 $5\mid 2\times 3^u$,矛盾.
所以 $k=0$.
于是
$$2\times 3^u=5^0+5^y=5^y+1$$

若 $u\geqslant 2$,则
$$5^y+1\equiv 0\ (\bmod\ 9)$$

这个同余式当且仅当 $y\equiv 3\ (\bmod\ 6)$ 成立.
此时
$$5^y+1\equiv 5^3+1\equiv 0\ (\bmod\ 7)$$

311

于是 $7 \mid (5^y+1)$，进而由 $7 \mid 2 \times 3^t$，这不可能．

所以 $u=1$．

此时 $y=1, x=2, z=2$．

因此方程有唯一一组正整数解 $(x,y,z)=(2,1,2)$．

104 求所有整数对 (x,y)，使得

$$y^3 = 8x^6 + 2x^3 y - y^2 \qquad ①$$

（意大利国家队选拔考试，2009 年）

解 当 $x=0$ 时，① 化为 $y^3 = -y^2$，$y=0, y=-1$．

当 $y=0$ 时，① 化为 $x=0$．

所以 ① 有整数对 $(0,0), (0,-1)$．

当 $x \neq 0$ 且 $y \neq 0$ 时，设 $(x,y)=d$ 且设 $x=x_0 d, y=y_0 d$，则 $(x_0, y_0)=1$．

① 化为

$$y_0^3 d^3 = 8x_0^6 d^6 + 2x_0^3 y_0 d^4 - y_0^2 d^2$$

即

$$y_0^3 d = 8x_0^6 d^4 + 2x_0^3 y_0 d^2 - y_0^2 \qquad ②$$

由此可知

$$d^2 \mid (y_0^3 d + y_0^2)$$

即

$$d^2 \mid y_0^2 (dy_0 + 1)$$

由 $(d, dy_0+1)=1$，则 $d^2 \mid y_0^2$，即 $d \mid y_0$．

设 $y_0 = dy_1$，则 ② 化为

$$y_1^3 d^4 = 8x_0^6 d^4 + 2x_0^3 y_1 d^3 - y_1^2 d^2$$

即

$$y_1^3 d^2 = 8x_0^6 d^2 + 2x_0^3 y_1 d - y_1^2 \qquad ③$$

设 $(d, y_1)=e$，则 $d=ed_0, y_1=ey_2, (d_0, y_2)=1$．

由 ③

$$d \mid y_1^2$$

故

$$ed_0 \mid e^2 y_2^2$$

从而

$$d_0 \mid ey_2^2$$

由 $(d_0, y_2)=1$ 得 $d_0 \mid e$．

再设 $e=kd_0$，则 ③ 化为

$$(kd_0^2)^2 (kd_0 y_2)^3 = 8(kd_0^2)^2 x_0^6 + 2kd_0^2 x_0^3 \cdot kd_0 y_2 - (kd_0 y_2)^2$$

第 6 章　不定方程
Chapter 6　Diophantine Equation

$$k^3 d_0^5 y_2^3 = 8d_0^2 x_0^6 + 2d_0 x_0^3 y_2 - y_2^2 \qquad ④$$

从而
$$d_0 \mid y_2^2$$

又由 $(d_0, y_2) = 1$,则 $d_0 = 1$.

于是 $d = e = k, y_1 = dy_2$.

④ 化为
$$d^3 y_2^3 = 8x_0^6 + 2x_0^3 y_2 - y_2^2 \qquad ⑤$$

从而
$$y_2 \mid 8x_0^6$$

因为 $(x_0, y_2) = 1$,则 $y_2 \mid 8$.

因而 $y_2 = \pm 1, \pm 2, \pm 4, \pm 8$.

(1) 当 $y_2 = \pm 1$ 时, ⑤ 化为
$$d^3 = 8x_0^6 + 2x_0^3 - 1 \qquad ⑥$$

由于
$$(2x_0^2 + 1)^3 = 8x_0^6 + 12x_0^4 + 6x_0^2 + 1 > 8x_0^6 + 2x_0^3 - 1 = d^3$$
$$(2x_0^2 - 1)^3 = 8x_0^6 - 12x_0^4 + 6x_0^2 - 1 < 8x_0^6 + 2x_0^3 - 1 = d^3$$

则
$$(2x_0^2 - 1)^3 < d^3 < (2x_0^2 + 1)^3$$

于是 $d = 2x_0^2$ 代入 ⑥
$$8x_0^6 = 8x_0^6 + 2x_0^3 - 1$$

则 $2x_0^3 - 1 = 0$,矛盾.

(2) 当 $y_2 = \pm 2$ 时

若 $y_2 = 2$,式 ⑤ 化为
$$8d^3 = 8x_0^6 + 4x_0^3 - 4$$
$$(2d)^3 = 8x_0^6 + 4x_0^3 - 4$$

因此, $8x_0^6 + 4x_0^3 - 4$ 应为一个偶数的立方.

若 $x_0 > 0$,则
$$(2x_0^2)^3 \leqslant 8x_0^6 + 4x_0^3 - 4 < (2x_0^2 + 2)^3$$

故只有 $8x_0^6 = 8x_0^6 + 4x_0^3 - 4$,即 $x_0 = 1$.

于是 $x = 1, y = 2$ 是一组解.

若 $x_0 \leqslant -2$,则
$$(2x_0^2 - 2)^3 < 8x_0^6 + 4x_0^3 - 4 < (2x_0^2)^3$$

$8x_0^6 + 4x_0^3 - 4$ 在两个相邻的偶数立方之间,因而不是一个偶数的立方.

此时无整数解.

若 $x_0 = -1$,则 $8d^3 = 0, d = 0$ 矛盾.

313

所以当 $y_0 = 2$ 时,有一组整数解 $x = 1, y = 2$.
当 $y_2 = -2$ 时
$$-8d^3 = 8x_0^6 - 4x_0^3 - 4$$
由 $d > 0$ 知 $8x_0^6 - 4x_0^3 - 4 < 0$, 即 $2x_0^6 < x_0^3 + 1$, 这不可能.

(3) 当 $y_2 = \pm 4$ 时, 式 ⑤ 化为
$$(dy_2)^3 = 8x_0^6 \pm 8x_0^3 - 16 < 8x_0^6 + 12x_0^4 + 6x_0^2 + 1 = (2x_0^2 + 1)^3$$
若 $dy_2 = 2x_0^2$, 有 $8x_0^3 = 16$ 或 -16, 均无整数解.
所以 $dy_2 \neq 2x_0^2$.
当 $|x_0| \geqslant 2$ 时
$$(dy_2)^3 = 8x_0^6 \pm 8x_0^3 - 16 > 8x_0^6 - 12x_0^4 + 6x_0^2 - 1 = (2x_0^2 - 1)^3$$
此时无解.
当 $|x_0| = 1$ 时, $(dy_2)^3 = 0$ 或 -16, 无整数解.

(4) 当 $y_2 = \pm 8$ 时
由 $(x_0, y_2) = 1$ 可知 $2 \nmid x_0$, 从而 $16 \nmid 8x_0^6$.
但 $16 | d^2 y_2^3$, $16 | 2x_0^3 y_2$, $16 | y_2^2$
与
$$d^3 y_2 = 8x_0^6 + 2x_0^3 y_2 - y_2^2$$
矛盾.

综合以上,该方程只有整数解
$$(x, y) = (0, 0), (0, -1), (1, 2)$$

105 求所有的实数 x, 使得
$$[x^2 + 2x] = [x]^2 + 2[x] \quad ①$$
其中 $[x]$ 表示不超过实数 x 的最大整数.

(印度数学奥林匹克,2009 年)

解 设 $[x] = A, x = A + \varepsilon (0 \leqslant \varepsilon < 1)$.
方程 ① 等价于
$$[(A + \varepsilon)^2 + 2A + 2\varepsilon] = A^2 + 2A$$
即
$$A^2 + 2A + [2A\varepsilon + \varepsilon^2 + 2\varepsilon] = A^2 + 2A$$
于是
$$[2A\varepsilon + \varepsilon^2 + 2\varepsilon] = 0$$
$$0 \leqslant \varepsilon(2A + \varepsilon + 2) < 1 \quad ②$$

当 $\varepsilon = 0$ 时, $x = A$ 满足方程.
当 $\varepsilon > 0$ 时, 则 $A \geqslant -1$, 此时式 ② 等价于

$$-A-1-\sqrt{(A+1)^2+1} < \varepsilon < -A-1+\sqrt{(A+1)^2+1}$$

因为 $0 \leqslant \varepsilon < 1$,所以

$$0 \leqslant \varepsilon < \sqrt{(A+1)^2+1}-A-1$$

设集合 $S_i = [i-2, \sqrt{(i+1)+1}-1]$ $(i=1,2,\cdots)$.

则所有实数 x 的集合为

$$\left(\bigcup_{i=1}^{\infty} S_i\right) \cup \mathbf{Z}$$

106 设正整数 $k(k \geqslant 2), n_1, n_2, n_3$ 是正整数, a_1, a_2, a_3 是不小于 1 且不大于 $k-1$ 的整数.

$$b_i = a_i \sum_{j=0}^{n_i} k^j \quad (i=1,2,3)$$

若 $b_1 b_2 = b_3$. 求所有可能的三元数组 (n_1, n_2, n_3).

(日本数学奥林匹克决赛,2009 年)

解 $b_i = a_i \cdot \dfrac{k^{n_i+1}-1}{k-1}$

由 $b_1 b_2 = b_3$ 得

$$a_1 a_2 \cdot \frac{k^{n_1+1}-1}{k-1} \cdot \frac{k^{n_2+1}-1}{k-1} = a_3 \cdot \frac{k^{n_3+1}-1}{k-1}$$

去分母得

$$a_1 a_2 (k^{n_1+1}-1)(k^{n_2+1}-1) = a_3(k^{n_3+1}-1)(k-1) \qquad ①$$

因为

$$k^{n_2+1}-1 \geqslant k^2-1 > a_3(k-1)$$

所以

$$k^{n_1+1}-1 < k^{n_3+1}-1$$

即 $n_1 < n_3$. 同理 $n_2 < n_3$.

不妨假设 $n_1 \geqslant n_2$.

若 $n_2 \geqslant 2$,由式 ① 得

$$a_1 a_2 \equiv -a_3(k-1) \pmod{k^3}$$

然而 $0 < a_1 a_2 + a_3(k-1) < k^2 + n(n-1) < 2k^2 \leqslant k^3$. 矛盾.

因此 $n_2 = 1$.

式 ① 两边同除 $k-1$,得

$$a_1 a_2 (k^{n_1+1}-1)(k+1) = a_3(k^{n_3+1}-1)$$

若 $n_1 \geqslant 2$,则

$$-a_1 a_2 (k+1) \equiv -a_3 \pmod{k^3}$$

然而
$$a_1 a_2(k+1) - a_3 \geqslant k+1-(k-1) = 2 > 0$$
$$a_1 a_2(k+1) - a_3 \leqslant (k-1)^2(k+1) - 1 = k^3 - k^2 - k < k^3$$

矛盾.

因此 $n_1 = 1$.

于是
$$a_1 a_2(k^2-1)(k+1) = a_3(k^{n_3+1}-1)$$

由于
$$k^{n_3+1} - 1 \leqslant a_3(k^{n_3+1}-1) = a_1 a_2(k^2-1)(k+1) \leqslant$$
$$(k-1)^2(k^2-1)(k+1) =$$
$$k^5 - k^4 - 2k^3 + 2k^2 + k - 1 <$$
$$k^5 - 1$$

所以
$$n_3 < 4$$

若 $n_3 = 2$,则
$$a_1 a_2(k+1)^2 = a_3(k^2+k+1)$$

由
$$0 < a_1 a_2 < a_3 < k$$

与
$$a_1 a_2 \equiv a_3 \pmod{k}$$

矛盾.

由于 $n_3 > n_1 = 1$,则 $n_3 = 3$.

如果 $(n_1, n_2, n_3) = (1,1,3)$,下面证明
$$a_1 a_2(k+1) = a_3(k^2+1)$$

有解 (k, a_1, a_2, a_3).

即 $a_1 a_2 = \dfrac{k^2+1}{k+1} a_3$,若能找到 a_1, a_2 满足 $a_1 a_2 = \dfrac{k^2+1}{2}$
$$1 \leqslant a_1, a_2 \leqslant k-1$$

其中 k 为某个奇数,则
$$a_3 = \frac{n+1}{2}$$

取 $k = 7$,得到一组解
$$(k, a_1, a_2, a_3) = (7, 5, 5, 4)$$

综合以上,满足条件的三元数组 $(n_1, n_2, n_3) = (1,1,3)$.

第 6 章 不定方程
Chapter 6 Diophantine Equation

107 求所有的正整数对 (m,n),满足方程
$$m! + n! = m^n \quad ①$$
(白俄罗斯数学奥林匹克,2009 年)

解 如果 $m > n$,则方程 ① 化为
$$n![m(m-1)\cdots(n+1)+1] = m^n \quad ②$$
因为
$$(m(m-1)\cdots(n+1)+1, m) = 1$$
所以 ② 不成立.
因此 $m \leqslant n$.
若 $m > 2$,则 ① 化为
$$(m-2)!(m-1)m[1+(m+1)\cdots n] = m^n \quad ③$$
因为
$$(m-1, m) = 1$$
所以 ③ 不成立.
因此 $m = 1$ 或 2.
当 $m = 1$ 时,原方程化为 $1! + n! = 1^n$,矛盾.
当 $m = 2$ 时,原方程化为 $2! + n! = 2^n$.
$$n! = 2^n - 2 \quad ④$$
当 $n \geqslant 4$ 时,
$$n! = 1 \times 2 \times 3 \times \cdots \times n > 2 \times 2^2 \times 2 \times \cdots \times 2 = 2^n$$
所以 ④ 无解.
因此 $n = 2, 3$.
若 $n = 2$,则
$$2! + 2! = 2^2$$
若 $n = 3$,则
$$2! + 3! = 2^3$$
因而,满足原方程的整数解为
$$(m,n) = (2,2), (2,3)$$

108 在整数集内,求
$$x^{2010} - 2006 = 4y^{2009} + 4y^{2008} + 2007y \quad ①$$
的解.

(马其顿数学奥林匹克,2009 年)

解 首先证明:若 x 是整数,则 $x^2 + 1$ 的每个奇质因子均为 $4k+1$ 的形式.
设 p 是 $x^2 + 1$ 的一个奇质因子,则

最新世界各国数学奥林匹克中的初等数论试题（下）
The Lastest Elementary Number Theory in Mathematical Olympiads in The World

$$p \mid (x^2+1)$$
$$(p,x)=1$$

于是
$$x^2 \equiv -1 \pmod{p}$$

即
$$(x^2)^{\frac{p-1}{2}} \equiv (-1)^{\frac{p-1}{2}} \pmod{p}$$
$$x^{p-1} \equiv (-1)^{\frac{p-1}{2}} \pmod{p}$$

由费马小定理 $x^{p-1} \equiv 1 \pmod{p}$.

所以存在 $k \in \mathbf{N}^*$，使得 $\frac{p-1}{2}=2k$，即 $p=4k+1(k \in \mathbf{N}^*)$.

下面用这一结论解方程 ①.

方程 ① 化为
$$x^{2010}+1 = 4y^{2009}+4y^{2008}+2007y+2007 = (4y^{2008}+2007)(y+1)$$

但是
$$4y^{2008}+2007 \equiv 3 \pmod{4}$$

所以 $4y^{2008}+2007$ 必有 $4k+3$ 因子，即 $x^{2010}+1$ 有 $4k+3$ 的质因子. 矛盾.
所以本题无解.

109 求所有的正整数 x,y,z，使得
$$1+2^x \times 3^y = z^2 \qquad ①$$

成立.

（马其顿数学奥林匹克，2009 年）

解 当 $z=1,2,3$ 时，① 无解.

令 $z \geqslant 4$，则
$$2^x \times 3^y = z^2-1 = (z-1)(z+1)$$

如果 $z-1$ 和 $z+1$ 同时被 3 整除. 则
$$3 \mid [(z+1)-(z-1)]=2$$

这不可能.

所以 $z-1$ 和 $z+1$ 不能同时被 3 整除.

又由 $2 \mid (z-1)(z+1)$，且 $z+1$ 与 $z-1$ 具有相同的奇偶性，则 $z+1$ 与 $z-1$ 都能被 2 整除. 由 $(z+1)-(z-1)=2$ 知，$z+1$ 和 $z-1$ 中只有一个能被 4 整除.

由此，有下列两种可能：

(1) $\begin{cases} z+1 = 2 \times 3^y \\ z-1 = 2^{x-1} \end{cases}$

318

第6章 不定方程
Chapter 6 Diophantine Equation

两式相减得
$$3^y - 2^{x-2} = 1 \qquad ②$$

当 $x=2$ 时,② 无解.

当 $x=3$ 时,有 $3^y = 2+1 = 3$,则 $y=1, z=5$.

当 $x \geqslant 4$ 时,则 $3^y \equiv 1 \pmod{4}$.

于是 y 为偶数,令 $y = 2y_1 (y_2 \in \mathbf{N}^*)$,则

$$3^y - 2^{x-2} = 1 \text{ 化为 } 3^{2y_1} - 2^{x-2} = 1$$
$$(3^{y_1} - 1)(3^{y_1} + 1) = 2^{x-2}$$

因而
$$\begin{cases} 3^{y_1} - 1 = 2 \\ 3^{y_1} + 1 = 2^{x-2} \end{cases}$$

于是 $y_1 = 1, y = 2, x = 5, z = 17$.

于是有两组解 $(x, y, z) = (3, 1, 5), (5, 2, 17)$.

(2) $\begin{cases} z + 1 = 2^{x-1} \\ z - 1 = 2 \times 3^y \end{cases}$

两式相减得
$$2^{x-1} - 2 \times 3^y = 2$$

即
$$2^{x-2} - 3^y = 1 \qquad ③$$

则
$$2^{x-2} \equiv 1 \pmod{3}$$

因此 $x-2$ 为偶数.

令 $x - 2 = 2x_1$,则 ③ 化为
$$3^y = 2^{2x_1} - 1 = (2^{x_1} - 1)(2^{x_1} + 1) \qquad ④$$

则 $2^{x_1} - 1 = 1$ 或 3.

当 $2^{x_1} - 1 = 1$ 时, $x_1 = 1, x = 4, y = 1, z = 7$.

当 $2^{x_1} - 1 = 3$ 时, $2^{x_1} + 1 = 5$ 与 ④ 矛盾.

于是有一组解 $(x, y, z) = (4, 1, 7)$.

综合(1),(2),方程 ① 有三组解
$$(x, y, z) = (3, 1, 5), (5, 2, 17), (4, 1, 7).$$

110 求所有的正整数对 (m, n),满足方程
$$(m+1)! + (n+1)! = m^2 n^2$$

(白俄罗斯数学奥林匹克,2009 年)

解 由于 m 和 n 是对称的,不妨设 $m \leqslant n$. 则
$$(n-1)!\ n(n+1) = (n+1)! < (m+1)! + (n+1)! = m^2 n^2$$
因为 $n(n+1) > n^2$,则
$$(m-1)! < m^2 \leqslant n^2 \qquad ①$$
我们证明当 $n \geqslant 6$ 时,$(n-1)! \leqslant n^2$ 不成立.
当 $n \geqslant 6$ 时
$$2(n-2)(n-1) < (n-1)! < n^2$$
即
$$n^2 - 6n + 4 < 0$$
$$n(n-6) + 4 < 0 \qquad ②$$
式 ② 显然不成立.
于是 $1 \leqslant n \leqslant 5$.
若 $n = 5$,则
$$24 = (n-1)! < m^2 \leqslant n^2 = 25$$
于是 $m = 5$,但当 $m = n = 5$ 时
$$(m+1)! + (n+1)! = 6! + 6! \neq 5^2 \times 5^2$$
即不满足原方程.
若 $n = 4$,则
$$6 = (n-1)! < m^2 \leqslant n^2 = 16$$
于是 $m = 4$ 或 3.
经验证 $m = 3$ 满足原方程,$m = 4$ 不满足原方程.
若 $n = 3$,则
$$2 = (n-1)! < m^2 \leqslant n^2 = 9$$
于是 $m = 2$ 或 3.
经验证,$m = 2, n = 3$ 和 $m = 3, n = 3$ 均不满足原方程.
若 $n = 2$,则
$$1 = (n-1)! < m^2 \leqslant n^2 = 4$$
于是 $m = 2$.
经验证 $m = 2, n = 2$ 不满足原方程.
若 $m = 1$,则
$$1 = (n-1)! < m^2 \leqslant n^2 = 1$$
此时 m 不存在.
由以上,及 m, n 的对称性,满足方程的解为
$$(m, n) = (3, 4), (4, 3)$$

第6章 不定方程
Chapter 6　Diophantine Equation

111　设 a,b 是正整数，且不是完全平方数．证明方程
$$ax^2 - by^2 = 1$$
和
$$ax^2 - by^2 = -1$$
中最多有一个方程有正整数解．

（越南国家队选拔考试，2009 年）

证　先证明一个引理．

引理　若方程
$$Ax^2 - By^2 = 1 \qquad ①$$
存在正整数解（A,AB 均不是完全平方数）．设其最小的一组正整数解为 (x_0,y_0)．则佩尔方程
$$x^2 - ABy^2 = 1 \qquad ②$$
有正整数解，设其最小的一组解为 (a_0,b_0)，则 (a_0,b_0) 满足如下方程
$$\begin{cases} a_0 = Ax_0^2 + By_0^2 \\ b_0 = 2x_0 y_0 \end{cases}$$

引理的证明

因为 (x_0,y_0) 是方程 ① 的一组解，则
$$Ax_0^2 - By_0^2 = 1$$
令 $u = Ax_0^2 + By_0^2, v = 2x_0 y_0$，则
$$u^2 - ABv^2 = (Ax_0^2 + By_0^2)^2 - AB(2x_0 y_0)^2 = (Ax_0^2 - By_0^2)^2 = 1$$
所以 (u,v) 为方程 ② 的解．

又若 (a_0,b_0) 为方程 ② 的最小解，$(u,v) \neq (a_0,b_0)$，则
$u > a_0, v > b_0$．

一方面
$$a_0 - \sqrt{AB}b_0 < (a_0 - \sqrt{AB}b_0)(a_0 + \sqrt{AB}b_0) = a_0^2 - ABb_0^2 = 1$$
于是
$$(a_0 - \sqrt{AB}b_0)(\sqrt{A}x_0 + \sqrt{B}y_0) < \sqrt{A}x_0 + \sqrt{B}y_0$$
$$(a_0 x_0 - Bb_0 y_0)\sqrt{A} + (a_0 y_0 - Ab_0 x_0)\sqrt{B} < \sqrt{A}x_0 + \sqrt{B}y_0 \qquad ③$$
另一方面
$$a_0 + \sqrt{AB}b_0 < u + \sqrt{AB}v = (\sqrt{A}x_0 + \sqrt{B}y_0)^2$$
$$(a_0 x_0 - Bb_0 y_0)\sqrt{A} - (a_0 y_0 - Ab_0 x_0)\sqrt{B} =$$
$$(a_0 + \sqrt{AB}b_0)(\sqrt{A}x_0 - \sqrt{B}y_0) <$$

最新世界各国数学奥林匹克中的初等数论试题(下)
The Lastest Elementary Number Theory in Mathematical Olympiads in The World

$$(\sqrt{A}x_0+\sqrt{B}y_0)^2(\sqrt{A}x_0-\sqrt{B}y_0) =$$
$$\sqrt{A}x_0+\sqrt{B}y_0 \qquad ④$$

令 $s=a_0x_0-Bb_0y_0$, $t=a_0y_0-Ab_0x_0$, 则 ③,④ 化为

$$\sqrt{A}s+\sqrt{B}t < \sqrt{A}x_0+\sqrt{B}y_0 \qquad ⑤$$
$$\sqrt{A}s-\sqrt{B}t < \sqrt{A}x_0+\sqrt{B}y_0 \qquad ⑥$$

故
$$As^2-Bt^2 = A(a_0x_0-Bb_0y_0)^2-B(a_0y_0-Ab_0x_0)^2 =$$
$$(a_0^2-ABb_0^2)(Ax_0^2-By_0^2)=1$$

$s>0$ 等价于
$$a_0x_0>Bb_0x_0$$

即等价于
$$a_0^2x_0^2>B^2b_0^2x_0^2$$

因而等价于
$$a_0^2x_0^2>Bb_0^2(Ax_0^2-1)$$
$$(a_0^2-ABb_0^2)x_0^2>-Bb_0^2$$
$$x_0^2>-Bb_0^2$$

最后一个式子肯定成立,则 $s>0$.

由 $t=0$ 等价于
$$a_0y_0=Ab_0x_0$$
$$a_0^2y_0^2=A^2b_0^2x_0^2$$
$$(ABb_0^2+1)y_0^2=Ab_0^2(By_0^2+1)$$

则
$$y_0^2=Ab_0^2$$

因 A 为非完全平方数,所以 $t\neq 0$.

若 $t>0$,则 (s,t) 是方程 ① 的解,而 (x_0,y_0) 是最小解,有 $s\geqslant x_0$, $t\geqslant y_0$, 与不等式 ⑤ 矛盾.

若 $t<0$, $(s,-t)$ 是方程 ① 的解,而 $s\geqslant x_0$, $-t\geqslant y_0$ 与不等式 ⑥ 矛盾.

所以有 $u=a_0$, $v=b_0$.

下面证明原题.

假设方程
$$ax^2-by^2=1 \qquad ⑦$$
和
$$by^2-ax^2=1 \qquad ⑧$$
同时有解.

第6章 不定方程
Chapter 6 Diophantine Equation

设 (m,n) 是方程 $x^2-aby^2=1$ 的最小解,(x_1,y_1) 是方程 ⑦ 的最小解,(x_2,y_2) 是方程 ⑧ 的最小解.

则应用引理有

$$\begin{cases} m=ax_1^2+by_1^2 \\ n=2x_1y_1 \end{cases}$$

或

$$\begin{cases} m=bx_2^2+ay_2^2 \\ n=2x_2y_2 \end{cases}$$

又由

$$ax_1^2=by_1^2+1$$
$$ay_2^2=bx_2^2-1$$

则

$$ax_1^2+by_1^2=bx_2^2+ay_2^2 \Leftrightarrow$$
$$2by_1^2+1=2bx_2^2-1 \Leftrightarrow$$
$$b(x_2^2-y_2^2)=1$$

由 $b>1$.矛盾.

所以 ⑦,⑧ 不能同时有解,即最多一个方程有正整数解.

112 求所有正整数对 (m,n),满足

$$3^m-7^n=2$$

(韩国数学奥林匹克,2009 年)

解 由于 $3^m-2=7^n$,则

$$3^m-2\equiv 0\ (\mathrm{mod}\ 7)$$

于是

$$m=6k+2\quad(k\in\mathbf{N})$$

若 $m=2$,则 $n=1$,则 $(m,n)=(2,1)$ 是方程的一组解.

假设 $m\geqslant 4$,且 $m=2s(s\in\mathbf{N})$

则 $27\mid 3^m$,于是 $27\mid(7^n+2)$.

由于

$$7^9\equiv 1\ (\mathrm{mod}\ 27)$$
$$7^4\equiv -2\ (\mathrm{mod}\ 27)$$

则

$$n\equiv 4\ (\mathrm{mod}\ 9)$$

设 $n=9t+4(t\in\mathbf{N})$,则

$$7^{9t+4}+2\equiv 7^4+2\equiv 36\ (\mathrm{mod}\ 27)$$

另一方面,对于所有小于 10 的正整数 u
$$9^u \equiv 9,7,26,12,34,10,16,33,1 \pmod{27}$$
因此,当 $m \geqslant 4$ 时,不存在满足题意的解.
所以,方程只有唯一正整数解 $(m,n)=(2,1)$.

113 求所有满足方程
$$3 \times 2^m + 1 = n^2$$
的正整数对 (n,m).

(新加坡数学奥林匹克,2009 年)

解 由题设 $n^2 \equiv 1 \pmod 3$,因此 $3 \nmid n$.
设 $n = 3k+1$ 或 $3k+2$ ($k \in \mathbf{N}$)
(1) $n = 3k+1$.
代入题设方程得
$$2^m = 3k^2 + 2k = k(3k+2)$$
于是 k 与 $3k+2$ 都是 2 的幂.
因而 $k=2$ 或 1. 当 $k=1$ 时,$3k+2=5$ 不是 2 的幂.
当 $k=2$ 时,$3k+2=8=2^3$.
所以 $k=2,n=7$,进而 $m=4$.
于是 $(n,m)=(7,4)$ 是一组解.
(2) $n = 3k+2$.
代入题设方程得
$$2^m = 3k^2 + 4k + 1 = (3k+1)(k+1)$$
于是 $k+1$ 与 $3k+1$ 都是 2 的幂,此时 $k=1$ 符合条件,$n=5,m=3$.
而当 $k=0$ 时,$k+1=3,3k+1=1,n=2,m=0$,不是正整数.
$k>1$ 时,有
$$4(k+1) > 3k+1 > 2(k+1)$$
因此,若存在某一正整数 p,使得
$$k+1 = 2^p$$
则
$$2^{p+2} > 3k+1 > 2^{p+1}$$
从而 $3k+1$ 不是 2 的幂
所以 $(n,m)=(5,3)$ 为另一组解.
由以上,满足方程的正整数对 $(n,m)=(7,4),(5,3)$.

114 求所有满足 $a^b = 1 + b + \cdots + b^n$ 的三元正整数组 (a,b,n).

第 6 章　不定方程
Chapter 6　Diophantine Equation

(哥伦比亚数学奥林匹克,2009 年)

解　对于任意的质数 p 和正整数 a，设 $\lambda(a)$ 为使得
$$a^{\lambda(a)} \equiv 1 \pmod{p}$$
的最小正整数.

先证明一个引理。

引理　设 p 是一个给定的奇质数，整数 $a > 1$，且 $p \nmid a$. 设 $\lambda(a) = d$，且 $p^{\alpha} \| (a^d - 1)$. 则对任意与 p 互质的正整数 m 及任意非负整数 β，有
$$p^{\alpha+\beta} \| (a^{dmp^{\beta}} - 1)$$

引理的证明：对 β 进行归纳

当 $\beta = 0$ 时，由 α 的定义可知
$$a^d = 1 + p^{\alpha} k \ (p \nmid k)$$

由二项式定理
$$a^{md} = (1 + p^{\alpha} k)^m =$$
$$1 + kmp^{\alpha} + C_m^2 k^2 p^{2\alpha} + \cdots =$$
$$1 + p^{\alpha}(km + p^{\alpha} k^2 C_m^2 + \cdots) \qquad ①$$

由于 $p \nmid km$ 及 $\alpha \geq 1$，所以式 ① 中 $1 + p^{\alpha}(km + p^{\alpha} k^2 C_m^2 + \cdots)$ 为 $1 + p^{\alpha} k_1$ 的形式，其中 $(p, k_1) = 1$.

从而当 $\beta = 0$ 时，引理成立.

假设对 β，引理成立，即
$$a^{dmp^{\beta}} = 1 + p^{\alpha+\beta} k_{\beta} \ (p \nmid k_{\beta})$$

由二项式定理知
$$a^{dmp^{\beta+1}} = (1 + p^{\alpha+\beta} k_{\beta})^p =$$
$$1 + p^{\alpha+\beta+1}(k_{\beta} + C_p^2 p^{\alpha+\beta-1} k_{\beta}^2 + \cdots) =$$
$$1 + p^{\alpha+\beta+1} k_{\beta+1} \ (p \nmid k_{\beta+1})$$

因而对 $\beta + 1$ 引理成立.

于是对 $\beta \geq 0, \beta \in \mathbf{Z}$，引理成立.

回到原题.

假设 $b > 1$，则原式等价于
$$a^b - 1 = b(1 + b + \cdots + b^{n-1})$$

所以
$$b \mid (a^2 - 1)$$

设 p 是 b 的最小质因子，则
$$p \mid (a^b - 1)$$

所以
$$\lambda(a) \mid b$$

最新世界各国数学奥林匹克中的初等数论试题(下)

The Lastest Elementary Number Theory in Mathematical Olympiads in The World

又 $\lambda(a) \leqslant p-1$,于是由 p 的最小性,$\lambda(a)=1$.

若 p 是奇质数,设 $p^\alpha \| (a-1)$,$p^\beta \| b$

由引理知
$$p^{\alpha+\beta} \| (a^b - 1)$$

即
$$p^{\alpha+\beta} \| b(1+b+\cdots+b^{n-1})$$

又
$$(b, 1+b+\cdots+b^{n-1}) = 1$$

所以
$$p^\beta \| b(1+b+\cdots+b^{n-1})$$

这意味着,$\beta = \alpha + \beta$,于是 $\alpha = 0$,与 $p \mid (a-1)$ 矛盾.

所以 p 不是奇质数.

若 $p = 2$,设 $2^\alpha \| \dfrac{a^2-1}{2}$,$2^\beta \| b$.

因为 b 是偶数,所以 a 是奇数,故 $\alpha > 0$.

又 $\dfrac{a^2-1}{2} = \dfrac{1}{2}(a+1)(a-1)$,且 $a+1, a-1$ 均为偶数,但有一个不是 4 的倍数,于是,另一个质因子 2 的个数为 α,因此 $a-1$ 或 $a+1$ 可表示为 $2^\alpha m (2 \nmid m)$.

设 $b = 2^\beta k (2 \nmid k)$,则
$$a^b - 1 = (2^\alpha m \pm 1)^{2^\beta k} - 1 =$$
$$(2^{2\alpha} m^2 \pm 2^{\alpha+1} m + 1)^{2^\beta k-1} - 1 =$$
$$(2^{\alpha+1} m_1 + 1)^{2^\beta k-1} - 1 (2 \nmid m_1) = \cdots =$$
$$(2^{\alpha+\beta} m_\beta + 1)^k - 1 (2 \nmid m_\beta) =$$
$$2^{(\alpha+\beta)k} m_\beta^k + C_k^1 2^{(\alpha+\beta)(k-1)} m_\beta^{k-1} + \cdots + C_k^{k-1} 2^{\alpha+\beta} m_\beta$$

因为
$$2 \nmid C_n^{n-1} = k \quad (2 \nmid m_\beta)$$

所以
$$2^{\alpha+\beta} \| (a^b - 1)$$

而 $1 + b + \cdots + b^n$ 是奇数,于是
$$2^\beta \| b(1+b+\cdots+b^n)$$

从而 $\alpha = 0$ 与 $\alpha > 0$ 矛盾.

上面的证明表明 p 没有奇质因子,也没有 2 作为质因子,于是 $b = 1$.

从而所有的解为 $(a, 1, a-1)(a > 1)$.

第7章

高斯函数

第7章 高斯函数
Chapter 7 Gaussian Function

1 求方程 $4x^2-40[x]+51=0$ 的所有实数解.

(加拿大数学奥林匹克,1999 年)

解 由题设方程得
$$40[x]=4x^2+51$$

由 $x-1<[x]\leqslant x$ 可得
$$40(x-1)<40[x]=4x^2+51\leqslant 40x$$

即有
$$\begin{cases}40(x-1)<4x^2+51\\ 4x^2+51\leqslant 40x\end{cases}$$

从而
$$\begin{cases}4x^2-40x+91>0\\ 4x^2-40x+51\leqslant 0\end{cases}$$

即
$$\begin{cases}(2x-13)(2x-7)>0\\ (2x-17)(2x-3)\leqslant 0\end{cases}$$

解得
$$\begin{cases}x<\dfrac{7}{2} \text{ 或 } x>\dfrac{13}{2}\\ \dfrac{3}{2}\leqslant x\leqslant \dfrac{17}{2}\end{cases}$$

于是
$$\dfrac{3}{2}\leqslant x<\dfrac{7}{2}$$

或
$$\dfrac{13}{2}<x\leqslant\dfrac{17}{2}$$

(1) 当 $\dfrac{3}{2}\leqslant x<\dfrac{7}{2}$ 时,$[x]=1,2,3$.

若 $[x]=1$,则 $4x^2+51=40$,即 $4x^2=-11$,无实数解;

若 $[x]=2$,则 $4x^2+51=80$,解得 $x=\dfrac{\sqrt{29}}{2}$,符合题设;

若 $[x]=3$,则 $4x^2+51=120$,解得 $x=\dfrac{\sqrt{69}}{2}>4$ 矛盾.

(2) 当 $\dfrac{13}{2}<x\leqslant\dfrac{17}{2}$ 时,$[x]=6,7,8$.

若 $[x]=6$,则 $4x^2+51=240$,解得 $x=\dfrac{\sqrt{189}}{2}$,符合题设;

最新世界各国数学奥林匹克中的初等数论试题(下)
The Lastest Elementary Number Theory in Mathematical Olympiads in The World

若 $[x]=7$,则 $4x^2+51=280$,解得 $x=\dfrac{\sqrt{229}}{2}$,符合题设;

若 $[x]=8$,则 $4x^2+51=320$,解得 $x=\dfrac{\sqrt{269}}{2}$,符合题设.

所以方程的实数解为

$$x=\dfrac{\sqrt{29}}{2}, x=\dfrac{\sqrt{189}}{2}, x=\dfrac{\sqrt{229}}{2}, x=\dfrac{\sqrt{269}}{2}$$

2 证明:对于任何正整数 n,都有如下不等式成立:

$$\{1\}+\{\sqrt{2}\}+\cdots+\{\sqrt{n^2}\} \leqslant \dfrac{n^2-1}{2} \qquad ①$$

(俄罗斯数学奥林匹克,1999 年)

证 当 $n=1$ 时,左边 $\{1\}=0$,而右边 $\dfrac{n^2-1}{2}=\dfrac{1^2-1}{2}=0$.所以式①成立;

当 $n>1$ 时,由于

$$m^2 \leqslant m^2+t < (m+1)^2 \quad (t=0,1,2,\cdots,2m)$$

则

$$\{\sqrt{m^2+t}\}=\sqrt{m^2+t}-m$$

$$\{\sqrt{m^2+t}\}+\{\sqrt{m^2+2m-t}\}=\sqrt{m^2+t}+\sqrt{m^2+2m-t}-2m \qquad ①$$

由柯西不等式

$$x+y \leqslant \sqrt{2}\sqrt{x^2+y^2}$$

有

$$\sqrt{m^2+t}+\sqrt{m^2+2m-t} \leqslant \sqrt{2}\sqrt{2m^2+2m}=2\sqrt{m(m+1)} \qquad ②$$

由均值不等式,$x,y>0, 2\sqrt{xy} \leqslant x+y$,有

$$2\sqrt{m(m+1)} < m+m+1 = 2m+1 \qquad ③$$

将③代入①

$$\{\sqrt{m^2+t}\}+\sqrt{m^2+2m-t} < 2m+1-2m=1$$

当 $t=m$ 时

$$\sqrt{m^2+m} < \dfrac{1}{2}$$

于是

$$\sum_{t=0}^{2m}\{\sqrt{m^2+t}\} < m+\dfrac{1}{2} \qquad ④$$

对式④,令 $m=1,2,\cdots,n-1$.有

第7章 高斯函数
Chapter 7 Gaussian Function

$$\sum_{m=1}^{n-1}\sum_{t=0}^{2m}\{\sqrt{m^2+t}\} < \frac{n(n-1)}{2}+\frac{n-1}{2}=\frac{n^2-1}{2}$$

又

$$\{\sqrt{n^2}\}=0$$

则

$$\{1\}+\{\sqrt{2}\}+\cdots+\{\sqrt{n^2}\} \leqslant \frac{n^2-1}{2}$$

3 设 $a_1,a_2,\cdots,a_{1\,999}$ 是一组非负整数,对于任意的整数 i,j,且 $i+j \leqslant 1\,999$,有

$$a_i+a_j \leqslant a_{i+j} \leqslant a_i+a_j+1$$

证明:存在实数 x,使得对于 $n=1,2,\cdots,1\,999$,有

$$a_n=[nx]$$

(台湾数学奥林匹克,1999 年)

证 $a_n=[nx]$ 等价于

$$a_n \leqslant nx \leqslant a_n+1$$

即等价于

$$\frac{a_n}{n} \leqslant x \leqslant \frac{a_n+1}{n}$$

为此,只须证明 $\max\{\frac{a_n}{n}\} < \min\{\frac{a_n+1}{n}\}$,并且 x 可取 $\max\{\frac{a_n}{n}\}$.

即证明,对于 $1 \leqslant m,n \leqslant 1\,999$,有

$$\frac{a_m}{m} < \frac{a_n+1}{n}$$

即证

$$na_m < ma_n+m \qquad\qquad ①$$

当 $m=n=1$ 时,$a_1 < a_1+1$ 显然成立.

假设对 $m<k,n<k$,式 ① 成立.现考查 m,n 中的较大者等于 k 的情形.

(1) 若 $m=k$,可设 $m=qn+r(q \in \mathbf{N}, 0 \leqslant r < n)$.

则由题设

$$a_m=a_{qn+r} \leqslant a_{qn}+a_r+1 \leqslant a_{(q-1)n}+a_n+1+a_r+1 \leqslant \cdots \leqslant qa_n+a_r+q$$

又由归纳假设

$$ra_n+r > na_r$$

则

$$na_m \leqslant nqa_n+na_r+nq < qna_n+ra_n+r+nq=$$

最新世界各国数学奥林匹克中的初等数论试题（下）

The Lastest Elementary Number Theory in Mathematical Olympiads in The World

$$(qn+r)a_n + (qn+r) = ma_n + m$$

（2）若 $n=k$，可设 $n = qm+r (q \in \mathbf{N}, 0 \leqslant r < m)$

则由题设

$$a_n \geqslant a_{qm} + a_r \geqslant a_{(q-1)m} + a_m + a_r \geqslant \cdots \geqslant qa_m + a_r$$

又由归纳假设

$$ma_r + m > ra_m$$

则

$$ma_n \geqslant qma_m + ma_r > qma_m + ra_m - m = na_m - m$$

即

$$ma_n + m > na_m$$

以上由数学归纳法证明了

$$na_m < ma_n + m \quad (1 \leqslant m, n \leqslant 1\,999)$$

即

$$\frac{a_m}{m} < \frac{a_n + 1}{n}$$

$$\max\{\frac{a_n}{n}\} < \min\{\frac{a_n + 1}{n}\}$$

于是取 $x = \max\{\dfrac{a_n}{n}\}$ 就有 $a_n = [nx]$。

4 设 p 是质数，$p > 2, a, b, c, d$ 是不能被 p 整除的整数，并且满足对于任意一个不能被 p 整除的整数 r 均有

$$\{\frac{ra}{p}\} + \{\frac{rb}{p}\} + \{\frac{rc}{p}\} + \{\frac{rd}{p}\} = 2$$

证明：$a+b, a+c, a+d, b+d, b+c, c+d$ 这 6 个数中至少有两个数能被 p 整除。

其中 $\{x\} = x - [x]$。

（美国数学奥林匹克，1999 年）

证 因为 $p \nmid d$，所以

$$0, d, 2d, \cdots, (p-1)d$$

构成关于 p 的完全剩余系。

所以必有一数 $R \in \{1, 2, \cdots, p-1\}$，使得 $Rd \equiv p-1 \pmod{p}$。

设

$$Ra \equiv A \pmod{p}$$
$$Rb \equiv B \pmod{p}$$
$$Rc \equiv C \pmod{p}$$

第 7 章 高斯函数
Chapter 7 Gaussian Function

$$Rd \equiv D = p - 1 \pmod{p}$$

不妨设 $A \leqslant B \leqslant C \leqslant D$,假设 $A \neq 1$,由于对任意的 $r, p \nmid r$,都有

$$\{\frac{ra}{p}\} + \{\frac{rb}{p}\} + \{\frac{rc}{p}\} + \{\frac{rd}{p}\} = 2$$

取 $r = kR (p \nmid k)$,则

$$\{\frac{kRa}{p}\} + \{\frac{kRb}{p}\} + \{\frac{kRc}{p}\} + \{\frac{kRd}{p}\} = 2$$

所以有

$$\{\frac{kA}{p}\} + \{\frac{kB}{p}\} + \{\frac{kC}{p}\} + \{\frac{kD}{p}\} = 2$$

即

$$\{\frac{kA}{p}\} + \{\frac{kB}{p}\} + \{\frac{kC}{p}\} + \{\frac{k(p-1)}{p}\} = 2$$

所以

$$\{\frac{kA}{p}\} + \{\frac{kB}{p}\} = \{\frac{k(p-C)}{p}\} + \{\frac{k}{p}\}$$

取 $k = 1$,有

$$A + B + C + D = 2p$$
$$A + B = p + 1 - C$$

取 $k = 2$,有

$$\{\frac{2A}{p}\} + \{\frac{2B}{p}\} + \{\frac{2C}{p}\} + \{\frac{2D}{p}\} = 2$$

故

$$A \leqslant B \leqslant \frac{p}{2} \leqslant C \leqslant D$$

所以

$$\{\frac{kA}{p}\} + \{\frac{kB}{p}\} = \{\frac{k}{p}\} + \{\frac{k(A+B-1)}{p}\}$$

$$\{\frac{kA}{p}\} - \{\frac{k}{p}\} = \{\frac{k(A+B-1)}{p}\} - \{\frac{kB}{p}\}$$

(1) 当 $k \leqslant [\frac{p}{A}]$ 时

$$左 = \frac{kA}{p} - [\frac{kA}{p}] - \frac{k}{p} + [\frac{k}{p}] = \frac{k(A-1)}{p} = \{\frac{k(A+B-1)}{p}\} - \{\frac{kB}{p}\}$$

于是

$$\frac{k(A-1)}{p} = \frac{k(A+B-1)}{p} - \frac{kB}{p} - [\frac{k(A+B-1)}{p}] + [\frac{kB}{p}]$$

即

$$\left[\frac{k(A+B-1)}{p}\right]=\left[\frac{kB}{p}\right]$$

因而存在正整数 n,使得

$$n<\frac{kB}{p}<\frac{k(A+B-1)}{p}<n+1 \qquad ①$$

(2) 当 $\frac{kB}{p}<l<\frac{(k+1)B}{p}(l\in \mathbf{N})$ 时

$$k<\frac{lp}{B}<k+1$$

当 $\left[\frac{lp}{B}\right]\leqslant\left[\frac{p}{A}\right]$ 时

$$l-\frac{kB}{p}\leqslant\frac{B-1}{p}$$

由式 ① 得

$$\frac{k(A-1)}{p}\leqslant\frac{B-2}{p}$$

所以

$$k\leqslant\frac{B-2}{A-1}$$

(3) 取 $l=\left[\frac{B}{A}\right]$,有

$$\frac{lp}{B}\leqslant\frac{\frac{B}{A}-p}{B}=\frac{p}{A}$$

所以

$$\left[\frac{lp}{B}\right]\leqslant\left[\frac{p}{A}\right]$$

而

$$lA\leqslant AB<lA+A$$

所以

$$\left[\frac{lp}{B}\right]\leqslant\frac{B-2}{A-1}$$

因为

$$2l\leqslant\left[\frac{lp}{B}\right]$$

所以

$$2l(A-1)\leqslant B-2$$

即

$$2l(A-1)+2\leqslant B<lA+A$$

第7章 高斯函数
Chapter 7 Gaussian Function

即
$$(l-1)A < 2(l-1), A < 2$$
与 $A \geqslant 2$ 矛盾，故 $A=1$.

由
$$Ra \equiv A = 1 \pmod{p}$$
$$Rd \equiv D = p-1 \pmod{p}$$

所以
$$A + D \equiv 0 \pmod{p}$$
$$ra + rd \equiv 0 \pmod{p}$$

由于 $p \nmid r$，所以 $a+d \equiv 0 \pmod{p}$, $b+c \equiv 0 \pmod{p}$.

故存在 $a+d, b+c$ 能被 p 整除.

5 求和：$\left[\dfrac{1}{3}\right] + \left[\dfrac{2}{3}\right] + \left[\dfrac{2^2}{3}\right] + \left[\dfrac{2^3}{3}\right] + \cdots + \left[\dfrac{2^{1\,000}}{3}\right]$.

(俄罗斯数学奥林匹克, 2000 年)

解 第一项 $\left[\dfrac{1}{3}\right] = 0$，对于剩下的 1 000 个加项，先考查
$$\dfrac{2}{3}, \dfrac{2^2}{3}, \dfrac{2^3}{3}, \cdots, \dfrac{2^{1\,000}}{3}$$

这是一个以 2 为公比的等比数列.

$$\dfrac{2}{3} + \dfrac{2^2}{3} + \dfrac{2^3}{3} + \cdots + \dfrac{2^{1\,000}}{3} = \dfrac{\dfrac{2}{3}[1 - 2^{1\,000}]}{1 - \dfrac{2}{3}} = \dfrac{1}{3}(2^{1\,001} - 2)$$

现在研究这 1 000 项各项的整数部分的和.

这 1 000 项中的任何一项都不是整数，但任何相邻两项的和
$$\dfrac{2^k}{3} + \dfrac{2^{k+1}}{3} = \dfrac{3 \cdot 2^k}{3} = 2^k$$

注意到这样一个事实：若 α, β 不是整数，且 $\alpha + \beta$ 是整数，则
$$\alpha + \beta = [\alpha] + \{\alpha\} + [\beta] + \{\beta\} =$$
$$([\alpha] + [\beta]) + (\{\alpha\} + \{\beta\})$$

因为 $\alpha + \beta$ 为整数，则 $\{\alpha\} + \{\beta\}$ 也是整数，且由 $0 < \{\alpha\} + \{\beta\} < 2$，则 $\{\alpha\} + \{\beta\} = 1$.

即
$$\alpha + \beta = [\alpha] + [\beta] + 1$$

于是
$$\left(\dfrac{2}{3} + \dfrac{2^2}{3}\right) + \left(\dfrac{2^3}{3} + \dfrac{2^4}{3}\right) + \cdots + \left(\dfrac{2^{999}}{3} + \dfrac{2^{1\,000}}{3}\right) =$$

最新世界各国数学奥林匹克中的初等数论试题(下)

The Lastest Elementary Number Theory in Mathematical Olympiads in The World

$$\left[\frac{2}{3}\right]+\left[\frac{2^2}{3}\right]+\left[\frac{2^3}{3}\right]+\left[\frac{2^4}{3}\right]+\cdots+\left[\frac{2^{1000}}{3}\right]+500$$

于是

$$\left[\frac{1}{3}\right]+\left[\frac{2}{3}\right]+\left[\frac{2^2}{3}\right]+\left[\frac{2^3}{3}\right]+\cdots+\left[\frac{2^{1000}}{3}\right]=\frac{1}{3}(2^{1001}-2)-500$$

6 求所有的实数 x，使得

$$[x^3]=4x+3$$

这里 $[y]$ 表示不超过实数 y 的最大整数.

(中国西部数学奥林匹克,2001 年)

解 设 x 为满足条件的实数.

因为 $[x^3]=4x+3$ 为整数,则 $4x=k$ 为整数,则

$$[x^3]=\left[\frac{k^3}{64}\right]=k+3$$

$$k+3\leqslant\frac{k^3}{64}<k+4$$

即

$$192\leqslant k(k-8)(k+8)<256 \qquad ①$$

记

$$f(k)=k(k-8)(k+8)$$

当 $k\geqslant 10$ 时,$f(k)\geqslant 10\times 2\times 18>256$,矛盾.

所以 $k\in\{-7,-6,\cdots,-1,9\}$.

分别计算,满足 ① 的 k 值只有两个 $k=-4,-5$.

从而 $x=-\frac{5}{4}$ 或 $x=-1$.

7 求所有正整数 n，使得 $n-[n\{\sqrt{n}\}]=2$ 成立.

(保加利亚春季数学奥林匹克,2002 年)

解 如果 $n=p^2$,则 $\{\sqrt{n}\}=0$,这时,$n=2\neq p^2$.

所以存在整数 t,使得

$$(t-1)^2<n<t^2$$

则

$$[\sqrt{n}]=t-1$$
$$n-[n\{\sqrt{n}\}]=n-[n(\sqrt{n}-[\sqrt{n}])]=$$
$$n-[n(\sqrt{n}-t+1)]=$$

第 7 章 高斯函数
Chapter 7 Gaussian Function

$$n - [n\sqrt{n}] + nt - n =$$
$$nt - [n\sqrt{n}]$$

所以原方程等价于

$$nt = 2 + [n\sqrt{n}]$$

设 $n = t^2 - k$.

当 $k \geqslant 2$ 时,

$$n\sqrt{n+2} \leqslant n\sqrt{n+k} = nt = 2 + [n\sqrt{n}] \leqslant 2 + n\sqrt{n}$$

即

$$n(\sqrt{n+2} - \sqrt{n}) \leqslant 2$$
$$n \leqslant \sqrt{n+2} + \sqrt{n}$$
$$n^2 \leqslant 2n + 2 + 2\sqrt{n(n+2)} < 2n + 2 + 2(n+1) = 4(n+1)$$

此时只有 $n = 1, 2, 3, 4$ 时才有不等式成立.

经验证 $n = 2$ 是原方程的一个解.

当 $k = 1$ 时,同理可证

$$n \leqslant 2(\sqrt{n+1} + \sqrt{n}) < 4\sqrt{n+1}$$

此时,只有 $n = 3, 8, 15$ 时不等式成立.

经验证 $n = 8, n = 15$ 是原方程的解.

综上所述 $n = 2, 8, 15$.

8 设整数 n 和 q 满足 $n \geqslant 5, 2 \leqslant q \leqslant n$.

证明: $q - 1$ 整除 $\left[\dfrac{(n-1)!}{q}\right]$.

(澳大利亚数学奥林匹克,2002 年)

证 当 $q < n$ 时,则

$$q(q-1) \mid (n-1)!$$

所以

$$q - 1 \mid \dfrac{(n-1)!}{q} = \left[\dfrac{(n-1)!}{q}\right]$$

当 $q = n$ 时,对 q 分为质数与合数两种情况讨论.

(1) 若 q 是质数,由威尔逊(Wilson) 定理,有

$$(n-1)! \equiv -1 \equiv n - 1 \pmod{n}$$

因为 $(n-1)! \equiv 0 \equiv n - 1 \pmod{n-1}$,且 $(n, n-1) = 1$

由中国剩余定理,有

$$(n-1)! \equiv n - 1 \pmod{n(n-1)}$$

最新世界各国数学奥林匹克中的初等数论试题(下)
The Lastest Elementary Number Theory in Mathematical Olympiads in The World

于是存在整数 k,使得
$$(n-1)! = kn(n-1) + (n-1)$$
所以
$$\left[\frac{(n-1)!}{q}\right] = \left[\frac{(n-1)!}{n}\right] = \left[k(n-1) + \frac{n-1}{n}\right] = k(n-1) = k(q-1)$$
即 $q-1$ 整除 $\left[\frac{(n-1)!}{q}\right]$.

(2) 若 q 是合数,设 p 是 $n=q$ 的最大质约数,且 $n=px$.
则
$$1 < x < n$$
因为 $x \mid n$,且 $(n, n-1) = 1$,所以 $x \leqslant n-2$
同理
$$p \leqslant n-2$$
若 p 和 x 不同,则 p 和 x 一定是 $(n-2)! = 1 \times 2 \times \cdots \times (n-2)$ 中的约数.
所以有
$$n = px \mid (n-2)!$$
又
$$(n-1) \mid (n-1)!$$
于是
$$n(n-1) \mid (n-1)!$$
$$(n-1) \mid \frac{(n-1)!}{n} = \frac{(n-1)!}{q}$$

因而结论成立.

若 $p = x$,则 $n = p^2$.
因为 $n > 4$,则 $p > 2$,于是有 $p^2 > 2p$.
又因为 $(2p, n) = p, (n-1, n) = 1$,所以 $2p \neq n-1$.
于是
$$2p \leqslant n-2$$
所以 p 和 $2p$ 均在 $(n-2)! = 1 \times 2 \times \cdots \times (n-2)$ 中的约数中出现.
因而 $2p^2 \mid (n-2)!$,又 $(n-1) \mid (n-1)!$
即
$$n(n-1) \mid (n-1)!$$
因而结论成立.

由以上,$(q-1) \mid \left[\frac{(n-1)!}{q}\right]$ 成立.

第 7 章　高斯函数
Chapter 7　Gaussian Function

9　设 p 是满足 $p \equiv 1 \pmod{4}$ 的奇质数，计算 $\sum\limits_{k=1}^{p-1}\{\dfrac{k^2}{p}\}$ 的值.
其中 $\{x\} = x - [x]$，$[x]$ 为不超过 x 的最大整数.

（香港数学奥林匹克，2002 年）

解　注意到同余式
$$(-k)^2 \equiv (p-k)^2 \equiv k^2 \pmod{p}$$
若 $x^2 \equiv y^2 \pmod{p}$，其中 $1 \leqslant x, y \leqslant \dfrac{p-1}{2}$.
则
$$(x-y)(x+y) \equiv 0 \pmod{p}$$
由于 $1 < x+y < p$，所以 $x = y$.

这表明 $1^2, 2^2, \cdots, (\dfrac{p-1}{2})^2$ 是 $\bmod\, p$ 的二次剩余.

由题设 $p \equiv 1 \pmod{4}$，由欧拉准则
$$(\dfrac{-1}{p}) \equiv (-1)^{\frac{p-1}{2}} \equiv 1 \pmod{p}$$
可得 -1 是 $\bmod\, p$ 的二次剩余.

由 $(\dfrac{-b}{p}) = (\dfrac{-1}{p})(\dfrac{b}{p})$，得 b 是 $\bmod\, p$ 的二次剩余的充分必要条件为 $-b \equiv p - b \pmod{p}$ 也是 $\bmod\, p$ 的二次剩余.

所以集合 $\{1^2, 2^2, \cdots, (\dfrac{p-1}{2})^2\}$ 在 $\bmod\, p$ 的意义下为集合
$$\{\alpha_1, p - \alpha_1, \alpha_2, p - \alpha_2, \cdots, \alpha_{\frac{p-1}{4}}, p - \alpha_{\frac{p-1}{4}}\}$$
当 $1 \leqslant \alpha_i, p - \alpha_i \leqslant p$ 时，有
$$\{\dfrac{\alpha_i}{p}\} + \{\dfrac{p - \alpha_i}{p}\} = \dfrac{\alpha_i + p - \alpha_i}{p} = 1$$
于是，所求的和式为
$$\sum_{k=1}^{p-1}\{\dfrac{k^2}{p}\} = \dfrac{p-1}{4}$$

10　对任意整数 $n(n > 2)$，证明：
$$[\dfrac{n(n+1)}{4n-2}] = [\dfrac{n+1}{4}]$$

（克罗地亚国家数学奥林匹克，2003 年）

证　由 $\dfrac{n(n+1)}{4n-2} = \dfrac{n+1}{4} + \dfrac{n+1}{4(2n-1)}$.
可得

$$\frac{n(n+1)}{4n-2} < \frac{n+1}{4} + \frac{1}{4} \quad (n>2) \qquad ①$$

$$\frac{n+1}{4} < \frac{n(n+1)}{4n-2}$$

即

$$\left[\frac{n+1}{4}\right] \leqslant \left[\frac{n(n+1)}{4n-2}\right] \qquad ②$$

下面证明

$$\frac{n(n+1)}{4n-2} < \left[\frac{n+1}{4}\right] + 1 \quad (n>2) \qquad ③$$

(1) 若 $n=4k+r, r=0,1,2$，则有

$$\left[\frac{n+1}{4}\right]+1 = k+1 = \frac{n-r}{4}+1 = \frac{n+(3-r)}{4}+\frac{1}{4} \geqslant \frac{n+1}{4}+\frac{1}{4}$$

由式 ① 可知式 ③ 成立.

(2) 若 $n=4k+3$，则有

$$\left[\frac{n+1}{4}\right]+1 = k+2 > k+1+\frac{1}{4} = \frac{n+1}{4}+\frac{1}{4}$$

由式 ① 可知式 ③ 成立.

于是式 ② 成立.

从而有

$$\left[\frac{n(n+1)}{4n-2}\right] = \left[\frac{n+1}{4}\right]$$

11 设三角形的三边长分别为整数 l, m, n，且 $l > m > n$. 已知

$$\left\{\frac{3^l}{10^4}\right\} = \left\{\frac{3^m}{10^4}\right\} = \left\{\frac{3^n}{10^4}\right\}$$

其中 $\{x\} = x - [x]$，而 $[x]$ 表示不超过 x 的最大整数.

求这种三角形周长的最小值.

(中国高中数学联合竞赛，2003 年)

解 1 由题设知

$$\frac{3^l}{10^4} - \left[\frac{3^l}{10^4}\right] = \frac{3^m}{10^4} - \left[\frac{3^m}{10^4}\right] = \frac{3^n}{10^4} - \left[\frac{3^n}{10^4}\right]$$

于是

$$3^l \equiv 3^m \equiv 3^n \pmod{10^4}$$

等价于

$$\begin{cases} 3^l \equiv 3^m \equiv 3^n \pmod{2^4} & ① \\ 3^l \equiv 3^m \equiv 3^n \pmod{5^4} & ② \end{cases}$$

第 7 章 高斯函数
Chapter 7 Gaussian Function

由于 $(3,2)=1,(3,5)=1$.
则由 ① 可知
$$3^{l-n} \equiv 3^{m-n} \equiv 1 \pmod{2^4}$$
设 u 是满足
$$3^u \equiv 1 \pmod{2^4}$$
的最小正整数,则对任意满足 $3^v \equiv 1 \pmod{2^4}$ 的正整数 v,有 $u \mid v$.
(事实上,若 $u \nmid v$,则存在非负整数 a 和 b,使得 $v=au+b$,其中 $0<b \leqslant u-1$,从而有
$$3^b \equiv 3^{b+an} \equiv 3^b \equiv 1 \pmod{2^4}$$
这与 u 的最小性矛盾)
注意到 $3 \equiv 3 \pmod{2^4}, 3^2 \equiv 9 \pmod{2^4}, 3^3 \equiv 11 \pmod{2^4}, 3^4 \equiv 1 \pmod{2^4}$
从而可设 $m-n=4k,k$ 为正整数.
同理,可由 ② 推出
$$3^{m-n} \equiv 1 \pmod{5^4}$$
所以有
$$3^{4k} \equiv 1 \pmod{5^4}$$
下面求满足 $3^{4k} \equiv 1 \pmod{5^4}$ 的正整数 k.
因为 $3^{4k}-1=(1+5 \times 2^4)^k - 1 \equiv 0 \pmod{5^4}$,即
$$5k \times 2^4 + \frac{k(k-1)}{2} \times 5^2 \times 2^8 + \frac{k(k-1)(k-2)}{6} \times 5^3 \times 2^{12} \equiv$$
$$5k + 5^2 k[3+(k-1) \times 2^7] +$$
$$\frac{k(k-1)(k-2)}{3} \times 5^3 \times 2^{11} \equiv 0 \pmod{5^4}$$
则有 $k=5t$,代入上式得
$$t + 5t[3+(5t-1) \times 2^7] \equiv 0 \pmod{5^2}$$
所以
$$t \equiv 0 \pmod{5^2}$$
从而 $k=5t=5^3 s$,其中 s 为正整数.
于是 $m-n=500s, s$ 为正整数.
同理可得 $l-n=500r, r$ 为正整数.
由于 $l>m>n$,所以 $r>s$.
于是三角形三边的长为
$$500r+n, 500s+n, n$$
故有
$$n > 500(r-s)$$

因此，当 $r=2, s=1, n=501$ 时，三角形的周长最小，最小值为
$$(1\,000+501)+(500+501)+501=3\,003$$

解2 由于 l, m, n 是三角形三边之长，则
$$m+n>l \qquad ①$$
由已知得
$$3^{l-n} \equiv 3^{m-n} \equiv 3^{l-m} \equiv 1 \pmod{10^4} \qquad ②$$
不妨设 $l-m=s, m-n=t, s, t \in \mathbf{N}^*$，则
$$3^s \equiv 3^t \equiv 1 \pmod{10^4}$$
三角形的周长为
$$c=n+n+t+n+s+t=3n+2t+s$$
设满足 $3^x \equiv 1 \pmod{10^4}$ 的最小整数 $x=k$，有
$$3^k \equiv 1 \pmod{10^4}$$
所以 $s \geqslant k, t \geqslant k$.
由 ① 得
$$n+n+t>n+s+t$$
即
$$n>s$$
所以
$$n \geqslant s+1>k+1$$
$$c \geqslant 3(k+1)+2k+k=6k+3$$
下面求 k 的最小值.
由欧拉定理，因为 $(3, 10^4)=1$，所以
$$3^{\varphi(10^4)} \equiv 1 \pmod{10^4}$$
其中
$$\varphi(10^4)=10^4(1-\frac{1}{2})(1-\frac{1}{5})=4\,000$$
于是
$$k \mid 4\,000$$
由于 3^k 的末位数码是 $3, 9, 7, 1$，则有
$$3^k \equiv 1 \pmod{10^4}, \quad 4 \mid k$$
令 $k=4h$，则
$$3^k=9^{2h}=(10-1)^{2h}=10^{2h}-C_{2n}^{2h-1}10^{2h-1}+\cdots+$$
$$C_{2h}^4 10^4 - C_{2h}^3 10^3 + C_{2h}^2 10^2 - C_{2h}^1 10 + 1$$
所以
$$3^k \equiv -C_{2h}^3 10^3 + C_{2h}^2 10^2 - C_{2h}^1 10 + 1 \equiv 1 \pmod{10^4}$$

第 7 章 高斯函数
Chapter 7 Gaussian Function

即
$$-C_{2h}^3 10^3 + C_{2h}^2 10^2 - C_{2h}^1 10 \equiv 0 \pmod{10^4}$$

于是
$$C_{2h}^2 10^2 \equiv C_{2h}^3 10^3 + C_{2h}^1 10 \pmod{10^4}$$

$$\frac{2h(2h-1)}{2} \times 100 \equiv 2h \cdot 10 + \frac{2h(2h-1)(2h-2)}{3 \times 2} \times 1\,000 \pmod{10^4}$$

即
$$20h[50(2h-1)(2h-2) + 3 - 15h(2h-1)] \equiv 0 \pmod{10^4}$$
$$20h(170h^2 - 285h + 103) \equiv 0 \pmod{10^4}$$

于是
$$h(170h^2 - 285h + 103) \equiv 0 \pmod{500}$$

由于
$$5 \nmid (170h^2 - 285h + 103)$$

所以
$$125 \mid h$$

即
$$h = 125p \quad (p \in \mathbf{N}^*)$$

且
$$p \equiv 1, 0 \pmod 4$$

当 $p \equiv 1 \pmod 4$ 时,$p = 1$ 最小,$h_{\min} = 125$,所以
$$k_{\min} = 4h_{\min} = 500$$

于是,周长 $C_{\min} = 6k + 3 = 3\,003$. 此时
$$\begin{cases} l - m = s = k = 500 \\ m - n = t = k = 500 \\ n = k + 1 = 501 \end{cases}$$

即
$$l = 1\,501, m = 1\,001, n = 501$$

所以,三角形周长的最小值为
$$1\,501 + 1\,001 + 501 = 3\,003$$

解 3 由已知得
$$3^l \equiv 3^m \equiv 3^n \pmod{10^4} \qquad ①$$

① 等价于
$$\begin{cases} 3^l \equiv 3^m \equiv 3^n \pmod{2^4} \\ 3^l \equiv 3^m \equiv 3^n \pmod{5^4} \end{cases}$$

即

最新世界各国数学奥林匹克中的初等数论试题(下)
The Lastest Elementary Number Theory in Mathematical Olympiads in The World

$$\begin{cases} 3^{l-n} \equiv 3^{m-n} \equiv 1 \pmod{2^4} \\ 3^{l-n} \equiv 3^{m-n} \equiv 1 \pmod{5^4} \end{cases}$$

因为 $(3, 2^4) = 1, (3, 5^4) = 1$

由欧拉定理

$$3^{\varphi(2^4)} \equiv 1 \pmod{2^4}$$
$$3^{\varphi(5^4)} \equiv 1 \pmod{5^4}$$

其中 $\varphi(2^4) = 2^4(1 - \frac{1}{2}) = 8, \varphi(5^4) = 5^4(1 - \frac{1}{5}) = 500.$

设 k_1, k_2 是分别使 $3^k \equiv 1 \pmod{2^4}, 3^k \equiv 1 \pmod{5^4}$ 成立的最小正整数,则 $k_1 \mid 8, k_2 \mid 500.$

容易验证 $k_1 = 4$,下面验证 $k_2 = 500.$

k_2 的可能取法为

$$500, 250, 125, 100, 50, 25, 20, 10, 5, 4, 2, 1$$

又

$$3^{k_2} \equiv 1 \pmod{5^4}$$

则

$$3^{k_2} \equiv 1 \pmod{5^2}$$

因为 20 是使 $3^k \equiv 1 \pmod{5^2}$ 的最小正整数,则 $20 \mid k_2$. 这样,k_2 的可能取值为 $500, 100, 20.$

又

$$3^{100} \equiv 126 \pmod{5^4}$$

所以

$$k_2 = 500$$
$$[k_1, k_2] = 500$$

因此

$$500 \mid (l - m)$$
$$500 \mid (m - n)$$

令 $l - n = 500u, m - n = 500v$,且 $u > v$,则

三角形三边长为 $500u + n, 500v + n, n.$

因为

$$(500v + n) + n > 500u + n$$

则

$$500(u - v) < n$$

为使三角形的周长最小,取 $u = 2, v = 1, n = 501.$ 于是三角形的周长为 $3\,003.$

第7章 高斯函数
Chapter 7 Gaussian Function

12 求所有实数 x,满足方程
$$[x^2-2x]+2[x]=[x]^2$$
其中 $[\alpha]$ 表示不超过 α 的最大实数.

(瑞典数学奥林匹克,2004 年)

解 设 $x=y+1$,则原方程化为
$$[y^2-1]+2[y+1]=[y+1]^2$$
即
$$[y^2]-1+2[y]+2=[y]^2+2[y]+1$$
于是
$$[y^2]=[y]^2$$
若 $y\in \mathbf{Z}$,则
$$[y^2]=[y]^2=y^2$$
若 $y\in [n,\sqrt{n^2+1})$,则
$$y^2\in [n^2,n^2+1)$$
从而
$$[y^2]=n^2$$
$$[y]^2=n^2$$
于是
$$y\in \mathbf{Z}\cup [n,\sqrt{n^2+1})$$
$$x\in \mathbf{Z}\cup [n+1,\sqrt{n^2+1}+1) \quad (n\in \mathbf{N})$$

13 已知正整数 c,设数列 $x_1,x_2,\cdots$ 满足 $x_1=c$,且
$$x_n=x_{n-1}+\left[\frac{2x_{n-1}-(n+2)}{n}\right]+1 \quad (n=2,3,\cdots)$$
其中 $[x]$ 表示不大于 x 的最大整数.

求数列 $\{x_n\}$ 的通项公式.

(中国数学奥林匹克,2004 年)

解 显然,当 $n\geqslant 2$ 时
$$x_n=x_{n-1}+\left[\frac{2(x_{n-1}-1)}{n}\right]$$
令 $a_n=x_n-1$,则 $a_1=c-1$.
$$a_n=a_{n-1}+\left[\frac{2a_{n-1}}{n}\right]=\left[\frac{n+2}{n}a_{n-1}\right] \quad (n=2,3,\cdots) \qquad ①$$
设 $u_n=A\cdot\frac{(n+1)(n+2)}{2},n=1,2,\cdots,A$ 为非负整数.

最新世界各国数学奥林匹克中的初等数论试题(下)
The Lastest Elementary Number Theory in Mathematical Olympiads in The World

$$\left[\frac{n+2}{n}u_{n-1}\right] = \left[\frac{n+2}{n} \cdot A \cdot \frac{n(n+1)}{2}\right] =$$

$$\left[A \cdot \frac{n+2}{2n} \cdot n(n+1)\right] =$$

$$A \cdot \frac{(n+1)(n+2)}{2} = u_n$$

所以数列 $\{u_n\}$ 满足式 ①.

设 $y_n = n, n = 1, 2, \cdots$

由于当 $n \geqslant 2$ 时

$$\left[\frac{n+2}{n} \cdot y_{n-1}\right] = \left[\frac{(n+2)(n-1)}{n}\right] = \left[n+1-\frac{2}{n}\right] = n = y_n$$

所以数列 $\{y_n\}$ 也满足式 ①

设 $z_n = \left[\frac{(n+2)^2}{4}\right], n = 1, 2, \cdots$

当 $n = 2m, m \geqslant 1$ 时

$$\left[\frac{n+2}{n} z_{n-1}\right] = \left[\frac{m+1}{m}\left[\frac{(2m+1)^2}{4}\right]\right] = \left[\frac{m+1}{m} \cdot m(m+1)\right] =$$

$$(m+1)^2 = \left[\frac{(n+2)^2}{4}\right] = z_n$$

当 $n = 2m+1, m \geqslant 1$ 时

$$\left[\frac{n+2}{n} \cdot z_{n-1}\right] = \left[\frac{2m+3}{2m+1} \cdot \left[\frac{(2m+2)^2}{4}\right]\right] = \left[\frac{2m+3}{2m+1} \cdot (m+1)^2\right] =$$

$$\left[(m+1)(m+2) + \frac{m+1}{2m+1}\right] =$$

$$(m+1)(m+2) = \left[\frac{(2m+3)^2}{4}\right] =$$

$$\left[\frac{(n+2)^2}{4}\right] = z_n$$

所以数列 $\{z_n\}$ 也满足式 ①.

对任意非负整数 A,令

$$v_n = u_n + y_n = A \cdot \frac{(n+1)(n+2)}{2} + n$$

$$w_n = u_n + z_n = A \cdot \frac{(n+1)(n+2)}{2} + \left[\frac{(n+2)^2}{4}\right] \quad (n = 1, 2, \cdots)$$

显然数列 $\{v_n\}$ 和 $\{w_n\}$ 都满足式 ①.

由于 $u_1 = 3A, y_1 = 1, z_1 = \left[\frac{9}{4}\right] = 2$,所以

当 $3 \mid a_1$ 时,

第 7 章 高斯函数
Chapter 7 Gaussian Function

$$a_n = \frac{a_1}{6}(n+1)(n+2)$$

当 $a_1 \equiv 1 \pmod{3}$ 时

$$a_n = \frac{a_1-1}{6}(n+1)(n+2) + n$$

当 $a_1 \equiv 2 \pmod{3}$ 时

$$a_n = \frac{a_1-2}{6}(n+1)(n+2) + \left[\frac{(n+2)^2}{4}\right]$$

综上,并由 $x_n = a_n + 1, x_1 = a_1 + 1 = c, a_1 = c-1$,可得
当 $c \equiv 1 \pmod{3}$ 时

$$x_n = \frac{c-1}{6}(n+1)(n+2) + 1$$

当 $c \equiv 2 \pmod{3}$ 时

$$x_n = \frac{c-2}{6}(n+1)(n+2) + n + 1$$

当 $c \equiv 0 \pmod{3}$ 时

$$x_n = \frac{c-3}{6}(n+1)(n+2) + \left[\frac{(n+2)^2}{4}\right] + 1$$

14 对于整数 $n(n \geqslant 4)$,求出最小的整数 $f(n)$,使得对于任何正整数 m,集合 $\{m, m+1, \cdots, m+n-1\}$ 的任一个 $f(n)$ 元子集,均有至少 3 个两两互质的元素.

(中国高中数学联合竞赛,2004 年)

解 1 当 $n \geqslant 4$ 时,对集合 $M = \{m, m+1, m+2, \cdots, m+n-1\}$.
若 $2 \mid m$,则 $m+1, m+2, m+3$ 两两互质;
若 $2 \nmid m$,则 $m, m+1, m+2$ 两两互质.
于是,M 的所有 n 元子集中,均有至少 3 个两两互质的元素.
因此 $f(n)$ 存在,且 $f(n) \leqslant n$.
设 $T_n = \{t \mid t \leqslant n+1, \text{且 } 2 \mid t \text{ 或 } 3 \mid t\}$
则 T 为 $\{2, 3, \cdots, n+1\}$ 的一个子集,但 T_n 中任何三个元素都不能两两互质.
因此 $f(n) \geqslant \mid T_n \mid + 1$
由容斥原理可知

$$\mid T_n \mid = \left[\frac{n+1}{2}\right] + \left[\frac{n+1}{3}\right] - \left[\frac{n+1}{6}\right]$$

所以

最新世界各国数学奥林匹克中的初等数论试题（下）
The Lastest Elementary Number Theory in Mathematical Olympiads in The World

$$f(n) \geq \left[\frac{n+1}{2}\right] + \left[\frac{n+1}{3}\right] - \left[\frac{n+1}{6}\right] + 1 \qquad ①$$

因此

$$f(4) \geq \left[\frac{5}{2}\right] + \left[\frac{5}{3}\right] - \left[\frac{5}{6}\right] + 1 = 4$$

$$f(5) \geq \left[\frac{6}{2}\right] + \left[\frac{6}{3}\right] - \left[\frac{6}{6}\right] + 1 = 5$$

$$f(6) \geq \left[\frac{7}{2}\right] + \left[\frac{7}{3}\right] - \left[\frac{7}{6}\right] + 1 = 5$$

$$f(7) \geq \left[\frac{8}{2}\right] + \left[\frac{8}{3}\right] - \left[\frac{8}{6}\right] + 1 = 6$$

$$f(8) \geq \left[\frac{9}{2}\right] + \left[\frac{9}{3}\right] - \left[\frac{9}{6}\right] + 1 = 7$$

$$f(9) \geq \left[\frac{10}{2}\right] + \left[\frac{10}{3}\right] - \left[\frac{10}{6}\right] + 1 = 8$$

下面证明 $f(6) = 5$.

注 x_1, x_2, x_3, x_4, x_5 为 $\{m, m+1, \cdots, m+5\}$ 中的 5 个数.

若这 5 个数中有 3 个奇数,则它们两两互质,若有 2 个奇数,则必有 3 个偶数,不妨设 x_1, x_2, x_3 为偶数,x_4, x_5 为奇数.

当 $1 \leq i < j \leq 3$ 时,$|x_i - x_j| \in \{2, 4\}$,所以 x_1, x_2, x_3 中至多 1 个被 3 整除,至多 1 个被 5 整除,从而至少有 1 个既不能被 3 整除也不能被 5 整除.

不妨设 $3 \nmid x_3, 5 \nmid x_3$,则 x_3, x_4, x_5 两两互质.

所以这 5 个数中有 3 个两两互质,即 $f(6) = 5$.

又由 $\{m, m+1, \cdots, m+n\} = \{m, m+1, \cdots, m+n-1\} \cup \{m+n\}$. 可知
$$f(n+1) \leq f(n) + 1$$

因为 $f(6) = 5$,所以

$$f(4) = 4$$
$$f(5) = 5$$
$$f(7) = 6$$
$$f(8) = 7$$
$$f(9) = 8$$

因此,当 $4 \leq n \leq 9$ 时

$$f(n) = \left[\frac{n+1}{2}\right] + \left[\frac{n+1}{3}\right] - \left[\frac{n+1}{6}\right] + 1 \qquad ②$$

对 n 用数学归纳法证明 ② 成立.

假设 $n \leq k(k \geq 9)$ 时式 ② 成立.

当 $n = k+1$ 时,由于

第 7 章 高斯函数
Chapter 7 Gaussian Function

$$\{m, m+1, \cdots, m+k\} = \{m, m+1, \cdots, m+k-6\} \cup$$
$$\{m+k-5, m+k-9, \cdots, m+k\}$$

由归纳假设,$n=6, n=k-5$ 时,式 ② 成立,所以
$$f(k+1) \leqslant f(k-5) + f(6) - 1 =$$
$$\left[\frac{k+2}{2}\right] + \left[\frac{k+2}{3}\right] - \left[\frac{k+2}{6}\right] + 1 \quad ③$$

由 ①,③ 知,对于 $n=k+1$ 时,式 ② 成立.
所以,对于任意 $n \geqslant 4$
$$f(n) = \left[\frac{n+1}{2}\right] + \left[\frac{n+1}{3}\right] - \left[\frac{n+1}{6}\right] + 1$$

解 2 首先证明
$$f(n+p) \leqslant f(n) + f(p) - 1 \quad (n \geqslant 4, p \geqslant 4) \quad ①$$
记
$$U = \{m, m+1, \cdots, m+n+p-1\}$$
$$E = \{m, m+1, \cdots, m+p-1\}$$
$$F = \{m+p, m+p+1, \cdots, m+p+n-1\}$$
则
$$U = E \cup F, \quad E \cap F = \varnothing$$

对于集合 U 的任一个含有 $f(n)+f(p)-1$ 个元素的子集,至少含集合 E 中 $f(n)$ 个元素或至少含集合 $f(p)$ 个元素,由 $f(n)$ 的定义可得,$f(n)+f(p)-1$ 个元素至少有 3 个两两互质的元素. 故
$$f(n+p) \leqslant f(n) + f(p) - 1$$

再证明:
$$f(n) \geqslant \left[\frac{n+1}{2}\right] + \left[\frac{n-2}{6}\right] + 2 \quad ②$$

设 $A = \{\text{集合 } U \text{ 中的偶数}\}$
$B = \{\text{集合 } U \text{ 中能被 3 整除的奇数}\}$
易知集合 $A \cup B$ 中,不存在 3 个元素,两两互质.

当 n 为偶数时,$|A| = \frac{n}{2}$,且存在 m 使 $|B| = \left[\frac{n-2}{6}\right] + 1$;

当 n 为奇数时,取 m 为偶数,则有 $|A| = \frac{n+1}{2}$,$|B| = \left[\frac{n-2}{6}\right] + 1$.

所以,对于任意整数 $n \geqslant 4$,总存在 m,使得
$$|A| + |B| = \left[\frac{n+1}{2}\right] + \left[\frac{n-2}{6}\right] + 1$$

从而 $f(n) > |A| + |B|$,即有

最新世界各国数学奥林匹克中的初等数论试题(下)
The Lastest Elementary Number Theory in Mathematical Olympiads in The World

$$f(n) \geqslant \left[\frac{n+1}{2}\right] + \left[\frac{n-2}{6}\right] + 2$$

最后证明

$$f(n) = \left[\frac{n+1}{2}\right] + \left[\frac{n-2}{6}\right] + 2$$

用数学归纳法

易得

$$f(4) = 4$$
$$f(5) = 5$$
$$f(6) = 5$$
$$f(7) = 6$$

由式①,② 可得

$$f(8) = 7$$
$$f(9) = 8$$

由 ② 得

$$f(10) \geqslant 8$$

由 ① 得

$$f(10) \leqslant f(4) + f(6) - 1 = 8$$

所以

$$f(10) = 8$$

因此当 $4 \leqslant n \leqslant 10$ 时

$$f(n) = \left[\frac{n+1}{2}\right] + \left[\frac{n-2}{6}\right] + 2$$

成立.

由归纳假设及式①（因为 $k \geqslant 10$,且 $k+1-6 \geqslant 4$）

$$\left[\frac{(k+1)+1}{2}\right] + \left[\frac{(k+1)-2}{6}\right] + 2 =$$

$$\left[\frac{(k+1-6)+1}{2} + 3\right] + \left[\frac{(k+1-6)-2}{6} + 1\right] + 2 =$$

$$\left[\frac{(k+1-6)+1}{2}\right] + 3 + \left[\frac{(k+1-6)-2}{6}\right] + 1 + 2 =$$

$$f(k+1-6) + f(6) - 1 \geqslant$$
$$f(k+1)$$

由式 ②

$$f(k+1) \geqslant \left[\frac{(k+1)+1}{2}\right] + \left[\frac{(k+1)-2}{6}\right] + 2$$

所以

第 7 章 高斯函数
Chapter 7 Gaussian Function

$$f(k+1) = \left[\frac{(k+1)+1}{2}\right] + \left[\frac{(k+1)-2}{6}\right] + 2$$

即 $k+1$ 时结论成立.

综上所述,

$$f(n) = \left[\frac{n+1}{2}\right] + \left[\frac{n-2}{2}\right] + 2 \quad (n \geqslant 4)$$

(注：此结论与 $f(n) = \left[\frac{n+1}{2}\right] + \left[\frac{n+1}{3}\right] - \left[\frac{n+1}{6}\right] + 1$ 是一致的)

解 3 令

$$g(n) = \left[\frac{n+1}{2}\right] + \left[\frac{n+1}{3}\right] - \left[\frac{n+1}{6}\right] + 1$$

我们证明所求的最小的 $f(n)$ 为 $g(n)$.

(1) 取 $m=2$,则在集合 $S=\{2,3,\cdots,n+1\}$ 中,能被 2 整除的元素有 $\left[\frac{n+1}{2}\right]$ 个,能被 3 整除的元素有 $\left[\frac{n+1}{3}\right]$ 个,既能被 2 整除又能被 3 整除的元素有 $\left[\frac{n+1}{6}\right]$ 个,于是 S 中能被 2 或能被 3 整除的元素有

$$\left[\frac{n+1}{2}\right] + \left[\frac{n+1}{3}\right] - \left[\frac{n+1}{6}\right] (\text{个})$$

显然,这些数中的任意 3 个数不能两两互质,所以

$$f(n) \geqslant \left[\frac{n+1}{2}\right] + \left[\frac{n+1}{3}\right] - \left[\frac{n+1}{6}\right] + 1 = g(n)$$

首先,我们把质数从小到大依次排列为 $p_1, p_2, p_3, \cdots (p_1=2, p_2=3)$.

其次,对于任意的正整数 $m(m \geqslant 2)$,把集合 $\{m, m+1, \cdots, m+n-1\}$ 分类：

能被 $p_1=2$ 整除的数为第 1 类,其集合记为 A_1；

不能被 p_1 整除,但能被 p_2 整除的数为第 2 类,其集合记为 A_2；

不能被 p_1, p_2 整除,但能被 p_3 整除的数为第 3 类,其集合记为 A_3；

一般地,不能被 $p_1, p_2, \cdots, p_i$ 整除,但能被 p_{i+1} 整除的数为第 $i+1$ 类,其集合记为 A_{i+1}.

注意到 $|A_1| \geqslant |A_2| \geqslant |A_3| \geqslant \cdots$,于是,对任意 $i \neq j$,有

$$|A_i \cup A_j| \leqslant |A_i| + |A_j| \leqslant |A_1| + |A_2| \leqslant$$

$$\left[\frac{n+1}{2}\right] + \left[\frac{n+1}{3}\right] - \left[\frac{n+1}{6}\right]$$

因此,从 $\{m, m+1, \cdots, m+n-1\}$ 中取出 $g(n)$ 个元素,必有 3 个元素属于 3 个不同的集合 A_i, A_j, A_k,显然这 3 个元素两两互质.

(2) 对 $m=1$. 把集合 $\{1, 2, 3, \cdots, n\}$ 中元素,除 1 之外,按上述方法分类,注意到 1 与任何正整数都互质,所以也可证明结论成立.

综上所述，又有
$$f(n) \leqslant \left[\frac{n+1}{2}\right] + \left[\frac{n+1}{3}\right] - \left[\frac{n+1}{6}\right] + 1 = g(n)$$

因此，所求最小值为
$$f(n) = \left[\frac{n+1}{2}\right] + \left[\frac{n+1}{3}\right] - \left[\frac{n+1}{6}\right] + 1$$

15 设 m,n 是互质的正整数，且 m 为偶数，n 为奇数，证明：和
$$\frac{1}{2n} + \sum_{k=1}^{n-1}(-1)^{\left[\frac{mk}{n}\right]}\left\{\frac{mk}{n}\right\}$$
不依赖于 m,n.

（罗马尼亚参加国际数学奥林匹克和巴尔干数学奥林匹克选拔赛，2005 年）

证 设 $S = \sum_{k=1}^{n-1}(-1)^{\left[\frac{mk}{n}\right]}\left\{\frac{mk}{n}\right\}$.

对 $k \in \{1,2,\cdots,n-1\}$，记 $mk = n\left[\frac{mk}{n}\right] + r_k$，其中 $r_k \in \{1,2,\cdots,n-1\}$.

由于 $(m,n)=1$，则可以导出下面的结论：

(1) r_k 互不相同，于是 $\{r_1,r_2,\cdots,r_{n-1}\} = \{1,2,\cdots,n-1\}$.

(2) $\left\{\frac{mk}{n}\right\} = \frac{r_n}{n}$ $(k=1,2,\cdots,n-1)$.

(3) 由于 m 是偶数，n 是奇数，则 $\left[\frac{mk}{n}\right] \equiv r_k \pmod{2}$. 从而有
$$(-1)^{\left[\frac{mk}{n}\right]} = (-1)^{r_k} \quad (k=1,2,\cdots,n-1)$$

因此
$$S = \frac{1}{n}\sum_{k=1}^{n-1}(-1)^{r_k}r_k =$$
$$\frac{1}{n}\sum_{k=1}^{n-1}(-1)^{k}k =$$
$$\frac{1}{n}[-1+2-3+\cdots+(n-1)] =$$
$$\frac{1}{n} \cdot \frac{n-1}{2} =$$
$$\frac{1}{2} - \frac{1}{2n}$$

所以
$$\frac{1}{2n} + S = \frac{1}{2}$$

第7章 高斯函数
Chapter 7 Gaussian Function

16 设$[x]$表示不超过实数x的最大整数,求集合
$$\{n \mid n = [\frac{k^2}{2\,005}], 1 \leqslant k \leqslant 2\,004, k \in \mathbf{N}\}$$
的元素的个数.

(中国上海市高中数学竞赛,2005年)

解 由$\frac{(k+1)^2}{2\,005} - \frac{k^2}{2\,005} = \frac{2k+1}{2\,005} \leqslant 1$解得$k \leqslant 1\,002$.

当$k = 1, 2, \cdots, 1\,002$时,有
$$[\frac{(k+1)^2}{2\,005}] = [\frac{k^2}{2\,005}]$$
或
$$[\frac{(k+1)^2}{2\,005}] = [\frac{k^2}{2\,005}] + 1$$

因为
$$[\frac{1\,002^2}{2\,005}] = 500$$
$$[\frac{1^2}{2\,005}] = 0$$

所以当$k = 1, 2, \cdots, 1\,002$时,$[\frac{k^2}{2\,005}]$能遍取$0, 1, \cdots, 500$.

另外,当$k = 1\,003, 1\,004, \cdots, 2\,004$时

因为
$$\frac{(k+1)^2}{2\,005} - \frac{k^2}{2\,005} > 1$$

所以
$$[\frac{k+1}{2\,005}]^2 \geqslant [\frac{k^2}{2\,005}] + 1$$

于是$[\frac{1\,003^2}{2\,005}], [\frac{1\,004^2}{2\,005}], \cdots, [\frac{2\,004^2}{2\,005}]$这1 002个数各不相同,

又
$$[\frac{1\,003^2}{2\,005}] = 501 > [\frac{1\,002^2}{2\,005}]$$

所以集合$\{n \mid n = [\frac{k^2}{2\,005}], 1 \leqslant k \leqslant 2\,004, k \in \mathbf{N}\}$共有
$$501 + 1\,002 = 1\,053$$
个元素.

17 求所有正整数m, n,使得不等式

最新世界各国数学奥林匹克中的初等数论试题(下)

The Lastest Elementary Number Theory in Mathematical Olympiads in The World

$$[(m+n)\alpha] + [(m+n)\beta] \geqslant [m\alpha] + [m\beta] + [n(\alpha+\beta)] \quad ①$$

对任意实数 α,β 都成立. 这里 $[x]$ 表示实数 x 的整数部分.

(中国国家集训队测试,2005 年)

解 答案 $m=n$.

若 $m=n$,则式 ① 化为

$$[2m\alpha] + [2m\beta] \geqslant [m\alpha] + [m\beta] + [m(\alpha+\beta)] \quad ②$$

令 $x=m\alpha$, $y=m\beta$,则式 ② 化为

$$[2x] + [2y] \geqslant [x] + [y] + [x+y]$$

即

$$[2\{x\}] + [2\{y\}] \geqslant [\{x\} + \{y\}]$$

不妨设 $x \geqslant y$,则

$$[2\{x\}] + [2\{y\}] \geqslant [2\{x\}] \geqslant [\{x\} + \{y\}]$$

从而式 ② 成立,即式 ① 成立.

设式 ① 对所有 α,β 都成立. 取 $\alpha = \beta = \dfrac{1}{m+n+1}$,则

$$\left[\frac{m+n}{m+n+1}\right] + \left[\frac{m+n}{m+n+1}\right] \geqslant \left[\frac{m}{m+n+1}\right] + \left[\frac{m}{m+n+1}\right] + \left[\frac{2n}{m+n+1}\right]$$

于是

$$\left[\frac{2n}{m+n+1}\right] \leqslant 0$$

故

$$2n < m+n+1$$

即

$$n \leqslant m$$

另一方面,设 $d = (m,n)$,由裴蜀等式,可取 x,y 为非负整数,满足 $nx = my + m - d$.

在 ① 中取 $\alpha = \beta = \dfrac{x}{m}$,则

$$2\left[\frac{xn}{m}\right] \geqslant \left[\frac{2xn}{m}\right]$$

从而

$$2\left\{\frac{xn}{m}\right\} \leqslant \left\{\frac{2xn}{m}\right\} < 1$$

故有

$$\left\{\frac{xn}{m}\right\} < \frac{1}{2}$$

即有

第 7 章 高斯函数
Chapter 7 Gaussian Function

$$\{\frac{my+m-d}{m}\} < \frac{1}{2}$$

即

$$\{\frac{m-d}{m}+y\} < \frac{1}{2}$$

$$\{\frac{m-d}{m}\} < \frac{1}{2}$$

于是 $m < 2d$

因为 $d \mid m$,从而 $m = d$(设 $m = dq$,由 $dq < 2q$ 得 $q < 2$,即 $q = 1$,于是 $m = d$).

故 $m \mid n$,所以

$$m \leqslant n$$

又由上面已证 $n \leqslant m$

则 $m = n$.

18 已知方程 $\{x\{x\}\} = \alpha, \alpha \in (0,1)$.

(1) 证明:当且仅当 $m, p, q \in \mathbf{Z}, 0 < p < q, (p, q) = 1, \alpha = (\frac{p}{q})^2 + \frac{m}{q}$ 时,方程有有理数解;

(2) 当 $\alpha = \frac{2\,004}{2\,005^2}$ 时,求方程的一个解.

(罗马尼亚数学奥林匹克决赛,2005 年)

解 设 x 为所给方程的一个有理数解,则设

$$[x] = n, \quad \{x\} = \frac{p}{q}$$

其中 $0 < p < q, (p, q) = 1$

设 $[x\{x\}] = k$,则有

$$\alpha = (n + \frac{p}{q})\frac{p}{q} - k = (\frac{p}{q})^2 + \frac{m}{q}$$

这里,$m = np - kq$.

反之,设 $\alpha = (\frac{p}{q})^2 + \frac{m}{q}$

因为 $(p, q) = 1$.则存在整数 a, b,使 $1 = ap - bq$ 成立.

于是

$$\alpha = \frac{p^2 + mq}{q^2} = \frac{p^2 + mq(ap - bq)}{q^2} =$$

$$\frac{mapq + p^2 - bmq^2}{q^2} =$$

$$\left(ma + \frac{p}{q}\right) \cdot \frac{p}{q} - mb$$

因此
$$x = ma + \frac{p}{q}$$

即方程有一个有理数解 $x = ma + \frac{p}{q}$.

(2) 寻找整数 p, m, 使
$$\alpha = \frac{2\,004}{2\,005^2} = \left(\frac{p}{2\,005}\right)^2 + \frac{m}{2\,005}$$

其中, $0 < p < 2\,005$, 且 $(p, 2\,005) = 1$.

该等式等价于
$$p^2 + 1 = 2\,005(1 - m)$$

因为 $2\,005 = 401 \times 5$, 于是有
$$p^2 \equiv -1 \pmod{5}$$
$$p^2 \equiv -1 \pmod{401}$$

因为
$$20^2 \equiv -1 \pmod{401}$$

所以有 $p = 401n + 20$ 时, $p^2 \equiv -1 \pmod{401}$ 成立.

又
$$n^2 \equiv -1 \pmod{5}$$

则 $n = 2, p = 822$ 满足要求.

所以
$$x = 336 \times 822 + \frac{822}{2\,005}$$

19 对每个正整数 n, 定义函数
$$f(n) = \begin{cases} 0, & \text{当 } n \text{ 为平方数} \\ \left[\dfrac{1}{\{\sqrt{n}\}}\right], & \text{当 } n \text{ 不为平方数} \end{cases}$$

其中 $[x]$ 表示不超过 x 的最大整数, $\{x\} = x - [x]$, 试求 $\sum_{k=1}^{240} f(k)$ 的值.

(中国高中数学联合竞赛, 2005 年)

解 1 对正整数 a, k, 若 a 不是完全平方数, 若有 $k^2 < a < (k+1)^2$, 则有
$$1 \leqslant a - k^2 \leqslant 2k$$

设 $\sqrt{a} = k + \theta, 0 < \theta < 1$, 则

第 7 章 高斯函数
Chapter 7 Gaussian Function

$$\frac{1}{\{\sqrt{a}\}} = \frac{1}{\theta} = \frac{1}{\sqrt{a}-k} = \frac{\sqrt{a}+k}{a-k^2} = \frac{2k+\theta}{a-k^2} < \frac{2k}{a-k^2}+1$$

所以

$$\left[\frac{1}{\{\sqrt{a}\}}\right] = \left[\frac{2k}{a-k^2}\right]$$

让 a 取遍区间 $(k^2, (k+1)^2)$ 中的所有整数,则

$$\sum_{k^2<a<(k+1)^2} \left[\frac{1}{\{\sqrt{a}\}}\right] = \sum_{i=1}^{2k}\left[\frac{2k}{i}\right]$$

于是

$$\sum_{a=1}^{(n+1)^2} f(a) = \sum_{k=1}^{n}\sum_{i=1}^{2k}\left[\frac{2k}{i}\right] \qquad ①$$

下面计算 $\sum_{i=1}^{2k}\left[\frac{2k}{i}\right]$

画一张 $2k \times 2k$ 的表,第 i 行中,凡是 i 的倍数处填写"*"号,则这行共有 $\left[\frac{2k}{i}\right]$ 个"*"号. 全表的"*"号共有 $\sum_{i=1}^{2k}\left[\frac{2k}{i}\right]$ 个,另一方面按列统计"*"号数,在第 j 列中,若数 j 有 $T(j)$ 个正约数,则该列就有 $T(j)$ 个"*"号,故全表的"*"号数共有 $\sum_{j=1}^{2k} T(j)$ 个,因此有

$$\sum_{i=1}^{2k}\left[\frac{2k}{i}\right] = \sum_{j=1}^{2k} T(j)$$

以 $k=3$ 为例,研究下表,注意到 6 是 2 的倍数,也是 2 的约数的倍数,同样 6 是 3 的倍数,也是 6 的 3 的约数的倍数等等.

$i \diagdown j$	1	2	3	4	5	6
1	*	*	*	*	*	*
2		*		*		*
3			*			*
4				*		
5					*	
6						*

则

$$\sum_{a=1}^{(n+1)^2} f(a) = \sum_{k=1}^{n}\sum_{j=1}^{2n} T(j) =$$

最新世界各国数学奥林匹克中的初等数论试题(下)

The Lastest Elementary Number Theory in Mathematical Olympiads in The World

$$n[T(1)+T(2)]+(n-1)[T(3)+T(4)]+\cdots+[T(2n-1)+T(2n)] \quad ②$$

由此

$$\sum_{k=1}^{16^2}f(k)=\sum_{k=1}^{15}(16-k)[T(2k-1)+T(2k)] \quad ③$$

记 $a_k=T(2k-1)+T(2k), k=1,2,\cdots,15.$ 则

k	1	2	3	4	5	6	7	8	9	10	11	12	13	14	15
a_k	3	5	6	6	7	8	6	9	8	8	8	10	7	10	10

因此

$$\sum_{k=1}^{256}f(k)=\sum_{k=1}^{15}(16-k)a_k=783 \quad ④$$

因为

$$f(256)=f(16^2)=0$$

又当 $k\in\{241,242,\cdots,255\}$ 时,$k=15^2+r, 16\leqslant r\leqslant 30.$

则

$$\sqrt{k}-15=\sqrt{15^2+r}-15=\frac{r}{\sqrt{15^2+r}+15}$$

$$\frac{r}{31}<\frac{1}{\sqrt{15^2+r}+15}<\frac{r}{30}$$

所以

$$1\leqslant\frac{30}{r}<\frac{1}{\{\sqrt{15^2+r}\}}<\frac{31}{r}<2$$

所以

$$\left[\frac{1}{\{\sqrt{k}\}}\right]=1, k\in\{241,242,\cdots,255\} \quad ⑤$$

从而

$$\sum_{k=241}^{256}f(k)=15$$

即

$$\sum_{k=1}^{240}f(k)=783-15=768$$

解2 若 k 不是完全平方数,则存在 $a\in\mathbf{N}$,使得 $a^2<k<(a+1)^2$,则 $a<\sqrt{k}<a+1$,即

$$\{\sqrt{k}\}=\sqrt{k}-a$$

第7章 高斯函数
Chapter 7   Gaussian Function

$$[\frac{1}{\{\sqrt{k}\}}] = [\frac{1}{\sqrt{k}-a}] = [\frac{\sqrt{k}+a}{k-a^2}]$$

所以

$$\sum_{k=1}^{240} f(k) = 15 \times 0 + \sum_{k=2}^{3}[\frac{\sqrt{k}+1}{k-1}] + \sum_{k=5}^{8}[\frac{\sqrt{k}+2}{k-4}] +$$

$$\sum_{k=10}^{15}[\frac{\sqrt{k}+3}{k-9}] + \sum_{k=17}^{24}[\frac{\sqrt{k}+4}{k-16}] + \cdots +$$

$$\sum_{k=197}^{224}[\frac{\sqrt{k}+14}{k-196}] + \sum_{k=226}^{240}[\frac{\sqrt{k}+15}{k-225}] =$$

$0 + (2+1) + (4+2+1+1) + (6+3+2+1\times 3) +$
$(8+4+2+2+1\times 4) + (10+5+3+2+2+1\times 5) +$
$(12+6+4+3+2+2+1\times 6) +$
$(14+7+4+3+2+2+2+1\times 7) +$
$(16+8+5+4+3+2+2+2+1\times 8) +$
$(18+9+6+4+3+3+2+2+2+1\times 9) +$
$(20+10+6+5+4+3+2+2+2+2+1\times 10) +$
$(22+11+7+5+4+3+3+2+2+2+2+1\times 11) +$
$(24+12+8+6+4+4+3+3+2+2+2+2+1\times 12) +$
$(26+13+8+6+5+4+3+3+2+2+2+2+2+1\times 13) +$
$(28+14+9+7+5+4+4+3+3+2+2+2+2+1\times 14) +$
$(30+15+10+7+6+5+4+3+3+3+2+2+2+2+2) =$
768

20 设 n 是任意给定的正整数,x 是正实数,证明:

$$\sum_{k=1}^{n}(x[\frac{k}{x}] - (x+1)[\frac{k}{x+1}]) \leqslant n$$

其中 $[\alpha]$ 表示不超过实数 α 的最大整数.

(中国国家集训队选拔考试,2005 年)

证 首先证明一个引理.

引理 对任意大于零的实数 α,β,有整数 u 及实数 v,使得

$$\alpha = \beta u + v, \quad 0 \leqslant v < \beta \qquad ①$$

且 u 及 v 唯一确定.

引理的证明:取 $u = [\frac{\alpha}{\beta}]$ 及 $v = \alpha - \beta[\frac{\alpha}{\beta}]$,则 $0 \leqslant v < \beta$.

此外,若另有整数 u' 及实数 $v'(0 \leqslant v' < \beta)$,满足

$$\alpha = \beta u' + v', \quad 0 \leqslant v' < \beta \qquad ②$$

①－② 得
$$\beta(u-u') = v' - v \qquad ③$$
式 ③ 左边的绝对值或为 0，或 $\geqslant \beta$，而右边绝对值 $< \beta$.
故必有
$$u = u', \quad v = v'$$
唯一性得证.

下面证明原题.

由引理知，对任意的 $k = 1, 2, \cdots, n$，有
$$k = a_k x + b_k = c_k(x+1) + d_k \qquad ④$$
其中 $a_k = \left[\dfrac{k}{x}\right], c_k = \left[\dfrac{k}{x+1}\right], 0 \leqslant b_k < x, 0 \leqslant d_k < x+1$

记所证不等式的左边为 S，则
$$S = \sum_{k=1}^{n}[a_k x - c_k(x+1)] =$$
$$\sum_{k=1}^{n}[(k-b_k) - (k-d_k)] =$$
$$\sum_{k=1}^{n} d_k - \sum_{k=1}^{n} b_k \qquad ⑤$$

记集合 $I = \{1 \leqslant k \leqslant n \mid d_k > 1\}, f(k) = k - c_k - 1$.

因为当 $k \in I$ 时，有
$$k = c_k(x+1) + d_k > c_k + 1$$
故
$$0 < f(k) < n$$
所以，f 是集合 I 到集合 $\{1, 2, \cdots, n\}$ 的一个映射.

我们证明 f 必是单射.

事实上，若有 $k, l \in I (k \neq l)$，使 $f(k) = f(l)$，则
$$k - l = c_k - c_l$$
由式 ④
$$(c_k - c_l)x = d_k - d_l \qquad ⑥$$
另一方面，因为 $k, l \in I$，可知 $d_k, d_l \in (1, x+1)$. 故 $|d_k - d_l| < |x|$.
但
$$|c_k - c_l||x| = |k-l| \cdot |x| \geqslant |x|$$
与式 ⑥ 矛盾.

此外，由 $k = c_k(k+1) + d_k$，易知
$$f(k) = c_n x + (d_k - 1)$$
因为当 $k \in I$ 时，有 $0 < d_k - 1 < x$. 由引理中的唯一性知

第 7 章 高斯函数
Chapter 7 Gaussian Function

$$c_k = a_{f(k)}, \quad d_k - 1 = b_{f(k)}$$

因此,由式 ⑤ 可知(对所有 $k, b_k \geqslant 0$)

$$S = \sum_{k \in I} d_k + \sum_{k \notin I} d_k - \sum_{k=1}^n b_k \leqslant$$
$$\sum_{k \in I}(d_k - b_{f(k)}) + \sum_{k \notin I} d_k =$$
$$\sum_{l \in I} 1 + \sum_{k \notin I} d_k \leqslant$$
$$|I| + (n - |I|) = n$$

21 已知 a, b 是互质的正整数,满足 $a + b = 2\,005$,用 $[x]$ 表示数 x 的整数部分,并记

$$A = \left[\frac{2\,005 \times 1}{a}\right] + \left[\frac{2\,005 \times 2}{a}\right] + \cdots + \left[\frac{2\,005 \times a}{a}\right]$$

$$B = \left[\frac{2\,005 \times 1}{b}\right] + \left[\frac{2\,005 \times 2}{b}\right] + \cdots + \left[\frac{2\,005 \times b}{b}\right]$$

试求 $A + B$ 的值.

(全国初中数学联合竞赛(D 卷),2005 年)

解 易见,A, B 的最后一项都等于 $2\,005$.

由 $(a, b) = 1, a + b = 2\,005$,所以有

$$(a, 2\,005) = 1, \quad (b, 2\,005) = 1$$

因此,对于 $1 \leqslant m \leqslant a - 1, 1 \leqslant n \leqslant b - 1, \dfrac{2\,005m}{a}$ 和 $\dfrac{2\,005n}{b}$ 都不是整数,且不相等.

这是因为若有 $\dfrac{2\,005m}{a} = \dfrac{2\,005n}{b}$,就有 $\dfrac{a}{b} = \dfrac{m}{n}$,而 $1 \leqslant m \leqslant a - 1, 1 \leqslant n \leqslant b - 1$,这就与 $(a, b) = 1$ 矛盾.

我们将数轴上一组长度为 1 的如下区间

$$(1, 2), (2, 3), \cdots, (2\,002, 2\,003), (2\,003, 2\,004)$$

中的每一个区间都称为"单位区间".

事实上,如果有这样的两个分数属于同一单位区间 $(k, k+1)$. 不妨设

$$k < \frac{2\,005m}{a} < \frac{2\,005n}{b} < k+1$$

则有

$$2\,005m > ka, \quad 2\,005n > kb \qquad \qquad ①$$

及

$$2\,005m < (k+1)a, \quad 2\,005n < (k+1)b \qquad \qquad ②$$

最新世界各国数学奥林匹克中的初等数论试题（下）
The Lastest Elementary Number Theory in Mathematical Olympiads in The World

由 ① 中两式相加得
$$2\,005(m+n) > k(a+b) = k \times 2\,005$$
即
$$m+n > k$$
由 ② 中两式相加又可得
$$m+n < k+1$$
于是有
$$k < m+n < k+1$$
由于 $m+n$ 是整数，k 与 $k+1$ 也是整数，则上式不可能成立．

这样，$\dfrac{2\,005m}{a}$ 和 $\dfrac{2\,005n}{b}$ 分属于不同的单位区间．

于是
$$\frac{2\,005 \times 1}{a}, \frac{2\,005 \times 2}{a}, \cdots, \frac{2\,005 \times (a-1)}{a}$$
与
$$\frac{2\,005 \times 1}{b}, \frac{2\,005 \times 2}{b}, \cdots, \frac{2\,005 \times (b-1)}{b}$$

共 $a+b-2=2\,003$ 个数，分别属于 $(1,2),(2,3),\cdots,(2\,003,2\,004)$ 这 $2\,003$ 个区间，即每个区间有一个数．

于是由 $x \in (k, k+1)$ 时，$[x]=k$ 可得
$$A+B = (1+2+3+\cdots+2\,003)+2\,005+2\,005 =$$
$$\frac{2\,003 \times 2\,004}{2} + 4\,010 =$$
$$2\,011\,016$$

22 给定一个非负整数 n 和一个正质数 $p \equiv 7 \pmod{8}$．证明：
$$\sum_{k=1}^{p-1}\left\{\frac{k^{2^n}}{p}+\frac{1}{2}\right\} = \frac{p-1}{2}$$

（罗马尼亚参加国际数学奥林匹克和巴尔干数学奥林匹克选拔赛，2005 年）

解 当 $n=0$ 时，结论成立．

当 $n \geqslant 1$ 时，和式可化为
$$\sum_{k=1}^{p-1}\left\{\frac{k^{2^n}}{p}+\frac{1}{2}\right\} = 2\sum_{k=1}^{\frac{p-1}{2}}\left\{\frac{k^{2^n}}{p}+\frac{1}{2}\right\} =$$
$$2\left(\sum_{k=1}^{\frac{p-1}{2}}\left(\frac{k^{2^n}}{p}+\frac{1}{2}\right) - \sum_{k=1}^{\frac{p-1}{2}}\left[\frac{k^{2^n}}{p}+\frac{1}{2}\right]\right) =$$

第 7 章 高斯函数
Chapter 7 Gaussian Function

$$\frac{p-1}{2}+2(\frac{1}{p}\sum_{k=1}^{\frac{p-1}{2}}k^{2^n}-\sum_{k=1}^{\frac{p-1}{2}}[\frac{k^{2^n}}{p}+\frac{1}{2}]) \qquad ①$$

由于 $[\frac{k^{2^n}}{p}+\frac{1}{2}]=[\frac{2k^{2^n}}{p}]-[\frac{k^{2^n}}{p}]$,$k=1,2,\cdots,\frac{p-1}{2}$.

对每个 $k\in\{1,2,\cdots,\frac{p-1}{2}\}$,记

$$2k^{2^n}=p[\frac{2k^{2^n}}{p}]+r_k, \quad r_k\in\{1,2,\cdots,p-1\}$$

由于 $p\equiv 7\,(\bmod\,8)$,r 是模 p 的二次剩余,因此,每个 r_k 也是模 p 的二次剩余.

下面证明:当 $k\neq l$ 时,$r_k\neq r_l$.

否则,如果 $r_k=r_l$,则

$$0=r_k-r_l\equiv 2(k^{2^n}-l^{2^n})\,(\bmod\,p)\equiv$$
$$2(k-l)\prod_{j=0}^{n-1}(k^{2^j}+k^{2^j})\,(\bmod\,p)$$

由于 $k,l\in\{1,2,\cdots,\frac{p-1}{2}\}$,故 $k+l\not\equiv 0\,(\bmod\,p)$.

当 $j\geqslant 1$ 时,$k^{2^j}+l^{2^j}\not\equiv 0\,(\bmod\,p)$.这是因为 -1 关于模 $p\equiv 7\,(\bmod\,8)$,是个非二次剩余,因此,必有

$$k-l\equiv 0\,(\bmod\,p)$$

但 $k,l\in\{1,2,\cdots,\frac{p-1}{2}\}$,这就有 $k=l$,矛盾.

这就证明了,$\{r_k\}$ 是 $\frac{p-1}{2}$ 个不同的关于模 p 的二次剩余,即构成了一个模 p 的二次剩余系.

类似地,k^{2^n} 被 p 除的余数 r'_k,$k\in\{1,2,\cdots,\frac{p-1}{2}\}$,也是模 p 的二次剩余系. 因此

$$\sum_{k=1}^{\frac{p-1}{2}}r_k=\sum_{k=1}^{\frac{p-1}{2}}r'_k$$

于是有

$$\sum_{k=1}^{\frac{p-1}{2}}[\frac{k^{2^n}}{p}+\frac{1}{2}]=\sum_{k=1}^{\frac{p-1}{2}}[\frac{2k^{2^n}}{p}]-\sum_{k=1}^{\frac{p-1}{2}}[\frac{k^{2^n}}{p}]=$$
$$\frac{1}{p}\sum_{k=1}^{\frac{p-1}{2}}(2k^{2^n}-r_k)-\frac{1}{p}\sum_{k=1}^{\frac{p-1}{2}}(k^{2^n}-r'_k)=$$

最新世界各国数学奥林匹克中的初等数论试题(下)
The Lastest Elementary Number Theory in Mathematical Olympiads in The World

$$\frac{1}{p}\sum_{k=1}^{\frac{p-1}{2}} k^{2n} \qquad ②$$

把②代入①可得

$$\sum_{k=1}^{p-1}\left\{\frac{k^{2n}}{p}+\frac{1}{2}\right\}=\frac{p-1}{2}$$

23 将正整数中所有被 4 整除以及被 4 除余 1 的数全部删去,剩下的数依照从小到大的顺序排成一个数列 $\{a_n\}$:2,3,6,7,10,11,….

数列 $\{a_n\}$ 的前 n 项之和记为 S_n,其中 $n=1,2,3,\cdots$.

求 $S=[\sqrt{S_1}]+[\sqrt{S_2}]+\cdots+[\sqrt{S_{2006}}]$ 的值.(其中 $[x]$ 表示不超过 x 的最大整数)

(青少年数学国际城市邀请赛队际赛,2006 年)

解 易知 $a_{2n-1}=4n-2, a_{2n}=4n-1, n=1,2,\cdots$,因此

$$S_{2n}=(a_1+a_2)+(a_3+a_4)+\cdots+(a_{2n-1}+a_{2n})=$$
$$5+13+21+\cdots+(8n-3)=$$
$$\frac{5+8n-3}{2}n=(2n)^2+n$$
$$S_{2n-1}=S_{2n}-a_{2n}=4n^2+n-(4n-1)=(2n-1)^2+n$$

所以

$$(2n)^2<S_{2n}<(2n+1)^2$$
$$(2n-1)^2<S_{2n-1}<(2n)^2$$

故 $[\sqrt{S_{2n}}]=2n,[\sqrt{S_{2n-1}}]=2n-1$,从而 $[\sqrt{S_n}]=n$.

于是

$$S=[\sqrt{S_1}]+[\sqrt{S_2}]+\cdots+[\sqrt{S_{2006}}]=1+2+\cdots+2006=$$
$$\frac{2006\times 2007}{2}=2013021$$

24 设 a,b,c 是正数,求

$$u=\left[\frac{a+b}{c}\right]+\left[\frac{b+c}{a}\right]+\left[\frac{c+a}{b}\right]$$

的最小值($[x]$ 表示不超过 x 的最大整数).

(中国福建省高中一年级数学竞赛,2006 年)

解 由 $[x]$ 的定义有 $x-1<[x]\leqslant x$,则

$$u=\left[\frac{a+b}{c}\right]+\left[\frac{b+c}{a}\right]+\left[\frac{c+a}{b}\right]>$$

第7章　高斯函数
Chapter 7　Gaussian Function

$$\frac{a+b}{c}+\frac{b+c}{a}+\frac{c+a}{b}-3=$$
$$(\frac{b}{a}+\frac{a}{b})+(\frac{c}{b}+\frac{b}{c})+(\frac{a}{c}+\frac{c}{a})-3\geqslant$$
$$2+2+2-3=$$
$$3$$

由于 u 整数,则 $u\geqslant 4$.

当 $a=6, b=8, c=9$ 时,$u=4$.

所以 u 的最小值为 4.

25 证明:对于每个正整数 n,有
$$\{n\sqrt{7}\} > \frac{3\sqrt{7}}{14n}$$

其中 $\{x\}$ 表示 x 的小数部分.

(波斯尼亚和黑塞哥维纳数学奥林匹克,2006 年)

证

$$\{n\sqrt{7}\} > \frac{3\sqrt{7}}{14n} \Leftrightarrow n\sqrt{7}-[n\sqrt{7}] > \frac{3\sqrt{7}}{14n}$$
$$\Leftrightarrow 7n-\sqrt{7}[n\sqrt{7}] > \frac{3}{2n}$$
$$\Leftrightarrow 7n-\frac{3}{2n} > \sqrt{7}[n\sqrt{7}]$$
$$\Leftrightarrow 49n^2+\frac{9}{4n^2}-21 > 7[n\sqrt{7}]^2$$
$$\Leftrightarrow 7n^2-[n\sqrt{7}]^2 > 3-\frac{9}{28n^2} \qquad ①$$

若式 ① 不成立,则 $7n^2-[n\sqrt{7}]^2=0, 1$ 或 2.

若 $7n^2-[n\sqrt{7}]^2=0$,则 $7n^2$ 为完全平方数,这不可能;

若 $7n^2-[n\sqrt{7}]^2=1$ 或 2,则
$$[n\sqrt{7}]^2 \equiv 5 \text{ 或 } 6 \pmod{7}$$

但
$$y^2 \equiv 0, 1, 2, 4 \pmod{7}$$

矛盾.

所以 $7n^2-[n\sqrt{7}]^2 \geqslant 3 > 3-\frac{9}{28n^2}$,即式 ① 成立.

最新世界各国数学奥林匹克中的初等数论试题(下)
The Lastest Elementary Number Theory in Mathematical Olympiads in The World

26 数列 $\{a_n\}$ 满足:$a_0=1, a_n=[\sqrt{S_{n-1}}](n=1,2,\cdots,[x]$ 表示不大于 x 的最大整数,$S_k=\sum_{i=0}^{k}a_i(k=0,1,\cdots))$.

试求 a_{2006} 的值.

(中国高中数学联赛江西省预赛,2006 年)

解 观察数列的初始项.

n	0	1	2	3	4	5	6	7	8	9	10
a_n	1	1	1	1	2	2	2	3	3	4	4
S_n	1	2	3	4	6	8	10	13	16	20	24

n	11	12	13	14	15	16	17	18	19	20	21
a_n	4	5	5	6	6	7	7	8	8	8	9
S_n	28	33	38	44	50	57	64	72	80	88	96

注意到,数列 $\{a_n\}$ 是不减数列,且每个正整数 $1,2,3,\cdots$ 都顺次出现在数列 $\{a_n\}$ 中,并且除了 $a_0=1=2^0$ 之外,形如 $2^k(k=0,1,2,\cdots)$ 的数都是连续出现 3 次,其他数是各连续出现两次.

一般地,可证明数列 $\{a_n\}$ 有下面的性质:

(1) 对任意的 $k\in \mathbf{N}$,若记 $m=2^{k+1}+k+1$,则
$$a_{m-2}=a_{m-1}=a_m=2^k$$

(2) 对任意的 $k\in \mathbf{N}$,若记 $m_0=2^k+k$,则当 $1\leqslant r\leqslant 2^{k-1}$ 时,有
$$a_{m_0+2r-1}=a_{m_0+2r}=2^{k-1}+r$$

下面用数学归纳法证明这两个性质.

对 k 归纳.

由上表,$k\leqslant 2$ 时结论成立.

假设 $k\leqslant n$ 时,性质(1),(2) 成立.即在 $m=2^{n+1}+n+1$ 时,有
$$a_{m-2}=a_{m-1}=a_m=2^n$$

则
$$S_m=a_0+2(1+2+\cdots+2^n)+(2^0+2^1+\cdots+2^n)=$$
$$2^{2n}+3\times 2^n$$

再对满足 $1\leqslant r\leqslant 2^n$ 的 r 归纳.

当 $r=1$ 时,由于 $(2^n+1)^2<S_m<(2^n+2)^2$,则
$$a_{m+1}=[\sqrt{S_m}]=2^n+1$$

因为 $S_m<S_{m+1}=S_m+a_{m+1}=2^{2n}+3\times 2^n+2^n+1<(2^n+2)^2$,则
$$a_{m+2}=[\sqrt{S_{m+1}}]=2^n+1$$

第 7 章 高斯函数
Chapter 7 Gaussian Function

假设当 $r \leqslant p$ 时,均有
$$a_{m+2r-1} = a_{m+2r} = 2^n + r$$
则当 $r = p+1 \leqslant 2^n$ 时,因为
$$S_{m+2p} = S_m + (a_{m+1} + a_{m+2}) + (a_{m+3} + a_{m+4}) + \cdots + (a_{m+2p-1} + a_{m+2p}) =$$
$$2^{2n} + 3 \times 2^n + 2(2^n+1) + 2(2^n+2) + \cdots + 2(2^n+p) =$$
$$2^{2n} + (2p+3) \cdot 2^n + p(p+1) \qquad ①$$

于是有
$$S_{m+2p} - (2^n + p + 1)^2 = 2^n - (p+1) \geqslant 0$$
$$(2^n + p + 2)^2 - S_{m+2p} = 2^n + 3p + 4 > 0$$

即有
$$(2^n + p + 1)^2 \leqslant S_{m+2p} < (2^n + p + 2)^2$$

所以
$$a_{m+2p+1} = [\sqrt{S_{m+2p}}] = 2^n + p + 1$$

由于
$$S_{m+2p} < S_{m+2p+1} = S_{m+2p} + a_{m+2p+1} =$$
$$2^{2n} + (2p+3) \cdot 2^n + p(p+1) + 2^n + p + 1 =$$
$$2^{2n} + 2(p+2) \times 2^n + (p+1)^2 <$$
$$(2^n + p + 2)^2$$

所以
$$a_{m+2p+2} = [\sqrt{S_{m+2p+1}}] = 2^n + p + 1$$

因此,当 $m = 2^{n+1} + n + 1, 1 \leqslant r \leqslant 2^n$ 时
$$a_{m+2r-1} = a_{m+2r} + 2^n + r$$

特别地,当 $r = 2^n$ 时,有 $m = 2^{n+1} + n + 1, m + 2r - 1 = 2^{n+1} + n + 1 + 2^{n+1} - 1 = 2^{n+2} + n$. $m + 2r = 2^{n+2} + n + 1$. 于是
$$a_{2^{n+2}+n} = a_{2^{n+2}+n+1} = 2^{n+1} \qquad ②$$

再由式①
$$S_{m+2r} = 2^{2n} + (2r+3) \times 2^n + r(r+1)$$

即
$$S_{2^{n+2}+n+1} = 2^{2n} + (2^{n+1}+3) \times 2^n + 2^n(2^n+1) =$$
$$2^{2n+2} + 2 \times 2^{n+1} < (2^{n+1}+1)^2$$

所以
$$a_{2^{n+2}+n+2} = [\sqrt{S_{2^{n+2}+n+1}}] = 2^{n+1} \qquad ③$$

由②,③,对于 $m = 2^{k+1} + k + 1$,当 $k = n+1$ 时,有
$$a_{m-2} = a_{m-1} = a_m = 2^k$$

从而性质(1),(2)成立

最新世界各国数学奥林匹克中的初等数论试题(下)
The Lastest Elementary Number Theory in Mathematical Olympiads in The World

因为
$$2^{10}+10 < 2\ 006 < 2^{11}+11$$

取 $m_0=2^{10}+10$,则 $k-1=9, r=\dfrac{2\ 006-m_0}{2}=486$

所以
$$a_{2\ 006}=a_{m_0+2r}=2^9+r=2^9+486=998$$

27 设 p 是一个质数,整数 s 满足 $0<s<p$,证明:

存在整数 m, n 满足 $0<m<n<p$ 及 $\left\{\dfrac{sm}{p}\right\}<\left\{\dfrac{sn}{p}\right\}<\dfrac{s}{p}$ 的充分必要条件是 s 不能整除 $p-1$.

(美国数学奥林匹克,2006 年)

证 (1) 若 s 是 $p-1$ 的因数.

设 $d=\dfrac{p-1}{s}$. 于是 $(s,p)=1$.

当 x 取遍 $1, 2, \cdots, p-1$ 时, $\left\{\dfrac{sx}{p}\right\}$ 构成 $\dfrac{1}{p}, \dfrac{2}{p}, \cdots, \dfrac{p-1}{p}$ 的一个排列.

显然满足 $\left\{\dfrac{sx}{p}\right\}<\dfrac{s}{p}$ 的值为 $\dfrac{1}{p}, \dfrac{2}{p}, \cdots, \dfrac{s-1}{p}$.

又因为 $\left\{\dfrac{sd}{p}\right\}=\left\{\dfrac{p-1}{p}\right\}=\dfrac{p-1}{p}$

当 $x=d, 2d, \cdots, (s-1)d$ 时, $\left\{\dfrac{sx}{p}\right\}$ 分别等于 $\dfrac{p-1}{p}, \dfrac{p-2}{p}, \cdots, \dfrac{p-s+1}{p}$.

所以当 $x=p-d, p-2d, \cdots, p-(s-1)d$ 时, $\left\{\dfrac{sx}{p}\right\}$ 分别等于 $\dfrac{1}{p}, \dfrac{2}{p}, \cdots, \dfrac{s-1}{p}$.

因此,不存在整数 $m, n (0<m<n<p)$, 满足
$$\left\{\dfrac{xm}{p}\right\}<\left\{\dfrac{xn}{p}\right\}<\dfrac{s}{p}$$

(2) 若 s 不是 $p-1$ 的因数.

设 $m=\left[\dfrac{p}{s}\right]$ (记号 $[x]$ 表示大于 x 的最小整数).

则
$$\dfrac{p}{s}<m<\dfrac{p}{s}+1$$

于是有
$$1<\dfrac{ms}{p}<1+\dfrac{s}{p}$$

第7章 高斯函数
Chapter 7 Gaussian Function

且

$$\{\frac{ms}{p}\} = \frac{ms-p}{p} < \frac{s}{p}$$

于是 m 是满足上式的最小正整数.

若 $\{\frac{ms}{p}\} = \frac{s-1}{p}$,则有 $(m-1)s = p-1$. 矛盾.

因此,存在 $n \in \{1,2,\cdots,p-1\}$. 使得 $\{\frac{ns}{p}\} = \frac{s-1}{p}$,且 $n > m$.

从而存在 m,n,使 $0 < m < n < p$,且 $\{\frac{sm}{p}\} < \{\frac{sn}{p}\} < \frac{s}{p}$.

28 已知数列 $f(1), f(2), \cdots$ 定义为

$$f(n) = \frac{1}{n}([\frac{n}{1}] + [\frac{n}{2}] + \cdots + [\frac{n}{n}])$$

其中,$[x]$ 表示不大于 x 的最大整数. 证明:

(1) 有无穷多个 n,使得 $f(n+1) > f(n)$;

(2) 有无穷多个 n,使得 $f(n+1) < f(n)$.

(第 47 届国际数学奥林匹克预选题,2006 年)

证 设 $g(n) = nf(n)(n \geqslant 1)$,则 $g(0) = 0$.

对于 $k = 1, 2, \cdots, n$. 若 k 不是 n 的因数,则有

$$[\frac{n}{k}] - [\frac{n-1}{k}] = 0$$

若 k 是 n 的因数,则有

$$[\frac{n}{k}] - [\frac{n-1}{k}] = 1$$

对于 $n \geqslant 1$. 设 $d(n)$ 是 n 的正因数的个数. 则

$$g(n) = [\frac{n}{1}] + [\frac{n}{2}] + \cdots + [\frac{n}{n-1}] + [\frac{n}{n}] =$$

$$[\frac{n-1}{1}] + [\frac{n-1}{2}] + \cdots + [\frac{n-1}{n-1}] + [\frac{n-1}{n}] + d(n) =$$

$$g(n-1) + d(n)$$

于是

$$g(n) = g(n-1) + d(n)$$
$$g(n-1) = g(n-2) + d(n-1)$$
$$g(n-2) = g(n-3) + d(n-2)$$
$$\vdots$$
$$g(2) = g(1) + d(2)$$

369

所以
$$g(1) = g(0) + d(1)$$
$$g(n) = d(1) + d(2) + \cdots + d(n)$$
$$f(n) = \frac{d(1) + d(2) + \cdots + d(n)}{n}$$

要证 $f(n+1) > f(n)$,即
$$\frac{d(1) + \cdots + d(n) + d(n+1)}{n+1} > \frac{d(1) + \cdots + d(n)}{n}$$

只要证
$$nd(1) + \cdots + nd(n) + nd(n+1) > (n+1)d(1) + \cdots + (n+1)d(n)$$

即
$$nd(n+1) > d(1) + \cdots + d(n)$$
$$d(n+1) > \frac{d(1) + \cdots + d(n)}{n} = f(n)$$

同样,要证 $f(n+1) < f(n)$,只要证 $d(n+1) < f(n)$.

于是本题化为有无穷多个 n,使
$$d(n+1) > f(n)$$
$$d(n+1) < f(n)$$

当 $n = 1$ 时,$d(n) = 1$.

当 $n \geqslant 2$ 时,$d(n) \geqslant 2$.等号当且仅当 n 是质数时成立.

因为 $f(6) = \frac{7}{3} > 2$,所以由数学归纳法易知,对于所有 $n \geqslant 6$,有 $f(n) > 2$.

又因为有无穷多个 $n(n \geqslant 6)$,$n+1$ 是质数,从而 $d(n+1) = 2$,即有 $d(n+1) < f(2)$.于是(2)得证.

因为对于所有的正整数 k,$d(2^k) = k+1$,所以 $d(1), d(2), \cdots$,无界,于是存在无穷多个 n,使得
$$d(n+1) > \max\{d(1), d(2), \cdots, d(n)\}$$

从而
$$d(n+1) > f(n)$$

于是(1)得证.

29 设正整数 a 不是完全平方数,求证:对每一对正整数 n.
$$S_n = \{\sqrt{a}\} + \{\sqrt{a}\}^2 + \cdots + \{\sqrt{a}\}^n$$
的值都是无理数.

这里 $\{x\} = x - [x]$,其中 $[x]$ 表示不超过 x 的最大整数.

(中国西部数学奥林匹克,2006 年)

第 7 章 高斯函数
Chapter 7 Gaussian Function

证 设 $c^2 < a < (c+1)^2, c \geqslant 1$.

则 $[\sqrt{a}] = c$,且 $1 \leqslant a - c^2 \leqslant 2c$.

$$\{\sqrt{a}\} = \sqrt{a} - [\sqrt{a}] = \sqrt{a} - c$$

令 $\{\sqrt{a}\}^k = (\sqrt{a} - c)^k = x_k + y_k\sqrt{a}, k \in \mathbf{N}^*, x_k, y_k \in \mathbf{Z}$.

则

$$S_n = \sum_{k=1}^{n} x_k + \sqrt{a} \sum_{k=1}^{n} y_k \qquad ①$$

下面证明:对所有 $n \in \mathbf{N}^*, T_n = \sum_{k=1}^{n} y_k \neq 0$.

由于

$$x_{k+1} + y_{k+1}\sqrt{a} = (\sqrt{a} - c)^{k+1} =$$
$$(\sqrt{a} - c)(x_k + y_k\sqrt{a}) =$$
$$(ay_k - cx_k) + (x_k - cy_k)\sqrt{a}$$

所以

$$\begin{cases} x_{k+1} = ay_k - cx_k \\ y_{k+1} = x_k - cy_k \end{cases}$$

由 $x_1 = -c, y_1 = 1$ 可得 $y_2 = -2c$.

消去 $\{x_k\}$ 得

$$y_{k+2} = -2cy_{k+1} + (a - c^2)y_k \qquad ②$$

其中 $y_1 = 1, y_2 = -2c$.

由数学归纳法易得

$$y_{2k-1} > 0, \quad y_{2k} < 0 \qquad ③$$

由 ②,③ 可得

$$y_{2k+2} - y_{2k+1} = -(2c+1)y_{2k+1} + (a-c^2)y_{2k} < 0$$
$$y_{2k+2} + y_{2k+1} = -(2c-1)y_{2k+1} + (a-c^2)y_{2k} < 0$$

两式相乘得

$$y_{2k+2}^2 - y_{2k+1}^2 > 0$$

又因为

$$y_2^2 - y_1^2 > 0$$

所以有

$$|y_{2k-1}| < |y_{2k}|$$

再由

$$y_{2k+1} - y_{2k} = -(2c+1)y_{2k} + (a-c^2)y_{2k-1} > 0$$
$$y_{2k+1} + y_{2k} = -(2c-1)y_{2k} + (a-c^2)y_{2k-1} > 0$$

最新世界各国数学奥林匹克中的初等数论试题(下)
The Lastest Elementary Number Theory in Mathematical Olympiads in The World

两式相乘得
$$y_{2k+1}^2 - y_{2k}^2 > 0$$
即有
$$|y_{2k}| < |y_{2k+1}|$$
所以对所有正整数 n,都有
$$|y_n| < |y_{n+1}| \qquad ④$$
于是,由式③,④得,对所有 $n \in \mathbf{N}^*$,都有
$$y_{2k-1} + y_{2k} < 0$$
$$y_{2k} + y_{2k+1} > 0$$
因此
$$T_{2n-1} = y_1 + (y_2 + y_3) + \cdots + (y_{2n-2} + y_{2n-1}) > 0$$
$$T_{2n} = (y_1 + y_2) + (y_3 + y_4) + \cdots + (y_{2n-1} + y_{2n}) < 0$$
从而,对所有 $n \in \mathbf{N}^*, T_n \neq 0$.

因此,由式①,S_n 是无理数.

30 设 $f(n)$ 满足 $f(0) = 0, f(n) = n - f(f(n-1)), n = 1, 2, 3, \cdots$. 试确定所有实系数多项式 $g(x)$,使得
$$f(x) = [g(x)] \quad (n = 0, 1, 2, \cdots)$$
其中 $[g(n)]$ 表示不超过 $g(n)$ 的最大整数.

(中国国家集训队测试,2006 年)

解 答案:$g(x) = \frac{1}{2}(\sqrt{5} - 1)(x + 1)$.

分五步证明:

(1) 证明 $f(n) = \left[\frac{1}{2}(\sqrt{5} - 1)(n + 1)\right]$.

令 $\alpha = \frac{1}{2}(\sqrt{5} - 1)$,只须证明对 $n = 1, 2, \cdots$,有
$$[(n+1)\alpha] = n - [([n\alpha] + 1)\alpha] \qquad ①$$
设 $n\alpha = [n\alpha] + \delta$,则(注意到 $\alpha^2 + \alpha = 1$)
$$[(n+1)\alpha] = [[n\alpha] + \delta + \alpha] = [n\alpha] + [\delta + \alpha] \qquad ②$$
$$[([n\alpha] + 1)\alpha] = [(n\alpha - \delta + 1)\alpha] = [n\alpha^2 - \delta\alpha + \alpha] =$$
$$[n - n\alpha - \delta\alpha + \alpha] = [n - [n\alpha] - \delta - \delta\alpha + \alpha] =$$
$$n - [n\alpha] + [-\delta - \delta\alpha + \alpha] =$$
$$n - [(n+1)\alpha] + [\delta + \alpha] + [-\delta - \delta\alpha + \alpha] \qquad ③$$
比较②,③ 只须证明 $[\delta + \alpha] + [-\delta - \delta\alpha + \alpha] = 0$.

若 $\delta + \alpha < 1$,此时 $[\delta + \alpha] = 0$.

第7章 高斯函数
Chapter 7 Gaussian Function

$$-\delta - \delta\alpha + \alpha = -\delta(1+\alpha) + \alpha > (\alpha-1)(\alpha+1) + \alpha =$$
$$\alpha^2 + \alpha - 1 = 0$$
$$[-\delta - \delta\alpha + \alpha] = 0$$

若 $\delta + \alpha \geqslant 1$. 因为 $\delta + \alpha < 2$, 故 $[\delta + \alpha] = 1$
$$-\delta - \delta\alpha + \alpha = -\delta(1+\alpha) + \alpha < (\alpha-1)(\alpha+1) + \alpha = \alpha^2 + \alpha - 1 = 0$$
$$-\delta - \delta\alpha + \alpha = -\delta(1+\alpha) + \alpha > -(1+\alpha) + \alpha = -1$$

因此
$$[-\delta - \delta\alpha + \alpha] = -1$$

于是
$$[\delta + \alpha] + [-\delta - \delta\alpha + \alpha] = 0$$

所以
$$g(x) = (n+1)\alpha$$
$$f(n) = [(n+1)\alpha]$$

(2) 证明 $g(x) = ax + b, a, h \in \mathbf{R}, a \neq 0$.

设 $g(x) = a_k x^k + a_{k-1} x^{k-1} + \cdots + a_1 x + a_0, a_k \neq 0$. 由条件
$$[g(n)] = n - [g(g(n-1))] \qquad ④$$

因此
$$\frac{[g(n)]}{n^{k^2}} = \frac{n}{n^{k^2}} - \frac{[g(g(n-1))]}{n^{k^2}} \qquad ⑤$$

若 $k \geqslant 2$, 则令 $n \to \infty$, 有 $0 = 0 - a_k^{k+1}$ 与 $a_k \neq 0$ 矛盾. 因此 $k \leqslant 1$. 又由 ④ 知 $g(x)$ 不能恒为常数, 故 $k \neq 0$, 所以 $k = 1$. 即
$$g(x) = a_1 x + a_0 \quad (a_0 \neq 0)$$

(3) 证明 $0 \leqslant f(n) \leqslant n$.

对 n 用数学归纳法.

$n = 0$ 显然成立.

假设 $n-1$ 成立, 由归纳假设
$$0 \leqslant f(n-1) \leqslant n-1$$
$$0 \leqslant f(f(n-1)) \leqslant f(n-1) \leqslant n-1$$

因此
$$1 \leqslant f(n) = n - f(f(n-1)) \leqslant n$$

所以对 $n \in \mathbf{N}^*, 0 \leqslant f(n) \leqslant n$.

(4) 证明 $g(x) = \alpha x + b, b \in \mathbf{R}$.

由 (2) 知 $g(x) = ax + b, a, b \in \mathbf{R}, a \neq 0$.

在 ⑤ 中令 $n \to \infty$, 有 $a = 1 - a^2$, 由 (3) 知 $a > 0$, 因此
$$a = \frac{-1 + \sqrt{5}}{2} = \alpha$$

最新世界各国数学奥林匹克中的初等数论试题(下)
The Lastest Elementary Number Theory in Mathematical Olympiads in The World

即 $g(x) = \alpha x + b, b \in \mathbf{R}$.

(5) 证明 $g(x) = \alpha x + \alpha$.

$$f(n) = [g(n)] = [\alpha n + b] = [\alpha(n+1) + b - \alpha] =$$
$$[\alpha(n+1)] + [\{\alpha(n+1)\} + b - \alpha]$$

由(1)知,对所有 $n \geqslant 0$,有

$$[\{\alpha(n+1)\} + b - \alpha] = 0$$

令 $n=0$,知 $0 \leqslant b \leqslant 1$.

若 $b - \alpha < 0$,我们将证明存在 n,使得

$$\{\alpha(n+1)\} < \frac{1}{2}(\alpha - b)$$

此时

$$[\{\alpha(n+1)\} + b - \alpha] \leqslant -1$$

若 $b - \alpha > 0$,我们将证明存在 n,使得

$$\{\alpha(n+1)\} > 1 - \frac{1}{2}(b - \alpha)$$

此时

$$[\{\alpha(n+1)\} + b - \alpha] \geqslant 1$$

为此,要证明下面的引理.

引理 设 $\alpha = \frac{1}{2}(\sqrt{5} - 1), \varepsilon > 0$,则存在正整数 n_1, n_2,使得

$$\{n_1 \alpha\} < \varepsilon, \quad \{n_2 \alpha\} > 1 - \varepsilon$$

引理的证明

设 N 为一整数,$\frac{1}{N} < \varepsilon$.

考虑 $0, \{\alpha\}, \{2\alpha\}, \cdots, \{N\alpha\}$ 共 $N+1$ 个数,一定存在 $0 \leqslant k, l \leqslant N, k \neq l$,使得

$$0 < \{k\alpha\} - \{l\alpha\} < \frac{1}{N}$$

即

$$0 < (k-l)\alpha - [k\alpha] + [l\alpha] < \frac{1}{N}$$

若 $k > l$,则

$$0 < \{(k-l)\alpha\} < \frac{1}{N} < \varepsilon$$

此时,设 L 为整数,使

$$L\{(k-l)\alpha\} < 1 < (L+1)\{(k-l)\alpha\}$$

由于

第7章 高斯函数
Chapter 7 Gaussian Function

$$L(k-l)\alpha = L[(k-l)\alpha] + L\{(k-l)\alpha\}$$

所以
$$\{L(k-l)\alpha\} = L\{(k-l)\alpha\} > 1 - \{(k-l)\alpha\} > 1-\varepsilon$$

若 $k < l$,则
$$-\frac{1}{N} < (l-k)\alpha + [k\alpha] - [l\alpha] < 0$$

即
$$-\frac{1}{N} < \{(l-k)\alpha\} - 1 < 0$$

即
$$1-\varepsilon < 1-\frac{1}{N} < \{(l-k)\alpha\} < 1$$

取整数 T,使
$$T(1-\{(l-k)\alpha\}) < 1 < (T+1)(1-\{(l-k)\alpha\})$$

则
$$T(l-k)\alpha = T[(l-k)\alpha] + T\{(l-k)\alpha\} =$$
$$T[(l-k)\alpha] + T + T(\{(l-k)\alpha\} - 1) =$$
$$T[(l-k)\alpha] + T - 1 + 1 - T(1-\{(l-k)\alpha\})$$

因此
$$\{T(l-k)\alpha\} = 1 - T(1-\{(l-k)\alpha\}) <$$
$$1 - \{(l-k)\alpha\} <$$
$$\frac{1}{N} < q$$

引理得证.

所以 $b - \alpha = 0$, 即 $b = \alpha$.
$$g(x) = \alpha x + \alpha$$

综合以上,$g(x) = \frac{1}{2}(\sqrt{5}-1)(x+1)$.

31 证明:数列 $a_n = [\sqrt{2}n] + [\sqrt{3}n]$ $(n=0,1,2,\cdots)$ 中有无穷多个偶数,也有无穷多个奇数.

(罗马尼亚数学奥林匹克,2006 年)

证
$$a_{n+1} = [\sqrt{2}n+\sqrt{2}] + [\sqrt{3}n+\sqrt{3}] \geqslant [\sqrt{2}n] + [\sqrt{2}] + [\sqrt{3}n] + [\sqrt{3}] =$$
$$[\sqrt{2}n] + [\sqrt{3}n] + 1 + 1 = a_n + 2 \qquad ①$$

另一方面

$$a_{n+1} = [\sqrt{2}n+\sqrt{2}] + [\sqrt{3}n+\sqrt{3}] \leqslant [\sqrt{2}n]+2+[\sqrt{3}n]+2 = a_n+4 \quad ②$$
$$a_{n+3} = [\sqrt{2}n+3\sqrt{2}] + [\sqrt{3}n+3\sqrt{3}] \geqslant [\sqrt{2}n]+[3\sqrt{2}]+[\sqrt{3}n]+[3\sqrt{3}] =$$
$$[\sqrt{2}n]+4+[\sqrt{3}n]+5 =$$
$$a_n+9 \quad ③$$

下面用反证法证明本题.

假设 $\{a_n\}$ 中某一种数(偶数或奇数)只有有限个,则当 n 充分大时,$A = a_{n+1} - a_n$ 为偶数.

由 ①,② 两式可得
$$2 \leqslant A_n \leqslant 4$$
故
$$A_n \in \{2,4\}$$
又由已知
$$9 \leqslant a_{n+3} - a_n = A_{n+2} = A_{n+2} + A_{n+1} + A_n$$
故 $\{A_n, A_{n+1}, A_{n+2}\}$ 中至少有两个 4.

即 $\{A_n\}$ 的连续三项中必有两项为 4.从而必有连续两项为 4.

不妨设 $A_n = 4, A_{n+1} = 4$.

又由式 ②.
$$A_n = 4 \Leftrightarrow [\sqrt{2}n+\sqrt{2}] - [\sqrt{2}n] = [\sqrt{3}n+\sqrt{3}] - [\sqrt{3}n] = 2$$
由 $A_n = A_{n+1} = 4$ 得
$$2 = [\sqrt{2}n+\sqrt{2}] - [\sqrt{2}n] = [\sqrt{2}n+2\sqrt{2}] - [\sqrt{2}n+\sqrt{2}]$$
从而
$$4 = [\sqrt{2}n+2\sqrt{2}] - [\sqrt{2}n] \leqslant [\sqrt{2}n+3] - [\sqrt{2}n] = 3$$
矛盾.

所以,在 $\{a_n\}$ 中,偶数和奇数都有无穷多个.

32 求出所有满足等式
$$x + \left[\frac{x}{3}\right] = \left[\frac{2x}{3}\right] + \left[\frac{3x}{5}\right]$$
的正整数解.

(泰国数学奥林匹克,2007 年)

解 由题设方程,$x \in \mathbf{N}^*$. 令 $x = 15k+r(k \in \mathbf{N}, 0 \leqslant r \leqslant 14)$. 则方程化为
$$15k+r+\left[5k+\frac{r}{3}\right] = \left[10k+\frac{2r}{3}\right] + \left[9k+\frac{3r}{5}\right]$$
即

第 7 章 高斯函数
Chapter 7 Gaussian Function

$$15k+r+5k+[\frac{r}{3}]=10k+[\frac{2r}{3}]+9k+[\frac{3r}{5}]$$

$$k+r+[\frac{r}{3}]=[\frac{2r}{3}]+[\frac{3r}{5}]$$

故

$$k+r+(\frac{r}{3}-1)<k+r+[\frac{r}{3}]=[\frac{2r}{3}]+[\frac{3r}{5}]\leqslant\frac{2r}{3}+\frac{3r}{5}=\frac{19r}{15}$$

即

$$k<1-\frac{r}{15}\leqslant 1$$

又 $k\geqslant 0$,则 $k=0$.

对 $r=0,1,2,\cdots,14$ 检验可知 $x=2$ 和 $x=5$ 是方程的解.

·33 求所有的五元正整数组 (x_1,x_2,x_3,x_4,x_5) 满足 $x_1>x_2>x_3>x_4>x_5$,且使得

$$[\frac{x_1+x_2}{3}]^2+[\frac{x_2+x_3}{3}]^2+[\frac{x_3+x_4}{3}]^2+[\frac{x_4+x_5}{3}]^2=38$$

成立. 其中 $[x]$ 表示不超过 x 的最大整数.

（奥地利数学奥林匹克资格赛，2007 年）

解 设 $a=[\frac{x_1+x_2}{3}],b=[\frac{x_2+x_3}{3}],c=[\frac{x_3+x_4}{3}],d=[\frac{x_4+x_5}{3}]$,则

$$a^2+b^2+c^2+d^2=38$$

因为 $x_5\geqslant 1,x_4\geqslant 2$,所以 $a\geqslant b\geqslant c\geqslant d\geqslant 1$.

从而

$$4a^2\geqslant a^2+b^2+c^2+d^2=38\geqslant a^2+1+1+1$$

$$\frac{38}{4}\leqslant a^2\leqslant 35$$

即

$$3<a<6$$

若 $a=5$,则

$$b^2+c^2+d^2=13$$

此时无正整数解.

若 $a=4$,则

$$b^2+c^2+d^2=22$$

于是 $b=3,c=3,d=2$.

从而

$$\begin{cases} 12 \leqslant x_1 + x_2 \leqslant 15 \\ 9 \leqslant x_2 + x_3 \leqslant 12 \\ 9 \leqslant x_3 + x_4 < 12 \\ 6 \leqslant x_4 + x_5 < 9 \end{cases}$$

因为 $x_2 \geqslant x_4 + 2$，则一定有 $x_2 + x_3 = 11, x_3 + x_4 = 9, x_2 = x_4 + 2$. 进而 $x_2 = x_3 + 1, x_3 = x_4 + 1$.

所以 $x_2 = 6, x_3 = 5, x_4 = 4$.

于是

$$7 \leqslant x_1 < 9$$
$$2 \leqslant x_5 < 4$$

经验证，有如下四组解 $(x_1, x_2, x_3, x_4, x_5)$：

$$(8,6,5,4,3)$$
$$(8,6,5,4,2)$$
$$(7,6,5,4,3)$$
$$(7,6,5,4,2)$$

34 是否存在正整数对 (m,n)，使得

(1) m, n 互质，$m \leqslant 2007$；

(2) 对于任意的 $k(k=1,2,\cdots,2007)$，$\left[\dfrac{nk}{m}\right] = [\sqrt{2}k]$.

（香港数学奥林匹克，2007 年）

解 1 这样的正整数对 (m,n) 存在.

因为存在有限个分母小于 2 008 的既约分数小于 $\sqrt{2}$.

设 $\dfrac{n}{m}$ 是这些分数中最接近 $\sqrt{2}$ 的一个分数.

所以在 $\dfrac{n}{m}$ 和 $\sqrt{2}$ 之间没有形如 $\dfrac{h}{k}(k \leqslant 2007)$ 的分数.

所以在 $k \cdot \dfrac{n}{m}$ 和 $k\sqrt{2}$ 之间没有整数 $h(k=1,2,\cdots,2007)$.

因为 $\sqrt{2}k$ 不是整数
所以

$$\left[\dfrac{nk}{m}\right] = [\sqrt{2}k]$$

解 2 $(985, 1393)$ 是满足条件的正整数对
因为

$$0 < (985\sqrt{2} - 1393) \times 2007 < 1$$

第 7 章 高斯函数
Chapter 7 Gaussian Function

所以在 $\dfrac{1\,393}{985}k$ 和 $\sqrt{2}k(k=1,2,\cdots,2\,007)$ 之间最多有一个整数 t.

假设存在整数 $k(k=1,2,\cdots,2\,007)$，使得
$$\dfrac{1\,393}{985}k < t < \sqrt{2}k$$

则
$$\dfrac{1\,393}{985} < \dfrac{t}{k} < \sqrt{2}$$

所以
$$\dfrac{t}{k} - \dfrac{1\,393}{985} = \dfrac{985t - 1\,393}{985k} > \dfrac{1}{985k} \geqslant \dfrac{1}{985 \times 2\,007} > \sqrt{2} - \dfrac{1\,393}{985}$$

因此 $\dfrac{t}{k} > \sqrt{2}$，矛盾.

于是，对任意的 $k(k=1,2,\cdots,2\,007)$，在 $\dfrac{1\,393}{985}k$ 和 $\sqrt{2}k$ 之间没有整数，即有
$$\left[\dfrac{1\,393}{985}k\right] = [\sqrt{2}k]$$

35 设 x 是大于 1 的非整数. 证明：
$$\left(\dfrac{x+\{x\}}{[x]} - \dfrac{[x]}{x+\{x\}}\right) + \left(\dfrac{x+[x]}{\{x\}} - \dfrac{\{x\}}{x+[x]}\right) > \dfrac{9}{2}$$

（地中海地区数学奥林匹克，2007 年）

证 设 $[x]=a, \{x\}=r (0 \leqslant r < 1)$，则题设不等式等价于
$$\left(\dfrac{a+2r}{a} - \dfrac{a}{a+2r}\right) + \left(\dfrac{2a+r}{r} - \dfrac{r}{2a+r}\right) > \dfrac{9}{2} \Leftrightarrow$$
$$2\left(\dfrac{r}{a} + \dfrac{a}{r}\right) - \left(\dfrac{a}{a+2r} + \dfrac{r}{2a+r}\right) > \dfrac{5}{2}$$

由于 $\dfrac{r}{a} + \dfrac{a}{r} \geqslant 2$，故只须证明
$$\dfrac{a}{a+2r} + \dfrac{r}{2a+r} < \dfrac{3}{2}$$

又
$$\dfrac{a}{a+2r} + \dfrac{r}{2a+r} < \dfrac{3}{2} \Leftrightarrow 0 < 2a^2 + 11ar + 2r^2 \Leftrightarrow 2(a+r)^2 + 7ar > 0$$

此式显然成立.

所以原不等式得证.

36 设 $a_i = \min\left\{k + \dfrac{i}{k} \mid k \in \mathbf{N}^*\right\}$. 试求

最新世界各国数学奥林匹克中的初等数论试题(下)

The Lastest Elementary Number Theory in Mathematical Olympiads in The World

$$S_{n^2} = [a_1] + [a_2] + \cdots + [a_{n^2}]$$

的值.

(中国东南地区数学奥林匹克,2007年)

解 设 $a_{i+1} = \min\{k + \dfrac{i+1}{k} \mid k \in \mathbf{N}^*\} = k_1 + \dfrac{i+1}{k_1}(k_1 \in \mathbf{N}^*)$,则

$$a_i \leqslant k_1 + \frac{i}{k_1} < k_1 + \frac{i+1}{k_1} = a_{i+1}$$

即数列 $\{a_n\}$ 严格单增

由于

$$k + \frac{m^2}{k} \geqslant 2m \quad (当 k = m 时取等号)$$

所以

$$a_{m^2} = 2m \quad (m \in \mathbf{N}^*)$$

又当 $k = m, m+1$ 时

$$k + \frac{m(m+1)}{k} = 2m + 1$$

而在 $k \leqslant m$ 或 $k \geqslant m+1$ 时

$$(k-m)(k-m-1) \geqslant 0$$

即

$$k^2 - (2m+1)k + m(m+1) \geqslant 0$$

$$k + \frac{m(m+1)}{k} \geqslant 2m + 1$$

所以

$$a_{m^2+m} = 2m + 1$$

再由数列的单调性,当 $m^2 + m \leqslant i < (m+1)^2$ 时

$$2m + 1 \leqslant a_i < 2(m+1)$$

当 $m^2 \leqslant i < m^2 + m$ 时

$$2m \leqslant a_i < 2m + 1$$

所以

$$[a_i] = \begin{cases} 2m, m^2 \leqslant i < m^2 + m \\ 2m+1, m^2 + m \leqslant i < (m+1)^2 \end{cases}$$

$$\sum_{i=m^2}^{m^2+2m} [a_i] = 2m \cdot m + (2m+1) \cdot (m+1) = 4m^2 + 3m + 1$$

于是

$$S_{n^2} = \sum_{m=1}^{n-1}(4m^2 + 3m + 1) + 2n =$$

第7章 高斯函数
Chapter 7 Gaussian Function

$$4 \times \frac{n(n-1)(2n-1)}{6} + 3 \times \frac{n(n-1)}{2} + (n-1) + 2n =$$
$$\frac{8n^3 - 3n^2 + 13n - 6}{6}$$

37. $[r]$ 表示不超过 r 的最大整数,对任意正实数 x,集合 $A(x)$ 定义为:
$$A(x) = \{[nx] \mid n \in \mathbf{N}^*\}$$
求所有大于 1 的无理数 α,使得:若正实数 β 满足 $A(\alpha) \supset A(\beta)$,则 $\frac{\beta}{\alpha}$ 为整数.

(日本数学奥林匹克决赛,2007 年)

解 首先证明:任意大于 2 的无理数 α,满足题目条件.

设 $A(\alpha) \supset A(\beta), [\beta] = [m\alpha] \ (m \in \mathbf{N}^*)$.

用数学归纳法证明:对任意的正整数 k 有
$$[k\beta] = [km\alpha]$$
当 $k=1$ 时,命题显然成立.

设 $k=s$ 时,命题成立.

当 $k=s+1$ 时,设 $[(s+1)\beta] = [l\alpha] \ (l \in \mathbf{N}^*)$. 只须证明
$$l = (s+1)m$$
由
$$[m\alpha] + [sm\alpha] \leqslant \beta + s\beta < [m\alpha] + [sm\alpha] + 2$$
及
$$[l\alpha] \leqslant (s+1)\beta < [l\alpha] + 1$$
得
$$[l\alpha] < [m\alpha] + [sm\alpha] + 2 < [l\alpha] + 3$$
即
$$[l\alpha] - 1 \leqslant [m\alpha] + [sm\alpha] \leqslant [l\alpha]$$
因此有
$$(s+1)m\alpha - 2 < [m\alpha] + [sm\alpha] \leqslant [l\alpha] \leqslant l\alpha < [l\alpha] + 1 \leqslant$$
$$[m\alpha] + [sm\alpha] + 2 \leqslant$$
$$(s+1)m\alpha + 2$$
故
$$-2 < [l - (s+1)m]\alpha < 2$$
由于 $\alpha > 2$,则
$$l = (s+1)m$$

因此，对任意正整数 k，有
$$[k\beta] = [km\alpha]$$
其次证明：任意大于 1，小于 2 的无理数 α 不满足题意.

设 $\beta = \dfrac{\alpha}{2-\alpha}$，则 $\dfrac{\beta}{\alpha} = \dfrac{1}{2-\alpha}$ 不是整数.

令 $m = [n\beta] \in A(\beta)(n \in \mathbf{N}^*)$，则
$$m \leqslant n\beta < m+1 \Leftrightarrow 2m - m\alpha \leqslant n\alpha < (2m+2) - (m+1)\alpha$$
即
$$m \leqslant \frac{m+n}{2}\alpha < \frac{n+m-1}{2}\alpha < m+1$$
因为 $m+n$ 与 $m+n+1$ 中必有一个偶数，所以 $m \in A(\alpha)$.

因此 $A(\alpha) \supset A(\beta)$. 与题目条件矛盾.

综上，本题答案是大于 2 的所有无理数.

38 一次数学竞赛中，预计将金牌发给 $\left[\dfrac{n}{a}\right]$ 个人，银牌发给 $\left[\dfrac{n}{b}\right]$ 个人，铜牌发给 $\left[\dfrac{n}{c}\right]$ 个人（其中 $a \geqslant b \geqslant c$，且均为整值常数，$n$ 为参加竞赛的选手人数）. 已知每位选手至多能得一枚奖牌. 求满足下述性质的三元数组 (a,b,c)：对任意整数 $k(k \geqslant 3)$，有且仅有 2 个 n，使得没有得奖的人数为 k.

（日本数学奥林匹克预赛，2007 年）

解 设 $f(n) = n - \left[\dfrac{n}{a}\right] - \left[\dfrac{n}{b}\right] - \left[\dfrac{n}{c}\right](n \in \mathbf{N}^*)$.

则 $f(n)$ 表示 n 个选手比赛时，没有奖牌的选手数.

因为
$$x - 1 < [x] \leqslant x$$
所以
$$Sn \leqslant f(n) < Sn + 3$$
其中
$$S = 1 - \frac{1}{a} - \frac{1}{b} - \frac{1}{c}$$
为满足题设条件，S 必须是正数.

设 $L = [a,b,c]$，则
$$S = 1 - \frac{b}{a} - \frac{1}{b} - \frac{1}{c} = \frac{M}{L} \quad (M \in \mathbf{N}^*)$$
对任意整数 n，有
$$f(n+L) = n + L - \left[\frac{n+L}{a}\right] - \left[\frac{n+L}{b}\right] - \left[\frac{n+L}{c}\right] =$$

第 7 章 高斯函数
Chapter 7 Gaussian Function

$$n+L-\left[\frac{n}{a}\right]-\frac{L}{a}-\left[\frac{n}{b}\right]-\frac{L}{b}-\left[\frac{n}{c}\right]-\frac{L}{c}=$$

$$f(n)+L(1-\frac{1}{a}-\frac{1}{b}-\frac{1}{c})=f(n)+M$$

所以
$$\overline{f(n+tL)}=\overline{f(n)}+LM \quad (t\in \mathbf{N}^*) \qquad ①$$

设 $\overline{f(n)}$ 为 $f(n)$ 模 M 的余数,由式①, $\overline{f(n)}$ 以 L 为周期.

下面证明一个引理.

引理 L, M 均为正整数, $g(n)$ 为整数集到整数集的函数,对任意的 n, t, 有
$$g(n+tL)=g(n)+tM$$

设 $\overline{g(n)}$ 为 $g(n)$ 模 M 的余数.

对 $0 \leqslant k < M$, 若恰有 q 个整数 $n(0 \leqslant n < L)$ 满足 $\overline{g(n)}=k$, 则对于所有的模 M 为 k 的整数 k', 也恰有 q 个整数 n, 满足 $g(n)=k'$.

引理的证明:设 q 个整数 $n_1, n_2, \cdots, n_q \in [0, L)$, 满足
$$\overline{g(n_i)}=k$$
则
$$g(n_i)=k+t_iM \quad (i=1,2,\cdots,q)$$
取 $k'=k+\mu M, n'_i=n_i+(\mu-t_i)L$, 则
$$g(n'_i)=k'$$

由于 n'_i 模 L 的余数不同,则各 n'_i 也不同.

下面证明满足条件 $g(n)=k'$ 的 n 只可能为 $\mu'_1, \mu'_2, \cdots, \mu'_q$.

假设有一个 n 满足 $g(n)=k'$, 则
$$\overline{g(n)}=k$$

设 $\overline{\mu}$ 为 n 模 L 的余数.

因为 $\overline{g(n)}$ 以 L 为周期,所以 $\overline{g(\overline{n})}=k$.

故 $\overline{\mu}$ 与某个 (n_i) 相等.

设 $\mu=n'_i=sL$, 则
$$k'=g(n'_i)=g(n)=g(n'_i+sL)=g(n'_i)+sM$$

因此, $s=0, n=n_i$.

由上述引理有下面的推论:

推论 对本题中的 f 及整数 $k(0 \leqslant k < M)$, 若有且仅有 2 个整数 n 满足
$$\overline{f(n)}=k \quad (0 \leqslant n \leqslant L-1)$$
则有
$$S=\frac{1}{2}$$

最新世界各国数学奥林匹克中的初等数论试题(下)
The Lastest Elementary Number Theory in Mathematical Olympiads in The World

推论的证明:设 $k' \equiv k \pmod{M}(k' \geqslant 3)$.

由引理及推论假设可知,有且仅有 2 个 n 满足 $f(n) = k'$.

对应题中条件"对任意的整数 $k(k \geqslant 3)$,有且仅有 2 个 n,使得没有得奖的人数为 k".

此时,由于 $0 \leqslant k < M, 0 \leqslant n \leqslant L-1$,必有 $L = 2M$(否则,不满足恰有 2 个整数 n 满足 $\overline{f(n) = k}$)

因此
$$S = \frac{M}{L} = \frac{1}{2}$$

回到原题.

由 $S = \frac{1}{2}$ 得
$$\frac{1}{2} = 1 - \frac{1}{a} - \frac{1}{b} - \frac{1}{c}$$

即
$$\frac{1}{a} + \frac{1}{b} + \frac{1}{c} = \frac{1}{2}$$

又 $a \geqslant b \geqslant c$,则
$$\frac{1}{2} = \frac{1}{a} + \frac{1}{b} + \frac{1}{c} \leqslant \frac{3}{c}$$

即 $c \leqslant 6$,又 $\frac{1}{c} < \frac{1}{2}$,则 $c \geqslant 3$.

于是
$$3 \leqslant c \leqslant 6$$

若 $c = 3$,则
$$\frac{1}{a} + \frac{1}{b} = \frac{1}{6}$$

又 $a \geqslant 6$,得 $b \leqslant 12$,即 $6 \leqslant b \leqslant 12$

取 $b = 6, 7, 8, 9, 10, 11, 12$ 验算得
$$(a, b) = (42, 7), (24, 8), (18, 9), (15, 10), (12, 12)$$

若 $c = 4$,则 $\frac{1}{a} + \frac{1}{b} = \frac{1}{4}$,得
$$(a, b) = (20, 5), (12, 6), (8, 8)$$

若 $c = 5$,则 $\frac{1}{a} + \frac{1}{b} = \frac{3}{10}$,得
$$(a, b) = (10, 5)$$

若 $c = 6$,则 $\frac{1}{a} + \frac{1}{b} = \frac{1}{3}$,得

第 7 章 高斯函数
Chapter 7 Gaussian Function

$$(a,b)=(6,6)$$

于是有
$$(a,b,c)=(42,7,3),(24,8,3),(18,9,3),(15,10,3),$$
$$(12,12,3),(20,5,4),(12,6,4),(8,8,4),$$
$$(10,5,5),(6,6,6)$$

由上述结论分别求出对应的 M,L,再代入引理的推论进行验证,则本题最后结果为
$$(a,b,c)=(6,6,6),(8,8,4),(10,5,5),(12,6,4)$$

39 设集合 $P=\{1,2,3,4,5\}$.对任意 $k\in P$ 和正整数 m,记
$$f(m,k)=\sum_{i=1}^{5}\left[m\sqrt{\frac{k+1}{i+1}}\right]$$
其中 $[a]$ 表示不大于 a 的最大整数.

求证:对任意正整数 n,存在 $k\in P$ 和正整数 m,使得 $f(m,k)=n$.

(中国高中数学联合竞赛,2007 年)

证 1 定义集合 $A=\{m\sqrt{k+1}\mid m\in \mathbf{N}^*,k\in P\}$.

由于对任意的 $k,i\in P$,且 $k\neq i$,$\dfrac{\sqrt{k+1}}{\sqrt{i+1}}$ 是无理数.

则对任意的 $k_1,k_2\in P$ 和正整数 m_1,m_2.
$$m_1\sqrt{k_1+1}=m_2\sqrt{k_2+1}\Leftrightarrow m_1=m_2,k_1=k_2$$

A 是一个无穷集,现将 A 中的元素按从小到大的顺序排成一个无穷数列.

对于任意的正整数 n,设此数列中第 n 项为 $m\sqrt{k+1}$.

下面确定 n 与 m,k 的关系.

若
$$m_1\sqrt{i+1}\leqslant m\sqrt{k+1}$$
则
$$m_1\leqslant m\cdot\frac{\sqrt{k+1}}{\sqrt{i+1}}$$

由 $m_1\in \mathbf{N}^*$,对 $i=1,2,3,4,5$ 满足这个条件的 m_1 的个数为 $\left[m\dfrac{\sqrt{m+1}}{\sqrt{i+1}}\right]$.

从而
$$n=\sum_{i=1}^{5}\left[m\frac{\sqrt{k+1}}{\sqrt{i+1}}\right]=f(m,k)$$

因此,对任意 $n\in \mathbf{N}^*$,存在 $m\in \mathbf{N}^*,k\in P$,使得 $f(m,k)=n$.

证 2 考虑函数
$$g(t) = \sum_{i=1}^{5} \left[\sqrt{\frac{t}{i+1}}\right] \quad (t=2,3,\cdots)$$
首先有
$$g(t+1) - g(t) \leqslant 1 \qquad ①$$
证明如下：

当 $t=2$ 时
$$g(2) = \left[\sqrt{\frac{2}{2}}\right] + \left[\sqrt{\frac{2}{3}}\right] + \left[\sqrt{\frac{2}{4}}\right] + \left[\sqrt{\frac{2}{5}}\right] + \left[\sqrt{\frac{2}{6}}\right] = 1$$

当 $t=3$ 时
$$g(3) = \left[\sqrt{\frac{3}{2}}\right] + \left[\sqrt{\frac{3}{3}}\right] + \left[\sqrt{\frac{3}{4}}\right] + \left[\sqrt{\frac{3}{5}}\right] + \left[\sqrt{\frac{3}{6}}\right] = 2$$

同样有 $g(4)=3, g(5)=4, g(6)=5$.

于是，当 $t=2,3,4,5$ 时，均有 $g(t+1)-g(t)=1$. 此时式 ① 成立.

当 $t \geqslant 6$ 时
$$g(t+1) - g(t) = \sum_{i=1}^{5} \left(\left[\sqrt{\frac{t+1}{i+1}}\right] - \left[\sqrt{\frac{t}{i+1}}\right]\right)$$

由
$$\sqrt{\frac{t+1}{i+1}} - \sqrt{\frac{t}{i+1}} = \frac{\frac{1}{i+1}}{\sqrt{\frac{t+1}{i+1}} + \sqrt{\frac{t}{i+1}}} \leqslant \frac{\frac{1}{i+1}}{\sqrt{\frac{7}{i+1}} + \sqrt{\frac{6}{i+1}}} \leqslant$$
$$\frac{\frac{1}{i+1}}{\sqrt{\frac{6}{i+1}}} \leqslant \frac{\frac{1}{i+1}}{\sqrt{\frac{6}{6}}} = \frac{1}{i+1} \leqslant \frac{1}{2} < 1$$

因此
$$\left[\sqrt{\frac{t+1}{i+1}}\right] - \left[\sqrt{\frac{t}{i+1}}\right] \leqslant 1 \quad (t \geqslant 6) \qquad ②$$

再证：对一个固定的 t 在 $i=1,2,\cdots,5$ 中至多有一个 i_0，使 ② 中的等号成立.

用反证法.

假设存在 $i_0, j_0 (i_0 \neq j_0)$ 都使式 ② 中的等号成立. 则有
$$\left[\sqrt{\frac{t+1}{i_0+1}}\right] - \left[\sqrt{\frac{t}{i_0+1}}\right] = 1$$

故存在一个整数 l，使

第 7 章 高斯函数
Chapter 7 Gaussian Function

$$\left[\sqrt{\frac{t}{i_0+1}}\right] = l$$

$$\left[\sqrt{\frac{t+1}{i_0+1}}\right] = l+1$$

从而有

$$l^2 \leqslant \frac{t}{i_0+1} \leqslant (l+1)^2$$

$$(l+1)^2 \leqslant \frac{t+1}{i_0+1} \leqslant (l+2)^2$$

因为 $\frac{t+1}{i_0+1}, \frac{t}{i_0+1}$ 都是有理数

若 $\frac{t+1}{i_0+1} > (l-1)^2$,则 $\frac{t+1}{i_0+1} \geqslant (l+1)^2 + \frac{1}{i_0+1}$,即

$$\frac{t}{i_0+1} \geqslant (l+1)^2$$

与

$$\frac{t}{i_0+1} < (l+1)^2$$

矛盾.

所以,只能有

$$\frac{t+1}{i_0+1} = (l+1)^2$$

即

$$t+1 = (l+1)^2(i_0+1) \qquad ③$$

同理,存在一个整数 l',使

$$t+1 = (l'+1)^2(j_0+1) \qquad ④$$

式 ③×式 ④ 得

$$(t+1)^2 = (l+1)^2(l'+1)^2(i_0+1)(j_0+1)$$

这表明乘积 $(i_0+1)(j_0+1)$ 为完全平方数.

由于 $i_0+1, j_0+1 \in \{2,3,4,5,6\}$.则

$$(i_0+1)(j_0+1) \in \{6,8,10,12,15,18,20,24,30\}$$

而该集合中没有一个是完全平方数.

所以,至多有一个 i_0,使式 ② 成立.

于是

$$g(t+1) - g(t) \leqslant 1$$

从而式 ① 成立.

又因为当 $t \to +\infty$ 时,$g(t) \to +\infty$,且 $g(t)$ 取值为正整数,且式 ① 成立,所

以对任意的 $n \in \mathbf{N}^*$,均存在 $(t = 2, 3, \cdots)$ 使得
$$g(t) = n$$
$g(t)$ 是不减函数,故取第一个使 g 的函数值为 n 的数,不妨设为 $t+1$,有
$$g(t+1) = n$$
$$g(t) = n - 1$$
由式 ②,必存在一个 i_0,设
$$\left[\sqrt{\frac{t+1}{i_0+1}}\right] - \left[\sqrt{\frac{t}{i_0+1}}\right] = 1 \quad (i_0 \in \{1, 2, 3, 4, 5\})$$
则必有一个 l 满足
$$t + 1 = (l+1)^2 (i_0 + 1)$$
此时,令 $m = l + 1, k = i_0$,则
$$f(m, k) = f(l+1, i_0) = \sum_{i=1}^{5}\left[(l+1)\sqrt{\frac{i_0+1}{i+1}}\right] = \sum_{i=1}^{5}\left[\sqrt{\frac{(i_0+1)(l+1)^2}{i+1}}\right] =$$
$$\sum_{i=1}^{5}\left[\sqrt{\frac{t+1}{i+1}}\right] = g(t+1) = n$$
所以存在 k, m,使 $f(m, k) = n$.

40 求下面方程组的全部实数解 (a, b, c).
$$\begin{cases} \{a\} + [b] + \{c\} = 2.9 & \text{①} \\ \{b\} + [c] + \{a\} = 5.3 & \text{②} \\ \{c\} + [a] + \{b\} = 4.0 & \text{③} \end{cases}$$

(澳大利亚数学奥林匹克,2008 年)

解 由 ③ 得
$$\{b\} + \{c\} = 0 \text{ 或 } 1$$
若 $\{b\} + \{c\} = 0$,则 b, c 均为整数,代入 ① 得 $\{a\} = 0.9$,代入 ② 得 $\{a\} = 0.3$,矛盾;
于是 $\{b\} + \{c\} = 1$. 故 $[a] = 3$.
① + ② 得
$$2\{a\} + \{b\} + \{c\} + [b] + [c] = 8.2$$
则
$$2\{a\} = 0.2 \text{ 或 } 1.2$$
即
$$\{a\} = 0.1 \text{ 或 } 0.6$$
(1) 若 $\{a\} = 0.1$,由 ①,$\{c\} = 0.8$,所以 $\{b\} = 0.2$.
于是由 ①,②,③

第 7 章 高斯函数
Chapter 7 Gaussian Function

$$[b]=2, \quad [c]=5, \quad [a]=3$$

于是
$$a=3.1, \quad b=2.2, \quad c=5.8$$

(2) 若 $\{a\}=0.6$,由 ①,$\{c\}=0.3$,所以 $\{b\}=0.7$.

于是由 ①,②,③
$$[b]=2, \quad [c]=4, \quad [a]=3$$

于是
$$a=3.6, \quad b=2.7, \quad c=4.3$$

所以全部实数解为
$$(a,b,c)=(3.1,2.2,5.8),(3.6,2.7,4.3)$$

41 求出所有的正整数 n,使得
$$\left[\frac{n}{2}\right]+\left[\frac{n}{3}\right]+\left[\frac{n}{4}\right]+\left[\frac{n}{5}\right]=69$$

其中 $[x]$ 表示不超过实数 x 的最大整数.

(中国上海市 TI 杯高二年级数学竞赛,2008 年)

解 由 $x-1<[x]\leqslant x$ 得
$$\frac{n}{2}+\frac{n}{3}+\frac{n}{4}+\frac{n}{5}-4<\left[\frac{n}{2}\right]+\left[\frac{n}{3}\right]+\left[\frac{n}{4}\right]+\left[\frac{n}{5}\right]\leqslant \frac{n}{2}+\frac{n}{3}+\frac{n}{4}+\frac{n}{5}$$

于是
$$\frac{n}{2}+\frac{n}{3}+\frac{n}{4}+\frac{n}{5}-4<59\leqslant \frac{n}{2}+\frac{n}{3}+\frac{n}{4}+\frac{n}{5}$$
$$53<n<57$$

于是 $n=54,55,56$.

经检验,$n=55$ 符合题意,所以 $n=55$.

42 求证:在 40 个不同的正整数所组成的等差数列中,至少有一项不能表示成 $2^k+3^l(k,l\in \mathbf{N})$ 的形式.

(中国国家队选拔考试,2009 年)

解 假设存在一个各项不同且均能表示成 $2^k+3^l(k,l\in \mathbf{N})$ 的形式的 40 项等差数列.

设这个等差数列为 $a,a+d,a+2d,\cdots,a+39d$,其中 $a,d\in \mathbf{N}^*$.

设 $a+39d=2^p+3^q, m=[\log_2(a+39d)], n=[\log_3(a+39d)]$,其中 $[x]$ 表示不超过实数 x 的最大整数.

则 $p\leqslant m, q\leqslant n$.

我们研究这个数列中最大的 14 项 $a+26d, a+27d, \cdots, a+39d$.

最新世界各国数学奥林匹克中的初等数论试题(下)

The Lastest Elementary Number Theory in Mathematical Olympiads in The World

首先证明: $a+26d, a+27d, \cdots, a+39d$ 中至多有一个不能表示成 2^m+3^l 或 $2^k+3^n (k, l \in \mathbf{N})$ 的形式.

若 $a+26d, a+27d, \cdots, a+39d$ 中的某一个 $a+hd$ 不能表示成 2^m+3^l 或 $2^k+3^n (k, l \in \mathbf{N})$ 的形式.

由假设,一定存在非负整数 b, c, 使得 $a+hd=2^b+3^c$.

由 m, n 的定义,可知 $b \leqslant m, c \leqslant n$.

又因为 $a+hd=2^b+3^c$ 不能表示成 2^m+3^l 或 2^k+3^n 的形式,则 $b \leqslant m-1, c \leqslant n-1$.

若 $b \leqslant m-2$, 则

$$a+hd=2^b+3^c \leqslant 2^{m-2}+3^{n-1}=\frac{1}{4} \times 2^m+\frac{1}{3} \times 3^n=$$

$$\frac{1}{4} \times 2^{\lceil \log_2(a+39d) \rceil}+\frac{1}{3} \times 3^{\lceil \log_3(a+39d) \rceil} \leqslant \frac{1}{4}(a+39d)+\frac{1}{3}(a+39d)=$$

$$\frac{7}{12}(a+39d)=\frac{17}{12}a+\frac{273}{12}d < a+26d$$

与 $a+hd \in \{a+26d, a+27d, \cdots, a+39d\}$ 矛盾;

若 $c \leqslant n-2$, 则

$$a+hd=2^b+3^c \leqslant 2^{m-1}+3^{n-2}=\frac{1}{2} \times 2^m+\frac{1}{9} \times 3^n=$$

$$\frac{1}{2} \times 2^{\lceil \log_2(a+39d) \rceil}+\frac{1}{9} \times 3^{\lceil \log_3(a+39d) \rceil} \leqslant$$

$$\frac{1}{2}(a+39d)+\frac{1}{9}(a+39d)=$$

$$\frac{11}{18}(a+39d)=\frac{11}{18}a+\frac{429}{18}d < a+26d$$

与 $a+hd \in \{a+26d, a+27d, \cdots, a+39d\}$ 矛盾;

因此, 只有 $b=m-1, c=n-1$.

即 $a+26d, a+27d, \cdots, a+39d$ 中至多有一个不能表示成 2^m+3^l 或 $2^k+3^n (k, l \in \mathbf{N})$ 的形式.

所以 $a+26d, a+27d, \cdots, a+39d$ 中至少有 13 个不能表示成 2^m+3^l 或 $2^k+3^n (k, l \in \mathbf{N})$ 的形式.

由抽屉原理,至少有 7 个能表示成 2^m+3^l 或 $2^k+3^n (k, l \in \mathbf{N})$ 中的同一种形式.

(1) 若有 7 个能表示成 2^m+3^l 的形式. 设为

$$2^m+3^{l_1}, 2^m+3^{l_2}, \cdots, 2^m+3^{l_7} \quad (l_1 < l_2 < \cdots < l_7)$$

则 $3^{l_1}, 3^{l_2}, \cdots, 3^{l_7}$ 是某个公差为 d 的 14 项等差数列中的 7 项.

然而 $13d \geqslant 3^{l_7}-3^{l_1}$. 显然

第 7 章 高斯函数
Chapter 7 Gaussian Function

$$l_7 \geqslant 5 + l_2, l_1 \leqslant 1 - l_2$$

所以
$$13d \geqslant 3^{l_7} - 3^{l_1} \geqslant (3^5 - 3^{-1}) \times 3^{l_2} > 13(3^{l_2} - 3^{l_1}) \geqslant 13d$$

矛盾.

(2) 若有 7 个能表示成 $2^k + 3^n$ 的形式. 设为
$$2^{k_1} + 3^n, 2^{k_2} + 3^n, \cdots, 2^{k_7} + 3^n \quad (k_1 < k_2 < \cdots < k_7)$$

则 $2^{k_1}, 2^{k_2}, \cdots, 2^{k_7}$ 是某个公差为 d 的 14 项等差数列中的 7 项.

然而
$$13d \geqslant 2^{k_7} - 2^{k_1} \geqslant (2^5 - 2^{-1}) \times 2^{k_2} > 13(2^{k_2} - 2^{k_1}) \geqslant 13d$$

矛盾.

综上,假设不成立,故原题得证.

43 设 $[r]$ 表示不超过实数 r 的最大整数,求满足方程
$$\sum_{k=1}^{9}[kx] = 44x \qquad ①$$

的所有实数 x 的和.

(日本数学奥林匹克预赛,2009 年)

解 因为方程 ① 的左边是整数,则右边 $44x$ 也是整数.

设 $44x = n, n = 44m + r(n, m, r \in \mathbf{Z}, 0 \leqslant r \leqslant 43)$.

则 ① 化为
$$\sum_{k=1}^{9}\left[k\left(m + \frac{r}{44}\right)\right] = 44m + r \qquad ②$$

式 ② 又等价于
$$\sum_{k=1}^{9} km + \sum_{k=1}^{9}\left[\frac{kr}{44}\right] = 44m + r$$

$$45m - 44m = r - \sum_{k=1}^{9}\left[\frac{kr}{44}\right]$$

即
$$m = r - \sum_{k=1}^{9}\left[\frac{kr}{44}\right] \qquad ③$$

对于每个确定的 r,由式 ③,就确定了唯一的 m.

由于有 44 个 r 可以选取($r = 0, 1, \cdots, 43$),所以原方程有 44 个实数解 x.

设这 44 个实数解的和为 S',且 r 对应的 m 记作 m_r.

因为 $44n = n$,而 $n = 44m_r = r$

所以

最新世界各国数学奥林匹克中的初等数论试题(下)
The Lastest Elementary Number Theory in Mathematical Olympiads in The World

$$44S = \sum_{r=0}^{43}(44m_r + r)$$

由式③

$$44S = \sum_{r=0}^{43}\left[44\left(r - \sum_{k=1}^{9}\left[\frac{kr}{44}\right]\right) + r\right] = 45\sum_{r=0}^{43}r - 44\sum_{i=0}^{43}\sum_{k=1}^{9}\left[\frac{kr}{44}\right] =$$

$$45 \times \frac{43 \times 44}{2} - 44\sum_{i=0}^{43}\sum_{k=1}^{9}\left[\frac{kr}{44}\right]$$

所以

$$S = \frac{45 \times 43}{2} - \sum_{i=0}^{43}\sum_{k=1}^{9}\left[\frac{kr}{44}\right] = \frac{1\,935}{2} - \sum_{i=0}^{43}\sum_{k=1}^{9}\left[\frac{kr}{44}\right]$$

设

$$T = \sum_{r=0}^{43}\sum_{k=1}^{9}\left[\frac{kr}{44}\right] = \sum_{r=1}^{43}\sum_{k=1}^{9}\left[\frac{kr}{44}\right] = \sum_{k=1}^{9}\sum_{r=1}^{43}\left[\frac{kr}{44}\right]$$

则

$$2T = \sum_{k=1}^{9}\sum_{r=1}^{43}\left(\left[\frac{kr}{44}\right] + \left[\frac{k(44-r)}{44}\right]\right) = \sum_{k=1}^{9}\sum_{r=1}^{43}\left(\left[\frac{kr}{44}\right] + \left[k - \frac{kr}{44}\right]\right)$$

因为

$$\left[\frac{kr}{44}\right] + \left[k - \frac{kr}{44}\right] = \begin{cases} k, & \frac{kr}{44} \text{ 是整数} \\ k-1, & \frac{kr}{44} \text{ 不是整数} \end{cases}$$

于是数对 (k,r) 当且仅当为下列数对

$(4,11),(8,11),(2,22),(4,22),(6,22),(8,22),(4,33),(8,33)$

之一时,$\frac{kr}{44}$ 为整数,于是

$$2T - 8 = \sum_{k=1}^{9}\sum_{r=1}^{43}(k-1) = \sum_{k=1}^{9}43(k-1) = 43 \times \frac{9 \times 8}{2} = 1\,548$$

所以

$$T = \frac{1\,548 + 8}{2} = 778$$

从而

$$S = \frac{1\,935}{2} - 778 = \frac{379}{2}$$

第8章

整点及其他

第 8 章 整点及其他
Chapter 8 Integral Point and Others

■ 假设每个整数被染上红、蓝、绿或黄色中的一种，x,y 是奇数，且 $|x| \neq |y|$.

证明：存在两个同色的整数，它们的差就等于 $x,y,x+y$ 或 $x-y$ 中的一个.

（第 40 届国际数学奥林匹克预选题，1999 年）

证 用 R 表示红色，B 表示蓝色，G 表示绿色，Y 表示黄色.

假设存在一个颜色函数 $f: Z \to \{R,B,G,Y\}$，使得对任意整数 a，有
$$f\{a, a+x, a+y, a+x+y\} = \{R,B,G,Y\}$$
设 $g: Z \times Z \to \{R,B,G,Y\}$，且
$$g(i,j) = f(ix+iy)$$
于是，在平面直角坐标系中的每个单位正方形的顶点有四种不同的颜色.

(1) 如果存在一列整数对 $i \times Z$，使得 $g|_{i \times Z}$ 不是以 2 为周期的周期函数，则存在一行整数对 $Z \times j$，使得 $g|_{Z \times j}$ 是以 2 为周期的周期函数.

实际上，如果 $g|_{i \times Z}$ 不是以 2 为周期的周期函数，则在这一列中一定有三个相邻的整点的颜色互不相同.

不妨设为 $\begin{bmatrix} Y \\ B \\ R \end{bmatrix}$. 考虑与之相邻的单位正方形的顶点，有 $\begin{bmatrix} R & Y & R \\ G & B & G \\ Y & R & Y \end{bmatrix}$ 进而有

$\begin{bmatrix} Y & R & Y & R & Y \\ B & G & B & G & B \\ R & Y & R & Y & R \end{bmatrix}$，于是，得到三行整数对，使得 g 分别限制在这三行上的函数是以

2 为周期的周期函数.

(2) 如果对于一个整数 $i, g_i = g|_{Z \times i}$ 是以 2 为周期的周期函数.

若 $i \equiv j \pmod 2$，则 g_j 的值域与 g_i 的值域相同；

若 $i \not\equiv j \pmod 2$，则 g_j 的值域为与 g_i 的值域相异的两个值.

实际上，对于第 i 行的整点，不妨设为 $(\cdots R\ B\ R\ B\ R\ B \cdots)$，运用单位正方形顶点的性质，有 $\begin{pmatrix} \cdots Y\ G\ Y\ G\ Y \cdots \\ \cdots R\ B\ R\ B\ R \cdots \end{pmatrix}$，进而有 $\begin{bmatrix} \cdots R\ B\ R\ B\ R \cdots \\ \cdots Y\ G\ Y\ G\ Y \cdots \\ \cdots R\ B\ R\ B\ R \cdots \end{bmatrix}$ 或

$\begin{bmatrix} \cdots B\ R\ B\ R\ B \cdots \\ \cdots Y\ G\ Y\ G\ Y \cdots \\ \cdots R\ B\ R\ B\ R \cdots \end{bmatrix}$.

对于第 i 行下面的情况，可以得到同样的结论.

改变行和列可以得到与(1),(2)同样的结论.

假设行是以 2 为周期的，且 $g(0,0)=R, g(1,0)=B$，于是 $g(y,0)=B$，其中 y 是奇数.

最新世界各国数学奥林匹克中的初等数论试题(下)

The Lastest Elementary Number Theory in Mathematical Olympiads in The World

若 x 是奇数,则
$$g(Z \times \{x\}) = \{y, G\}$$
由于 $g(y,0) = f(x,y) = g(0,x)$,出现矛盾.

2 已知一个整点三角形的一条边的长度为 $\sqrt{n}$,这里 n 为正整数,且 n 不是完全平方数.证明:此三角形的外接圆半径与内切圆半径的比为无理数.

(保加利亚数学奥林匹克,1999 年)

证 不失一般性,设所给三角形的边长为 $\sqrt{n}$ 的边的一个顶点为坐标原点,分两个顶点的坐标为 $(x,y),(z,t)$.并记此三角形的三边长为 $a = \sqrt{A} = \sqrt{n}$, $b = \sqrt{B}, c = \sqrt{C}$,这里 $n = A = x^2 + y^2, B = z^2 + t^2, C = (x-z)^2 + (y-t)^2$.

记所给三角形的面积为 S,外接圆半径为 R,内切圆半径为 r,半周长为 p.

由于三角形的三个顶点都是整点,则其面积 S 为有理数.

用反证法.

若 $\dfrac{R}{r} = q$ 为有理数,则由
$$q = \frac{R}{r} = \frac{abc}{4S} \cdot \frac{p}{S} = \frac{abc(a+b+c)}{8S^2}$$
即
$$abc(a+b+c) = 8S^2 q$$
于是 $\sqrt{ABC}(\sqrt{A} + \sqrt{B} + \sqrt{C}) = 8S^2 q$ 为有理数,进而由
$$A\sqrt{BC} + B\sqrt{AC} = 8S^2 q - C\sqrt{AB}$$

两边平方可知 $\sqrt{AB}$ 为有理数,而 $AB \in \mathbf{N}^*$,故 AB 为一个完全平方数.

同理,BC, CA 也是完全平方数.

设 $AB = E^2, BC = F^2, CA = G^2$,其中 $E, F, G \in \mathbf{N}^*$.

记 $A = a_1 a_2^2, B = b_1 b_2^2, C = c_1 c_2^2$,其中 a_1, b_1, c_1 都不是完全平方数.

由 $a_1 b_1 (a_2 b_2)^2 = E^2$ 可知 $a_1 b_1$ 为平方数,从而 $a_1 = b_1$.

同理 $a_1 = c_1$.

因而,又可设 $A = ma_2^2, B = mb_2^2, C = mc_2^2$,其中 m 不是完全平方数.

由 $ma_2^2 = n$ 可知 $m = n, a_2 = 1$,于是
$$\begin{cases} x^2 + y^2 = n \\ z^2 + t^2 = nb_2^2 \\ (x-z)^2 + (y-t)^2 = nc_2^2 \end{cases}$$

注意到 $1 + b_2 > c_2, 1 + c_2 > b_2$(三角形两边之和大于第三边)及 $b_2, c_2 \in \mathbf{Z}$,故 $b_2 = c_2$,这样由上式可知

第8章 整点及其他
Chapter 8 Integral Point and Others

$$n = x^2 + y^2 = 2(xz + yt)$$

令 $2(xz - yt) = k$, 则
$$n^2 + k^2 = 4[(xz+yt)^2 + (xz-yt)^2] =$$
$$4(x^2+y^2)(z^2+t^2) =$$
$$4n^2 b_2^2$$

故
$$k^2 = n^2(4b_2^2 - 1)$$

这里要求 $4b_2^2 - 1$ 为完全平方数,即
$$4b^2 - 1 \equiv 0, 1 \pmod{4}$$
$$4b^2 \equiv 1, 2 \pmod{4}$$

这是不可能.

所以 $\dfrac{R}{r}$ 是一个无理数.

3 证明:每个正有理数都能被表示成 $\dfrac{a^3+b^3}{c^3+d^3}$ 的形式. 其中 a,b,c,d 是正整数.

(第40届国际数学奥林匹克预选题,1999年)

证 注意到 $a^3 + b^3 = (a+b)(a^2 - ab + b^2)$.

对于区间 $(1,2)$ 内的有理数 $\dfrac{m}{n}$,其中 m,n 是正整数,我们选择正整数 a,b,d,使 $b + d = a$,则有
$$a^2 - ab + b^2 = a^2 - ad + d^2$$

于是有
$$\frac{a^3+b^3}{a^3+d^3} = \frac{a+b}{a+d} = \frac{a+b}{2a-b}$$

设 $a+b=3m, 2a-b=3n$, 则
$$a = m+n, b = 2m-n, d = a-b = 2n-m > 0$$

且 $b > d$.

于是
$$\frac{m}{n} = \frac{3m}{3n} = \frac{a+b}{2a-b} = \frac{a^3+b^3}{a^3+d^3}$$

于是对于区间 $(1,2)$ 内的有理数 $\dfrac{m}{n}$,结论成立.

对于任一正有理数 r,则存在正整数 p,q,使
$$1 < \frac{p}{q}\sqrt[3]{r} < \sqrt[3]{2}$$

即
$$1 < \frac{p^3}{q^3} \cdot r < 2$$

取 $\frac{p^3}{q^3} \cdot r$ 为 $\frac{m}{n}$,则

$$\frac{p^3}{q^3} \cdot r = \frac{a^3 + b^3}{a^3 + d^3}$$

$$r = \frac{(aq)^3 + (bq)^3}{(ap)^3 + (dp)^3}$$

于是对任意正有理数 r,结论成立.

4 在坐标平面上给定凸五边形 $ABCDE$,它的顶点都是整点.

证明在如图 1 的五边形 $A_1B_1C_1D_1E_1$ 的内部或边界上至少有一个整点.

(俄罗斯数学奥林匹克,2000 年)

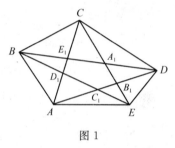

图 1

解 为简单起见,我们将"在内部或在边界上"统称为"在 …… 中".

假设结论不成立,我们考查在五边形 $A_1B_1C_1D_1E_1$ 中没有整点的面积最小的整点五边形 $ABCDE$(因为任何整点多边形的面积为半整数,故存在面积最小者). 设最小面积为 S.

在 $\triangle AC_1D_1$ 中的所有整点除 A 之外,在它内部不可能再有整点,否则若有整点 K,则凸多边形 $KBCDE$ 的面积小于 S,且五边形的"内"五边形位于五边形 $A_1B_1C_1D_1E_1$ 之中,这显然是不可能的.

设 $\triangle ABC, \triangle BCD, \triangle CDE, \triangle DEA, \triangle ECB$ 中面积最小的一个为 $\triangle ABC$.

于是点 A 到直线 BC 的距离 $\leqslant D$ 到 BC 的距离.

点 C 到直线 AB 的距离 $\leqslant E$ 到 AB 的距离.

考查使 $ABCO$ 为平行四边形的点 O(如图 2),由 A,B,C 是整点,则 O 是整点,则 O 在 $\triangle AB_1C$ 中,于是在五边形 $A_1B_1C_1D_1E_1$ 中,这与假设矛盾.

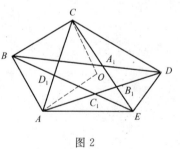

图 2

所以五边形 $A_1B_1C_1D_1E_1$ 的内部或边界上至少有一个整点.

5 若对正整数 n,存在 k,使得

第 8 章 整点及其他
Chapter 8 Integral Point and Others

$$n = n_1 n_2 \cdots n_k = 2^{\frac{1}{k}(n_1-1)\cdots(n_k-1)} - 1$$

其中 $n_1, n_2, \cdots, n_k$ 都是大于 3 的整数,则称 n 具有性质 P,求具有性质 P 的所有数 n.

(中国数学奥林匹克,2000 年)

证 由题设,具有性质 P 的正整数 n 具有 $n = 2^m - 1$ 的形式. 其中 m 为正整数.

对于 $m = 1, 2, \cdots, 9$,可以检验,只有 $m = 3$ 具有性质 P,此时 $n = 7$,即

$$n = 7 = 2^{\frac{7-1}{2}} - 1 = 2^3 - 1$$

下面研究 $m \geqslant 10$ 的情形.

假设存在某个 $m \geqslant 10$ 和正整数 k,使得 $n = 2^m - 1$,且可表示为

$$n = n_1 n_2 \cdots n_k = 2^{\frac{1}{2^k}(n_1-1)\cdots(n_k-1)} - 1 \quad ①$$

则有

$$m = \frac{1}{2^k}(n_1-1)(n_2-1)\cdots(n_k-1) \geqslant 10$$

注意到 $2^{10} - 1 = 1\,023 > 1\,000 = 10^3$,假设 $t \geqslant 10$,有 $2^t - 1 > t^3$,则

$$2^{t+1} - 1 = 2 \cdot 2^t - 1 > 2(t^3 + 1) - 1$$

由于当 $t > \frac{3+\sqrt{21}}{2}$ 时,$t^2 - 3t - 3 > 0$,于是 $t > 5$ 时,$t^2 > 3(t+1)$,即 $t^3 > 3t^2 + 3t$.

于是

$$2(t^3 + 1) - 1 = t^3 + t^3 + 1 > t^3 + 3t^2 + 3t + 1 = (t+1)^3$$

从而 $t > 10$ 时,$2^{t+1} - 1 > (t+1)^3$ 成立.

于是由数学归纳法得到 $t \geqslant 10$ 时,$2^t - 1 > t^3$.

这样式 ① 有

$$n = 2^{\frac{1}{2^k}(n_1-1)\cdots(n_k-1)} - 1 > (\frac{1}{2^k}(n_1-1)\cdots(n_k-1))^3$$

由式 ① 及 $n = 2^m - 1$ 是奇数可知,所有的 $n_i (i = 1, 2, \cdots, k)$ 均为奇数,又由题设 $n_i > 3$,则 $n_i \geqslant 5 (i = 1, 2, \cdots, k)$.

于是有

$$(\frac{n_i-1}{2})^3 \geqslant 4 \cdot \frac{n_i-1}{2} > n_i \quad (i = 1, 2, \cdots, k)$$

所以

$$2^{\frac{1}{2^k}(n_1-1)\cdots(n_k-1)} > (\frac{1}{2^k}(n_1-1)\cdots(n_k-1))^3 =$$

$$(\frac{n_1-1}{2} \cdot \frac{n_2-1}{2} \cdot \cdots \cdot \frac{n_k-1}{2})^3 >$$

$n_1 n_2 \cdots n_k$ ②

式 ② 与式 ① 矛盾.

于是,对 $m \geqslant 10, n = 2^m - 1$ 都不具有性质 P.

所以,具有性质 P 的正整数 n,只有一个 $n = 7$.

6 设 $a_1, a_2, \cdots, a_n$ 为不等于零的整数,且下列恒等式对于使得左式连分数有意义的 x 值均成立(所谓有意义是指连分数中每一个分母都不为 0).

$$a_1 + \cfrac{1}{a_2 + \cfrac{1}{a_3 + \cfrac{1}{\ddots + \cfrac{1}{a_n + \cfrac{1}{x}}}}} = x$$

(1) 试证: n 为偶数.

(2) 试求 n 的最小值.

(世界城市数学竞赛,2000 年)

解 (1) 将方程左边由 $a_1, a_2, \cdots, a_n$ 构成的连分数化为一般分式形式.

设 $f_n(x) = \dfrac{p_n x + q_n}{r_n x + s_n}$,其中 p_n, q_n, r_n, s_n 为 $a_1, a_2, \cdots, a_n$ 的多项式.

则

$$f_{n+1}(x) = \frac{p_{n+1} x + q_{n+1}}{r_{n+1} x + s_{n+1}} = f(a_{n+1} + \frac{1}{n}) = \frac{(a_{n+1} p_n + q_n) x + p_n}{(a_{n+1} r_n + s_n) x + r_n}$$

则有

$$\begin{cases} p_{n+1} = a_{n+1} p_n + q_n = a_{n+1} p_n + p_{n-1} \\ r_{n+1} = a_{n+1} r_n + s_n = a_{n+1} r_n + r_{n-1} \\ q_{n+1} = p_n \\ s_{n+1} = r_n \end{cases}$$

$$f_1(x) = a_1 + \frac{1}{x} = \frac{a_1 x + 1}{x}$$

则

$$(p_1, q_1, r_1, s_1) = (a_1, 1, 1, 0)$$

$$f_2(x) = a_1 + \cfrac{1}{a_2 + \cfrac{1}{x}} = \frac{(a_1 a_2 + 1) x + a_1}{a_2 x + 1}$$

则

第 8 章 整点及其他
Chapter 8 Integral Point and Others

$$(p_2, q_2, r_2, s_2) = (a_1 a_2 + 1, a_1, a_2, 1)$$

且

$$(p_0, q_0, r_0, s_0) = (1, 0, 0, 1)$$

方程 $f_n(x) = x$ 成立, 即

$$\frac{p_n x + q_n}{r_n x + s_n} = x$$

$$r_n x^2 + (s_n - p_n) x - q_n = 0$$

由于该方程对所有 x 值都成立, 则

$$\begin{cases} r_n = q_n = 0 \\ s_n = p_n \end{cases}$$

考虑 $p_k s_k - r_k q_k$ 的值.

$$p_k s_k - r_k q_k = (a_k p_{k-1} + p_{k-2}) r_{k-1} - (a_k r_{k-1} + r_{k-2}) p_{n-1} =$$
$$- (p_{k-1} s_{k-1} - r_{k-1} q_{k-1}) = \cdots =$$
$$(-1)^k$$

所以, 当题意成立时, 必须有

$$(-1)^n = p_n s_n - r_n q_n = p_n^2 \geqslant 0$$

所以 n 是偶数.

(2) 当 $f_2(x) = x$ 时, 方程式 $x = \dfrac{(a_1 a_2 + 1) x + a_1}{a_2 x + 1}$ 成立, 只要 $x \neq 0, -\dfrac{1}{a_2}$, 这时有 $a_2 = 0$, 与 $a_2 \neq 0$ 矛盾.

当 $f_4(x) = x$ 时, 有

$$x = a_1 + \cfrac{1}{a_2 + \cfrac{1}{a_3 + \cfrac{x}{a_4 x + 1}}} =$$

$$\frac{a_1((a_2 a_3 a_4 + a_2 + a_4) x + a_2 a_3 + 1) + (a_3 a_4 + 1) x + a_3}{(a_2 a_3 a_4 + a_2 + a_4) x + a_2 a_3 + 1}$$

$$(x \neq 0, -\frac{1}{a_4}, \frac{a_3}{a_3 a_4 + 1}, -\frac{a_2 a_3 + 1}{a_2 a_3 a_4 + a_2 + a_4})$$

该方程对所有 x 值成立, 则

$$\begin{cases} a_2 a_3 a_4 + a_2 + a_4 = 0 \\ a_1 a_2 a_3 + a_1 + a_3 = 0 \\ a_2 = a_4 \end{cases}$$

由此有

$$a_1 = a_3 = -\frac{2}{a_2} = -\frac{2}{a_4}$$

因此 $n = 4$ 是方程成立的最小值.

最新世界各国数学奥林匹克中的初等数论试题（下）
The Lastest Elementary Number Theory in Mathematical Olympiads in The World

7 $n \geq 2$ 为固定的整数，定义任意整数坐标点 (i,j) 关于 n 的余数是 $i+j$ 关于 n 的余数.

找出所有正整数组 (a,b)，使得以 $(0,0)$，$(a,0)$，(a,b)，$(0,b)$ 为顶点的长方形具有如下性质：

(1) 长方形内整点以 $0,1,2,\cdots,n-1$ 为余数出现的次数相同；

(2) 长方形边界上整点以 $0,1,2,\cdots,n-1$ 为余数出现的次数相同.

（保加利亚数学奥林匹克，2001 年）

解 长方形的边界上共有 $2(a+b)$ 个整点，则有 $n \mid 2(a+b)$；

长方形内共有 $(a-1)(b-1)$ 个整点，则有 $n \mid (a-1)(b-1)$.

当 $n=2$ 时，为使其中被 2 除，余 0 和 1 的点的个数相同，必有
$$2 \mid (a-1)(b-1)$$

从而 a,b 中至少有一个奇数.

另一方面，当 a,b 中至少有一个奇数时，不妨设 a 为奇数则对一切 $j=1,2,\cdots,b-1$，$a-1$ 个点
$$(1,j),(2,j),\cdots,(a-1,j)$$
被 2 除余 0,1 的点的个数相同，从而长方形内的整点中被 2 除余 0,1 的个数相同.

又 $(0,0),(1,0),\cdots,(a,0)$ 及 $(0,b),(1,b),\cdots,(a,b)$ 中被 2 除余 0,1 的点的个数相同，且对一切 $j=1,2,\cdots,b-1$，点 $(0,j)$ 与 (a,j) 被 2 除的余数一个为 0，一个为 1. 从而长方形边界上的整点中被 2 除余 0,1 的个数相同.

故 $n=2$ 时，a,b 中至少有一个奇数时，满足条件.

当 $n \geq 3$ 时，边界上共 $2(a+b)$ 个点：
$$(0,0),(1,0),(2,0),\cdots,(a,0)$$
$$(a,1),(a,2),(a,3),\cdots,(a,b)$$
$$(0,1),(0,2),(0,3),\cdots,(0,b)$$
$$(1,b),(2,b),(3,b),\cdots,(a-1,b)$$

它们的坐标和分别为
$$0,1,2,\cdots,a,a+1,\cdots,a+b$$
$$1,2,\cdots,b,b+1,\cdots,a+b-1$$

设 $l \not\equiv 0, a+b \pmod{n}$

则边界上的点中被 n 除余 l 的有偶数个，且若 $0 \not\equiv a+b \pmod{n}$，则边界上的点中被 n 除余 0 的有奇数个，这不可能，故必有 $0 \equiv a+b \pmod{n}$，且当 $a+b \equiv 0 \pmod{n}$ 时，边界上的点中被 n 除余 $0,1,\cdots,n-1$ 的个数必相同.

又长方形内部共有 $(a-1)(b-1)$ 个点，有 $n \mid (a-1)(b-1)$.

第 8 章　整点及其他
Chapter 8　Integral Point and Others

若 $a,b \not\equiv 1 \pmod{n}$

则设 a', b' 分别是 a, b 除以 n 的余数,则 $a', b' \not\equiv 1$,且若 $a' = 0$,则又由 $n \mid (a+b)$ 知 $b' = 0$,从而有
$$0 \equiv (a-1)(b-1) \equiv (-1)^2 \equiv 1 \pmod{n}$$
矛盾. 故 $a' \neq 0$,同理知 $b' \neq 0$.

于是,可知长方形内部整点被 n 除余 $0, 1, \cdots, n-1$ 的个数相等,等价于 $(i, j)(i=1,2,\cdots,a'-1, j=1,2,\cdots,b'-1)$ 中被 n 除余 $0, 1, \cdots, n-1$ 的个数相等.

又 $n \mid (a'+b'), 2 \leqslant a' \leqslant n-1, 2 \leqslant b' \leqslant n-1$,故必有 $a'+b' = n$. 于是 $(i, j)(i=1,2,\cdots,a'-1, j=1,2,\cdots,b'-1)$ 中没有被 n 除余 0 的点,矛盾.

从而 a, b 之一必被 n 除余 1,而另一个被 n 除余 $n-1$.

此时,由于 $n \mid (a-1)$ 或 $n \mid (b-1)$,可知长方形内部整点被 n 除余 $0, 1, \cdots, n-1$ 的个数相等.

综上所述,满足条件的 (a, b) 为
$$\begin{cases} a, b \text{ 中至少有一个为奇数}, n = 2 \text{ 时}; \\ a \equiv 1 \pmod{n}, b \equiv n-1 \pmod{n} \text{ 或 } a \equiv n-1 \pmod{n}, \\ b \equiv 1 \pmod{n}, n \geqslant 3 \text{ 时.} \end{cases}$$

8　在区间 $[0, 2\,002]$ 中标出区间端点以及坐标为 d 的点,其中 d 是与 $1\,001$ 互质的整数,允许标出以已经标出的点为端点的线段的中点,只要该中点的坐标也是整数. 能否在进行了若干次此种操作之后,区间中所有的整点都被标出?

(俄罗斯数学奥林匹克,2002 年)

解　由题设,d 不是区间 $[0, 2\,002]$ 的中点,假设按题设要求区间 $[0, 2\,002]$ 上所有能标出的整点都已标出.

这时,我们考查已标出整点的两条相邻线段 AB 和 BC,这时,由于线段 AC 中只有 B 点被标出,表明 AB 与 BC 都是奇数,AC 是偶数,且 B 是 AC 的中点,即 $AB = AC$.

这表明,所标出的区间中的线段长都相等,设等于 m.

于是 $m \mid 2\,002$. 且 m 是奇数,则 $m \mid 1\,001$,又由题设,d 也是一个分点,则 $m \mid d$,又 $(d, 1\,001) = 1$,则 $m = 1$.

因此,所标出的线段长度为 1,即所有的整点都被标出.

9　在平面上给出了有限个点,对于其中任何三点都存在一个直角坐标系(即两条坐标轴相互垂直,并且两条坐标轴上的长度单位相同),使得它们在该坐标系中的两个坐标都是整数.

最新世界各国数学奥林匹克中的初等数论试题(下)
The Lastest Elementary Number Theory in Mathematical Olympiads in The World

证明:存在一个直角坐标系,使得所有的给定点的两个坐标都是整数.

(俄罗斯数学奥林匹克,2002 年)

证 1 如果所有给定点都在同一直线上,命题显然成立.

考查不在同一直线上的任意三点 A,B,C.

设 T_1 是使它们的坐标都是整数的坐标系,单位长为 t_1.

观察其余任意一点,设为 D.

设 T_2 是使得 B,C,D 的坐标都是整数的直角坐标系,单位长为 t_2.

记线段 BC 的实际长为 $|BC|$. 由于线段 BC 长度的平方在坐标系 T_1 和 T_2 之下都是整数,即 $\dfrac{|BC|^2}{t_1^2}$ 和 $\dfrac{|BC|^2}{t_2^2}$ 都是整数.

所以 $\left(\dfrac{t_2}{t_1}\right)^2$ 为有理数.

由于向量 $\overrightarrow{BC},\overrightarrow{BD}$ 的数量积在坐标系 T_2 之下是整数,所以在 T_1 之下是有理数. 这是因为

$$\dfrac{|\overrightarrow{BC}|}{t_1} \cdot \dfrac{|\overrightarrow{BD}|}{t_1} \cdot \cos \angle CBD = \dfrac{|\overrightarrow{BC}|}{t_2} \cdot \dfrac{|\overrightarrow{BD}|}{t_2} \cos \angle CBD \cdot \left(\dfrac{t_2}{t_1}\right)^2$$

是有理数.

同理,向量 $\overrightarrow{BA},\overrightarrow{BD}$ 的数量积在坐标系 T_1 之下也是有理数.

设在坐标系 T_1 之下,有

$$\overrightarrow{BC}=(x,y)$$
$$\overrightarrow{BA}=(z,t)$$
$$\overrightarrow{BD}=(p,q)$$

则 $px+qy=m, pz+qt=n$ 都是有理数.

从而 $p=\dfrac{mt-ny}{xt-yz}, q=\dfrac{nx-mz}{xt-yz}$ 都是有理数.

又因为 A,B,C 不在同一直线上,所以 $xt-yz \neq 0$.

因此,点 D 在坐标系 T_1 之下具有有理坐标.

这样,只要合理选择坐标单位,就可以使得所有点的坐标都是整数.

证 2 假设 A,B,C 三点不在同一直线上.

我们证明 $\tan \angle BAC$ 或者为有理数,或者不存在.

观察使得这三个点的坐标都是整数的直角坐标系.

如果 $x_A = x_B$,则 $\tan \angle BAC = \pm \dfrac{x_C - x_A}{y_C - y_A}$ 为有理数,或者不存在.

对于 $x_A = x_C$ 的情形同理可得.

如果 $x_A \neq x_B$ 且 $x_A \neq x_C$,则 $p = \dfrac{y_B - y_A}{x_B - x_A}, q = \dfrac{y_C - y_A}{x_C - x_A}$ 都是有理数.

第8章　整点及其他
Chapter 8　Integral Point and Others

若 α,β 分别是射线 AB 与 AC 同 x 轴正方向的夹角,则
$$p = \tan \alpha, \quad q = \tan \beta$$
从而由公式 $\tan \angle BAC = \tan \angle CAB = \tan(\beta - \alpha) = \dfrac{p-q}{1+pq}$. 知 $\tan \angle BAC$ 为有理数,或者不存在(当 $pq = -1$ 时).

同理可证,由任何三个给定点形成的夹角的正切值都是有理数,或者不存在.

观察以点 A 为原点,以 $\overrightarrow{AB}$ 为单位向量的直角坐标系(这里将直线 AB 定为 Ax 轴),对于任何一个给定点 D,既然 $\tan \angle DAB$ 和 $\tan \angle DBA$ 都是有理数,或者不存在,所以直线 AD 和 BD 的方程都是有理系数方程.

因此 D 具有有理数坐标.

这样,只要合理选择坐标单位,就可以使得所有点的坐标都是整数.

10 已知平面直角坐标系 xOy, O 为原点, A 为整点, OA 的长度是一个奇质数的整数次幂.

证明:以 OA 为直径的圆周上的整点中至少有一半满足它们任意两点之间的距离是整数.

(保加利亚春季数学奥林匹克,2002年)

证 设 $OA = p^n$, p 是大于 2 的质数, n 是一个正整数.

令 $A(x,y)$, 且满足 $x^2 + y^2 = (p^n)^2$.

因为 p 是奇数,则 x 与 y 的奇偶性不同,设 x 是奇数, y 是偶数.

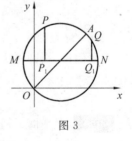

图 3

如图 3,过 OA 的中点 $(\dfrac{x}{2}, \dfrac{y}{2})$ 且与 Ox 轴平行的直径为 MN.

由于 y 是偶数,则 $\dfrac{y}{2}$ 是整数,所以 M,N 的纵坐标是整数.

M,N 的横坐标为 $\dfrac{x \pm p^n}{2}$ 也为整数.

令 $MN = p^n = d$. 在 MN 的同侧的圆周上取两个整点 P,Q, 作 $PP_1 \perp MN$ 于 P_1, $QQ_1 \perp MN$ 于 Q_1.

由于
$$MP_1 \cdot NP_1 = PP_1^2$$
$$MP_1 + NP_1 = P^n$$
令 $(MP_1, NP_1) = p^a$, 则存在整数 l, m, 且 $(l,m) = 1$, 使得

最新世界各国数学奥林匹克中的初等数论试题(下)

The Lastest Elementary Number Theory in Mathematical Olympiads in The World

$$MP_1 = p^a l^2, \quad NP_1 = p^a m^2$$

于是由

$$MP^2 = MP_1 \cdot MN$$

有

$$MP = l\sqrt{P^a d}$$
$$NP = m\sqrt{P^a d}$$

同理可得

$$MQ_1 = p^b z^2$$
$$NQ_1 = p^b t^2$$

且

$$MQ = z\sqrt{p^b d}$$
$$NQ = t\sqrt{p^b d}$$

由 Ptolemy 定理,得

$$PQ \cdot d + MP \cdot NQ = MQ \cdot PN$$

从而

$$PQ = (mz - lt)\sqrt{p^{a+b}}$$

若点 P,Q 在 MN 异侧,则有

$$PQ = (mz + lt)\sqrt{p^{a+b}}$$

因此 PQ 是整数,当且仅当 a 和 b 的奇偶性相同.

而由假设,在圆周上的整点中至少有一半满足 a,b 是奇偶性相同的,因此结论成立.

11 平面上横纵坐标都为有理数的点称为有理点. 求证:平面上的全体有理点可分成 3 个两两不交的集合,满足条件:

(1) 在以每个有理点为圆心的任一圆内一定包含 3 个点分属于这 3 个集合;

(2) 在任何一条直线上都不可能有 3 个点分别属于这 3 个集合.

(中国数学奥林匹克,2002 年)

证 显然,任一有理点均可唯一地写成 $(\dfrac{u}{w}, \dfrac{v}{w})$ 的形式,其中 u, v, w 都是整数,$w > 0$,且 $(u, v, w) = 1$.

把全体有理点分成下面 3 个两两不交的集合.

$$A = \{(\dfrac{u}{w}, \dfrac{v}{w}) \mid 2 \nmid u\}$$

第8章 整点及其他
Chapter 8 Integral Point and Others

$$B = \{(\frac{u}{w}, \frac{v}{w}) \mid 2 \mid u, 2 \nmid v\}$$

$$C = \{(\frac{u}{w}, \frac{v}{w}) \mid 2 \mid u, 2 \mid v\}$$

我们验证集合 A, B, C 满足题中的条件(1),(2).

设平面上的直线方程为

$$ax + by + c = 0$$

如果在直线上有两个不同的有理点 (x_1, y_1) 和 (x_2, y_2),则有

$$\begin{cases} ax_1 + by_1 + c = 0 \\ ax_2 + by_2 + c = 0 \end{cases}$$

如果 $c = 0$,则可取 a, b 为有理数.

如果 $c \neq 0$,不妨设 $c = 1$,则可以从上面的方程组中解得 a 和 b 的值,这时 a, b 都是有理数.

对上述的 a, b, c 通分,可使 a, b, c 都是整数,且满足 $(a, b, c) = 1$.

设有理点 $(\frac{u}{w}, \frac{v}{w})$ 在直线 $ax + by + c = 0$ 上,于是有

$$L : au + bv + cw = 0 \qquad ①$$

(i) 先证集合 A, B, C 满足条件(2).分三种情形:

(a) $2 \nmid c$.若 $2 \mid u, 2 \mid v$,则由 ① 知 $2 \mid cw$,从而 $2 \mid w$,这与 $(u, v, w) = 1$ 矛盾,所以集合 C 中的点都不能在直线 L 上.

(b) $2 \mid c, 2 \nmid b$.若 $2 \nmid v$,则 $2 \mid u$,因此,集合 B 中的点都不能在直线 L 上.

(c) $2 \mid c, 2 \mid b$,由 ① 知,$2 \mid au$,又因为 $(a, b, c) = 1$.所以 $2 \nmid a$.所以 $2 \mid u$,因此集合 A 中的点都不能在直线 L 上.

综上可知,A, B, C 这3个集合满足条件(2).

(ii) 再证满足条件(1).

设 D 是以有理点 $(\frac{u_0}{w_0}, \frac{v_0}{w_0})$ 为圆心,以 r 为半径的圆,取正整数 k,使得

$$2^k > \max\{w_0, \frac{|u_0| + |v_0| + 1}{r}\}$$

容易验证,下列3个有理点

$$(\frac{u_0 2^k + 1}{w_0 2^k}, \frac{v_0 2^k}{w_0 2^k}) \in A$$

$$(\frac{u_0 2^k}{w_0 2^k}, \frac{v_0 2^k + 1}{w_0 2^k}) \in B$$

$$(\frac{u_0 2^k}{w_0 (2^k + 1)}, \frac{v_0 2^k}{w_0 (2^k + 1)}) \in C$$

且都在圆 D 的内部.注意,在上述三点中,u, v, w 不一定互质,但由于 $2^n >$

w_0,故约分之后,不改变分子的奇偶性.

所以 A,B,C 这 3 个集合满足条件(1).

12 对于坐标平面上的整点 X,若线段 OX 上不含其他整点,则称点 X 从原点 O 可见.

证明:对任意正整数 n,存在面积为 n^2 的正方形 $ABCD$,使得在此正方形内部无从原点可见的整点.

(中国台湾数学奥林匹克,2002 年)

证 注意到整点 (x,y) 从原点可见的充分必要条件是 x 与 y 互质.

由此,问题转化为求一个正方形 $ABCD$,使其内部的每一个整点 (x,y),满足 x 与 y 不互质.

设 $p_1,p_2,\cdots$ 是一列不同的质数,在 $n\times n$ 的矩阵 M 中,第 1 行的元素是前 n 个质数,第 2 行元素为随后的 n 个质数,依此下去.

设 m_i 为 M 中第 i 行元素的乘积,M_j 是 M 中第 j 列元素的乘积.

则 $m_1,m_2,\cdots,m_n$ 两两互质,$M_1,M_2,\cdots,M_n$ 两两互质.

下面考虑同余式方程组
$$x \equiv -1 \pmod{m_1}$$
$$x \equiv -2 \pmod{m_2}$$
$$\vdots$$
$$x \equiv -n \pmod{m_n}$$

由中国剩余定理(孙子定理),方程组在 $\bmod m_1 m_2 \cdots m_n$ 下有唯一解 a.

类似地,同余式
$$y \equiv -1 \pmod{M_1}$$
$$y \equiv -2 \pmod{M_2}$$
$$\vdots$$
$$y \equiv -n \pmod{M_n}$$

在 $\bmod M_1 M_2 \cdots M_n = m_1 m_2 \cdots m_n$ 下也有唯一解 b.

在以 (a,b) 和 $(a+n,b+n)$ 为相对顶点的正方形中,其内部的整点满足
$$(a+r,b+s)$$

其中 $0<r<n, 0<s<n$.

只要证明这样的点从原点不可见.

事实上,因为 $a \equiv -r \pmod{m_r}$,$b \equiv -s \pmod{M_s}$,

所以矩阵 M 的第 r 行 s 列的质数可以整除 $a+r,b+s$.

由于 $a+r$ 和 $b+s$ 不互质,所以整点 $(a+r,b+s)$ 从原点不可见.

第 8 章　整点及其他
Chapter 8　Integral Point and Others

13　设 x 与 y 为实数,使得对任何奇质数 p 和 q,数 x^p+y^q 都是有理数,证明 x 和 y 是有理数.

(俄罗斯数学奥林匹克,2002 年)

证　设 p,q,r,s 是奇质数,且 x^p+y^q,x^r+y^q,x^s+y^q,都是有理数.
从而 x^r-x^p,x^s-x^r 也是有理数.
取 $p=3,r=5,s=7$. 则
$$a=x^s-x^r=x^7-x^5$$
$$b=x^r-x^p=x^5-x^3$$
也是有理数.

若 $b=0$,则 $x=0$ 或 $x=\pm1$,故 x 是有理数.

若 $b\neq 0$,则 $x^2=\dfrac{a}{b}$ 为有理数,又 $b=x^2\cdot(x^2-1)\cdot x$,由 b,x^2,x^2-1 为有理数,则 x 是有理数,同理 y 也是有理数.

14　三根木棒每根的长度均不小于 n,其中 n 是一个正整数. 如果这三根木棒的长度之和为 $\dfrac{n(n+1)}{2}$,证明:可以将这三根木棒切成 n 段,其长度分别为 $1,2,3,\cdots,n$.

(保加利亚冬季数学奥林匹克,2002 年)

证　设这三根木棒的长度分别为 a_1,a_2 和 a_3,不妨假设 $a_1\leqslant a_2\leqslant a_3$.
又设 $a_1=n+p,a_2=n+q,a_3=n+r$,则 $p\leqslant q\leqslant r$.
如果 $r\geqslant n-1$,可以将 a_3 切成 n 和 r 的两段.
对于长度为 a_1,a_2 及 r 的 3 段木棒继续以上过程. 若一直是这种情况,则可以得到满足条件的切法.

因此,不妨设 $r<n-1$. 于是 $p\leqslant q\leqslant r<n-1$.

将 a_3 切成长度为 n 和 r 的 2 段,将 a_1 切成长度为 $n-1$ 和 $p+1$ 的 2 段,则 $p+1\neq n,r\neq n,r\neq n-1,n\neq n-1$. 若 $p+1=n-1$,则 $n-2=p\leqslant q\leqslant r<n-1$,有 $p=q=r=n-2$.

而 $3(2n-2)=\dfrac{n(n+1)}{2}$,即 $12(n-1)=n^2+n$,没有正整数解,所以不可能.

若 $r\neq p+1$,则将 a_1 和 a_3 各切成 2 段,这 4 段互不相等,于是可将 a_2 切成满足条件的 $n-4$ 段.

若 $r=p+1$,将 r 切成 2 段,其长度为 1 和 p.

若 $p\neq 1$,则将 a_1 和 a_3 共切成 5 段,其长度为 $n,n-1,p+1,p,1$,且互不相等. 于是可将 a_2 切成满足条件的 $n-5$ 段.

若 $p=1$,则 $a_1=n+1,a_2=n+1,a_3=n+2$ 或 $a_1=n+1,a_2=n+2,a_3=$

409

$n+2$.

这时有
$$3n+4 = \frac{n(n+1)}{2}$$
$$3n+5 = \frac{n(n+1)}{2}$$

这两个方程均无正整数解.

由以上,命题成立.

15 求所有整数 $k(k \geq 8)$. 使得 $k^{\frac{1}{k-7}}$ 也是整数.

(瑞典数学奥林匹克,2002 年)

解 当 $k=8$ 时,$8^{\frac{1}{8-7}} = 8$ 是整数;

当 $k=9$ 时,$9^{\frac{1}{9-7}} = 3$ 是整数;

当 $k=10$ 时,$10^{\frac{1}{10-7}} = \sqrt[3]{10}$ 不是整数.

当 $k \geq 11$ 时,我们先证明 $k < 2^{k-7}$.

$k=11$ 时,$11 < 2^{11-7} = 16$,不等式成立;

假设 $k=m(m \geq 11)$ 时,有 $m < 2^{m-7}$,则
$$2^{m+1-7} = 2 \cdot 2^{m-7} > 2m > m+1$$

所以对 $k \geq 11$,$k < 2^{k-7}$ 成立.

于是有 $1 < k^{\frac{1}{k-7}} < 2$. 从而 $k^{\frac{1}{k-7}}$ 不是整数.

因此,满足条件的整数 $k=8,9$.

16 求平面上满足条件:

(1) 三角形的三个顶点都是整点,坐标原点为直角顶点;

(2) 三角形的内心 M 的坐标为 $(96p, 672p)$,其中 p 为质数的直角三角形的个数.

(中国湖南省高中数学竞赛,2003 年)

解 如图 4,$\triangle OAB$ 为满足条件的直角三角形,则直线 OM 的斜率为

$$k_{OM} = \tan \alpha = \frac{672p}{96p} = 7$$

直线 OA 的斜率为

$$k_{OA} = \tan(\alpha - 45°) = \frac{\tan \alpha - 1}{1 + \tan \alpha} = \frac{3}{4}$$

直线 OB 的斜率为

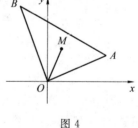

图 4

第 8 章　整点及其他
Chapter 8　Integral Point and Others

$$k_{OB} = -\frac{1}{k_{OA}} = -\frac{4}{3}$$

由此可设 $A(4t,3t)$,$B(-3s,4s)$,其中 $4t,3t,-3s,4s$ 均为整数,又设 $s>0$,$t>0$,则

$$t = 4t - 3t$$
$$s = -3s + 4s$$

都是正整数.

设 $\triangle OAB$ 的内切圆半径为 r,则

$$r = OM \cdot \cos 45° = \frac{\sqrt{2}}{2} \cdot \sqrt{96^2 p^2 + 672^2 p^2} = 5p \times 96$$

又 $OA = 5t$,$OB = 5s$,$AB = 5\sqrt{t^2 + s^2}$

由 $OA + OB - AB = 2r$ 得

$$5\sqrt{t^2 + s^2} = 5t + 5s - 2 \times 2p \times 96$$

两边平方,并整理得

$$ts - 192pt - 192ps + 192^2 p^2 = 2p^2 \times 96^2$$

即

$$(t - 192p)(s - 192p) = 2p^2 \times 96^2 = 2^{11} \times 3^2 \times p^2$$

因为 $5t > 2r$,$5s > 2r$,所以

$$t - 192p > 0$$
$$s - 192p > 0$$

因此,所求三角形的个数等于 $2^{11} \times 3^2 \times p^2$ 的正约数的个数.

当 $p \neq 2,3$ 时,共有 $(1+11)(1+2)(1+2) = 108$ 个直角三角形符合题意.

当 $p = 2$ 时,共有 $(1+13)(1+2) = 42$ 个直角三角形符合题意.

当 $p = 3$ 时,共有 $(1+11)(1+4) = 60$ 个直角三角形符合题意.

17　设 n 是一个正整数,安先写出 n 个不同的正整数,然后艾夫删除了其中的某些数(可以不删,但不能全删),同时在每个剩下的数的前面放上"+"号或"-"号,再对这些数求和,如果计算结果能被 2 003 整除,则艾夫获胜,否则安获胜,问谁有必胜的策略?

(保加利亚国家数学奥林匹克,2003 年)

解　(1) 当 $n \leqslant 10$ 时,安有必胜的策略.

为此,安可以选择数:

$$1, 2, 4, \cdots, 2^{n-1}$$

因为,$n \leqslant 10$,则艾夫得到的结果在 $-1\ 023$ 和 $1\ 023$ 之间,且不等于零,故艾夫必败;

(2) 当 $n \geqslant 11$ 时,$2^n - 1 > 2\,003$.

由于安写出的 n 个不同的正整数的集合有 $2^n - 1$ 个不同的非空子集.

由抽屉原理,一定存在两个子集,例如 A, B,使得 A 中元素的和与 B 中元素的和对于 $\mod 2\,003$ 同余.

如果,艾夫将"+"号放在集合 $A \backslash B$ 中的数的前面,将"-"号放在集合 $B \backslash A$ 中的数的前面,并删去 A, B 中共有的数,此时,艾夫获胜.

18 三角形 ABC 在平面 π 上,周长为 $3 + 2\sqrt{3}$,在平面 π 上与 $\triangle ABC$ 全等的三角形内部或边界上至少有一个整点,证明:$\triangle ABC$ 为等边三角形.

(中国国家集训队培训试题,2004 年)

证 设 $\triangle ABC$ 的边长为 $a \geqslant b \geqslant c$,对应的高分别为 h_a, h_b, h_c,面积为 S.

如图 5,若 $h_a < 1$,则将 $\triangle ABC$ 放在直线 $y = 0$ 及 $y = 1$ 之间,可知 $\triangle ABC$ 内无整点,矛盾!

所以 $h_a \geqslant 1$.

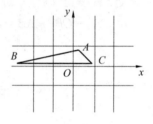

图 5

此时,在 $\triangle ABC$ 的 AB, AC 边上分别取点 D, E,使 $DE \parallel BC$,且 DE、BC 间的距离为 1,有 $DE \geqslant 1$,即

$$\frac{h_a - 1}{h_a} = \frac{DE}{BC} \geqslant \frac{1}{a}$$

否则,若 $DE < 1$. 如图 6(a) 放置 $\triangle ABC$,F、G 为相邻整点,$FG = 1$,D、E 在 F、G 之间.

因为 $a \geqslant b \geqslant c$,故 $\angle ABC$,$\angle ACB$ 均为锐角,因而此时 $\triangle ABC$ 内部除 BC 上有整点外,再无其他整点,若将 $\triangle ABC$ 向上平移足够小的单位,可知 $\triangle ABC$ 内及边界都无整点,矛盾.

所以 $DE \geqslant 1$,即

$$\frac{h_a - 1}{h_a} \geqslant \frac{1}{a}$$

$$h_a \geqslant \frac{a}{a - 1}$$

而 $h_a = \frac{2S}{a}$,所以

$$2S = ah_a \geqslant \frac{a^2}{a - 1} = a - 1 + \frac{1}{a - 1} + 2$$

因为 $a \geqslant b \geqslant c$ 及 $a + b + c = 3 + 2\sqrt{3}$,则

$$a \geqslant 1 + \frac{2\sqrt{3}}{3}$$

第 8 章 整点及其他
Chapter 8 Integral Point and Others

$$a-1 \geqslant \frac{2\sqrt{3}}{3}$$

由周长一定时,等边三角形的面积最大,有

$$S \leqslant \frac{\sqrt{3}}{4}(1+\frac{2\sqrt{3}}{3})^2 = 1+\frac{7\sqrt{3}}{12}$$

于是

$$2(1+\frac{7\sqrt{3}}{12}) \geqslant 2S \geqslant a-1+\frac{1}{a-1}+2 \geqslant$$

$$\frac{2\sqrt{3}}{3}+\frac{1}{\frac{2\sqrt{3}}{3}}+2 =$$

$$2+\frac{7\sqrt{3}}{6} =$$

$$2(1+\frac{7\sqrt{3}}{12})$$

故

$$S = \frac{\sqrt{3}}{4}(1+\frac{2\sqrt{3}}{3})^2$$

可知 △ABC 为等边三角形.

又当 △ABC 为等边三角形时,作 △ABC 的内接正方形 DEFG(如图 6(c)),使 G,F 在 BC 边上,则 DE=1.

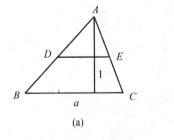
(a)
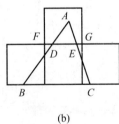
(b)
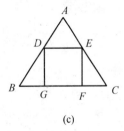
(c)

图 6

对 △ABC 的任何位置,它截网格线,至少有一条长不小于 1,从而 △ABC 内至少有一个整点.

综上,△ABC 为正三角形.

19 已知非负整数 a,b 和

$$Z(a,b) = \frac{(3a)!\ (4b)!}{(a!)^4(b!)^3}$$

最新世界各国数学奥林匹克中的初等数论试题(下)

The Lastest Elementary Number Theory in Mathematical Olympiads in The World

证明:(1) 对所有 $a \leqslant b$, $Z(a,b)$ 是一个非负整数;

(2) 对于任何非负整数 b, 存在无限多个 a, 使 $Z(a,b)$ 不是整数.

(澳大利亚数学奥林匹克决赛,2004 年)

证 (1)

$$Z(a,b) = \frac{(3a)!(4b)!}{(a!)^4(b!)^3} =$$

$$\frac{3(a)!}{a!(2a)!} \cdot \frac{(2a)!}{a!\,a!} \cdot$$

$$\frac{(4b)!}{b!(3b)!} \cdot \frac{(3b)!}{b!(2b)!} \cdot$$

$$\frac{(2b)!}{(b-a)!(a+b)!} \cdot \frac{(a+b)!}{a!\,b!} \cdot (b-a)! =$$

$$C_{3a}^{a} C_{2a}^{a} C_{3b}^{b} C_{2b}^{a+b} C_{a+b}^{b}(b-a)!$$

所以当 $a \leqslant b$ 时,$Z(a,b)$ 是非负整数.

(2) 设 b 是给定的非负整数,p 是一个质数,且 $p > 4b$. 令 $a = p$.

这时 $Z(p,b)$ 恰好存在三个不大于 $3p$ 且能被 p 整除的正整数,即 $3p, 2p, p$. 此外 $(4b)!$ 一定不能被 p 整除,且 p^3 是分子 $(3p)!(4b)!$ 的因子,而 p^4 不是 $(3p)!(4b)!$ 的因子.

另一方面 $p \mid p!$,所以 p^4 一定是分母 $(p!)^4(b!)^3$ 的因子.

于是 $Z(p,b)$ 一定不是一个整数.

20 如果存在 $1,2,\cdots,n$ 的一个排列 $a_1,a_2,\cdots,a_n$,使得 $k+a_k (k=1,2,\cdots,n)$ 都是完全平方数,则称 n 为"好数".

问:在集合 $\{11,13,15,17,19\}$ 中,哪些是"好数",哪些不是"好数"? 说明理由.

(中国女子数学奥林匹克,2004 年)

解 $13,15,17,19$ 是好数,11 不是好数.

(1) 11 只能与 5 相加得 $11+5=4^2$,4 也只能与 5 相加得 $4+5=3^2$,所以不存在满足条件的排列,所以 11 不是好数.

(2) 13 是"好数". 考虑 $1,2,\cdots,13$ 的一个排列.

$a_k: 8,2,13,12,11,10,9,1,7,6,5,4,3$,有

k	1	2	3	4	5	6	7	8	9	10	11	12	13
a_k	8	2	13	12	11	10	9	1	7	6	5	4	3
$k+a_k$	9	4	16	16	16	16	16	9	16	16	16	16	16

(3) 15 是"好数"

第8章 整点及其他
Chapter 8 Integral Point and Others

k	1	2	3	4	5	6	7	8	9	10	11	12	13	14	15
a_k	15	14	13	12	11	10	9	8	7	6	5	4	3	2	1
$k+a_k$	16	16	16	16	16	16	16	16	16	16	16	16	16	16	16

(4) 17 是"好数"

k	1	2	3	4	5	6	7	8	9	10	11	12	13	14	15	16	17
a_k	3	7	6	5	4	10	2	17	16	15	14	13	12	11	1	9	8
$k+a_k$	4	9	9	9	9	10	9	25	25	25	25	25	25	25	16	25	25

(5) 19 是"好数"

k	1	2	3	4	5	6	7	8	9	10	11	12	13	14	15	16	17	18	19
a_k	8	7	6	5	4	3	2	1	16	15	14	13	12	11	10	9	19	18	17
$k+a_k$	9	9	9	9	9	9	9	25	25	25	25	25	25	25	25	36	36	36

21 设 $a_1, a_2, \cdots, a_n$ 是 n 个整数,其最大公因子是 1. 设 S 是具有以下性质的整数的集合:

(1) 对于 $i=1,2,\cdots,n, a_i \in S$;

(2) 对于 $i,j=1,2,\cdots,n(i,j$ 不一定相同$),a_i - a_j \in S$;

(3) 对于任何整数 $x,y \in S$,如果 $x+y \in S$,则 $x-y \in S$.

证明: S 一定等于全部整数的集合.

(美国数学奥林匹克,2004 年)

证 不妨假定任何一定 a_i 都不等于 0.

由 (2),
$$0 = a_1 - a_1 \in S \qquad ①$$

由 (2),(3),若 $s \in S$,则
$$-s = 0 - s \in S \qquad ②$$

于是如果 $x,y \in S$,如果 $x-y \in S$,则
$$x+y \in S \qquad ③$$

用数学归纳法可以证明:当 $s \in S$,对于 $m \in \mathbf{N}^*$,有 $ms \in S'$,且对 $m \in \mathbf{Z}_-$,$ms \in S'$.

因此,对于 $i=1,2,\cdots,n$,集合 S 包含了 a_i 的所有倍数. ④

下面证明对于 $i,j \in \{1,2,\cdots,n\}$,对于任何的整数 c_i, c_j,有
$$c_i a_i + c_j a_j \in S \qquad ⑤$$

若 $|c_i| \leqslant 1, |c_j| \leqslant 1$,即 $c_i = 1, 0, -1$ 且 $c_j = 1, 0, -1$ 时,由 ②、③ 及条件 (2) 可知 ⑤ 成立.

下面假定 $\max\{|c_i|, |c_j|\} \geqslant 2$.

不失一般性,可假定 $c_i \geqslant 2$,于是有
$$c_i a_i + c_j a_j = a_i + [(c_i - 1)a_i + c_j a_j]$$

最新世界各国数学奥林匹克中的初等数论试题（下）

The Lastest Elementary Number Theory in Mathematical Olympiads in The World

由于 $a_i \in S$，由归纳假设
$$(c_i - 1)a_i + c_j a_j \in S$$
再由归纳假设
$$(c_i - 2)a_i + c_j a_j \in S$$
于是，由 ③ 可知
$$c_i a_i + c_j a_j \in S$$

因此，由数学归纳法，证明 ⑤ 成立.

设 e_i 是使 2^{e_i} 能整除 a_i 的最大整数.

不失一般性，可假定
$$e_1 \geqslant e_2 \geqslant \cdots \geqslant e_n$$

设 d_i 是 $a_1, a_2, \cdots, a_n$ 的最大公约数，我们对 i 用数学归纳法证明 S 包含 d_i 的所有倍数.

当 $i = n$ 时，就是所需要的结果.

对于 $i = 1, i = 2$，可由 ④，⑤ 导出.

假定对于 $2 \leqslant i < n$，S 包含 d_i 的所有倍数.

设 T 是满足以下条件的整数 m 的集合：m 被 d_i 整除，且对任何整数 r，$m + ra_{i+1} \in S$.

则由 ⑤ 知，T 包含 a_i 的任何倍数.

由条件(3)，如果 $t \in T$，且 S 可以被 d_i 整除，满足 $t - s \in T$，则 $t + s \in T$，取 $t = s = d_i$，则 $2d_i \in T$.

再利用数学归纳法可得，对任何整数 m，$2md_i \in T$.

由 a_i 的排列方式，能整除 d_i 的 2 的最高次幂一定大于或等于能整除 a_{i+1} 的 2 的最高次幂，即知 $\dfrac{a_{i+1}}{d_{i+1}}$ 是个奇数.

因此，可以找到两个整数 f, g，其中 f 是偶数，使得 $fd_i + ga_{i+1} = d_{i+1}$（如果需要得到偶数 f，可用 $(f - \dfrac{a_{i+1}}{d_{i+1}}, g + \dfrac{d_i}{d_{i+1}})$ 替代 (f, g)）

于是，对任何整数 r，都有 $rfd_i \in T$，故 $rd_{i+1} \in T$.

由以上，S 包含 d_i 的所有倍数，从而 S 包含了全部整数.

22 设 p 是一个奇质数，n 是一个正整数，在坐标平面上的一个直径为 p^n 的圆周上有 8 个不同的整点.

证明：在这 8 个点中，存在 3 个点构成的三角形的边长的平方是整数，且能被 p^{n+1} 整除.

（第 45 届国际数学奥林匹克预选题，2004 年）

第8章 整点及其他
Chapter 8 Integral Point and Others

解 设 A,B 是两个不同的整点,则 $|AB|^2$ 是正整数.

若给定的质数 p,满足 $p^k \| |AB|^2$,且 $p^{k+1} \nmid |AB|^2$,则记 $\alpha(AB)=k$.

若 3 个不同的整点构成的三角形的面积为 S,则 $2S$ 一定是正整数.

由海伦公式可得 $\triangle ABC$ 的面积 S 满足

$$2|AB|^2|BC|^2+2|BC|^2|CA|^2+2|CA|^2|AB|^2-|AB|^4-|BC|^4-|CA|^4=16S^2 \qquad ①$$

由 $S=\dfrac{abc}{4R}$ 得

$$|AB|^2|BC|^2|CA|^2=(2S)^2 p^{2n} \qquad ②$$

先证明两个引理.

引理 1 若 A,B,C 是直径为 p^n 的圆周上的三个整点,则 $|AB|$,$|BC|$,$|CA|$ 中 p 的最高次幂或者有一个大于 n,或者有两个等于 n,一个等于 0.

即 $\alpha(AB),\alpha(BC),\alpha(CA)$ 中,或者有一个大于 n,或者按照某种排列是 n,$n,0$.

引理 1 的证明:设 $m=\min\{\alpha(AB),\alpha(BC),\alpha(CA)\}$.

由式 ① 可得

$$p^{2m} \mid (2S)^2$$

则

$$p^m \mid 2S$$

由式 ② 可得

$$\alpha(AB)+\alpha(BC)+\alpha(CA) \geqslant 2m+2n \qquad ③$$

若 $\alpha(AB),\alpha(BC),\alpha(CA)$ 中有一个大于 n,则引理 1 得证;

若 $\alpha(AB)\leqslant n,\alpha(BC)\leqslant n,\alpha(CA)\leqslant n$,则

$$\alpha(AB)+\alpha(BC)+\alpha(CA) \leqslant m+2n \qquad ④$$

由 ③,④ 得

$$m+2n \geqslant 2m+2n$$

即 $m\leqslant 0$,又 $m\geqslant 0$,于是 $m=0$.

因此 $\alpha(AB),\alpha(BC),\alpha(CA)$ 中有一个等于 0,有两个等于 n.

引理 1 得证.

引理 2 在一个直径为 p^n 的圆周上的任意四个整点中,存在两个整点 P,Q,使得

$$\alpha(PQ)\geqslant n+1$$

引理 2 的证明:用反证法.

假设对于这个圆上依次排列的四个整点 A,B,C,D 结论不正确.

由 A,B,C,D 确定的 6 条线段中,有两条线段的端点不同,不妨设为 AB,

CD,且满足 $\alpha(AB)=0, \alpha(CD)=0$,根据引理 1,另外 4 条线段满足
$$\alpha(BC)=\alpha(DA)=\alpha(AC)=\alpha(BD)=n$$
因此存在不能被 p 整除的正整数 a,b,c,d,e,f 使得
$$|AB|^2=a$$
$$|CD|^2=c$$
$$|BC|^2=bp^n$$
$$|DA|^2=dp^n$$
$$|AC|^2=ep^n$$
$$|BD|^2=fp^n$$

由于四边形 $ABCD$ 是圆内接四边形,由托勒密定理有(图 7)
$$|AB|\cdot|CD|+|BC|\cdot|DA|=|AC|\cdot|BD|$$
即有
$$\sqrt{ac}+p^n\sqrt{bd}=p^n\sqrt{ef}$$
$$\sqrt{ac}=p^n(\sqrt{ef}-\sqrt{bd})$$
$$ac=p^{2n}(\sqrt{ef}-\sqrt{bd})^2$$

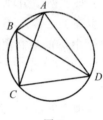

图 7

于是 $(\sqrt{ef}-\sqrt{bd})^2$ 是有理数.
由于
$$(\sqrt{ef}-\sqrt{bd})^2=ef+bd-2\sqrt{bdef}$$
如果左边是有理数,则 $\sqrt{bdef}$ 是一个整数.
于是由式 ⑤ 可得,ac 能被 p^{2n} 整除,与 $\alpha(AB)=0, \alpha(CD)=0$ 矛盾.
这表明 $\alpha(AB)=0, \alpha(CD)=0, \alpha(BC)=\alpha(DA)=\alpha(AC)=\alpha(BD)=n$ 不成立. 即一定有两个整点 P,Q,使得 $\alpha(PQ) \geqslant n+1$.

引理 2 得证.下面继续证明原题.

设直径为 p^n 的圆周上的 8 个整点为 $A_1, A_2, \cdots, A_8$.

将满足 $\alpha(A_iA_j) \geqslant n+1$ 的线段染成黑色,顶点 A_i 引出的黑色线段的数目称为 A_i 的次数.

下面分情况讨论:

(1) 若有一个点的次数不超过 1.

不妨设为 A_8,则至少有 6 个点与 A_8 所连的线段不是黑色的,设这 6 个点为 $A_1, A_2, \cdots, A_6$(图 8(a) 中的虚线).

由拉姆赛定理,一定存在三个点(设为 A_1, A_2, A_3),使得 $\triangle A_1A_2A_3$ 的三边或者全是黑的,或者全不是黑的.

若 $\triangle A_1A_2A_3$ 的三边全是黑的,则满足题目要求.

第 8 章　整点及其他
Chapter 8　Integral Point and Others

$\triangle A_1 A_2 A_3$ 的三边全不是黑的,则四个点 A_1, A_2, A_3, A_8 的连线中没有一条是黑的(图 8(a)),与引理 2 矛盾.

(2) 若所有的顶点的次数均为 2.

于是黑色线段被分成若干条回路,如果有一条由 3 条黑色线段组成的回路,则满足题目要求;

如果所有的回路至少有 4 条,且没有由 3 条黑色线段组成的回路,则有两种可能:一种可能是有两条长度为 4 的回路,设为 $A_1 A_2 A_3 A_4$ 和 $A_5 A_6 A_7 A_8$(图 8(b)),一种可能是长度为 8 的回路(图 8(c)).

对于这两种情形,四个点 A_1, A_3, A_5, A_7 的连线中没有一条是黑的,与引理 2 矛盾.

(3) 若有一个点的次数至少为 3.

且设 $A_1 A_2, A_1 A_3, A_1 A_4$ 为黑色线段(图 8(d)),只要证明在线段 $A_2 A_3$, $A_3 A_4, A_4 A_2$ 至少有一条是黑色的即可.

若 $A_2 A_3, A_3 A_4, A_4 A_2$ 都不是黑色的,由引理 1 得 $\alpha(A_2 A_3), \alpha(A_3 A_4), \alpha(A_4 A_2)$ 按照某种排列是 $n, n, 0$.

不妨假设 $\alpha(A_2 A_3) = 0$,设 $\triangle A_1 A_2 A_3$ 的面积为 S,由式 ① 可知 $2S$ 不能被 p 整除,而 $\alpha(A_1 A_2) \geqslant n+1, \alpha(A_1 A_3) \geqslant n+1$,由式 ② 可知,$2S$ 又能被 p 整除,出现矛盾.

所以 $A_2 A_3, A_3 A_4, A_4 A_2$ 至少有一条是黑色的,即出现黑色三角形.

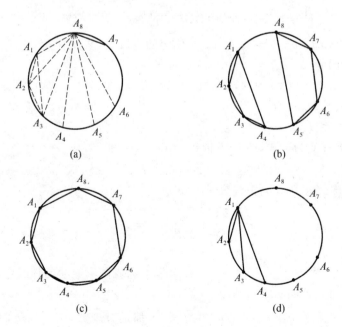

图 8

23 对于整系数二元多项式 $P(x,y)$ 和 $Q(x,y)$ 及整数 a_0 和 b_0,序列 $\{a_n\}$ 和 $\{b_n\}$ 定义为

$$a_{n+1}=P(a_n,b_n), b_{n+1}=Q(a_n,b_n) \quad (n=0,1,2,\cdots)$$

假定 $(a_1,b_1) \neq (a_0,b_0)$,但存在某个正整数 k,使得 $(a_k,b_k)=(a_0,b_0)$.

证明:由两点 (a_n,b_n) 和 (a_{n+1},b_{n+1}) 确定的线段上的整点的个数不依赖于 n.

(日本数学奥林匹克,2005 年)

证 用 l_n 表示由两点 (a_n,b_n) 与 (a_{n+1},b_{n+1}) 确定的线段(包括端点)上整点的个数.

显然,$a_n + \dfrac{a_{n+1}-a_n}{l_n-1}$ 和 $b_n + \dfrac{b_{n+1}-b_n}{l_n-1}$ 都为整数

则有

$$a_n \equiv a_{n+1} (\bmod (l_n-1))$$
$$b_n \equiv b_{n+1} (\bmod (l_n-1))$$

这样

$$a_{n+1} = P(a_n,b_n) \equiv P(a_{n+1},b_{n+1}) = a_{n+2} (\bmod (l_n-1))$$

同理

$$b_{n+1} \equiv b_{n+2} (\bmod (l_n-1))$$

所以,l_n 个整点

$$(a_{n+1} + \dfrac{i}{l_n-1}(a_{n+2}-a_{n+1}), b_{n+1} + \dfrac{i}{l_n-1}(b_{n+2}-b_{n+1}))(i=0,1,\cdots,l_n-1)$$

在由点 (a_{n+1},b_{n+1}) 与 (a_{n+2},b_{n+2}) 确定的线段上,从而有 $l_{n+1} \geq l_n$.

另外,因为 $(a_k,b_k)=(a_0,b_0)$

$$(a_{k+1},b_{k+1})=(P(a_k,b_k),Q(a_k,b_k))=(P(a_0,b_0),Q(a_0,b_0))=(a_1,b_1)$$

所以 $l_k=l_0$.

因此 $l_0 \leq l_1 \leq \cdots \leq l_k = l_0$.

从而上式变为等式,即 l_n 不依赖于 n.

24 求所有的正整数 x,y,z,使得

$$\sqrt{\dfrac{2\,005}{x+y}} + \sqrt{\dfrac{2\,005}{y+z}} + \sqrt{\dfrac{2\,005}{z+x}}$$

是整数.

(保加利亚国家数学奥林匹克,2005 年)

解 首先证明一个引理.

引理 若 p,q,r 和 $s=\sqrt{p}+\sqrt{q}+\sqrt{r}$ 都是有理数,则 $\sqrt{p},\sqrt{q},\sqrt{r}$ 也是有理数.

第 8 章 整点及其他
Chapter 8 Integral Point and Others

引理的证明:由于
$$(\sqrt{p}+\sqrt{q})^2 = (s-\sqrt{r})^2$$
则
$$2\sqrt{pq} = s^2+r-p-q-2s\sqrt{r}$$
再平方得
$$4pq = (s^2+r-p-q)^2 + 4s^2 r - 4(s^2+r-p-q)s\sqrt{r}$$
由 p,q,r,s 是有理数,则 $\sqrt{r}$ 是有理数.

同理 $\sqrt{p},\sqrt{q}$ 是有理数.

现在回到原题.

假设 x,y,z 是满足条件的正整数,则由引理,$\sqrt{\dfrac{2\,005}{x+y}}, \sqrt{\dfrac{2\,005}{y+z}}, \sqrt{\dfrac{2\,005}{z+x}}$ 都是有理数.

设 $\sqrt{\dfrac{2\,005}{x+y}} = \dfrac{a}{b}, (a,b)=1, a,b \in \mathbf{N}^*$.

于是
$$2\,005 b^2 = (x+y)a^2$$
从而
$$a^2 \mid 2\,005$$
于是
$$a^2 = 1, a = 1$$
即
$$x+y = 2\,005 b^2$$
同理可有 $x+z = 2\,005 c^2, y+z = 2\,005 d^2, b,c,d \in \mathbf{N}^*$.

代入原表达式知 $\dfrac{1}{b} + \dfrac{1}{c} + \dfrac{1}{d}$ 是正整数.

从而
$$\dfrac{1}{b} + \dfrac{1}{c} + \dfrac{1}{d} \leqslant 3$$

(1) 若 $\dfrac{1}{b} + \dfrac{1}{c} + \dfrac{1}{d} = 3$,则
$$b = c = d = 1$$
$$x+y = y+z = z+x = 2\,005$$
没有正整数解.

(2) 若 $\dfrac{1}{b} + \dfrac{1}{c} + \dfrac{1}{d} = 2$,则 b,c,d 中有一个等于 1,另两个等于 2.

不妨设 $b=1, c=d=2$,则

421

$$\begin{cases} x+y=2\,005 \\ x+z=4\,010 \\ z+y=4\,010 \end{cases}$$

无正整数解.

(3) 若 $\dfrac{1}{b}+\dfrac{1}{c}+\dfrac{1}{d}=1$,不妨设 $b\geqslant c\geqslant d>1$,则有

$$\dfrac{3}{d}\geqslant \dfrac{1}{b}+\dfrac{1}{c}+\dfrac{1}{d}=1,\quad d\leqslant 3$$

因此 $d=2$ 或 3.

若 $d=3$,则 $b=c=3$

$$\begin{cases} x+y=2\,005\times 9 \\ x+z=2\,005\times 9 \\ y+z=2\,005\times 9 \end{cases}$$

无正整数解.

若 $d=2$,则 $c>2$,且 $\dfrac{2}{c}\geqslant \dfrac{1}{b}+\dfrac{1}{c}=\dfrac{1}{2}$,于是 $c=3$ 或 4.

若 $c=3$,则 $b=6$

$$\begin{cases} x+y=2\,005\times 6^2 \\ x+z=2\,005\times 3^2 \\ y+z=2\,005\times 2^2 \end{cases}$$

无整数解.

若 $c=4$,则 $b=4$,可解得 $x=14\times 2\,005=28\,070, y=z=2\times 2\,005=4\,010$. 满足条件.

因此,x,y,z 中一个为 28 070,另两个为 4 010.

25 设 P 表示由 2 005 个不同的质数组成的集合,A 表示由 P 中的 1 002 个元素的积得到的所有整数的集合,B 表示由 P 中的 1 003 个元素的积得到的所有整数的集合.

求一个一一映射 $f:A\to B$,满足对所有的 $a\in A, a\mid f(a)$.

(韩国数学奥林匹克,2005 年)

解 设 A 是恰有 1 002 项是 1 而其他为 0 的所有序列 $a=(a_1,a_2,\cdots,a_{2\,005})$ 的集合,B 是恰有 1 003 项是 1 而其他为 0 的所有序列 $a=(a_1,a_2,\cdots,a_{2\,005})$ 的集合.

则从 A 到 B 的函数应满足:对于所有的 $a\in A, f(a)$ 恰有一个位置不同于 a.

对于 $a=(a_1,a_2,\cdots,a_{2\,005})$,设

第 8 章 整点及其他
Chapter 8　Integral Point and Others

$$k \equiv \sum_{a_i=1} i \pmod{1\,003} \quad (k \in \{1,2,\cdots,1\,003\})$$

令 $f: A \to B$，将 a 中右数第 k 个 0 改为 1，得到 $f(a)$.

记 $f(a)$ 中 $a_{i_j} = 1 (j=1,2,\cdots,1\,003)$，其中 a 中第 i_{j_0} 个数是 0.

由 f 的定义有

$$k = (2\,006 - i_{j_0}) - (1\,003 - j_0) = \sum_{j=1}^{1\,003} i_j - i_{j_0} \pmod{1\,003}$$

即

$$j_0 \equiv \sum_{j=1}^{1\,003} i_j \pmod{1\,003}$$

故 f 是单射.

又因为 $|A| = |B|$，因此 f 是一一映射.

26 在平面上的每个整点 $(x,y)(x,y \in \mathbf{Z})$ 处放一盏灯. 当时刻 $t=0$ 时，仅有一盏灯亮着. 当 $t=1,2,\cdots$ 时，满足下列条件的灯打开：至少与一盏亮着的灯的距离为 $2\,005$. 证明：所有的灯都能被打开.

（德国数学奥林匹克，2005 年）

证 设最初亮灯为 0. 对某点 A，设 $\overrightarrow{OA} = (x,y)$.
$$2\,005^2 = 1\,357^2 + 1\,476^2$$
$$(1\,357, 1\,476) = (1\,357, 119) = (1\,357, 17 \times 7) = 1$$

设 $\vec{a} = (1\,357, 1\,476), \vec{b} = (1\,476, 1\,357), \vec{c} = (1\,357, -1\,476), \vec{d} = (1\,476, -1\,357)$.

若在时刻 t 灯 A 被点亮，则在下一时刻灯 $A+\vec{a}, A+\vec{b}, A+\vec{c}, A+\vec{d}$ 分别被点亮.

因此，只须证明对任意的 A，$\exists p,q,r,s \in \mathbf{Z}$，使

$$\overrightarrow{OA} = p\vec{a} + q\vec{b} + r\vec{c} + s\vec{d} \qquad ①$$

成立.

即证

$$\overrightarrow{OA} = ((p+r)1\,357 + (q+s)1\,476, (q-s)1\,357 + (p-r)1\,476)$$

于是需证

$$\overrightarrow{OA} = (x,y) = (1\,357m + 1\,476n, 1\,357u + 1\,476v)$$

$$\begin{cases} x = 1\,357m + 1\,476n \\ y = 1\,357u + 1\,476v \end{cases}$$

其中 $m = p+r, n = q+s, u = q-s, v = p-r$.

因为 $(1\,357, 1\,476) = 1$，

所以，由裴蜀定理可知，$\exists m_0, n_0, u_0, v_0 \in \mathbf{Z}$，满足

最新世界各国数学奥林匹克中的初等数论试题（下）
The Lastest Elementary Number Theory in Mathematical Olympiads in The World

令

$$\begin{cases} x = 1\ 357m_0 + 1\ 476n_0 \\ y = 1\ 357u_0 + 1\ 476v_0 \end{cases}$$

$$\begin{cases} m = m_0 + 1\ 476k \\ n = n_0 - 1\ 357k \end{cases} (k \in \mathbf{Z})$$

$$\begin{cases} u = u_0 + 1\ 476l \\ v = v_0 - 1\ 357l \end{cases} (l \in \mathbf{Z})$$

$2 \mid (m-v) \Leftrightarrow 2 \mid (m_0 - v_0 + 1\ 476k + 1\ 357l) \Leftrightarrow 2 \mid (m_0 - v_0 + l)$ ②

$2 \mid (u-n) \Leftrightarrow 2 \mid (u_0 - n_0 + 1\ 476l + 1\ 357k) \Leftrightarrow 2 \mid (u_0 - n_0 + k)$ ③

显然,存在 $k, l \in \mathbf{Z}$ 满足式②,③. 且 $m-v, m+v, n-u, n+u$ 都是偶数. 为此,令

$$\begin{cases} p + r = m \\ p - r = v \end{cases}$$

$$\begin{cases} q + s = n \\ q - s = u \end{cases}$$

则

$$\begin{cases} p = \dfrac{m+v}{2} \\ r = \dfrac{m-v}{2} \end{cases}$$

$$\begin{cases} q = \dfrac{n+u}{2} \\ s = \dfrac{n-u}{2} \end{cases}$$

显然, p, q, r, s 是整数,且满足式①. 从而整点上的所有的灯都能被打开.

27 设集合 $M = \{n \mid n!$ 可以表示为 $(n-3)$ 个连续正整数之积,且 $n > 4\}$. 证明 M 是有限集,并求出 M 的所有元素.

（全国高中数学联赛辽宁省初赛,2006 年）

解 设 $n \in M$, 则 $n! = 1 \times 2 \times \cdots \times n = m(m+1)\cdots(m+n-4)$

若 $m \leqslant 4$ 时,则 $m(m+1)\cdots(m+n-4) \leqslant 4 \times 5 \times \cdots \times n < n!$

故必有 $m \geqslant 5$.

因为

$$m(m+1)\cdots(m+n-5) \geqslant 5 \times 6 \times \cdots \times n$$

故

$$m + n - 4 \leqslant 4! = 24$$
$$n \leqslant 28 - m \leqslant 23$$

第 8 章 整点及其他
Chapter 8 Integral Point and Others

所以 M 是有限集.

当 $m=5$ 时,$n=23,23!=5\times 6\times\cdots\times 24$.

当 $m\geqslant 6$ 时,由于 $5!=120$ 不能表为 2 个连续正整数之积

故 $m(m+1)\cdots(m+n-4)$ 至少有 3 个因子.

因为
$$m(m+1)\cdots(m+n-6)\geqslant 6\times 7\times\cdots\times n$$
所以
$$(m+n-5)(m+n-4)\leqslant 5!=120<11\times 12$$
由此可得
$$m+n\leqslant 15$$

当 $m\geqslant n$ 时,得 $n\leqslant 7$,当 $m<n$ 时,得 $m\leqslant 7$;

所以,$5\leqslant m\leqslant 7$ 或 $n\leqslant 7$.

经验证,
$$23!=5\times 6\times\cdots\times 24$$
$$6!=8\times 9\times 10$$
$$7!=7\times 8\times 9\times 10$$

所以
$$M=\{6,7,23\}$$

28 证明:存在绝对值都大于 $1\ 000\ 000$ 的 4 个整数 a,b,c,d,满足
$$\frac{1}{a}+\frac{1}{b}+\frac{1}{c}+\frac{1}{d}=\frac{1}{abcd}$$

(俄罗斯数学奥林匹克,2006 年)

证 对正整数 n,设 $n>1\ 000\ 000$.

令 $a=-n,b=n+1,c=n(n+1)+1,d=n(n+1)[n(n+1)+1]+1$.

由等式 $\frac{1}{m}-\frac{1}{m+1}=\frac{1}{m(m+1)}$ 得
$$\frac{1}{a}+\frac{1}{b}=\frac{-n+n+1}{ab}=\frac{1}{ab}$$
$$\frac{1}{ab}+\frac{1}{c}=\frac{c+ab}{abc}=\frac{[n(n+1)+1]+[-n(n+1)]}{abc}=\frac{1}{abc}$$
$$\frac{1}{abc}+\frac{1}{d}=\frac{d+abc}{abcd}=\frac{n(n+1)[n(n+1)+1]+1-n(n+1)[n(n+1)+1]}{abcd}=\frac{1}{abcd}$$

于是
$$\frac{1}{a}+\frac{1}{b}+\frac{1}{c}+\frac{1}{d}=\frac{1}{ab}+\frac{1}{c}+\frac{1}{d}=\frac{1}{abc}+\frac{1}{d}=\frac{1}{abcd}$$

所以存在绝对值都大于 1 000 000 的 4 个整数 a,b,c,d,满足
$$\frac{1}{a}+\frac{1}{b}+\frac{1}{c}+\frac{1}{d}=\frac{1}{abcd}$$

29 设 $k(k\geqslant 3)$ 是奇数,证明:存在一个次数为 k 的非整系数的整值多项式 $f(x)$,具有下面的性质:

(1) $f(0)=0, f(1)=1$;

(2) 有无穷多个正整数 n,使得,若方程
$$n=f(x_1)+f(x_2)+\cdots+f(x_s)$$
有整数解 $x_1,x_2,\cdots,x_s$,则 $s\geqslant 2^k-1$.

(若对每个整数 x,都有 $f(x)\in \mathbf{Z}$,则称 $f(x)$ 为整值多项式)

(中国国家集训队选拔考试,2006 年)

证 首先证明一个引理:

引理 存在一个 k 次整值多项式 $f(x)$,系数不全是整数,满足
$$f(0)=0, f(1)=1$$
以及
$$f(x)\equiv \begin{cases} 0, \pmod{2^k}, x \text{ 为偶数}; \\ 1, \pmod{2^k}, x \text{ 为奇数}. \end{cases}$$

引理的证明:满足 $f(0)=0,f(1)=1$ 的 k 次整值多项式 $f(x)$ 可表示为
$$f(x)=a_k F_k(x)+a_{k-1}F_{k-1}(x)+\cdots+a_1 F_1(x) \quad ①$$

其中,$F_i(x)=\dfrac{x(x-1)\cdots(x-i+1)}{i!}$,$a_k,a_{k-1},\cdots,a_1$ 为整数,$a_1=1$.

易证
$$F_i(x+2)=F_i(x)+2F_{i-1}(x)+F_{i-2}(x)$$

所以,由式 ① 有
$$f(x+2)-f(x)=2a_k F_{k-1}(x)+\sum_{i=1}^{k-1}(2a_i+a_{i+1})F_{i-1}(x) \quad ②$$

现在取 $a_k,a_{k-1},\cdots,a_2$ 满足
$$\begin{cases} 2a_k=2^k \\ 2a_i+a_{i+1}=0 \quad (1\leqslant i\leqslant k-1) \end{cases}$$

由此解得 $a_k=2^{k-1}, a_{k-1}=-2^{k-2}, a_{k-2}=2^{k-3},\cdots,a_2=-2,a_1=1$.

从而式 ② 可化为
$$f(x+2)-f(x)=2^k F_{k-1}(x)$$

由此得,对所有整数 x,有
$$f(x+2)-f(x)\equiv 0 \pmod{2^k} \quad ③$$

由于 $f(0)=0,f(1)=1$,故由式 ③ 推出多项式
$$f(x)=2^{k-1}F_k(x)-2^{k-2}F_{k-1}(x)+\cdots-2F_2(x)+F_1(x) \quad ④$$

因为 x^k 的系数是 $\dfrac{2^{k-1}}{k!}$，当 $k \geqslant 3$ 时，不是整数．所以式 ④ 满足引理要求.

下面证明原题．

取 $n \equiv -1 \pmod{2^k}$．

若有整数 $x_1, x_2, \cdots, x_s$ 使得
$$f(x_1) + f(x_2) + \cdots + f(x_s) = n$$
则有
$$f(x_1) + f(x_2) + \cdots + f(x_s) \equiv -1 \pmod{2^k} \qquad ⑤$$

由引理知，式 ⑤ 中的每一项对 $\mod 2^k$ 是 0 或是 1，所以至少有 $2^k - 1$ 项，即 $s \geqslant 2^k - 1$．

30 设 S 是一个包含 2 006 个数的集合．若子集 T 中的任意两个数 u, v（允许相同），都有 $u + v$ 不属于 T，则称 T 是"坏的"．证明：

(1) 若 $S = \{1, 2, \cdots, 2\,006\}$，则 S 的每个坏的子集最多有 1 003 个元素；

(2) 若 S 是一个包含任意 2 006 个正整数的集合，存在 S 的一个坏的子集，其中有 669 个元素．

（越南数学奥林匹克，2006 年）

解 (1) 设 $A = \{a_1, a_2, \cdots, a_x\}$, $A \subseteq \{1, 2, \cdots, 2\,006\}$, A 是 S 的一个"坏的"子集，$a_1 < a_2 < \cdots < a_x$．

考虑集合 B
$$B = \{a_2 - a_1, a_3 - a_1, \cdots, a_x - a_1\}$$
易知 $B \subseteq A$，由于 A 是一个"坏的"子集，则 $A \cap B = \varnothing$．

从而
$$x + x - 1 \leqslant 2\,006$$
于是 $x \leqslant 1\,003$．

因此，A 最多有 1 003 个元素．

(2) 设 $S = \{a_1, a_2, \cdots, a_{2\,006}\}$, $a_i \in \mathbf{N}^*$, $i = 1, 2, \cdots, 2\,006$．

考虑 $\prod\limits_{i=1}^{2\,006} a_i$ 的所有奇因子的积 P．

易知，存在一个质数 $p(p = 3r + 2)$，满足 p 是 $3P + 2$ 的因子，且与每一个 $a_i(i = 1, 2, \cdots, 2\,006)$ 互质．

对每一个 $a \in S$，则数列
$$a, 2a, \cdots, (p-1)a$$
对 $\mod p$ 的余数是 $1, 2, \cdots, p-1$ 的一个排列．

所以存在一个集合 A_a 是 $1, 2, \cdots, p-1$ 中 $r+1$ 个整数 x，且 $xa \pmod p$ 属于

$$A = \{r+1, r+2, \cdots, 2r+1\}$$

对每个 $x \in \{1, 2, \cdots, p-1\}$,设

$$S_x = \{a \in S \mid xa \in A\}$$

则有

$$|S_1| + |S_2| + \cdots + |S_{p-1}| = \sum_{a \in S} |A_a| = 2\,006(r+1)$$

于是,存在一个数 x_0,使得

$$|S_{x_0}| \geqslant \frac{2\,006(r+1)}{3r+1} > 668$$

设 B 是一个包含 S_{x_0} 的 669 个元素的子集,则 B 是 S 的一个坏子集.
这是因为,对任意的 $u, v, w \in B$(u 可以等于 v),有

$$x_0 u, x_0 v, x_0 w \in A$$

且

$$x_0 u + x_0 v \not\equiv x_0 w \pmod{p}$$

因此

$$u + v \neq w$$

31 证明:存在无限多个正整数对 (m, n),使得 $\dfrac{m+1}{n} + \dfrac{n+1}{m}$ 为正整数.

(英国数学奥林匹克,2007 年)

证 首先,正整数对 $(m, n) = (1, 2)$,满足条件.
假设 $m, n \in \mathbf{N}^*$ 满足

$$\frac{m+1}{n} + \frac{n+1}{m} = k \quad (k \in \mathbf{N}^*)$$

不失一般性,设 $m < n$.
则

$$k = \frac{1}{n}\left[\frac{n(n+1)}{m} + m + 1\right]$$

$$nk = \frac{n(n+1)}{m} + m + 1$$

于是,由 nk 和 m 是整数,则 $\dfrac{n(n+1)}{m}$ 是整数.
设 $r = \dfrac{n(n+1)}{m}$,则

$$k = \frac{1}{n}(r + m + 1) = \frac{1}{n}\left[r + \frac{n(n+1)}{r} + 1\right]$$

故

$$k = \frac{r+1}{n} + \frac{n+1}{r}$$

第 8 章　整点及其他
Chapter 8　Integral Point and Others

因此,若正整数对 (m,n) 满足题设条件,则正整数对 (n,r) 也满足题设条件.

又
$$n > m, \quad mr = n(n+1)$$

则
$$nr > mr = n(n+1) = n^2 + n > n^2$$

于是
$$r > n$$

又
$$n > m$$

因此
$$n + r > m + n$$

综合以上,若正整数对 $(m,n)(m<n)$ 为满足题设条件的一对数,则可生成一个新的数对 (n,r),而且该数对的两个元素之和大于原来的数对的两个元素之和.

由于 $(m,n)=(1,2)$ 是一对满足条件的数对,则可由此生成无限多个正整数对满足题设条件.

32　将整数集 **Z** 划分为若干个子集,使得每个整数恰属于其中一个子集并且每个子集中含有无穷多个元素. 当

(1) **Z** 被划分为有限个子集时;

(2) **Z** 被划分为无穷多个子集时.

能否保证存在一个子集,其中含有任意正整数的倍数?

(拉脱维亚数学奥林匹克,2007 年)

解　(1) 能.

反之,若存在有限个子集 $A_1, A_2, \cdots, A_m$ 不满足条件. 则存在 $a_i(i=1,2,\cdots,m)$ 使得对任意的 $n(n \in A_i), a_i \nmid n$.

下面考虑 $a = a_1 a_2 \cdots a_m$.

对任意的 $a_i(i=1,2,\cdots,m), a_i \mid a$,故 $a \in A_i$,这与 $a \in \mathbf{Z}$ 矛盾.

所以结论成立.

(2) 不能.

$$A_1 = \{0\} \cup \{n \mid 2 \nmid n, n \in \mathbf{Z}\}$$
$$A_2 = \{n \mid 3 \nmid n, \text{且 } n \notin A_1, n \in \mathbf{Z}\}$$
$$A_3 = \{n \mid 5 \nmid n, \text{且 } n \notin A_1 \cup A_2, n \in \mathbf{Z}\}$$
$$\vdots$$
$$A_k = \{n \mid a_k \nmid n, \text{且 } n \notin A_1 \cup A_2 \cup \cdots \cup A_{k-1}, n \in \mathbf{Z}\}$$

最新世界各国数学奥林匹克中的初等数论试题(下)

The Lastest Elementary Number Theory in Mathematical Olympiads in The World

⋮

其中 a_k 表示从小到大排列的第 k 个质数.

这一组集合不满足条件.

33 证明:对于任意正整数 n,$\sqrt{8\cdot\underbrace{00\cdots01}_{n\text{位}}}$ 是无理数.

(白俄罗斯数学奥林匹克决赛,2007 年)

证 假设 $A=\sqrt{8\cdot\underbrace{00\cdots01}_{n\text{位}}}$ 是有理数.

设 $A=\dfrac{p}{q},(p,q)=1,p,q\in\mathbf{N}^*$. 则

$$A^2=8+\frac{1}{10^n}=\frac{p^2}{q^2}$$

即

$$\frac{8\times10^n+1}{10^n}=\frac{p^2}{q^2}$$

因为

$$(8\times10^n+1,10^n)=1$$

所以

$$\begin{cases}q^2=10^n\\p^2=8\times10^n+1\end{cases}$$

由 $10=2\times5$,则 n 是偶数,设 $n=2m,p=2k+1,m\in\mathbf{N}^*,k\in\mathbf{N}$.

于是

$$(2k+1)^2=8\times10^{2m}+1$$

即

$$k(k+1)=2^{2m+1}\times5^{2m}$$

因为

$$(k,k+1)=1,\quad 5^{2m}>2^{2m+1}$$

所以

$$\begin{cases}k=2^{2m+1}\\k+1=5^{2m}\end{cases}$$

但是

$$k+1=5^{2m}>4^{2m}\geqslant 2^{2m+1}+2^{2m+1}>2^{2m+1}+1=k+1$$

矛盾.

所以 A 不是有理数.

34 是否可以用一系列半径不小于 5 且两两没有相互重合区域的圆

第 8 章　整点及其他
Chapter 8　Integral Point and Others

盘覆盖平面上的所有整点?

（美国数学奥林匹克,2007 年）

解　不可能.

用反证法给予证明.

假设存在一系列这样的圆盘 C.

用 $D(p,\rho)$ 表示以点 p 为圆心，ρ 为半径的圆盘.

考虑这样的圆盘 $D(0,r)$. 它与 C 中所有圆盘都没有重叠区域，该圆盘不覆盖任何整点.

取满足该条件的最大圆盘 $D(0,r)$，则 D 至少与 C 中的三个圆盘相切，这三个圆盘中至少存在两个，记为 $D(A,a),D(B,b)$，使得 $\angle AOB \leqslant 120°$.

对 $\triangle ABO$ 应用余弦定理得
$$(a+b)^2 \leqslant (a+r)^2 + (b+r)^2 + (a+r)(b+r)$$

即
$$ab \leqslant 3(a+b)r + 3r^2$$

从而
$$12r^2 \geqslant (a-3r)(b-3r)$$

因为 $D(0,r)$ 不覆盖任何整点，所以 $r < \dfrac{1}{\sqrt{2}}$，又 C 中的圆盘的半径不小于 5，则
$$(a-3r)(b-3r) \geqslant (5-3r)^2$$

故
$$2\sqrt{3}\, r \geqslant 5 - 3r$$

于是
$$5 \leqslant (3+2\sqrt{3})r < \dfrac{3+2\sqrt{3}}{\sqrt{2}}$$

即
$$5\sqrt{2} < 3 + 2\sqrt{3}$$

平方得
$$50 < 21 + 12\sqrt{3} < 21 + 12 \times 2 = 45$$

矛盾.

所以不能用一系列不小于 5 的两两没有重合区域的圆盘盖住所有整点.

35　两个整数数列 $a_1,a_2,\cdots$ 和 $b_1,b_2,\cdots$ 满足方程
$$(a_n-a_{n-1})(a_n-a_{n-2}) + (b_n-b_{n-1})(b_n-b_{n-2}) = 0 \qquad ①$$
其中 $n=3,4,\cdots$. 证明：存在正整数 k，使得 $a_k = a_{k+2\,008}$.

（美国国家队选拔考试,2008 年）

证 设在平面直角坐标系中，设 $P_n(a_n, b_n), a_n, b_n \in \mathbf{Z}$.
式①化为
$$(a_n - \frac{a_{n-1}+a_{n-2}}{2})^2 + (b_n - \frac{b_{n-1}+b_{n-2}}{2})^2 =$$
$$(\frac{a_{n-1}-a_{n-2}}{2})^2 + (\frac{b_{n-1}-b_{n-2}}{2})^2 \qquad ②$$

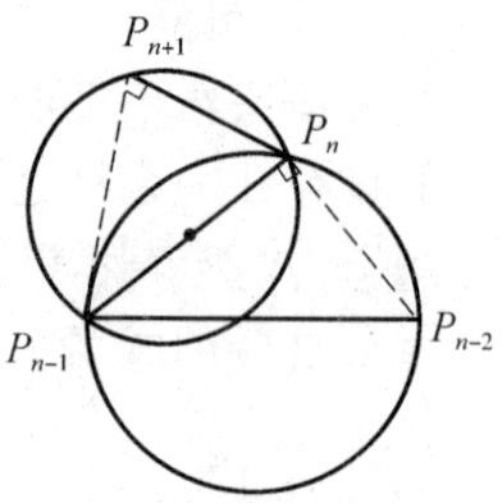

由式②知，整点 P_n 在以 $P_{n-1}P_{n-2}$ 为直径的圆上. 记
$$d_n = |P_n P_{n+1}|^2 = (a_n - a_{n+1})^2 + (b_n - b_{n+1})^2$$
则 $\{d_n\}$ 是整数列，且由点 P_n 在以 $P_{n-1}P_{n-2}$ 为直径的圆上，因此 $\{d_n\}$ 为单调不增数列（如图9）.

图9

因此，存在足够大的 n，使得
$$0 = d_n = d_{n+1} = d_{n+2} = \cdots$$
或
$$0 < d_n = d_{n+1} = d_{n+2} = \cdots$$
即
$$P_k = P_{k+1} \text{ 或 } P_k = P_{k+2} \quad (k \geqslant n)$$
这表明，一定存在 $k(k \geqslant n)$，使得
$$a_k = a_{k+2\,008}$$

36 设 n 是一个正整数，满足
$$|x| + |y + \frac{1}{2}| < n$$
的整点 (x, y) 的集合记为 S_n，若 S_n 中的不同的点 $(x_1, y_1), (x_2, y_2), \cdots, (x_l, y_l)$ 满足对于 $i = 2, 3, \cdots, l$，点 (x_i, y_i) 与 (x_{i-1}, y_{i-1}) 的距离为 1（即 (x_i, y_i) 与 (x_{i-1}, y_{i-1}) 是相邻的整点），则称这些点构成的点列为"一条路".

证明：S_n 中的点不能被分成少于 n 条路（将 S_n 分成 m 条路是指：由 S_n 中的点构成的 m 条非空的路构成的集合（设为 P），S_n 中的每个点恰属于 P 中的 m 条路中的一条路）.

（美国数学奥林匹克，2008年）

证 将 S_n 中的点按如下方式进行染色：

如果 $y \geqslant 0$，当 $x + y - n$ 为偶数时，将点 (x, y) 染为白色，当 $x + y - n$ 为奇数时，将点 (x, y) 染成黑色；

如果 $y < 0$，当 $x + y - n$ 为奇数时，将点 (x, y) 染为白色，当 $x + y - n$ 为偶数时，将点 (x, y) 染成黑色.

下面是 S_3 的染色图（如图10）.

考虑 S_n 中的一条路 $(x_1, y_1), (x_2, y_2), \cdots, (x_l, y_l)$.

第8章 整点及其他
Chapter 8 Integral Point and Others

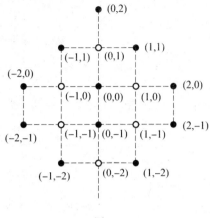

图 10

若这条路中的两个相邻的点(x_{i-1}, y_{i-1})和(x_i, y_i)都是黑色的,则称为"相邻的黑色点对".

假设S_n被分成m条路,在所有的路中相邻的黑色点对的数目为k.

将每对相邻黑色点对切断成$k+m$条路,每条路中黑色点的数目最多比白色点的数目多1.

因此,S_n中黑色点的数目与白色点的数目之差不超过$k+m$.

另一方面,S_n中每行黑色点比白色点恰好多1个,因此,S_n中黑色点的数目比白色点的数目恰好多$2n$个. 于是
$$2n \leqslant k+m$$
又因为S_n中距离为1的黑色点对恰有n个,即点对$(x,0)$和$(2,-1)$($x=-n+1, -n+3, \cdots, n-3, n-1$),所以$k \leqslant n$(即$S_n$中分成的所有路中相邻的黑色点对的数目不超过$S_n$中距离为1的黑色点对的数目).

因此,$2n \leqslant k+m \leqslant n+m$,即$n \leqslant m$.

37 试确定所有满足如下条件的正整数n:在直角坐标平面内存在每条边长都是奇数且任意两条边长不相等的格点凸n边形.(格点凸n边形是指每个顶点都是整点的凸n边形)

(中国国家集训队测试,2008 年)

解 首先证明:当n为奇数时,不存在满足条件的n边形.

用反证法. 假定存在格点凸n边形$A_1A_2\cdots A_n$满足条件,且n为奇数.

令$A_t(x_t, y_t), x_t, y_t \in \mathbf{Z}, t=1,2,\cdots,n, n+1(A_{n+1}=A_1), |A_tA_{t+1}|=2l_t-1, l_t \in \mathbf{N}^*, t=1,2,\cdots,n.$ 则
$$1 \equiv (2l_t-1)^2 = |A_tA_{t+1}|^2 = (x_{t+1}-x_t)^2+(y_{t+1}-y_t)^2 \equiv x_{t+1}-x_t+y_{t+1}-y_t \pmod{2}$$

最新世界各国数学奥林匹克中的初等数论试题(下)

The Lastest Elementary Number Theory in Mathematical Olympiads in The World

所以
$$1 \equiv u \equiv \sum_{t=1}^{n}(x_{t+1}-x_t+y_{t+1}-y_t) = 0 \pmod 2$$
矛盾.

所以 n 只能是偶数,且 $n \geqslant 4$.

下面对每个 $\geqslant 4$ 的偶数 n,构造出满足条件的凸 n 边形.

当 $n \geqslant 6$ 时,对 $t=1,2,\cdots,n-3$.取
$$x_t = 4(1+2+\cdots+t)$$
$$y_t = 4(1^2+2^2+\cdots+t^2) - t$$

对 $t = n-2, n-1, n$,分别取
$$x_{n-2} = x_{n-1} = -4(1^2+2^2+\cdots+(n-3)^2) + n - 5$$
$$x_n = 0$$

及
$$y_{n-2} = 4(1^2+2^2+\cdots+(n-3)^2) - n + 3$$
$$y_{n-1} = y_n = 0$$

则
$$|A_nA_1| = \sqrt{x_1^2+y_1^2} = 5$$
$$|A_{t-1}A_t| = \sqrt{(4t)^2+(4t^2-1)^2} = 4t^2+1 \quad (t=2,3,\cdots,n-3)$$
$$|A_{n-3}A_{n-2}| = x_{n-3} - x_{n-2} = 4(1+2+\cdots+(n-3)) + 4(1^2+2^2+\cdots+(n-3)^2) - n + 5$$
$$|A_{n-2}A_{n-1}| = y_{n-2} = 4(1^2+2^2+\cdots+(n-3)^2) - n + 3$$
$$|A_{n-1}A_n| = -x_{n-1} = 4(1^2+2^2+\cdots+(n-3)^2) - n + 5$$

由于 n 是偶数,所以所有边长都是奇数.
$$4(1^2+2^2+\cdots+(n-3)^2) - n + 3 - (4(n-3)^2+1) =$$
$$4(1^2+2^2+\cdots+(n-4)^2) - n + 2 >$$
$$4(n-4) - n + 2 = 3n - 14 > 0 (因为 n \geqslant 6)$$

故
$$|A_{n-3}A_{n-2}| > |A_{n-1}A_n| > |A_{n-2}A_{n-1}| > |A_{n-4}A_{n-3}| >$$
$$|A_{n-5}A_{n-4}| > \cdots > |A_2A_1| > |A_1A_n|$$

即所有的边长都不相等.

最后证明,在此构造下的多边形为凸多边形.

由于 $y_{n-2} = y_{n-3}, x_{n-1} = x_{n-2}, y_n = y_{n-1}, x_{n-3} > x_{n-2}, x_{n-1} < x_n$,所以 $\angle A_{n-3}A_{n-2}A_{n-1}$ 与 $\angle A_{n-2}A_{n-1}A_n$ 为同旁内角,且为直角.

又记 k_{MN} 为直线 MN 的斜率,则 $k_{A_{n-3}A_{n-2}} = k_{A_{n-1}A_n} = 0$,以下只须说明 $k_{A_{n-1}A_{n-3}} > k_{A_{n-5}A_{n-4}} > \cdots > k_{A_1A_2} > k_{A_nA_1} > 0$,即可保证 $A_1A_2\cdots A_n$ 为凸 n 边形.

记 $A_0 = A_n$,对 $t=1,2,\cdots,n-3$,有

第 8 章 整点及其他
Chapter 8 Integral Point and Others

$$0 < k_{A_{t-1}A_t} = \frac{4t^2-1}{4t} = t - \frac{1}{4t} < t+1 - \frac{1}{4(t+1)} = k_{A_tA_{t+1}}$$

所以满足条件.

当 $n=4$ 时,取 $A_1(7,0), A_2(11,3), A_3(0,3), A_4(0,0)$,则 $|A_1A_2|=5$, $|A_2A_3|=11, |A_3A_4|=3, |A_4A_1|=7$ 为互不相等的奇数,且 $A_1A_2A_3A_4$ 为凸四边形.

综上所述,所求的 n 为一切不小于 4 的偶数.

38 已知一个有 n 枚硬币的集合,每枚硬币的重量均为整数,且互不相同,并设为 $w_1, w_2, \cdots, w_n$.

若把任意一枚重量为 $w_k (1 \leqslant k \leqslant n)$ 的硬币从集合中拿走,剩下的硬币能分成两个子集,使得两个子集中硬币的重量相同(两个子集中硬币的数目可以不同),求所有的正整数 n,使得满足如上条件的集合存在.

(美国国家队选拔考试,2008 年)

解 我们证明:当 n 为大于 5 的奇数时,满足条件.

由于 $\sum_{k=1}^{n} w_k$ 是正整数,故存在一个集合 A_n,使 $\sum_{k=1}^{n} w_k$ 最小.

记

$$S_n = \sum_{k=1}^{n} w_k$$

由题意知,

$$S_n \equiv w_k \pmod{2} \quad (k=1,2,\cdots,n)$$

因此,所有的 w_k 的奇偶性是相同的.

若 w_k 是偶数,则集合 $\{\frac{w_k}{2}\}$ 也满足条件,与最小性矛盾. 故 w_k 是奇数.

若 n 为偶数,则 $S_n = \sum_{k=1}^{n} w_k$ 为偶数,与 $S_k \equiv w_k \equiv 1 \pmod{2}$ 矛盾.

所以所求的 n 为奇数.

显然 $n=3$ 不满足条件.

当 $n=5$ 时,设 $w_1 < w_2 < w_3 < w_4 < w_5$.

对 $\{w_1, w_3, w_4, w_5\}$,只有

$$w_1 + w_3 + w_4 = w_5$$

或

$$w_1 + w_5 = w_3 + w_4$$

对 $\{w_2, w_3, w_4, w_5\}$,只有

$$w_2 + w_3 + w_4 = w_5$$

或

最新世界各国数学奥林匹克中的初等数论试题(下)
The Lastest Elementary Number Theory in Mathematical Olympiads in The World

$$w_2 + w_5 = w_3 + w_4$$

由于 $w_1 \neq w_2$,则只有

$$\begin{cases} w_1 + w_3 + w_4 = w_5 \\ w_2 + w_5 = w_3 + w_4 \end{cases}$$

或

$$\begin{cases} w_2 + w_3 + w_4 = w_5 \\ w_1 + w_5 = w_3 + w_4 \end{cases}$$

无论哪种情形均有 $w_5 > w_3 + w_4 > w_5$,矛盾.

所以 $n=5$ 不满足条件.

若 $n=7$,取 $A_7 = \{1,3,5,7,9,11,13\}$.

经检验,A_7 满足条件.

设对大于 5 的奇数 n

$$A_n = \{1,3,5,\cdots,2n-1\}$$

满足条件.

下面证明

$$A_{n+2} = \{1,3,\cdots,2n+1,2n+3\}$$

也满足条件.

(1) 所抽出的数 $2l-1 \in A_n$.

由归纳假设,可将 $A_n - \{2l-1\}$ 分成两组,其和相等.

故 $A_n - \{2l-3\}$ 或 $A_n - \{2l+1\}$ 可按上面的方法分成两组,其和的值差 ± 2.

所以可将 $2n+1$ 和 $2n+3$ 分入上面的两组,使新的两组的和相等.

(2) 所抽出的数为 $2n+1$,或 $2n+3$.

(ⅰ) 若 $n \equiv 1 \pmod 4$,记 $n = 4k+1$.

当去掉 $2n+3$,即去掉 $8k+5$ 时,将 $\{1,3,5,\cdots,8k+3\}$ 分成 $\{8k+3,8k+1,\cdots,6k+5,6k+1,2k-3,2k-5,\cdots,3,1\}$ 为一组,其余一组即可.

当去掉 $2n+1$ 时,即去掉 $8k+3$ 时,将 $\{1,3,5,\cdots,8k+1,8k+5\}$ 分成 $\{8k+5,8k+1,\cdots,6k+5,4k+1,2k-1,2k-3,\cdots,3,1\}$ 为一组,其余一组即可.

(ⅱ) 若 $n \equiv 3 \pmod 4$,记 $n = 4k+3$.

当去掉 $2n+3$ 时,将和为 $8k+8$ 的数共 $2k+2$ 对分成 $k+1$ 对一组,即可.

当去掉 $2n+1$ 时,分成 $\{8k+9,8k+5,8k+3,\cdots,6k+7,4k-1,2k-3,2k-5,\cdots,3,1\}$ 为一组,其余一组即可.

综上,由数学归纳法证明,当 $n \geq 5$ 且 n 为奇数时,满足条件的集合存在.

39 设 α 是大于 1 的实数,数列 $\{S_n\}_{n \geq 1}$ 定义如下:

第 8 章 整点及其他
Chapter 8 Integral Point and Others

$$S_1 = 1, \quad S_2 = \alpha$$

若对于某个 $n(n \geqslant 1), S_1, S_2, \cdots, S_{2^n}$ 已被定义,则有

$$2^n + 1 \leqslant j \leqslant 2^{n+1}, \quad S_j = \alpha S_{j-2^n}$$

(前 n 项为 $1, \alpha, \alpha, \alpha^2, \alpha, \alpha^2, \alpha^2, \alpha^3, \cdots$).

设 $c_n = S_1 + S_2 + \cdots + S_n$,若正整数

$$n = 2^{e_0} + 2^{e_1} + \cdots + 2^{e_k}$$

其中 $e_0 > e_1 > \cdots > e_k \geqslant 0$,证明

$$c_n = \sum_{i=0}^{k} \alpha^i (1+\alpha)^{e_i}$$

(印度国家队选拔考试,2008 年)

证 设 $S_n = S(n), C_n = C(n)$. 分四步证明:

(1) 设非负整数 n 在二进制表示中 1 的数目为 $b(n)$,则对任意正整数 n,有

$$S(n) = \alpha^{b(n-1)} \qquad ①$$

用数学归纳法证明.

$$S(1) = 1 = \alpha^{b(0)}$$

则 $n = 1$ 时,① 成立.

假设 $r = 1, 2, \cdots, 2^{n-1}$,① 成立,即 $S(r) = \alpha^{b(r-1)}$.

则对于满足 $2^{n-1} + 1 \leqslant r \leqslant 2^n$ 的任意一个整数 r,有

$$S(r) = \alpha S(r - 2^{n-1}) = \alpha \cdot \alpha^{b(r-2^{n-1}-1)} = $$
$$\alpha^{b(r-2^{n-1}-1)+1} = \alpha^{b(r-1)}$$

其中,在二进制中 $r - 1$ 恰比 $r - 2^{n-1} - 1$ 多一个 1.

所以对 $r \in \{2^{n-1} + 1, \cdots, 2^n\}$,式 ① 成立.

由以上,对 $n \in \mathbf{N}^*$,式 ① 成立.

(2) 对于任意的正整数 m,有

$$S(2m+1) = S(m+1)$$
$$S(2m) = \alpha S(m)$$

事实上,因为 m 和 $2m$ 在二进制中 1 的数目相同,所以

$$S(2m+1) = \alpha^{b(2m)} = \alpha^{b(m)} = S(m+1)$$

对于 $S(2m)$,先用数学归纳法证明

$$S(2m) = \alpha S(2m-1) \qquad ②$$

当 $n = 1$ 时,$S(2) = \alpha = \alpha S(1)$. 则 ② 成立;

假设对于 $[1, 2^{n-1}]$ 内的偶数,② 成立,则对于 $2^{n-1} + 1 \leqslant 2m - 1 < 2m \leqslant 2^n$,有

$$S(2m) = \alpha S(2m - 2^{n-1}) = \alpha^2 S(2m - 1 - 2^{n-1}) = \alpha S(2m-1)$$

因此 ② 成立.

所以有

$$S(2m) = \alpha S(2m-1) = \alpha S(2(m-1)+1) =$$
$$\alpha S(m-1+1) = \alpha S(m)$$

其中用到了 $S(2k+1) = S(k+1)$.

(3) 对任意的正整数 m, 有
$$C(2m) = (1+\alpha)C(m)$$
$$C(2m+1) = \alpha C(m) + C(m+1)$$

事实上
$$C(2m) = \sum_{k=1}^{m} S(2k-1) + \sum_{k=1}^{m} S(2k) = \sum_{k=1}^{m} S(k) + \alpha \sum_{k=1}^{m} S(k) =$$
$$(1+\alpha)\sum_{k=1}^{m} S(k) = (1+\alpha)C(m)$$
$$C(2m+1) = \sum_{k=0}^{m} S(2k+1) + \sum_{k=1}^{m} S(2k) = \sum_{k=0}^{m} S(k+1) + \alpha \sum_{k=1}^{m} S(k) =$$
$$\alpha C(m) + C(m+1)$$

(4) 设 $n \in \mathbf{N}^*$, 且 $n = 2^{e_0} + 2^{e_1} + \cdots + 2^{e_k}$ ($e_0 > e_1 > \cdots > e_k \geq 0$), 则
$$C(n) = \sum_{i=0}^{k} \alpha^i (1+\alpha)^{e_i} \qquad ③$$

事实上, 当 $n = 1$ 时
$$1 = 2^0, \quad C(1) = S(1) = 1 = (1+\alpha)^0$$

则③成立.

假设对于 $C(1), C(2), \cdots, C(n-1)$ ($n \geq 2$), ③成立.

若 $n = 2m$, 且 $m = 2^{e_0} + 2^{e_1} + \cdots + 2^{e_k}$, 则
$$n = \sum_{i=0}^{n} 2^{e_i+1} + 2^0$$

故
$$C(2m+1) = C(2m) + S(2m+1) = \sum_{i=0}^{k} \alpha^i (1+\alpha_i)^{e_i+1} + S(m+1) =$$
$$\sum_{i=0}^{k} \alpha^i (1+\alpha_i)^{e_i+1} + \alpha^{b(m)} =$$
$$\sum_{k=0}^{k+1} \alpha^i (1+\alpha_i)^{e_i+1} + \alpha^{k+1}(1+\alpha)^0$$

因此, $n = 2m+1$ 时, ③成立.

综上, 原结论成立.

40 整系数多项式 $P(x)$ 满足对于某个非零整数 n, 有 $P(n^2) = 0$.

证明: 对于任意的非零有理数 a, 有 $p(a^2) \neq 1$.

(日本数学奥林匹克决赛, 2008 年)

第 8 章　整点及其他
Chapter 8　Integral Point and Others

证　假设 $P(x)$ 是 $m(m \in \mathbf{N}^*)$ 次多项式.

因为 $P(x)$ 是一个整系数多项式,且满足 $P(n^2)=0$,所以存在整系数多项式 $Q(x)$,使得
$$P(x)=Q(x)(x-n^2)$$

假设存在一个非零有理数 a,使得 $P(a^2)=1$.

设 $a=\dfrac{q}{p}, p \in \mathbf{N}^*, q \in \mathbf{N}, (p,q)=1$. 则
$$1=P(a^2)=Q(a^2)(a^2-n^2)=\frac{1}{p^{2m}}\left[p^{2(m-1)}Q\left(\frac{q^2}{p^2}\right)\right][q^2-(pn)^2]$$

即
$$\left[p^{2(m-1)}Q\left(\frac{q^2}{p^2}\right)\right][q^2-(pn)^2]=p^{2m}$$

其中 $p^{2m-1}Q\left(\dfrac{q^2}{p^2}\right)$ 和 $q^2-(pn)^2$ 均为整数.

因此,$q^2-(pn)^2$ 是 p^{2m} 的因数.

因为 $(p,q)=1$,所以 $q-pn$ 和 $q+pn$ 与 p 均没有公共的质因数.

又因为 n,p,q 是非零整数,所以 $q-pn$ 和 $q+pn$ 不可能同时为 1.

因此,$q-pn$ 和 $q+pn$ 不可能为 p^{2m} 的因数. 即
$$q^2-(pn)^2=(q-pn)(q+pn)$$

不可能是 p^{2m} 的因数,矛盾.

所以 $p(a^2) \neq 1$.

41　证明:对每个 $n \geqslant 2$,存在 n 次整系数多项式
$$f(x)=x^n+a_1x^{n-1}+\cdots+a_n$$
满足:

(1)$a_1,a_2,\cdots,a_n$ 均不为 0;

(2)$f(x)$ 不能分解为两个次数为正的整系数多项式之积;

(3) 对任何整数 x,$|f(x)|$ 不是质数.

(中国国家集训队测试,2008 年)

证　取 $f(x)=x^n+210(x^{n-1}+x^{n-2}+\cdots+x^2)+105x+12$.

由 Eisenstein 判别法,取 $p=3$,知 $3 \mid 210, 3 \nmid 1(x_n$ 的系数$), 3^2 \nmid 12$,所以 $f(x)$ 不能分解为两个次数为正的整系数多项式之积. 从而满足(1),(2).

对于任何 $x \in \mathbf{Z}$,$f(x)$ 的值为偶数,需证 $f(x) \neq \pm 2$.

若 $f(x)=2$ 有整数解,则
$$f(x)=x^n+210(x^{n-1}+x^{n-2}+\cdots+x^2)+105x+10 \quad ①$$

有整数根,但是由 Eisenstein 判别法,取 $p=5$,有 $5 \mid 210, 5 \nmid 1, 5^2 \nmid 10$. 所以 ① 不可约. 即 $f(x)=2$ 没有整数解.

最新世界各国数学奥林匹克中的初等数论试题（下）

The Lastest Elementary Number Theory in Mathematical Olympiads in The World

若 $f(x) = -2$ 有整数解，则
$$f(x) = x^n + 210(x^{n-1} + x^{n-2} + \cdots + x^2) + 105x + 14 \quad \text{②}$$
有整数根，但是由 Eisenstein 判别法，取 $p = 7$，有 $7 \mid 210, 7 \nmid 1, 7^2 \nmid 14$，所以 ② 不可约，即 $f(x) = -2$ 没有整数解．

因此，对任何 $x \in \mathbf{Z}$，$|f(x)|$ 是不为 2 的偶数，从而不是质数．满足条件（3）．

由以上，命题得证．

42 证明：对任意整数 $n > 16$，存在由 n 个正整数组成的集合 S，具有下面的性质：

若 S 的子集 A 满足对任意 $a, a' \in A, a \neq a'$，都有 $a + a' \notin S$，则有
$$|A| \leqslant 4\sqrt{n}$$

（中国国家集训队测试，2008 年）

证 设 k 是参数，$1 < k \leqslant u, n = kq + r, 0 \leqslant r < k$．

对 $i = 1, 2, \cdots, k$，定义 $S_i = \{2^{i-1} m \mid q \leqslant m \leqslant 2q - 1\}$．则 $|S_i| = q$，且对 $1 \leqslant i < j \leqslant k, S_i \cap S_j = \varnothing$．

取 S_0 为由 r 个正整数组成的集合，使对任意的 $1 \leqslant i \leqslant k, S_0 \cap S_i = \varnothing$．

令 $S = \bigcup_{i=0}^{k} S_i$，则 $|S| = kq + r = n$．

下面证明 S 具有题目给出的性质．

显然，S 有子集 A，满足对任意 $a, a' \in A, a \neq a'$，都有 $a + a' \notin S$．

对于任一个这样的 A，我们先证明对 $1 \leqslant i \leqslant k - 1$，有
$$|S_i \cap A| \leqslant 2$$

用反证法，若有一个 $i, 1 \leqslant i \leqslant k - 1$，使 $|S_i \cap A| \geqslant 3$．设 $2^{i-1} m_1, 2^{i-1} m_2, 2^{i-1} m_3$ 是 $S_i \cap A$ 中的 3 个不同的数，其中 $q \leqslant m_1, m_2, m_3 \leqslant 2q - 1$．

则 m_1, m_2, m_3 中必有两个奇偶性相同，不妨设为 m_1, m_2．则
$$m_1 + m_2 = 2m$$
显然
$$q \leqslant m \leqslant 2q - 1$$

从而 $2^{i-1} m_1 + 2^{i-1} m_2 = 2^i m \in S_{i+1}$．但 $S_{i+1} \subseteq S$，即 A 中有两个不同的数 $2^{i-1} m_1, 2^{i-1} m_2$ 的和在 S 中，与 A 的选取矛盾．

因此，$|S_i \cap A| \leqslant 2$，对 $1 \leqslant i \leqslant k - 1$ 均成立．则
$$|A| \leqslant |S_0| + |S_k| + 2(k-1) = r + q + 2(r-1) < 3k + \left[\frac{n}{k}\right] - 3 \leqslant$$
$$3k + \frac{n}{k} - 3$$

第 8 章 整点及其他
Chapter 8 Integral Point and Others

取 $k = [\sqrt{\frac{n}{3}}] + 1$，则 $1 < k < n$，于是由上式得

$$|A| < 2\sqrt{3n} < 4\sqrt{n}$$

43 是否存在属于 $[0,1]$ 的无限实数集 A，使得 A 中任意两个元素之间都包含 A 中的另外一个元素，且任意三个 A 中的元素都不是等差数列？

（匈牙利数学奥林匹克，2007—2008 年）

解 存在．

首先证明一个引理．对任意的质数 p_1, p_2, p_3 及正整数 s_1, t_1, s_2, t_2，均存在正整数 s_3, t_3，使得

$$\frac{s_1}{t_1}\sqrt{p_1} < \frac{s_3}{t_3}\sqrt{p_3} < \frac{s_2}{t_2}\sqrt{p_2} \qquad ①$$

引理的证明：将式 ① 平方，即证明存在 $\frac{s_3}{t_3}$，使得

$$\frac{s_1^2}{t_1^2} \cdot \frac{p_1}{p_3} < \frac{s_3^2}{t_3^2} < \frac{s_2^2}{t_2^2} \cdot \frac{p_2}{p_3}$$

这由两个有理数之间必存在一个有理数可得到证明．

回到原题．

取所有质数构成的质数列 $\{p_n\}$．显然，对每个质数 p_k，均存在一个有理数 $\frac{s_k}{t_k}$，使得

$$0 < \frac{s_k}{t_k}\sqrt{p_k} < 1 \quad (s_k, t_k \in \mathbf{N}^*)$$

第一次在 $(0,1)$ 中放入 $q_1 = \frac{s_1}{t_1}\sqrt{p_1}$；

第二次在 $(0, q_1)$ 及 $(q_1, 1)$ 中分别放入 $q_2 = \frac{s_2}{t_2}\sqrt{p_2}$ 及 $q_3 = \frac{s_3}{t_3}\sqrt{p_3}$；

第三次在 $(0, q_2), (q_2, q_1), (q_1, q_3), (q_3, 1)$ 中分别放入 $q_4, q_5, q_6, q_7, \cdots$，其中 $q_k = \frac{s_k}{t_k}\sqrt{p_k}$，由引理，上述放法是存在的．

于是，得到一个属于 $[0,1]$ 的无限实数集 A．

下面证明：A 中的任意三个数都不构成等差数列．

否则，若存在三个数，不妨设为

$$\frac{s_1}{t_1}\sqrt{p_1}$$

$$\frac{s_2}{t_2}\sqrt{p_2}$$

$$\frac{s_3}{t_3}\sqrt{p_3}$$

最新世界各国数学奥林匹克中的初等数论试题(下)
The Lastest Elementary Number Theory in Mathematical Olympiads in The World

构成等差数列,即
$$\frac{s_1}{t_1}\sqrt{p_1} + \frac{s_3}{t_3}\sqrt{p_3} = 2 \cdot \frac{s_2}{t_2}\sqrt{p_2}$$

平方得
$$\frac{s_1^2}{t_1^2}p_1 + \frac{s_3^2}{t_3^2}p_3 + 2 \cdot \frac{s_1 s_3}{t_1 t_3}\sqrt{p_1 p_3} = 4 \cdot \frac{s_2^2}{t_2^2} \cdot p_2$$

因为 $p_1 \neq p_3$,则上式左边为无理数,右边为有理数,矛盾.

所以 A 中任三数不构成等差数列.

综合以上,我们可以构造一个满足条件的无限集 A.

44 考虑坐标平面上所有整点(横、纵坐标都是整数的点)的集合 S. 对于每一个正整数 k,如果存在一个点 $C \in S'$,使得 $\triangle ABC$ 的面积为 k,则两个不同的点 $A, B \in S'$ 被称为"$k-$朋友";如果 T 中任意两个点都是"$k-$朋友",则集合 $T \subset S$ 称为一个"$k-$朋党". 求最小的正整数 k,使得存在一个多于 200 个元素的"$k-$朋党".

(第 49 届国际数学奥林匹克预选题,2008 年)

解 首先考虑与点 $(0,0)$ 是"$k-$朋友"的点 $B \in S$. 设 $B(u,0)$.

则 B 与 $(0,0)$ 是"$k-$朋友",当且仅当存在一个点 $C(x,y) \in S$,使得
$$\left| \frac{1}{2} \begin{vmatrix} x & y & 1 \\ u & v & 1 \\ 0 & 0 & 1 \end{vmatrix} \right| = \frac{1}{2}|uy - vx| = k$$

存在整数 x, y,使得 $|uy - vx| = 2k$,等价于 u, v 的最大公因数也是 $2k$ 的因数.

从而,点 $B(u,v) \in S$ 与 $(0,0)$ 是"$k-$朋友",当且仅当 u, v 的最大公因数整除 $2k$.

如果两个点是"$k-$朋友",将它们平移至 S 中的另外两个点,则它们仍然是"$k-$朋友".

因此,两个点 $A(s,t), B(u,v) \in S$ 是"$k-$朋友",当且仅当点 $(u-s, v-t)$ 与 $(0,0)$ 是"$k-$朋友",即 $u-s, v-t$ 的最大公因数整除 $2k$.

设正整数 n 不整除 $2k$,则一个"$k-$朋党"中元素的数目不超过 n^2.

事实上,所有点 $(x,y) \in S$ 按 $\mod n$ 的剩余被分成 n^2 类,若一个集合 T ($T \subset S$) 中有多于 n^2 个元素,则存在两个点 $A, B \in T$,它们属于同一类.

设 $A(s,t), B(u,v)$,则
$$n \mid (u-s), \quad n \mid (v-t)$$

于是 $n \mid d$,其中 d 是 $u-s, v-t$ 的最大公因数.

因为 $n \nmid 2k$,所以 $d \nmid 2k, A, B$ 不是"$k-$朋友",T 不是一个"$k-$朋党".

设 $M(k)$ 是不整除 $2k$ 的最小正整数,记 $M(k)=m$.

考虑满足 $0 \leqslant x,y < m$ 的所有点 (x,y) 构成的集合 T.

若 $A(s,t), B(u,v)$ 是 T 中两个不同的点,则 $|u-s|<m, |v-t|<m$,且至少有一个为正整数,于是,由 m 的定义,可知小于 m 的正整数都整除 $2k$.

若 $u-s$ 不为零,则 $(u-s) \mid 2k$.

同理,若 $v-t$ 不为零,则 $(v-t) \mid 2k$.

因此,$u-s, v-t$ 的最大公因数整除 $2k$. 这表明 A 和 B 是"$k-$朋友",从而 T 是一个"$k-$朋党".

由 $M(k)$ 的定义可知,一个"$k-$朋党"中元素数目的最大值为 $(M(k))^2$.

我们要做的是,求最小的 k,使得 $(M(k))^2 > 200$.

由 $M(l)$ 的定义,$2k$ 可以被 $1,2,\cdots,M(k)-1$ 整除,不能被 $M(k)$ 整除.

若 $(M(k))^2 > 200$,则 $M(k) \geqslant 15$.

(1) $M(k)=15$,则与 $2k$ 可以被 $3,5$ 整除,不能被 15 整除矛盾.

(2) $M(k)=16$,则 $2k$ 可以被 $1,2,\cdots,15$ 整除,也可以被它们的最小公倍数 l 整除,而 l 不是 16 的倍数,则 $2k$ 不能被 16 整除. $k=\dfrac{l}{2}$ 是最小的,且 $M(l)=16$.

(3) $M(k) \geqslant 17$,则 $2k$ 可以被 $1,2,\cdots,16$ 的最小公倍数整除,而 $1,2,\cdots,16$ 的最小公倍数为 $2l$,由 $2k \geqslant 2l$,则 $k \geqslant l > \dfrac{l}{2}$.

于是满足条件的 k 的最小值为 $\dfrac{l}{2}$,其中 l 是 $1,2,\cdots,15$ 的最小公倍数,$l = 360\,360$,从而 $\dfrac{l}{2} = 180\,180$.

45 一个由空间中的点组成的集合 S 满足性质:S 中任意两点之间的距离互不相同. 假设 S 中的点的坐标 (x,y,z) 都是整数,且 $1 \leqslant x,y,z \leqslant n$.

证明:集合 S 的元素个数小于 $\min\{(n+2)\sqrt{\dfrac{n}{3}}, n\sqrt{6}\}$.

(罗马尼亚数学大师杯数学竞赛,2009 年)

证 记 $|S|=t$. 则对任意的 $(x_1,y_1,z_1), (x_2,y_2,z_2) \in S$,都有
$$(x_1-x_2)^2 + (y_1-y_2)^2 + (z_1-z_2)^2 \leqslant 3(n-1)^2$$
并且依题意,S 中任意两点的距离互不相同,于是有
$$C_t^2 \leqslant 3(n-1)^2$$
$$t^2 - t \leqslant 6(n-1)^2$$
即
$$t \leqslant \dfrac{1}{2} + \dfrac{1}{2}\sqrt{1+24(n-1)^2} < n\sqrt{6}$$

(最后一个不等式等价于 $1+24(n-1)^2<(2n\sqrt{6}-1)^2$)

另一方面,对 S 中的任意两点 (x_i,y_i,z_i) 和 (x_j,y_j,z_j),考虑集合 $\{a,b,c\}$(允许出现重复元素).
$$a=|x_i-x_j|$$
$$b=|y_i-y_j|$$
$$c=|z_i-z_j|$$

依题意,所得的 $\{a,b,c\}$ 两两不同,且 $0\leqslant a,b,c\leqslant n-1$,$a,b,c$ 不全为 0. 于是
$$C_t^2\leqslant C_n^3+2C_n^2+C_n^1-1 \qquad ①$$

所以
$$C_t^2<C_n^3+2C_n^2+C_n^1$$

解得
$$t<\frac{1}{2}+\sqrt{\frac{1}{4}+\frac{1}{3}n(n+1)(n+2)}$$

当 $n\geqslant 3$ 时,有
$$t<(n+2)\sqrt{\frac{n}{3}}$$

这可以由下面的推导得到
$$\frac{1}{2}+\sqrt{\frac{1}{4}+\frac{1}{3}n(n+1)(n+2)}\leqslant (n+2)\sqrt{\frac{n}{3}}\Leftrightarrow$$
$$\frac{1}{4}+\frac{1}{3}n(n+1)(n+2)\leqslant \left[(n+2)\sqrt{\frac{n}{3}}-\frac{1}{2}\right]^2\Leftrightarrow$$
$$\frac{1}{4}+\frac{1}{3}n(n+1)(n+2)\leqslant \frac{1}{3}n(n+2)^2-(n+2)\sqrt{\frac{n}{3}}+\frac{1}{4}\Leftrightarrow$$
$$n(n+1)\leqslant n(n+2)-\sqrt{3n}\Leftrightarrow n\geqslant \sqrt{3n}$$

而最后一个式子在 $n\geqslant 3$ 时成立.

于是,当 $n\geqslant 3$ 时,总有
$$t\leqslant \min\{(n+2)\sqrt{\frac{n}{3}},n\sqrt{6}\} \qquad ②$$

当 $n=1$ 时,$t=1$,当 $n=2$ 时,由式 ① $t\leqslant 3$,此时 ② 也成立.

因而命题得证.

46 设 X 是一个有 $2k$ 个元素的集合,F 是 X 的某些 k 元子集构成的子集族,使得 X 的任意 $k-1$ 元子集都恰好包含在 F 的一个元素中,求证 $k+1$ 是质数.

(中国国家集训队测试,2009 年)

第8章 整点及其他
Chapter 8 Integral Point and Others

证 用反证法.

假设 $k+1$ 不是质数,设 p 是 $k+1$ 的一个质因子,显然 $p \leqslant k-1$.

考虑 X 的某个 $k-p$ 元子集 Y,设
$$M = \{B \mid B \in F, Y \subseteq B\}$$
是 F 的所有包含 Y 的集合.
$$L = \{C \mid Y \subseteq C \subseteq X, |C| = k-1\}$$
是 X 的所有包含 Y 的 $k-1$ 元子集的集合.

显然 $F \backslash M$ 中的任何元素都不可能包含 L 中的元素.

因此 L 中的每个元素恰好包含在 M 的一个元素中,而 M 的一个元素恰包含
$$C_{k-(k-p)}^{(k-1)-(k-p)} = p$$
个 L 中的元素,设 L 中的元素个数是 p 的倍数.

另一方面 L 中的元素个数为
$$C_{2k-(k-p)}^{(k-1)-(k-p)} = \frac{(k+p)(k+p-1)\cdots(k+2)}{(p-1)!}$$
其中分子中的每项都不是 p 的倍数(因为 $p \mid (k+1)$).

故 L 中的元素的个数不能被 p 整除,矛盾.

所以 $k+1$ 是一个质数.

47 α, β 是实数,$1 < \alpha < \beta$. 求具有下述性质的最大正整数 r:将每个正整数任意染上 r 种颜色之一,则总存在两个同色的正整数 x, y,满足
$$\alpha \leqslant \frac{x}{y} \leqslant \beta$$

(中国国家集训队测试,2009 年)

解 所求的最大正整数 $r = [\log_\alpha \beta]$.

(1) 首先证明当 $r = [\log_\alpha \beta]$ 时,将每个正整数任意染上 r 种颜色之一,则总存在两个同色的正整数 x, y,满足 $\alpha \leqslant \frac{x}{y} \leqslant \beta$.

注意到
$$\log_\alpha \beta > [\log_\alpha \beta] - 1 = r - 1$$
即
$$\beta > \alpha^{r-1}$$
所以可以找到一个充分大的整数 N_0,使得 $n > N_0$ 时,有
$$n > \frac{1}{\beta - \alpha^{r-1}} \sum_{k=0}^{r-1} \alpha^k \qquad ①$$

我们证明,若所有大于 N_0 的正整数均为同一种颜色,则结论显然成立.

否则,存在正整数 $t > N_0$,使得 t 和 $t+1$ 不同色.

最新世界各国数学奥林匹克中的初等数论试题（下）
The Lastest Elementary Number Theory in Mathematical Olympiads in The World

考虑 $r+1$ 个正整数
$$a_0 = t, a_1 = t+1, a_{i+1} = [\alpha a_i] \quad (i=1,2,\cdots,r-1) \qquad ②$$
则
$$a_{i+1} < \alpha a_i + 1 \quad (i=1,2,\cdots,r-1)$$
利用 ① 及 a_0 的选取，有
$$a_r < \alpha^{r-1} a_0 + \sum_{k=0}^{r-1} \alpha^k < \alpha a_0$$
由此式及数列 $\{a_i\}$ 严格递增易知，对 $0 \le i < j \le r, (i,j) \ne (0,1)$，有
$$\alpha a_i \le a_j \le a_r < \beta a_0 \le \beta a_i$$
即
$$\alpha \le \frac{a_i}{a_j} \le \beta, 0 \le i < j \le r, (i,j) \ne (0,1) \qquad ③$$

但是 ② 中有 $r+1$ 数，而共染了 r 种颜色，故必有两个数同色．不妨设 a_i 与 a_j 同色 $(0 \le i < j \le r)$，且 $(i,j) \ne (0,1)$，由 ③ 知，存在两个同色的数 a_i, a_j 满足
$$\alpha \le \frac{a_i}{a_j} \le \beta$$

(2) 下面证明 $r = [\log_\alpha \beta]$ 的最大性，即可将每个正整数染上 $r = [\log_\alpha \beta] + 1$ 中颜色之一，使得没有两个同色的正整数 x, y 满足 $\alpha \le \frac{x}{y} \le \beta$.

将 r 种颜色记为 $A_0, A_1, \cdots, A_{r-1}$．
我们规定：当且仅当 $[\log_\alpha n] \equiv i \pmod{r}$ 时，将正整数 n 染为 A_i 色．
我们证明这种染法满足要求．

事实上，对任意满足 $\alpha \le \frac{x}{y} \le \beta$ 的正整数 x, y，有
$$-1 = \log_\alpha \alpha \le \log_\alpha x - \log_\alpha y \le \log_\alpha \beta$$
$$-1 = \log_\alpha \alpha \le [\log_\alpha \frac{x}{y}] \le [\log_\alpha x] - [\log_\alpha y] \le [\log_\alpha \beta] = r-1$$
所以
$$[\log_\alpha x] \not\equiv [\log_\alpha y] \pmod{r}$$
即 x 与 y 不同色．

48 设 n 为正整数．有一个矩形 $ABCD$ 的边长为 $AB = 90n+1$，$BC = 90n+5$．用水平和竖直的线将矩形分成 $(90n+1) \times (90n+5)$ 个单位正方形，S 是由所有单位正方形的顶点构成的集合．

证明：通过 S 中至少两个点的直线的条数可以被 4 整除．

（巴尔干地区数学奥林匹克，2008 年）

第8章 整点及其他
Chapter 8 Integral Point and Others

证 为方便起见：记 $m=90n+1$.

考虑所有直线模 4 的余数.

水平与竖直直线的条数共有
$$(m+5)+(m+1)=2(m+3)\equiv 0\pmod 4$$

将矩形 $ABCD$ 放入直角坐标系中，设矩形的中心为 O，AB 方向为 x 轴的正方向.

由于矩形 $ABCD$ 是中心对称图形，又是以 AB，CD 中点连线为对称轴的轴对称图形，所以每条斜率为正数的满足题目条件的直线必对应一条斜率为其相反数的满足题目条件的直线，因此，只要证明斜率为正数的满足题目要求的直线的条数是偶数就可以.

每一条不通过原点 O 的斜率为正数的满足题目条件的直线，关于原点从中心对称的直线也是斜率为正数的满足题目条件的直线，因此不通过原点的斜率为正数的满足题目条件的直线可以两两配对，因而其总数是偶数.

于是问题归结为证明通过原点 O 的斜率为正数的满足题目条件的直线数是偶数.

因为 m 是奇数，O 为对称中心，所以通过原点 O 的满足题目条件的直线的斜率可写成 $\dfrac{p}{q}$，$(p,q)=1$，$p\geqslant 1$，$q\geqslant 1$，p，q 均为奇数的形式.

对于 $p\leqslant m$，$q\leqslant m$，$p\neq 1$ 或 $q\neq 1$，斜率为 $\dfrac{p}{q}$ 的直线与斜率为 $\dfrac{q}{p}$ 的直线构成一一对应关系，所以总条数为偶数.

下面只须证明其他情形.

(1) $p=q=1$ 这样的直线只有一条.

(2) 斜率为 $\dfrac{m+2}{p}$ 的直线有 $\dfrac{\varphi(m+2)}{2}$ 条，其中 $\varphi(n)$ 为 n 的欧拉函数.

这些直线不存在斜率为 $\dfrac{p}{m+2}$ 的直线与之对应（其中 $1\leqslant p\leqslant m$ 为奇数，$(p,m+2)=1$）.

(3) 斜率为 $\dfrac{m+4}{p}$ 的直线有 $\dfrac{\varphi(m+4)}{2}-1$ 条，这些直线不存在斜率为 $\dfrac{p}{m+4}$ 的直线与之对应（其中 $1\leqslant p\leqslant m$ 为奇数，$(p,m+4)=1$）.

于是只须考虑 $\varphi(m+2)+\varphi(m+4)$ 对 $\bmod 4$ 的余数，即 $\varphi(90n+3)+\varphi(90n+5)$ 对 $\bmod 4$ 的余数.

显然 $4\mid\varphi(90n+3)$，$4\mid\varphi(90n+5)$.

于是所有直线的数目可以被 4 整除.

49 对于一个有限的正整数集合，称集合为"独立集"是指集合中所

最新世界各国数学奥林匹克中的初等数论试题(下)
The Lastest Elementary Number Theory in Mathematical Olympiads in The World

有元素都两两互质,称集合为"完美集"是指集合中的每一个非空子集的算术平均数仍是整数.

(1)证明:对于任意正整数 n,总有一个 n 元正整数集合既是独立集,又是完美集;

(2)是否存在一个无穷的正整数集合,其每一个独立子集都是完美集,且对于每一个正整数 n,都有 n 元独立子集?

(爱沙尼亚国家队选拔考试,2009 年)

解 (1)利用迪利克雷定理:对于任意的两个互质的数 a,d,总存在无数个质数 $a+kd(k \geqslant 0)$.

取 $a=1, d=n!$,则有无数个质数 $kn!+1(k \geqslant 0)$. 从 $k \times n!+1$ 中选出 n 个数,就可以得到一个独立集 A.

从 A 中任取 $m(1 \leqslant m \leqslant n)$ 个元素 $k_i n!+1(i=1,2,\cdots,m)$.

则

$$\sum_{i=1}^{m}(k_i n! + 1) = m(\sum_{i=1}^{m} \frac{n!}{m} k_i + 1)$$

因为 $\frac{n!}{m}$ 是整数,所以 $\sum_{i=1}^{m} \frac{n!}{m} k_i + 1$ 是整数,因而

$$\frac{1}{m}\sum_{i=1}^{m}(k_i n! + 1)$$

是整数,即它们的算术平均数仍是一个整数,所以 A 是完美集.

(2)不存在.

先证明一个引理.

引理 在 n 元完美集中,任意两个不同元素的差可以被小于 n 的正整数整除.

引理的证明:设 T 是一个 n 元完美集.取任意元素 $a,b \in T$.

如果 S 是 T 中 $i-1$ 个元素的和(i 是一个给定的整数,$2 \leqslant i \leqslant n-1$),且 $S \neq a, S \neq b$,则 $a+S, b+S$ 都能被 i 整除.从而 $(a+S)-(b+S)=a-b$ 也能被 i 整除.

回到原题.

假设 B 是一个无穷的正整数集合,对于每个 n,都有 n 元独立子集,且每个独立子集都是完美集.

设 C 是任意一个集合 B 的独立子集,且 $a \in B, |C| > a$.

由引理,集合 B 中任意两数之差都能被 a 整除.

于是集合 B 中的元素对 $\bmod a$ 同余.

因此,集合 B 中的所有元素与 a 的最大公约数都是相同的.

又因为集合 B 是独立的,所以它们的最大公约数只能是 1.

第8章 整点及其他
Chapter 8 Integral Point and Others

因为 B 的任意一个独立子集 C 的元素的个数多于 a 个,且每个元素都与 a 互质.

所以把元素 a 加到任何一个独立子集中,组成一个含有 a 且元素多于 a 个的新的独立子集,在这个集合中 a 与其他元素也是互质的,所以 $a=1$.

但这与 a 是任意一个整数矛盾,且 $B=\{1\}$ 也不合题意.

所有没有满足条件的集合 B,使它的每个独立子集都是完美集.

50 求所表示为 $n^2+4n(n\in \mathbf{N}^*)$ 的形式,且与 10 000 的差的绝对值最小的正整数.

(日本数学奥林匹克预赛,2009 年)

解 $n^2+4n=(n+2)^2-2$.

且当 $a<b$ 时,
$$a^2+4a<b^2+4b$$
于是所求整数为
$$100^2-4=9\ 996$$
或
$$101^2-4=10\ 197$$
由于
$$|9\ 996-10\ 000|<|10\ 194-10\ 000|$$
所以所求的数为 9 996.

51 求出所有的整系数多项式 f,使得对于任意的质数 p 及满足 $p\mid(uv-1)$ 的任意整数 u,v,均有
$$p\mid(f(u)f(v)-1)$$

(伊朗国家队选拔考试,2009 年)

解 设所求的多项式 f 的次数为 n,令 $g(x)=x^nf(\frac{1}{x})$.

设 x 是一个正整数,p 为比 x 大的一个质数,则必存在一个正整数 y,使得
$$xy\equiv 1\ (\bmod p)$$
设
$$f(\frac{1}{x})\equiv f(y)\ (\bmod p)$$
由于 $p\mid(xy-1)$,则
$$p\mid(f(x)f(y)-1)$$
故
$$x^n\equiv x^nf(x)f(y)\equiv x^nf(x)f(\frac{1}{x})\equiv f(x)g(x)\ (\bmod p)$$

最新世界各国数学奥林匹克中的初等数论试题(下)
The Lastest Elementary Number Theory in Mathematical Olympiads in The World

因此
$$p \mid (f(x)g(x) - x^n)$$
但由于 p 可以取到足够大的质数,甚至大于 $|f(x)g(x) - x^n|$,从而
$$f(x)g(x) - x^n = 0$$
又由于 $f(x)$ 的次数为 n,故 $g(x)$ 必为常数.

于是,$f(x)$ 必为形如 ax^n 的多项式函数.

由此
$$f(x)g(x) = a^2 x^n = x^n$$
即
$$a = \pm 1$$
所以
$$f(x) = \pm x^n$$
另一方面,对于形如 $f(x) = \pm x^n$ 的多项式 f,由
$$uv \equiv 1 \pmod{p}$$
可得
$$u^n v^n \equiv 1 \pmod{p}$$
所以满足题设条件.

综上,满足题意的多项式为
$$f(x) = \pm x^n \quad (x \in \mathbf{N}^*)$$

附录

数学奥林匹克中常用的数论知识

附录 数学奥林匹克中常用的数论知识
Appendix Commonly Used Knowledge of Number Theory in Mathematical Olympiad

一、整除

1. 定义

对于整数 $a,b(b\neq 0)$，存在整数 q，满足 $a=bq$ 就称为 a 能被 b 整除，记作 $b\mid a$. 其中 a 称为 b 的倍数，b 称为 a 的约数（因数）.

若 $b\neq\pm 1$，则 b 称为 a 的真约数.

若 a 不能被 b 整除，则记作 $b\nmid a$.

如果 $a^t\mid b,a^{t+1}\nmid b,t\in\mathbf{N}$，记作 $a^t\parallel b$.

2. 关于整除的一些简单性质

(1) $b\mid 0,\pm 1\mid a,a\mid a(a\neq 0)$.

(2) 若 $b\mid a,a\neq 0$，则 $1\leqslant\mid b\mid\leqslant\mid a\mid$.

(3) 若 $c\mid b,b\mid a$，则 $c\mid a$.

(4) 若 $b\mid a,c\neq 0$，则 $bc\mid ac$.

(5) 若 $c\mid a,c\mid b$，则
$$c\mid(ma+nb)\quad(m,n\in\mathbf{Z})$$

(6) 若 $\sum_{i=1}^{k}a_i=0$，b 能整除 $a_1,a_2,\cdots,a_k$ 中的 $k-1$ 个，则 b 能整除另一个.

二、同余

1. 定义

设 m 为正整数，若整数 a 和 b 被 m 除的余数相同，则称 a 和 b 对模 m 同余，记作
$$a\equiv b\pmod{m}$$

2. 基本性质

(1) $a\equiv b\pmod{m}\Leftrightarrow m\mid(b-a)$.

(2) $a\equiv b\pmod{m}\Leftrightarrow b=km+a\ (k\in\mathbf{Z})$.

(3) $a\equiv a\pmod{m}$.

(4) 若 $a\equiv b\pmod{m}$，则 $b\equiv a\pmod{m}$.

(5) 若 $a\equiv b\pmod{m},b\equiv c\pmod{m}$，则 $a\equiv c\pmod{m}$.

(6) 若 $a\equiv b\pmod{m},c\equiv d\pmod{m}$，则 $a\pm c\equiv b\pm d\pmod{m},ac\equiv bd\pmod{m},a^n\equiv b^n\pmod{m}$.

(7) 若 $ac\equiv bc\pmod{m},(c,m)\equiv d$，则 $a\equiv b\left(\mathrm{mod}\ \dfrac{m}{d}\right)$.

其中符号 (c,m) 表示 c 与 m 的最大公约数.

特别地，当 $(c,m)=1$ 时，若 $ac\equiv bc\pmod{m}$，则 $a\equiv b\pmod{m}$.

3. 同余类

由于关于模 m 同余的整数组成的集合，每一个集合称为关于模 m 的同余类（或称为关于模 m 的剩余类）.

由于任何整数被 m 除的余数只能是 $0,1,\cdots,m-1$ 这 m 种情形，所以，整数集可以按对模 m 同余的关系分成 m 个子集：
$$A_0, A_1, \cdots, A_{m-1}$$
其中 $A_i = \{qm + i \mid m \text{ 为模}, q \in \mathbf{Z}\}, i = 0,1,\cdots,m-1$.

所有的 $A_i (i=0,1,\cdots,m-1)$ 满足
$$\bigcup_{i=0}^{m-1} A_i = \mathbf{Z}, \quad \bigcap_{i=0}^{m-1} A_i = \varnothing$$

4. 完全剩余系

从模 m 的 m 个同余类 $A_0, A_1, \cdots, A_{m-1}$ 中，每一类 A_i 取一数 a_i，则 $a_0, a_1, \cdots, a_{m-1}$ 称为模 m 的一个完全剩余系（简称 m 的完系）.

最简单的模 m 的完全剩余系是
$$0, 1, \cdots, m-1$$
也称为模 m 的最小非负完系.

显然 m 个相继整数构成模 m 的一个完系.

三、质数与合数

1. 一个大于 1 的整数，如果只有 1 和它本身作为它的约数，这样的正整数称为质数（也叫素数）；如果除了 1 和它的本身之外还有其他的正约数，这样的正整数称为合数.

1 既不是质数也不是合数. 因此，正整数集 $\mathbf{Z}^*$ 满足
$$\mathbf{Z}^* = \{1\} \cup \{\text{质数}\} \cup \{\text{合数}\}$$

2. 大于 1 的整数的所有真约数中，最小的正约数一定是质数.

3. 合数 a 的最小质约数不大于 $\sqrt{a}$.

4. 质数有无穷多个.

5. 不存在这样的整系数多项式
$$f(n) = \sum_{i=0}^{m} a_i n^i$$
使得对任意的自然数 n，$f(n)$ 都是质数.

6. 威尔逊（Wilson）定理

p 为质数的充分必要条件是
$$(p-1)! \equiv -1 \pmod{p}$$

四、质因数分解

1. 质因数分解定理（整数的唯一分解定理）

附录　数学奥林匹克中常用的数论知识
Appendix　Commonly Used Knowledge of Number Theory in Mathematical Olympiad

每一个大于 1 的整数都能分解成质因数连乘积的形式,且如果把这些质因数按照由小到大的顺序排列(相同因数的乘积写成幂的形式),这种分解方法是唯一的.

2. 整数 $n(n>1)$ 的标准分解式为

$$n=\prod_{i=1}^{m}p_i^{\alpha_i} \qquad ①$$

其中 p_i 是质数,α_i 是正整数,$i=1,2,\cdots,m$.

3. 约数个数定理

设 $d(n)=\sum_{d\mid n}1$ 表示大于 1 的整数 n 的所有正约数的个数,n 的标准分解式为式①,则

$$d(n)=\prod_{i=1}^{m}(1+\alpha_i)$$

4. 约数和定理

设 $\sigma(n)=\sum_{d\mid n}d$ 表示大于 1 的整数 n 的所有正约数的和,n 的标准分解式为式①,则

$$\sigma(n)=\prod_{i=1}^{m}\frac{p_i^{\alpha_i+1}-1}{p_i-1}$$

5. 在 $n!$ 的标准分解式中,质因数 p 的方幂为 $\sum_{r=1}^{\infty}\left[\dfrac{n}{p^r}\right]$. 其中记号 $[x]$ 表示不超过 x 的最大整数.

五、公约数和公倍数

1. 公约数和最大公约数

(1) 若 $c\mid a_1,c\mid a_2,\cdots,c\mid a_n$,则 c 称为 $a_1,a_2,\cdots,a_n$ 的公约数.

$a_1,a_2,\cdots,a_n$ 的所有公约数中最大的一个称为 $a_1,a_2,\cdots,a_n$ 的最大公约数. 记作 $(a_1,a_2,\cdots,a_n)$.

(2) 若 $a_1,a_2,\cdots,a_n$ 的标准分解式为

$$a_1=\prod_{i=1}^{m}p_i^{\alpha_i},\quad a_2=\prod_{i=1}^{m}p_i^{\beta_i},\quad\cdots,\quad a_n=\prod_{i=1}^{m}p_i^{\delta_i}$$

其中 p_i 为质数,$\alpha_i,\beta_i,\cdots,\delta_i$ 为非负整数,$i=1,2,\cdots,m$,则

$$(a_1,a_2,\cdots,a_n)=\prod_{i=1}^{m}p_i^{t_i}$$

其中,$t_i=\min\{\alpha_i,\beta_i,\cdots,\delta_i\}$.

(3) 如果 a 是 b 的倍数,那么 a 和 b 的公约数的集合与 b 的约数集合相等.

(4) 如果 a 是 b 的倍数,则 $(a,b)=b,g,r\in\mathbf{Z}$.

最新世界各国数学奥林匹克中的初等数论试题(下)

The Lastest Elementary Number Theory in Mathematical Olympiads in The World

(5) 设 a 和 b 是不同时等于1的正整数,且 $d=ax_0+by_0$ 是形如 $ax+by$(x, y 是整数) 的整数中的最小正整数,则 $d=(a,b)$.

(6) 正整数 a 和 b 的公约数集合与它们的最大公约数的约数集合相等.

(7) 设 m 是任意正整数,则
$$(am,bm)=(a,b)m$$

(8) 设 n 是 a 和 b 的一个公约数,则
$$\left(\frac{a}{n},\frac{b}{n}\right)=\frac{(a,b)}{n}$$

(9) 设正整数 a 和 $b(a>b)$ 满足等式
$$a=bq+r,\quad 0\leqslant r<b,\quad q,r\in \mathbf{Z}$$
则 $(a,b)=(b,r)$

由此可得到求 a,b 最大公约数的辗转相除法.

设 $a=bq_1+r_1, 0\leqslant r_1<b$.

若 $r_1=0$,则 $(a,b)=b$.

若 $r_1\neq 0$,则又可用 r_1 去除 b 得
$$b=r_1q_2+r_2,\quad 0\leqslant r_2<r_1$$

若 $r_2=0$,则 $(a,b)=(b,r_1)=r_1$

若 $r_2\neq 0$,再用 r_2 去除 r_1 得
$$r_1=r_2q_3+r_3,\quad 0\leqslant r_3<r_2$$

如此继续下去,由于 $b>r_1>r_2>r_3>\cdots$ 以及 $r_i(i=1,2,\cdots)$ 是非负整数,则一定在进行到某一次时,例如第 $n+1$ 次得到 $r_{n+1}=0$.但由于 $r_n\neq 0$,则有
$$(a,b)=(b,r_1)=(r_1,r_2)=\cdots=(r_{n-1},r_n)=r_n$$

用此法还可以求(5)中形如 $ax+by$ 的最小正整数 $d=ax_0+by_0$.

2. 公倍数和最小公倍数

(1) 若 $a_1\mid b,a_2\mid b,\cdots,a_n\mid b$,则 b 称为 $a_1,a_2,\cdots,a_n$ 的公倍数. $a_1,a_2,\cdots,a_n$ 的所有公倍数中最小的一个称为 $a_1,a_2,\cdots,a_n$ 的最小公倍数.记作 $[a_1,a_2,\cdots,a_n]$.

(2) 若 $a_1,a_2,\cdots,a_n$ 的标准分解式为
$$a_1=\prod_{i=1}^{m}p_i^{\alpha_i},\quad a_2=\prod_{i=1}^{m}p_i^{\beta_i},\quad\cdots,\quad a_n=\prod_{i=1}^{m}p_i^{\delta_i}$$
其中 p_i 为质数,$\alpha_i,\beta_i,\cdots,\delta_i$ 为非负整数,$i=1,2,\cdots,m$,则
$$[a_1,a_2,\cdots,a_n]=\prod_{i=1}^{m}p_i^{r_i}$$
其中,$r_i=\max\{\alpha_i,\beta_i,\cdots,\delta_i\}$.

(3) $a_1,a_2,\cdots,a_n$ 的最小公倍数是它们的任一公倍数的约数.

附录　数学奥林匹克中常用的数论知识
Appendix　Commonly Used Knowledge of Number Theory in Mathematical Olympiad

(4) $[a,b] = \dfrac{ab}{(a,b)}$.

六、奇数和偶数

1. 若一个整数能被 2 整除，则这个整数称为偶数；若一个整数被 2 除余 1，则这个整数称为奇数.

奇数集合和偶数集合都是以 2 为模的同余类.

2. 奇数个奇数的和（或差）是奇数，偶数个奇数的和（或差）是偶数.

任意多个偶数的和（或差）为偶数.

一个奇数与一个偶数的和（或差）是奇数.

两个整数的和与差有相同的奇偶性.

3. 任意多个奇数的积是奇数.

若任意多个整数中至少有一个偶数，则它们的积是偶数.

七、完全平方数

1. 若 a 是整数，则 a^2 称为 a 的完全平方数.
2. 完全平方数的个位数只能是 0,1,4,5,6,9.
3. 奇数的平方的十位数是偶数.
4. 个位数是 5 的平方数，其十位数是 2，百位数是偶数.
5. 如果一个完全平方数的个位数是 6，那么，它的十位数是奇数.
6. 偶数的平方能被 4 整除；奇数的平方被 4 除余 1.
7. 偶数的平方被 8 除余 0 或 4；奇数的平方被 8 除余 1.
8. 若一个整数能被 3 整除，则这个数的平方能被 3 整除；若一个整数不能被 3 整除，则这个数的平方被 3 除余 1.
9. 若一个整数能被 5 整除，则这个数的平方能被 5 整除；若一个整数不能被 5 整除，则这个数的平方被 5 除余 +1 或 -1.
10. 把完全平方数的各位数码相加，如果所得到的和不是一位数，再把这个和的各位数码相加，直到和是一位数为止，这个一位数只能是 0,1,4,7,9.
11. 两个相邻完全平方数之间不可能有完全平方数.
12. 完全平方数的所有正约数个数为奇数，并且反过来也成立.
13. 如果质数 p 是一个完全平方数的约数，那么，p^2 也是这个完全平方数的约数.

八、整数的可除性特征

1. 一个整数能被 2 整除的充分必要条件是这个数的个位数是偶数.
2. 一个整数能被 4 整除的充分必要条件是这个数的末两位数能被 4 整除.

3. 一个整数能被 5 整除的充分必要条件是这个数的个位数是 0 或 5.

4. 一个整数能被 3 整除的充分必要条件是这个数的各位数字之和能被 3 整除.

5. 一个整数能被 9 整除的充分必要条件是这个数的各位数字之和能被 9 整除.

6. 一个整数能被 11 整除的充分必要条件是这个数的奇位数字之和与偶位数字之和的差能被 11 整除.

7. 一个整数能被 $10n-1$(n 为正整数)整除的充分必要条件是把这个数的个位数截去之后,再加上这个个位数的 n 倍,它的和能被 $10n-1$ 整除,即把 A 写成 $A=10x+y, y\in\{0,1,\cdots,9\}$,则

$$(10n-1)\mid A \Leftrightarrow (10n-1)\mid(x+ny)$$

由此可判断整数 A 能否被 $9, 19, 29, 39, \cdots$ 整除.

8. 一个整数能被 $10n+1$(n 为正整数)整除的充分必要条件是把这个数的个位数截去之后,再减去这个个位数的 n 倍,它的差能被 $10n+1$ 整除,即把 A 写成 $A=10x+y, y\in\{0,1,\cdots,9\}$,则

$$(10n+1)\mid A \Leftrightarrow (10n+1)\mid(x-ny)$$

由此可判断整数 A 能否被 $11, 21, 31, 41, \cdots$ 整除.

九、十进制记数法

1. 数 A 的十进制表示为

$$A=\sum_{i=0}^{n}a_i 10^i$$

其中 $a_i\in\{0,1,\cdots,9\}, i=0,1,\cdots,n-1, a_n\in\{1,2,\cdots,9\}$.

2. A 的 n 次幂的个位数等于 A 的个位数的 n 次幂的个位数,即

$$A^n\equiv a_0^n(\bmod\ 10)$$

3. A^n 的个位数以 4 为周期循环出现.

4. A 与它的各位数字之和 $S(A)=\sum_{i=0}^{n}a_i$ 关于模 9 同余,即

$$A\equiv\sum_{i=0}^{n}a_i(\bmod\ 9)$$

5. A 的各位数字之和 $S(A)=\sum_{i=0}^{n}a_i$ 满足

$$S(A+B)\leqslant S(A)+S(B),\quad S(AB)\leqslant S(A)S(B)$$

6. 若 a 和 b 为任意非负整数,则 $\dfrac{1}{2^a\times 5^b}$ 的小数展开式是有限的.

7. 若 $\dfrac{1}{n}$ 具有有限小数展开式,则 $n=2^a\times 5^b$,其中 a,b 为非负整数.

8. 在 $\frac{1}{n}$ 的十进制小数展开式中,循环节长不大于 $n-1$.

9. 若 $(n,10)=1$,则 $\frac{1}{n}$ 的循环节长为 r,r 是满足
$$10^r \equiv 1 \pmod{n}$$
的最小正整数.

十、k 进制记数法

1. 设 $k \geqslant 2$ 为任一整数(称为基),则任一十进制整数 A 可唯一地用基 k 表示,即可写成如下的形式:
$$A = d_0 + d_1 k + d_2 k^2 + \cdots + d_n k^n = \sum_{i=0}^{n} d_i k^i$$
其中 $d_i \in \{0, 1, \cdots, k-1\}$,$i = 0, 1, \cdots, n-1$,$d_n \in \{1, 2, \cdots, k-1\}$.

2. A 的 k 进制表示可记为
$$A = (d_n d_{n-1} \cdots d_1 d_0)_k$$

3. 设 B 为正的纯小数,则 B 可以唯一地用基 k 表示,即可写成如下的形式:
$$B = d_{-1} k^{-1} + d_{-2} k^{-2} + \cdots + d_{-n} k^{-n} + \cdots$$
其中 $d_{-i} \in \{0, 1, \cdots, k-1\}$,$i = 1, 2, \cdots, n, \cdots$.

注:若 B 为有限小数,则上式为有限项;若 B 为无限小数,则上式为无限项.

十一、互质数、费马小定理和孙子定理

1. 互质数

(1) 若 $(a_1, a_2, \cdots, a_n) = 1$,就称为 $a_1, a_2, \cdots, a_n$ 互质(也称为互素). 这 n 个数称为互质数(互素数).

特别地,1 和任何整数互质;相邻两个整数互质;相邻两个奇数互质;对质数 p,若 p 不能整除 a,则 p 与 a 互质.

(2) 若 $(a,b) = 1$,则
$$(a \pm b, a) = 1, \quad (a \pm b, ab) = 1$$

(3) 若 $(a,b) = 1$,$a \mid bc$,则 $a \mid c$.

(4) 若 $a \mid c$,$b \mid c$,$(a,b) = 1$,则 $ab \mid c$.

(5) 若 $(a,b) = 1$,则 $(b, ac) = (b, c)$.

(6) 若 $(a,b) = 1$,$c \mid a$,则 $(c,b) = 1$.

(7) 若 $(a,b) = 1$,则 $(a, b^k) = 1$.

(8) 若 $a_1, a_2, \cdots, a_m$ 中的每一个与 $b_1, b_2, \cdots, b_n$ 中的每一个互质,则
$$(a_1 a_2 \cdots a_m, b_1 b_2 \cdots b_n) = 1$$

2. 欧拉函数

定义：小于 m 且与 m 互质的正整数的个数称为欧拉（Euler）函数，记作 $\varphi(m)$.

若 $m=\prod_{i=1}^{n}p_i^{a_i}$，则
$$\varphi(m)=m\prod_{i=1}^{n}\left(1-\frac{1}{p_i}\right)$$

其中 p_i 是质数，a_i 是正整数（$i=1,2,\cdots,n$）.

当 m 为质数时，$\varphi(m)=m-1$.

性质：

(1) $\varphi(m)$ 是积性函数，即 $(a,b)=1$，则
$$\varphi(a)\varphi(b)=\varphi(ab)$$

(2) 若 p 是质数，则
$$\varphi(p)=p-1,\quad \varphi(p^k)=p^k-p^{k-1}$$

(3) 设 $m=p_1^{a_1}p_2^{a_2}\cdots p_k^{a_k}$，则
$$\varphi(m)=m\left(1-\frac{1}{p_1}\right)\left(1-\frac{1}{p_2}\right)\cdots\left(1-\frac{1}{p_k}\right)$$

(4) 设 $d_1,d_2,\cdots,d_{T(m)}$ 是 m 的所有正约数，则
$$\sum_{i=1}^{T(m)}\varphi(d_i)=m$$

3. 欧拉定理和费马小定理

(1) 欧拉定理

设 $m\geqslant 2$，且 $(a,m)=1$，$\varphi(m)$ 为欧拉函数，则
$$a^{\varphi(m)}\equiv 1\pmod{m}$$

(2) 费马（Fermat）小定理

设 p 是质数，则对任意正整数 a 必有
$$a^p\equiv a\pmod{p}$$

若 $(a,p)=1$，则
$$a^{p-1}\equiv 1\pmod{p}$$

注：费马小定理是欧拉定理当 m 为质数时的特例.

4. 孙子定理

设 $m_1,m_2,\cdots,m_k$ 是 k 个两两互质的正整数. 则同余式组
$$x\equiv b_1\pmod{m_1}$$
$$x\equiv b_2\pmod{m_2}$$
$$\vdots$$
$$x\equiv b_k\pmod{m_k}$$

附录　数学奥林匹克中常用的数论知识
Appendix　Commonly Used Knowledge of Number Theory in Mathematical Olympiad

有唯一解
$$x \equiv M'_1 M_1 b_1 + M'_2 M_2 b_2 + \cdots + M'_k M_k b_k \pmod{M}$$

其中，$M = m_1 m_2 \cdots m_k$；

$$M_i = \frac{M}{m_i}, i = 1, 2, \cdots, k;$$

$$M'_i M_i \equiv 1 \pmod{m_i}, i = 1, 2, \cdots, k.$$

注：孙子定理又叫中国剩余定理.

十二、阶数与原根

1. 阶数定义

当 $(a, m) = 1$，有最小正整数 λ，使
$$a^\lambda \equiv 1 \pmod{m}$$

且 $a^k \not\equiv 1 \pmod{m}, 0 < k < \lambda$. 则 λ 称为 a 关于 m 的阶数.

由欧拉定理得 $\lambda \leqslant \varphi(m), \lambda \mid \varphi(m)$.

2. 原根定义

如果 $\lambda = \varphi(m)$，称为 a 关于模 m 的阶数是 $\varphi(m)$，此时，a 称为 m 的原根.

3. 阶数 λ 的性质

(1) 如果 a 关于 m 的阶数是 λ，那么，$a^0, a^1, \cdots, a^{\lambda-1}$ 中，任两数关于模 m 不同余.

(2) 若 λ 是关于 m 的阶数，则满足
$$a^t \equiv 1 \pmod{m}$$

的 t，都有 $\lambda \mid t$.

十三、二次剩余和勒让德(Legendre) 符号

1. 二次剩余的定义：设质数 $p > 2$，d 是整数，$p \nmid d$. 如果同余方程
$$x^2 \equiv d \pmod{p}$$

有解，则称 d 是模 p 的二次剩余，若无解，则称 d 是模 p 的二次非剩余.

2. 二次剩余的性质：

在模 p 的一个剩余系中，恰有 $\dfrac{p-1}{2}$ 个模 p 的二次剩余，$\dfrac{p-1}{2}$ 个模 p 的二次非剩余，若 d 是模 p 的二次剩余，则同余方程
$$x^2 \equiv d \pmod{p}$$

的解数是 2.

3. 勒让德(Legendre) 符号的定义：

设质数 $p > 2$，定义整变数 d 函数

$$\left(\frac{d}{p}\right)=\begin{cases}1, & d \text{ 是模 } p \text{ 的二次剩余}; \\ -1, & d \text{ 是模 } p \text{ 的二次非剩余}; \\ 0, & p \mid d.\end{cases}$$

把 $\left(\dfrac{d}{p}\right)$ 称为模 p 的 Legendre 符号.

4. 勒让德(Legendre) 符号的性质：

(1) $\left(\dfrac{d}{p}\right)=\left(\dfrac{p+d}{p}\right)$;

(2) $\left(\dfrac{d}{p}\right)\equiv d^{\frac{p-1}{2}}(\bmod p)$;

(3) $\left(\dfrac{dc}{p}\right)=\left(\dfrac{d}{p}\right)\left(\dfrac{c}{p}\right)$;

(4) 当 $p\nmid d$ 时, $\left(\dfrac{d^2}{p}\right)=1$;

(5) $\left(\dfrac{1}{p}\right)=1,\left(\dfrac{-1}{p}\right)=(-1)^{\frac{p-1}{2}}$.

5. 二次互反律

设 p,q 均为奇质数，$p\neq q$，则有

$$\left(\frac{q}{p}\right)\cdot\left(\frac{p}{q}\right)=(-1)^{\frac{p-1}{2}\cdot\frac{q-1}{2}}$$

十四、不定方程

1. 二元一次不定方程 $ax+by=c$

(1) 不定方程 $ax+by=c(a,b,c$ 为整数) 有整数解的充分必要条件是 $(a,b)\mid c$.

(2) 若 $(a,b)=1$, 且 (x_0,y_0) 是不定方程 $ax+by=c$ 的一组整数解, 则

$$x=x_0+bt, \quad y=y_0-at \quad (t \text{ 是整数})$$

是方程的全部整数解.

2. 不定方程 $x^2+y^2=z^2$ 的整数解

(1) 若 $x=a,y=b,z=c(a,b,c$ 为正整数) 是方程 $x^2+y^2=z^2$ 的一组解, 且 $(a,b)=1$, 就称这组解为方程的一组基本解.

(2) 若 $x=a,y=b,z=c$ 为方程 $x^2+y^2=z^2$ 的一组基本解, 则 a 和 b 中恰有一个为偶数, c 为奇数.

(3) 设 $x=a,y=b,z=c$ 为方程 $x^2+y^2=z^2$ 的一组基本解, 且假定 a 是偶数, 则存在正整数 m 和 $n,m>n,(m,n)=1$, 且 $m\not\equiv n\pmod 2$, 使得

$$a=2mn,\quad b=m^2-n^2,\quad c=m^2+n^2$$

(4) 若 $a=2mn,b=m^2-n^2,c=m^2+n^2$, 则 a,b,c 是 $x^2+y^2=z^2$ 的一组

附录　数学奥林匹克中常用的数论知识
Appendix　Commonly Used Knowledge of Number Theory in Mathematical Olympiad

解;如果还有 $m>n>0,(m,n)=1$ 和 $m \not\equiv n \pmod 2$,则 a,b,c 就是方程的一组基本解.

3. 佩尔(Pell) 方程

(1) 方程 $x^2-dy^2=1$(d 为给定的正整数),称为佩尔方程.

(2) 无论 d 取什么值,$x=\pm 1,y=0$ 是佩尔方程的解,这组解称为佩尔方程的平凡解.

(3) 设 $d>0$ 是一个非平方数,则佩尔方程 $x^2-dy^2=1$ 有无穷多个不同的整数解.

(4) 设 $n>0,(x_1,y_1)$ 是佩尔方程 $x^2-dy^2=1$ 的一个解,又设 x_n 与 y_n 由下式定义

$$(x_1-\sqrt{d}y_1)^n=x_n+\sqrt{d}y_n$$

则 (x_n,y_n) 是佩尔方程 $x^2-dy^2=1$ 的一个解.

十五、函数 $[x]$

1. 定义

设 $x \in \mathbf{R}$,则 $[x]$ 表示不超过 x 的最大整数.

2. 函数 $[x]$ 的性质

(1) $y=[x]$ 的定义域为实数集 $\mathbf{R}$,值域为整数集 $\mathbf{Z}$.

(2) $x=[x]+r,0 \leqslant r<1$.

(3) $x-1<[x] \leqslant x<[x]+1$.

(4) $y=[x]$ 是广义增函数,即当 $x_1 \leqslant x_2$ 时,$[x_1] \leqslant [x_2]$ 成立.

(5) 设 $n \in \mathbf{Z}$,则 $[n+x]=n+[x]$.

(6) $[\sum_{i=1}^{n} x_i] \geqslant \sum_{i=1}^{n}[x_i]$.

(7) 对正实数 $x_1,x_2,\cdots,x_n$ 有

$$[\prod_{i=1}^{n} x_i] \geqslant \prod_{i=1}^{n}[x_i]$$

特别地,对正数 x 及正整数 n 有

$$[x^n] \geqslant [x]^n,\quad [x] \geqslant [\sqrt[n]{x}]^n$$

(8) 对正实数 x,y 有

$$[\frac{y}{x}] \leqslant \frac{[y]}{[x]}$$

(9) 设 n 为正整数,则

$$[\frac{x}{n}]=[\frac{[x]}{n}]$$

(10) 对整数 x,有 $[-x]=-[x]$;对非整数 x,有 $[-x]=-[x]-1$.

(11) 对正整数 m 和 n，不大于 m 的 n 的倍数共有 $\left[\dfrac{m}{n}\right]$ 个.

(12) 函数 $\{x\}$ 定义为实数 x 的正的纯小数部分，即 $\{x\} = x - [x]$.
$y = \{x\}$ 还有如下一些性质：
（ⅰ）$\{x\} \in [0,1)$.
（ⅱ）$\{x\}$ 是以 1 为最小正周期的周期函数.
（ⅲ）$\{n+x\} = \{x\}$（n 为整数）.

(13) 设 $p \in \mathbf{N}$，满足 $2^\lambda \mid (2^p)!$ 的 λ 的最大值为 $M = 2^p - 1$.
由 (11) 知
$$M = \left[\dfrac{2^p}{2}\right] + \left[\dfrac{2^p}{2^2}\right] + \left[\dfrac{2^p}{2^3}\right] + \cdots = 2^{p-1} + 2^{p-2} + \cdots + 2 + 1 = 2^p - 1$$

十六、整点

在平面直角坐标系中，横、纵坐标均为整数的点称为整点，整点也叫格点. 类似地，可定义空间直角坐标系中的整点.

1. 整点多边形的面积公式

顶点都在整点上的简单多边形（即不自交的多边形），其面积为 S，多边形内的整点数为 N，多边形边上的整点数为 L，则
$$S = N + \dfrac{L}{2} - 1$$

2. 正方形内的整点

(1) 各边均平行于坐标轴的正方形，如果内部不含整点，它的面积最大是 1.

(2) 内部不含整点的正方形面积，最大是 2.

(3) 内部只含一个整点的最大正方形面积是 4.

3. 圆内整点问题

设 $A(r)$ 表示区域 $x^2 + y^2 \leqslant r^2$ 上的整点数，r 是正实数，则
$$A(r) = 1 + 4[r] + 4\sum_{1 \leqslant s \leqslant r}\left[\sqrt{r^2 - s^2}\right]$$

或

$$A(r) = 1 + 4[r] + 8\sum_{1 \leqslant s \leqslant \frac{r}{\sqrt{2}}}\left[\sqrt{r^2 - s^2}\right] - 4\left[\dfrac{r}{\sqrt{2}}\right]^2$$

其中，$[x]$ 表示不超过 x 的最大整数.

此外，当 r 充分大时，区域 $x^2 + y^2 \leqslant r^2$ 上的格点数 $A(r)$ 接近于 πr.

4. 不存在整点正三角形.

5. 当 $n \geqslant 5$ 时，不存在整点正 n 边形.

编辑手记

三国时魏人刘徽《九章算术注》序道:"虽曰九数,其能穷纤入微,探测无方.至于以法相传,亦犹规矩度量可得而其,非特难为也.当今好之者寡,故世虽多通才达学,而未必能综于此耳."

谁都承认数学是个好东西,但要精通太难了,中学数学教师中能称得上数学教育家的寥寥无几.王连笑先生算是杰出的一位.连笑先生用功之勤少有人能比,从第一本著作《从哥德巴赫猜想谈起》至今已有百部之多,堪称著作等身,且本本精品.本书也不例外.

连笑先生数论功底很深,年轻时曾译过波兰大数学家夕尔宾斯基的《数论》,对历届世界各国,包括 IMO 中的数论试题都有自己的解法.而且对代数数论也略有涉猎.据连笑跟笔者讲,只有解析数论与超越数论过难,且年龄已大难以通晓其余数论分支,虽然都很感兴趣.

在《中等数学》编辑部出版的纪念王连笑先生专辑中,有一句话很贴切.无冥冥之志者无昭昭之明,无惛惛之事者无赫赫之功.拿到连笑先生的稿件时,笔者脑海中想到了两个美国人,一个是阿西莫夫以一己之力编写了《古今科技名人辞典》,他在 1971 年 8 月写的第一次修订本前言中不无自豪地说:

我认为,还有些人不甚了解这本书全是我个人编写的,因为从我收到对第一版的许多的评论来看,我已察觉出,他们好像想当然地把这本书当做是集体努力的结果,即由我带领了一队数目可观的人马进行了研究和编写而成.

事实并非如此!我一个人作了所有必须进行的研究和写作,而没有任何外来的帮助,就连打字工作都是我自己做的……

此外,我写这本书是出于一种无比的爱好.所以,我非常珍爱它,甚至点点滴滴我也不愿与人分享.

第二位是斯坦福计算机教授唐纳德·E·克努特(Donald E. Kunth),中文名叫高德纳.他从1962年还是加利福尼亚理工学院的研究生时就开始了关于计算机科学的史诗性的7卷集《The Art of Computer Programming》.(有中译本)

这些工作看上去绝非一己之力可以完成,但恰恰是仅靠一个人的力量就完成了.

连笑先生的小书房我有幸参观过,四面书架全部都是中学数学有关的书籍.笔者主持的数学工作室出版的书也有几十本在其上.除此之外,一桌一凳一台电脑.连笑先生告诉笔者,他每天除了吃饭(偶尔喝点小酒)便是坐在书房在电脑上工作."斯晨斯夕,吾息其庐,青灯黄卷,浊酒半壶"倒是古代文人的诗意画卷.

有人说幸福是四有之人,心中有盼望,手中有事做,身边有亲友,家中有积蓄.以此标准衡量,连笑无疑是幸福之人.连笑先生辞世是中学数学界和数学竞赛界的一个重大损失.笔者认为连笑先生绝对是中学数学界的精英人物,不可多得,失之甚惜.清代非主流史家章学诚曾说:"物以少为贵,人亦宜然也.天下皆圣贤,孔孟亦弗尊尚矣."我们怀念连笑先生,仅以此书出版寄托我们数学同仁的哀思.

刘培杰

2011年10月10日

哈尔滨工业大学出版社刘培杰数学工作室
已出版(即将出版)图书目录

书　名	出版时间	定　价	编号
新编中学数学解题方法全书(高中版)上卷	2007—09	38.00	7
新编中学数学解题方法全书(高中版)中卷	2007—09	48.00	8
新编中学数学解题方法全书(高中版)下卷(一)	2007—09	42.00	17
新编中学数学解题方法全书(高中版)下卷(二)	2007—09	38.00	18
新编中学数学解题方法全书(高中版)下卷(三)	2010—06	58.00	73
新编中学数学解题方法全书(初中版)上卷	2008—01	28.00	29
新编中学数学解题方法全书(初中版)中卷	2010—07	38.00	75
新编平面解析几何解题方法全书(专题讲座卷)	2010—01	18.00	61
数学眼光透视	2008—01	38.00	24
数学思想领悟	2008—01	38.00	25
数学应用展观	2008—01	38.00	26
数学建模导引	2008—01	28.00	23
数学方法溯源	2008—01	38.00	27
数学史话览胜	2008—01	28.00	28
从毕达哥拉斯到怀尔斯	2007—10	48.00	9
从迪利克雷到维斯卡尔迪	2008—01	48.00	21
从哥德巴赫到陈景润	2008—05	98.00	35
从庞加莱到佩雷尔曼	2011—08	138.00	136
从比勃巴赫到德·布朗斯	即将出版		
数学解题中的物理方法	2011—06	28.00	114
数学解题的特殊方法	2011—06	48.00	115
中学数学计算技巧	2012—01	48.00	116
中学数学证明方法	2012—01	58.00	117
历届 IMO 试题集(1959—2005)	2006—05	58.00	5
历届 CMO 试题集	2008—09	28.00	40
历届 IMC 国际大学生数学竞赛试题集(1994—2010)	2012—01	28.00	143
全国大学生数学夏令营数学竞赛试题及解答	2007—03	28.00	15

哈尔滨工业大学出版社刘培杰数学工作室
已出版(即将出版)图书目录

书　名	出版时间	定　价	编号
历届美国大学生数学竞赛试题集	2009—03	88.00	43
历届俄罗斯大学生数学竞赛试题及解答	即将出版	68.00	
前苏联大学生数学竞赛试题集	2011—09	68.00	128
数学奥林匹克与数学文化(第一辑)	2006—05	48.00	4
数学奥林匹克与数学文化(第二辑)(竞赛卷)	2008—01	48.00	19
数学奥林匹克与数学文化(第二辑)(文化卷)	2008—07	58.00	36
数学奥林匹克与数学文化(第三辑)(竞赛卷)	2010—01	48.00	59
数学奥林匹克与数学文化(第四辑)(竞赛卷)	2011—08	58.00	87
发展空间想象力	2010—01	38.00	57
走向国际数学奥林匹克的平面几何试题诠释(上、下)(第2版)	2010—02	98.00	63,64
平面几何证明方法全书	2007—08	35.00	1
平面几何证明方法全书习题解答(第2版)	2006—12	18.00	10
最新世界各国数学奥林匹克中的平面几何试题	2007—09	38.00	14
数学竞赛平面几何典型题及新颖解	2010—07	48.00	74
初等数学复习及研究(平面几何)	2008—09	58.00	38
初等数学复习及研究(立体几何)	2010—06	38.00	71
初等数学复习及研究(平面几何)习题解答	2009—01	48.00	42
世界著名平面几何经典著作钩沉——几何作图专题卷(上)	2009—06	48.00	49
世界著名平面几何经典著作钩沉——几何作图专题卷(下)	2011—01	88.00	80
世界著名平面几何经典著作钩沉(民国平面几何老课本)	2011—03	38.00	113
世界著名数论经典著作钩沉(算术卷)	2012—01	28.00	125
世界著名数学经典著作钩沉——立体几何卷	2011—02	28.00	88
世界著名三角学经典著作钩沉(平面三角卷Ⅰ)	2010—06	28.00	69
世界著名三角学经典著作钩沉(平面三角卷Ⅱ)	2011—01	28.00	78
几何学教程(平面几何卷)	2011—03	68.00	90
几何学教程(立体几何卷)	2011—07	68.00	130
几何变换与几何证题	2010—06	88.00	70
几何瑰宝——平面几何500名题暨1000条定理(上、下)	2010—07	138.00	76,77

哈尔滨工业大学出版社刘培杰数学工作室
已出版(即将出版)图书目录

书　　名	出版时间	定　价	编号
三角形的五心	2009—06	28.00	51
俄罗斯平面几何问题集	2009—08	88.00	55
俄罗斯平面几何5000题	2011—03	58.00	89
计算方法与几何证题	2011—06	28.00	129
463个俄罗斯几何老问题	2011—12	28.00	152
500个最新世界著名数学智力趣题	2008—06	48.00	3
400个最新世界著名数学最值问题	2008—09	48.00	36
500个世界著名数学征解问题	2009—06	48.00	52
400个中国最佳初等数学征解老问题	2010—01	48.00	60
500个俄罗斯数学经典老题	2011—01	28.00	81
超越吉米多维奇——数列的极限	2009—11	48.00	58
初等数论难题集(第一卷)	2009—05	68.00	44
初等数论难题集(第二卷)(上、下)	2011—02	128.00	82,83
谈谈素数	2011—03	18.00	91
平方和	2011—03	18.00	92
数论概貌	2011—03	18.00	93
代数数论	2011—03	48.00	94
初等数论的知识与问题	2011—02	28.00	95
超越数论基础	2011—03	28.00	96
数论初等教程	2011—03	28.00	97
数论基础	2011—03	18.00	98
数论入门	2011—03	38.00	99
解析数论引论	2011—03	48.00	100
基础数论	2011—03	28.00	101
超越数	2011—03	18.00	109
三角和方法	2011—03	18.00	112
谈谈不定方程	2011—05	28.00	119
整数论	2011—05	38.00	120
初等数论100例	2011—05	18.00	122
最新世界各国数学奥林匹克中的初等数论试题(上、下)	2012—01	138.00	144,145
算术探索	2011—12	158.00	148

哈尔滨工业大学出版社刘培杰数学工作室
已出版(即将出版)图书目录

书　名	出版时间	定价	编号
俄罗斯函数问题集	2011—03	38.00	103
俄罗斯组合分析问题集	2011—01	48.00	79
博弈论精粹	2008—03	58.00	30
多项式和无理数	2008—01	68.00	22
模糊数据统计学	2008—03	48.00	31
解析不等式新论	2009—06	68.00	48
反问题的计算方法及应用	2011—11	28.00	147
建立不等式的方法	2011—03	98.00	104
数学奥林匹克不等式研究	2009—08	68.00	56
不等式研究(第二辑)	2011—12	68.00	153
初等数学研究(Ⅰ)	2008—09	68.00	37
初等数学研究(Ⅱ)(上、下)	2009—05	118.00	46,47
中国初等数学研究　2009卷(第1辑)	2009—05	20.00	45
中国初等数学研究　2010卷(第2辑)	2010—05	30.00	68
中国初等数学研究　2011卷(第3辑)	2011—07	60.00	127
不等式的秘密	2012—01	28.00	154
初等不等式的证明方法	2010—06	38.00	123
数学奥林匹克不等式散论	2010—06	38.00	124
数学奥林匹克不等式欣赏	2011—09	38.00	138
理论与实用算术	2010—06	28.00	126
数学奥林匹克超级题库(初中卷上)	2010—01	58.00	66
数学奥林匹克不等式证明方法和技巧(上、下)	2011—08	158.00	134,135
中等数学英语阅读文选	2006—12	38.00	13
统计学专业英语	2007—03	28.00	16
数学　我爱你	2008—01	28.00	20
精神的圣徒　别样的人生——60位中国数学家成长的历程	2008—09	48.00	39
数学史概论	2009—06	78.00	50
斐波那契数列	2010—02	28.00	65
数学拼盘和斐波那契魔方	2010—07	38.00	72
数学的创造	2011—02	48.00	85
数学中的美	2011—02	38.00	84

哈尔滨工业大学出版社刘培杰数学工作室
已出版(即将出版)图书目录

书　　名	出版时间	定　价	编号
最新全国及各省市高考数学试卷解法研究及点拨评析	2009—02	38.00	41
高考数学的理论与实践	2009—08	38.00	53
中考数学专题总复习	2007—04	28.00	6
向量法巧解数学高考题	2009—08	28.00	54
新编中学数学解题方法全书(高考复习卷)	2010—01	48.00	67
新编中学数学解题方法全书(高考真题卷)	2010—01	38.00	62
新编中学数学解题方法全书(高考精华卷)	2011—03	68.00	118
高考数学核心题型解题方法与技巧	2010—01	28.00	86
数学解题——靠数学思想给力(上)	2011—07	38.00	131
数学解题——靠数学思想给力(中)	2011—07	48.00	132
数学解题——靠数学思想给力(下)	2011—07	38.00	133
2011年全国及各省市高考数学试题审题要津与解法研究	2011—10	48.00	139
新课标高考数学——五年试题分章详解(2007～2011)(上、下)	2011—10	78.00	140,141
30分钟拿下高考数学选择题、填空题	2012—01	48.00	146
高考数学压轴题解题诀窍	2011—12		118
方程式论	2011—03	38.00	105
初级方程式论	2011—03	28.00	106
Galois 理论	2011—03	18.00	107
代数方程的根式解及伽罗瓦理论	2011—03	28.00	108
线性偏微分方程讲义	2011—03	18.00	110
N体问题的周期解	2011—03	28.00	111
代数方程式论	2011—05	28.00	121
动力系统的不变量与函数方程	2011—07	48.00	137
闵嗣鹤文集	2011—03	98.00	102
吴从炘数学活动三十年(1951～1980)	2010—07	99.00	32
吴振奎高等数学解题真经(概率统计卷)	2012—01	38.00	149
吴振奎高等数学解题真经(微积分卷)	2012—01	68.00	150
吴振奎高等数学解题真经(线性代数卷)	2012—01	58.00	151
钱昌本教你快乐学数学(上)	2011—12	48.00	155

联系地址:哈尔滨市南岗区复华四道街10号　哈尔滨工业大学出版社刘培杰数学工作室
网　　址:http://lpj.hit.edu.cn/
邮　　编:150006
联系电话:0451—86281378　　13904613167
E-mail:lpj1378@yahoo.com.cn